LAS PARTÍCULAS ELEMENTALES

LAS PARTÍCULAS ELEMENTALES

EMBÁRCATE EN UN APASIONANTE VIAJE
AL INTERIOR DE LOS ÁTOMOS

Prólogo de Manuel Lozano Leyva

RBA

Diseño de interior: Tactilestudio.
Infografías: Joan Pejoan.
Realización: Editec.
Composición del ómnibus: El Taller del Llibre.

Avda. Diagonal, 189 - 08018 Barcelona.
rbalibros.com

Primera edición: noviembre de 2024.

REF.: ONFI907
ISBN: 978-84-1132-793-0
DEPÓSITO LEGAL: B. 18.358-2024

Impreso en España - *Printed in Spain*

Contenido

El bosón de Higgs: Los secretos de la partícula divina

Más allá del modelo estándar de partículas: Los engranajes ocultos del universo

Prólogo

por

MANUEL LOZANO LEYVA

A finales del XIX se consideraba que la física había alcanzado sus límites. Solo restaba simplificar sus formulaciones con objetivo pedagógico y calcularles más cifras decimales a los resultados experimentales más importantes. Ningún descubrimiento revolucionario, ni siquiera relevante, faltaba por hacer. La mecánica, la óptica, el electromagnetismo y la termodinámica habían entrado ya en la fase de la ingeniería, por lo que solo quedaba la tarea de ampliar sus aplicaciones. Dos físicos importantes cuyos nombres no recuerdo con certeza resumieron la situación de una manera deliciosa. Uno le escribió al otro que lo único que quedaba pendiente en física era refinar detalles. La carta de respuesta de su amigo mostraba el esquema de un marco que encuadraba un tosco monigote. Debajo, escribía lacónicamente: «Salvo detalles refinados, pinto como Tiziano».

En aquella época se había hecho realidad el sueño de algunos de los más profundos filósofos clásicos, en particular Demócrito: los pilares del mundo eran los átomos. Y no muy avanzado el siglo XX, los detalles refinados se estaban convirtiendo en revoluciones encadenadas con las más convulsas a la cabeza: la teoría de la relatividad y la mecánica cuántica. El átomo ya tenía diseñada su estructura con bastante rigor, aunque sus componentes aún no estaban muy bien determinados. Era obvio que aquello era un sistema eléctrico, es decir, que los electrones jugaban el papel esencial. Pero la materia en general es eléctricamente neutra, por lo que los protones, de carga igual pero opuesta, eran otra partícula fundamental constituyente. Había un problema: según el experimento de Rutherford que ya se vio en otro volumen de esta serie, los protones tenían que estar unidos en un espacio extraordinariamente pequeño, el núcleo atómico, y siendo todos del mismo signo era inimaginable que este fuera estable. Había que postular una nueva partícula, el neutrón, que diera origen a otra fuerza atractiva mucho más poderosa que la eléctrica repulsiva entre cargas del mismo signo. Se descubrió en 1932 y ya tenemos al mundo compuesto por tres partículas elementales, a la que quizás había que añadirles el fotón o, digamos, luz interpretada como partículas y no como ondas. Lo cual ya estaba bastante asumido. Pero había otro problema: la radiactividad de los esposos Curie. Parecía que los neutrones podían convertirse en protones, y viceversa, expeliendo electrones. Era la llamada *radiación beta*. Pasmosamente, aquello violaba un sacrosanto principio de la física, el de la conservación de la energía. Se arreglaba el asunto postulando la existencia de una nueva partícula más misteriosa en sus propiedades que ninguna otra: el neutrino, cuya carga eléctrica era tan nula como la del neutrón, pero su masa también tenía que ser cero. Se completó el misterioso panorama de manera que, a las dos fuerzas de la naturaleza, la gravitatoria y la electromagnética, hubo que añadirles otras dos: la fuerza nuclear fuerte (estabilidad del núcleo atómico) y la débil (responsable de la radiactividad beta). ¿Habría más partículas elementales? ¿Habría más fuerzas en la naturaleza? Seguramente, porque proveniente al parecer del espacio exterior se detectó una especie de electrón idéntico en todo al familiar, pero con una masa doscientas veces mayor. Se representó con la letra griega mu (μ) y denominó *muon*. Para colmo de confusión, los muones existían durante apenas dos millonésimas de segundo, en comparación con la vida eterna de los electrones. Y entonces se empezó a pintar como Tiziano. Además, se hizo vertiginosamente.

Para explorar el átomo, en particular su minúsculo núcleo que en relación con el conjunto está en una proporción parecida a la de una mosca que revolotea en el centro interior de una catedral, hay que enviarle sondas. Es en todo análogo a la exploración espacial: pequeñas naves no tripuladas que recojan datos de la superficie del satélite, asteroide o planeta que hay que estudiar. Salvo que aquí las sondas son otras partículas. Pero a estas hay que imprimirles gran velocidad para que su energía supere a la repulsión eléctrica que puede evitar el contacto. La máquina, por supuesto eléctrica, que ha de imprimirle ese impulso a las sondas se llamó con toda lógica *aceleradores de partículas*.

Los primeros aceleradores tenían el porte de una habitación mediana, pero los resultados que fueron obteniendo los primeros experimentos de colisiones de partículas contra átomos y sus núcleos fueron fascinantes. Surgían nuevas partículas por efímeras que fueran sus vidas antes de desintegrarse. La carrera que se desató en todo el mundo fue formidable. El culmen llegó con el CERN, Centro (o Consejo) Europeo para la Investigación Nuclear o Laboratorio Europeo de Física de Partículas. Se empezó construyendo en 1954 un pequeño acelerador en la frontera entre Suiza y Francia cerca de Ginebra y acabó encadenando aceleradores hasta llegar al actual, el LHC en un túnel de 27 kilómetros de largo con detectores subterráneos del porte de lo dicho: pequeñas catedrales. Es el mayor laboratorio científico del mundo incluida la Estación Espacial Internacional.

La avalancha de partículas elementales que se fueron descubriendo aturdió a todo el mundo científico, pero quienes más conmovidos estaban eran los físicos teóricos. Tras aquellos centenares de partículas tenía que haber algún mecanismo y estructura que explicaran el conjunto. En una revista científica, *Physics Today*, apareció un anuncio comercial que mostraba metafórica, pero muy acertadamente, el desafío. Se lanzaba un bello reloj de bolsillo contra otro y, tras chocar violentamente, saltaban piezas por todas partes. Estudiando las piezas recogidas había que deducir el mecanismo del muelle y el áncora que explicara el funcionamiento de los relojes y el papel de cada una de ellas en la naturaleza.

El orden que se fue poniendo en aquel variadísimo *zoo subnuclear*, como se llamó al conjunto de nuevas partículas, se basaba en que la mayoría de ellas no eran elementales, como se creía, sino que estaban formadas por otras: los quarks y los gluones. Estas sí que eran indivisibles en el sentido filosófico de la Grecia clásica. Y el mecanismo del áncora relojero se estableció como el bosón de Higgs. Así, combinando la teoría de la relatividad especial con la mecánica cuántica y contemplando en ella la posibilidad de que en los "estallidos" o reacciones nucleares inducidas el número y la naturaleza de las partículas iniciales y finales no fueran los mismos (relojes antes del choque, piezas después) se elaboró la llamada *Teoría Cuántica de Campos*. La aplicación de esta a los resultados experimentales permitió construir el que acabó llamándose *modelo estándar de la física de partículas*. Las fuerzas nucleares y la electromagnética quedaron unificadas (al menos con la nuclear débil, porque la fuerte aún presenta algunos problemas para incorporarla al modelo de modo inapelable), pero la gravitatoria quedó completamente fuera de juego. Era lógico, porque esta es inmensamente más débil que las otras reinando en el cosmos a gran escala y no en el microcosmos de los átomos, los núcleos y las partículas. Pero ahí quedaba ese cabo suelto.

El Modelo Estándar explicaba, con una exactitud admirable y una simplicidad meridiana prácticamente todos los datos experimentales. Había tres y solo tres familias de partículas muy parecidas entre ellas. La primera y familiar la encabezaban el electrón y el neutrino asociado a él, y los dos quarks (los llamados *up* y *down*) que, tomados de tres en tres, formaban los familiares protones y neutrones. Las otras dos familias, salvo en la masa, eran del todo análogas a aquella. De hecho, el «electrón» de la segunda es el muon antes mencionado. Los gluones y otros tres llamados W^+, W^- y Z^0 eran los que transmitían las fuerzas nucleares como lo hacen los fotones con la electromagnética.

Mucho antes de que se rematara el modelo estándar de la física de partículas con la detección del bosón de Higgs, la inquietud iba invadiendo el mundo de la física fundamental. Por firme que estuviera siendo la confirmación de sus predicciones con los datos obtenidos en los distintos aceleradores, había asuntos que no cuadraban. Los problemas venían fundamentalmente del cosmos.

Un símbolo sánscrito se adoptó en la física: la serpiente que se muerde la cola. Sheldom Glashow, gran físico, buena persona y uno de los padres de la unificación citada de la fuerza nuclear débil y la electromagnética, fue quien lo propuso. Daba a significar con ello cómo la cola de la serpiente, lo más minúsculo que es el microscosmos de los átomos, sus núcleos y las partículas elementales, se unía, en la boca del ofidio, con el inmensamente grande macrocosmos galáctico y su origen hasta nuestros días, nuestro planeta y nosotros mismos ocupando el cuerpo *Ouroboros*, que así se denomina el símbolo ancestral.

Conforme los astrofísicos y cosmólogos iban descubriendo aspectos inéditos del universo, el Modelo Estándar se iba quedando pequeño. Este predecía una simetría perfecta de las partículas y las antipartículas a modo de espejo en que se reflejaran unas y otras. En el laboratorio siempre se generan simultáneamente por pares. ¿Por qué nuestro universo es de partículas y apenas quedan antipartículas? ¿Qué pasó tras el Big Bang para que ocurriera semejante disimetría? ¿Por qué se muestra tan pertinaz la cuarta fuerza de la naturaleza, la gravedad que es la reina del universo, a formar parte de Ouroboros incorporándose al dichoso Modelo Estándar? ¿Por qué el universo parece acelerarse en su expansión en lugar de frenarse como ocurre tras cualquier explosión? ¿De qué clase de partículas está formada la llamada *materia oscura* (en rigor, transparente) de la que no tenemos ni idea salvo que existe en una proporción muchas veces mayor que la materia que vemos en todo el rango de la radiación, no solo la luz visible? ¿Por qué sigue tercamente la fuerza nuclear fuerte sin ajustar del todo en el modelo? Y así muchas otras preguntas quedan sin explicar haciendo uso del Modelo Estándar. Obviamente hay que ir más allá de él y, aunque lógicamente, se han formulado infinidad de posibilidades, aún falta mucho por hacer para sobrepasar dicho modelo.

Dicen que la mecánica cuántica, la relatividad y todas las nuevas teorías de la física destruyeron la física clásica y es absolutamente falso. Es tan erróneo como no considerar que los barcos de vela y los trenes de vapor funcionaban perfectamente, al igual que lo hace la mecánica de Newton y Laplace explicando detalladamente el movimiento de los planetas en torno al Sol. Lo que no se puede es comparar aquell modelo estándar de la física de partículas os barcos y trenes con los submarinos nucleares o los ferrocarriles de alta velocidad. Ni aplicar las leyes clásicas a ciertas dinámicas galácticas. De igual manera, por mucho que sobrepasemos al modelo estándar de la física de partículas, la nueva teoría tendrá que englobarlo y dar los excelentes resultados que está dando ahora en su dominio de aplicación.

MANUEL LOZANO LEYVA
Catedrático de Física Atómica, Molecular y Nuclear

EL MODELO ESTÁNDAR DE PARTÍCULAS

LOS PILARES DE LA MATERIA

Introducción

En este libro se presenta el *modelo estándar de las interacciones fundamentales* (ME) a través del progreso en las teorías y experimentos que, a lo largo de casi cien años, culminaron en su establecimiento. La ciencia acompaña normalmente a la vanguardia de la tecnología, de la que se vale para observar lo que antes era inalcanzable. Si establecemos una analogía con los descubrimientos geográficos, a América se llegó cuando las técnicas de navegación evolucionaron lo suficiente para permitir disponer de embarcaciones capaces de navegar mar adentro, así como de métodos de orientación y de cartografía adecuados para establecer una ruta a través del Atlántico. Del mismo modo, la primera partícula elemental, el electrón, se descubrió a finales del siglo XIX, cuando el electromagnetismo permitió estudiar fenómenos a escala atómica. A partir de entonces, el descubrimiento de nuevas partículas ha ido de la mano del progreso tecnológico y científico. Hoy en día, el modelo estándar es nuestro punto de referencia para el análisis de la física de partículas, al igual que a comienzos del siglo XX lo fue el electromagnetismo. Los experimentos punteros, como el LHC *(Large Hadron Collider)* del CERN, exploran nueva física a partir de señales interpretadas con las partículas e interacciones del modelo estándar.

La descripción del modelo estándar nos llevará a un fascinante viaje a través del desarrollo de la física moderna, en el que también podremos entender cuáles son los retos actuales a los que esta se enfrenta. Nuestro camino empieza con el descubrimiento de la primera partícula elemental inscrita en el modelo estándar: el *electrón*. La percepción de la materia como algo discontinuo, formado por unidades elementales o átomos, había permitido explicar no solo las reacciones químicas sino también las propiedades de los gases. Incluso, con el llamado *número de Avogadro* se podía saber cuántos átomos hay en una determinada cantidad de materia. Mientras tanto, el electromagnetismo no precisaba el origen de la carga eléctrica, aun cuando había proporcionado la tecnología para iluminar las ciudades. Su incorporación en las técnicas experimentales permitió especular sobre la estructura atómica e imaginar los átomos como entidades neutras formadas por dos tipos de carga. J.P. Thomson consiguió identificar la carga negativa como la portada por una partícula a la que llamó electrón y de la que estableció su relación carga/masa. Así pues, el electrón sería la primera partícula elemental descubierta. La posterior determinación de su carga (Millikan, 1922) permitió conocer su masa, la cual tiene un valor tan pequeño que cuesta imaginar que pudiera ser medido.

Un hito fundamental en la investigación del átomo fue el descubrimiento de la radiactividad. La radiación proporcionó a la experimentación proyectiles del tamaño adecuado para llegar a la estructura atómica. Así, Rutherford consiguió establecer un modelo atómico en el que la carga positiva se situaba en un diminuto núcleo muy masivo, mientras que la negativa ocupaba una corteza muy poco densa. A pesar de que Rutherford había identificado el protón a partir del átomo de hidrógeno y por su relación carga/masa, y aunque se sabía que era 1836 veces más pesado que el electrón, la masa del núcleo no coincidía con la de su número de protones (excepto en el hidrógeno). El protón no figura entre las partículas elementales pero, sin embargo, los tres tipos de radiación, alfa, beta y gamma, se explican por las tres interacciones contenidas en el modelo estándar: la fuerte (para la alfa), la débil (para la beta) y la electromagnética (para la gamma).

La hipótesis de cuantización de Planck permitió a Einstein explicar el efecto fotoeléctrico asignando a la radiación electromagnética las propiedades de una partícula: el fotón. Este fue el primero de los bosones del modelo estándar y el responsable de la interacción electromagnética. Bohr utilizó la misma hipótesis para explicar la estabilidad de los átomos al suponer que solo había un número discreto de órbitas en las que el electrón no absorbe ni emite energía, ya que, según el electromagnetismo clásico, un sistema de dos cargas girando una en torno a la otra produciría una emisión continua de radiación y no sería estable. En el caso del hidrógeno, la cuantización de las órbitas explicaba con éxito la discontinuidad de la radiación emitida, y el estudio detallado de las líneas espectrales introducía una propiedad más de carácter puramente cuántico: el *espín*. El espín sirve para clasificar las partículas, dividiéndolas en bosones o fermiones, según sea este un múltiplo entero o semientero de h (la constante de Planck): el fotón, de espín 1, es un bosón, mientras que el electrón, de espín 1/2, es un fermión.

El desarrollo de la teoría de la relatividad fue decisivo para comprender las reacciones nucleares. En las reacciones químicas, la conservación de la masa no se había cuestionado; sin embargo, en las reacciones nucleares la emisión de energía es mucho mayor, y la relación entre la masa y la energía de la teoría de Einstein ($E = mc^2$) debía ser tenida en cuenta en el balance energético. Considerando únicamente el protón y el electrón resultaría muy difícil explicar las reacciones nucleares, pues para conservar la energía era precisa una partícula neutra de masa similar a la del protón y espín 1/2. Esta fue descubierta por Chadwick en 1932, y se la denominó *neutrón*. Mediante el protón, el neutrón y el electrón, se entiende la estructura del átomo y se explican las reacciones nucleares, excepto la desintegración beta. Por otro lado, las formulaciones de la mecánica cuántica de Schrödinger y Heisenberg sirven para sistemas con velocidades moderadas (pequeñas, comparadas con la velocidad de la luz), tales como las de las partículas en los átomos, pero no para partículas con velocidades relativistas (próximas a la velocidad de la luz). Dirac, en 1928, formuló una ecuación que explicaba las propiedades de los fermiones en el régimen relativista, postulándose además que por cada fermión se supone la existencia de un antifermión, con idéntica masa pero con carga opuesta. Con ello se planteaba la existencia de una antipartícula del electrón, identificada en rayos cósmicos en 1932 por C. Anderson, a la que se denominó *positrón*. Este es uno de los ejemplos en los que la solución del problema precedía a su planteamiento, y no será el último que se nos presentará.

Hallados los componentes elementales del átomo, ¿qué nos hace pensar en otras partículas? Varias razones. En la desintegración beta estaba claro que los electrones salían del núcleo atómico, y no de la corteza donde se sitúa la carga negativa del átomo. Fermi, en 1934, la explicó como la conversión de un neutrón en un protón con la emisión de un electrón del núcleo; la no conservación del momento hizo postular a Pauli la existencia de una partícula desconocida, referida como *neutrino*, con espín 1/2 y una masa tan pequeña que le hizo pensar que nunca sería descubierta. Sin embargo, lo fue en 1953. Con los rayos cósmicos llegó una partícula con las mismas propiedades que las del electrón, pero mucho más pesada: el muon, descubierto en 1932. Hoy sabemos que esta partícula apareció «invitada» por la teoría de la relatividad, ya que su vida media es tan corta (2,2 millonésimas de segundo) que se desintegraría en la alta atmósfera, si no fuese porque desde el laboratorio terrestre es observada moviéndose a velocidades próximas a la de la luz, con lo que su vida media, medida en nuestro reloj, es varias veces superior a la que le corresponde en reposo.

Las partículas elementales podían ser producidas y aisladas fuera del átomo. El problema entonces (y aún ahora) era alcanzar la energía a la que pudiesen ser estudiadas. Los rayos cósmicos fueron durante mucho tiempo la única fuente de partículas elementales, y gracias a ellos se observaron partículas que no podían ser identificadas como atómicas (muones, piones...). Sin embargo, la detección y la energía de un rayo cósmico son por naturaleza aleatorias. En cambio, los aceleradores de partículas permiten la producción masiva y controlada que requiere el estudio de las propiedades de cada partícula. Cuando estos alcanzaron energías en torno a 1 GeV/c^2 en la década de 1950 se observó tal número de partículas que no se sabía cómo clasificarlas. Por otro lado, la física había avanzado lo suficiente para combinar la cuantización de los fermiones de Dirac con la del campo electromagnético, a fin de formular la teoría más precisa de la física: la electrodinámica cuántica.

Hasta principios de la década de 1960, se intentaba buscar relaciones en un listado de partículas con denominaciones basadas en el griego clásico: leptones (ligeras) y hadrones (densas); los leptones incluyen al electrón mientras que los hadrones se dividen en bariones (pesados) de espín 1/2 y mesones (medios) de espín entero. Hubo intentos de considerar elementales todas ellas y buscar simetrías que relacionasen unas con otras; sin embargo, el modelo de quarks introducido por Gell-Mann y Zweig (1964) dejaba únicamente a los leptones, como el electrón y el neutrino, como elementales, mientras que los hadrones estarían formados por quarks: los mesones por dos y los bariones por tres. Con dos quarks, el up (u, con carga 2/3) y el down (d, con carga −1/3), se formaría un protón, de carga +1 (uud), y un neutrón, de carga 0 (udd). Los mesones estarían formados por parejas quark-antiquark, lo que explica su carga entera. De un modo análogo a la electrodinámica cuántica, que explicaba la interacción electromagnética mediante cargas eléctricas y fotones, la teoría del color o cromodinámica cuántica explicaría la interacción fuerte entre los quarks, atribuyéndoles una carga adicional, llamada *color*, y unos bosones denominados *gluones*.

Una teoría similar fue introducida independientemente por Glashow, Weinberg y Salam para explicar la interacción débil. En este modelo habría nuevos bosones, W^+, W^+, Z^0, que interactuarían con parejas de quarks o de leptones. La desintegración débil se explicaba mediante el intercambio de un bosón W entre una pareja de quarks y otra leptón-neutrino, mientras que el intercambio del bosón Z^0 predecía la interacción de las corrientes débiles neutras, descubiertas en 1973.

Hubiera sido deseable incorporar la gravedad en el modelo de las partículas, con fermiones y bosones que explicaran la fuerza gravitatoria, pero no se ha conseguido. Por tanto, no está contenida en el modelo estándar. De este modo, las interacciones conocidas son las tres de este modelo y la gravedad. La aparición de las masas de las partículas se explica mediante la interacción con un bosón (el llamado *bosón de Higgs*), el cual es a su vez responsable de la rotura de la simetría electrodébil, haciendo que la interacción débil sea de corto alcance por estar mediada por bosones muy pesados (los W y el Z^0), mientras que la electromagnética es de largo alcance, porque es mediada por el fotón, cuya masa es estrictamente nula.

Con el establecimiento del modelo estándar, la teoría volvió a anteponerse al experimento prediciendo partículas que deberían aparecer al aumentar la energía de experimentación de los aceleradores de partículas. Así, en 1983 fueron observados los bosones W y Z^0, en el CERN, en Suiza. El más pesado de los quarks, el top, se encontró diez años después en el Fermilab, Estados Unidos, y ha habido que esperar hasta el funcionamiento del LHC para encontrar el bosón de Higgs (2012), de nuevo en el CERN.

Actualmente, la física busca solución a problemas que no tienen cabida en el modelo estándar. Uno de ellos es el de la masa de los neutrinos, que en el modelo estándar es nula. Sin embargo, para explicar las observaciones de neutrinos es preciso dotarlos de masas diminutas. Por otro lado, los avances de la cosmología parecen indicar la existencia de la llamada *materia oscura*, la cual estaría compuesta por partículas neutras, pesadas y débilmente interactuantes para las que el modelo estándar no dispone de ningún candidato. Aun así, el éxito del modelo estándar es tan indiscutible que si se descubriera una teoría más general, esta debería incluirlo como su aproximación de baja energía. En la actualidad, la física de partículas dedica sus esfuerzos a la búsqueda de esta nueva teoría.

De los átomos indivisibles al núcleo atómico y el electrón

Durante el siglo XIX la química consiguió establecer que todas las sustancias están formadas por menos de un centenar de átomos diferentes. A finales del siglo la física concluyó que esos átomos no son indivisibles, sino que están construidos por «bloques» fundamentales. El primero en ser identificado fue el electrón.

Las primeras teorías de partículas son sin duda los modelos atómicos. Estos postulan que la materia está formada por unas unidades elementales microscópicas, cuyas propiedades explicarían la naturaleza de toda la materia. Los primeros modelos atómicos con fundamento empírico aparecieron a principios del siglo XIX, cuando la química había avanzado lo suficiente como para establecer que todas las sustancias son compuestos de menos de un centenar de elementos puros. Sin embargo, fue el desarrollo del *electromagnetismo* lo que permitió descubrir el *electrón* y clasificarlo con éxito como un componente común a todos los átomos. El electrón es el primero de los bloques del *modelo estándar*, y la *electromagnética*, una de las interacciones fundamentales. El descubrimiento de la *radiactividad* natural permitió llegar más lejos en la estructura de la materia, con el sorprendente hallazgo del núcleo atómico y la identificación del *protón* como portador de la carga positiva. Sin embargo, el estudio de las fuerzas nucleares requiere la introducción de nuevas teorías que expliquen la *interacción nuclear*, la cual no puede entenderse con las leyes de la física clásica. El *modelo estándar de las interacciones fundamentales* (ME) es la teoría aceptada en la actualidad para explicar la estructura de la materia. Para llegar a su formulación actual se ha recorrido un largo camino, donde lo que ha cambiado es, sobre todo, el concepto de lo que entendemos por materia y cómo lo percibimos.

EL ÁTOMO ANTES DEL ELECTROMAGNETISMO

El primer paso en la teoría de partículas es precisamente el suponer que la materia es discontinua, es decir, que una porción de una sustancia es un agregado de un gran número de unidades elementales a las que llegaríamos dividiendo sucesivamente la cantidad inicial. Las primeras teorías atómicas se atribuyen a los filósofos griegos del siglo v a.C., cuyo problema era explicar la naturaleza y sus cambios. En concreto, se considera pionero de la teoría atómica al filósofo Demócrito de Abdera (ca. 460 a.C.-ca. 370 a.C.), por ser aquel cuya obra ha llegado hasta nuestros días. El problema de los filósofos naturalistas de la época de Demócrito era: «¿Por qué si la naturaleza está en continuo cambio, sigue existiendo y no acaba?». Su modelo atómico da respuesta a esa pregunta: la materia está hecha de átomos indivisibles e indestructibles cuyas combinaciones explican sus cambios y a su vez su permanencia. En su teoría de «partículas elementales» los bloques serían átomos indestructibles intercalados por espacios vacíos. El concepto de átomo que maneja esta teoría (sin entrar en la distinción entre átomo y molécula) es básicamente el mismo que en la actualidad: la unidad mínima de una sustancia; además, supone que los átomos de una misma sustancia son todos iguales, sólidos e indivisibles. La forma y propiedades que les atribuye se basan en las cualidades de la materia tal y como la perciben nuestros sentidos: los sólidos están formados por átomos pequeños y puntiagudos, los líquidos por átomos grandes y esféricos, los aceites por átomos delgados y resbaladizos.

La teoría atómica permaneció dentro del ámbito filosófico, sin ningún problema que la despertase, hasta que el desarrollo de la química en el siglo XIX volvió a plantear cómo deberían ser los átomos para explicar sus leyes. Para entonces ya se habían identificado muchos elementos puros y sus combinaciones, y además se habían establecido algunas de las leyes básicas de las reacciones químicas. La *ley de conservación de la masa* (postulada en 1785 por Antoine Lavoisier), según la cual la masa consumida de los reactivos es la misma que la masa obtenida de los productos, corrobora la percepción del átomo como unidad indestructible, mientras que las leyes que establecen que los reactivos en las reacciones químicas mantienen siempre las mismas proporciones (*ley de las proporciones simples*, por Joseph Louis Proust, en 1799, y *ley de las proporciones múltiples*, por John Dalton, en 1808) parecen indicar que los átomos son los bloques que se combinan en la reacción química para transformar unas sustancias en otras.

John Dalton, de cuyo nombre también deriva la palabra *daltonismo* por sus estudios sobre dicha patología que él mismo padeció, propuso un modelo atómico que constituye una «teoría de partículas elementales» para explicar las propiedades de la materia. Aunque el modelo de Demócrito también era una teoría para explicar el continuo cambio de las cosas, el de Dalton fue el primero basado en datos empíricos. Este modelo se basa en cinco principios:

1. La materia está formada por átomos que son indivisibles e indestructibles.

2. Los átomos de un mismo elemento son idénticos en masa y propiedades.

3. Los compuestos químicos se forman por combinación de dos o más tipos de átomos cuyas proporciones guardan relaciones numéricas sencillas. Los «átomos» de un determinado compuesto son, a su vez, idénticos en masa y propiedades.

4. Una reacción química es una reagrupación de átomos.

5. Los átomos no pueden crearse ni dividirse ni destruirse.

Según el modelo atómico de Dalton, los pesos atómicos de un elemento se pueden referir al más ligero, el hidrógeno. Sin embargo, no tiene en cuenta la posible agrupación de átomos del mismo tipo, como ocurre por ejemplo en los gases que se presentan en forma de moléculas diatómicas, lo que le lleva a formular el agua como HO, en lugar de como H_2O. El concepto de molécula fue introducido en 1811 por Amedeo Avogadro como el elemento constituyente de los gases. Su teoría molecular se basa en dos principios:

1. Todos los gases en las mismas condiciones de temperatura y presión contienen el mismo número de moléculas.

2. Las moléculas se pueden dividir mediante las reacciones químicas.

Los pesos moleculares de distintos gases se pueden comparar con solo medir su densidad. Por otro lado, la divisibilidad de las moléculas permitiría explicar las proporciones en volumen de hidrógeno y oxígeno en agua: dos volúmenes de H_2 se combinan con uno de O_2 para dar lugar a dos de agua. Gracias a este procedimiento consiguió determinar la composición de muchos otros compuestos.

Las hipótesis de Avogadro completan la teoría de Dalton, y con ellas se puede conocer, de modo relativo, el peso de cada átomo y el número de átomos que contiene una determinada porción de materia. Una cantidad de gramos igual al peso atómico de un elemento (un *mol*) debe contener el mismo número de átomos para cualquier sustancia *(número de Avogadro,* N_A*)*, por tanto podemos saber el peso relativo de cada átomo. Para estimar el peso individual se debería conocer el número de Avogadro. Usando métodos mecánico-estadísticos, Johann J. Loschmidt estableció, en 1865, el valor $72 \cdot 10^{23}$ moléculas /mol que, aunque no muy preciso, es una buena indicación de las magnitudes atómicas (a principios del siglo XX, el cómputo directo de cargas eléctricas posibilitaría a Robert Millikan, en 1910, establecer un valor muy parecido al actual de $N_A = 6{,}023 \cdot 10^{23}$ moléculas/mol). Esos números son tan grandes que sería difícil imaginar tal cantidad de objetos de nuestro entorno. Por ejemplo, un mol de hidrógeno atómico pesaría un 1 g y, si colocásemos todos sus átomos en línea recta a 1 cm de distancia, llegaríamos de un extremo al otro del universo.

> **Creemos que existe el color, creemos que existe lo dulce, creemos que existe lo amargo, pero en realidad existen átomos y un vacío.**
>
> **Demócrito**

El peso es un concepto extrapolado de las cantidades de reactivos que intervienen en una reacción química. Sin embargo, como las reacciones químicas se producen átomo por átomo, se puede establecer el peso relativo de los átomos individuales: el más ligero es el hidrógeno y los demás se pueden medir comparándolos con este. Así, el oxígeno es 16 veces más pesado; el carbono, 12...

La organización de los elementos por pesos atómicos es el origen de la *tabla periódica de Mendeléyev* (1869), en la cual se observa que el orden por pesos atómicos lleva consigo una organización que agrupa a los elementos con características comunes. Hoy sabemos que las propiedades químicas de un elemento están determinadas por su número atómico, que se relaciona con el número de cargas positivas o negativas que contiene, y que para un mismo elemento pueden haber varios *isótopos* o átomos con distinto peso atómico, por lo que la afirmación de que todos los átomos de un mismo elemento son iguales debe ser matizada. Sin embargo, las propiedades químicas de las sustancias que nos rodean parecen corroborar la idea de que los átomos son los bloques fundamentales de su composición/estructura.

Como hemos visto, la idea de la materia formada por átomos indestructibles podía explicar las propiedades de las sustancias que nos rodean. Por muy distintos que los átomos puedan ser unos de otros, la química del siglo XIX no ofrecía ninguna evidencia experimental que indicase que estos tuvieran una estructura integrada por bloques más fundamentales (por ejemplo, una que permitiese que unos elementos se convirtiesen en otros, como soñaban los alquimistas).

CARGA ELÉCTRICA EN LA MATERIA: EL DESCUBRIMIENTO DEL ELECTRÓN

El siguiente paso en la composición de la materia procede del electromagnetismo, cuando Joseph John Thomson identificó a finales del siglo XIX a los portadores elementales de la carga eléctrica, a los que buscó un lugar en los átomos, rompiendo así con la idea de su indivisibilidad.

Durante el siglo XIX, la teoría electromagnética avanzó muy deprisa, hasta quedar completamente formulada con las ecuaciones de James Clerk Maxwell, hacia 1862. Desde el lado práctico, sus aplicaciones cambiarían rápidamente el concepto de comunicación e incluso de vida urbana. Ejemplos de ello son: el telégrafo eléctrico, que comenzó a utilizarse comercialmente hacia 1840, y el fluido eléctrico, que en las últimas décadas del siglo XIX llegó a las ciudades para su uso en alumbrado y transporte público. En el terreno de la investigación, el uso de las técnicas derivadas del electromagnetismo propició el siguiente avance en el conocimiento de los componentes elementales de la materia: el descubrimiento del electrón. La conexión entre la electricidad y el átomo procede del estudio detallado de los tubos de descarga. Inventados en 1857 por el alemán Heinrich Geissler, son los antecesores de nuestros tubos de neón y de los tubos de *rayos catódicos* utilizados por los aparatos de rayos X y los antiguos monitores de televisión. El dispositivo consiste en una ampolla de vidrio cilíndrica con un gas enrarecido (sometido a una presión muy baja) y dos electrodos en su interior. Cuando se aplica una diferencia de potencial, se produce un flujo de corriente en el tubo capaz de ionizar el gas (conseguir átomos cargados eléctricamente debido a un exceso o defecto de electrones) e incluso las paredes del propio tubo, dando origen a una luz visible por fluorescencia del gas. La versión de ese tubo con un vacío más alto se denomina *tubo de Crookes* (figura 1), por ser William Crookes uno de sus desarrolladores entre 1869 y 1875. Con este tubo se producían unos rayos invisibles que se propagaban en línea recta desde el cátodo al ánodo, produciendo fluorescencia al chocar con las paredes del tubo.

FIG. 1

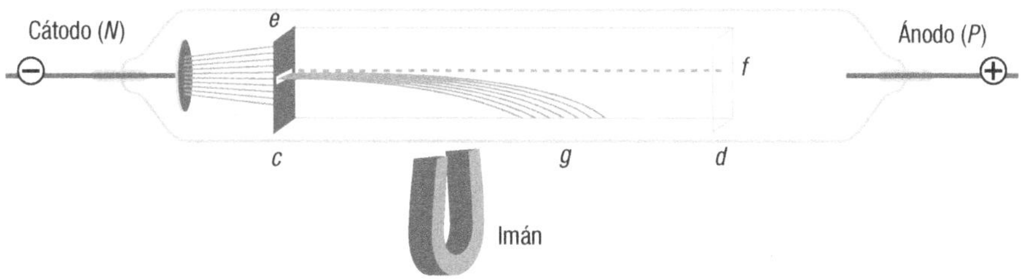

Dibujo de un tubo de Crookes, construido por William Crookes hacia 1879. Contiene gas enrarecido a una presión entre 10^{-6} y 10^{-7} atmósferas. Cuando se aplica una diferencia de potencial de varios miles de voltios entre los electrodos (*N* y *P*) del tubo, se produce un flujo de electrones (rayos catódicos) desde el cátodo (*N*) en dirección al ánodo (*P*). La lámina metálica (*e*) dispone de una rendija que deja pasar un haz fino de rayos hacia el recinto (*c*, *d*). Debajo del tubo, se encuentra un imán de herradura que produce un campo magnético en dirección perpendicular al haz de rayos catódicos, haciendo que este se desvíe hacia la posición (*g*). Cuando se retira el imán los rayos siguen en línea recta, hacia la posición (*f*). Con esto se demuestra que el rayo catódico está formado por partículas cargadas eléctricamente que experimentan la fuerza magnética del mismo modo que una corriente en un hilo conductor.

En el siglo XIX esta radiación invisible era un misterio. Si el tubo se complementa con una pantalla de sulfuro de cinc en su extremo, permite observar la desviación de los rayos en campos eléctricos y magnéticos (lo que ha sido, en esencia, el fundamento de los antiguos tubos de TV). La investigación con tubos de Crookes, como el de la figura 1, permitió a Wilhelm C. Röntgen descubrir los rayos X en 1895; sin embargo, fueron los experimentos de J.J. Thomson, entre 1895 y 1897, los que permitieron concluir que los rayos catódicos estaban formados por partículas materiales cargadas negativamente porque se dirigen del cátodo al ánodo. Thomson aumentó el vacío de un tubo de rayos catódicos y gracias a ello consiguió estudiar con precisión su deflexión en un campo eléctrico y otro magnético. La desviación en el campo magnético indica que los rayos catódicos están formados por partículas cargadas, a las que llamó *electrones* (1897). Además, de la medida del radio de curvatura de su desviación se pudo deducir la razón entre la carga eléctrica y la masa, *e/m, de* dichos rayos; como esta relación era siempre fija, se pudo atribuir a un tipo de partícula: los electrones.

El electrón, según Thomson, emanaba directamente del átomo y constituía un nuevo estado elemental de materia presente en todos los elementos químicos. Thomson elaboró un modelo atómico en el cual los átomos son esferas neutras que contendrían una pasta positiva con una carga igual a la negativa portada por los electrones, que se alojarían en ella a modo de uvas pasas en un pastel. Aunque el modelo atómico de Thomson no tuvo un largo recorrido, podemos considerar que identificó el primero de los bloques del ME.

> La materia, aunque divisible en grado sumo, no es de todas formas infinitamente divisible. Es decir, debe haber algún punto a partir del cual no podamos continuar con la división de la materia. He elegido la palabra «átomo» para señalar a esas partículas finales.
>
> **John Dalton**

Mientras que los experimentos de J.J. Thomson identificaban claramente a los portadores de carga negativa de los rayos catódicos y probaban su origen atómico, la identificación del portador elemental de la carga positiva aún se demoraría varias décadas. Los rayos que transportan cargas positivas, denominados *rayos anódicos* o *canales*, fueron descubiertos en 1886 por Eugen Goldstein. Los denominó rayos canales porque podían ser observados en un tubo de Crookes en cuyo cátodo se habían practicado unos orificios o canales de modo que permitiesen el paso de cargas positivas al ánodo. Al igual que en los rayos catódicos, la relación carga/masa de los rayos canales podía medirse mediante su desviación en campos eléctricos y magnéticos (la disposición de ambos campos para medir relaciones entre masas atómicas es el fundamento de un dispositivo denominado *espectrómetro de masa*). Sin embargo, en estos la relación carga/masa no era fija y por ello no podían ser atribuidos a un solo tipo de partícula como los rayos catódicos. También esta relación dependía del tipo de gas contenido en el tubo y su precisa determinación con el espectrógrafo de masa permitió descubrir isótopos de un mismo elemento (átomos del mismo gas con distinta masa y por tanto con distinta relación carga/masa); por ejemplo, en 1913 J.J. Thomson encontró que el neón estaba formado por dos isótopos, el Ne-20 (neón-20) y el Ne-22 (neón-22). Mediante la técnica de rayos canales también se estudió el hidrógeno y se observó que su relación carga/masa era la más pequeña de los gases observados y unas 2000 veces mayor que la del electrón. Aun así los iones de hidrógeno no fueron identificados como bloques constituyentes de otros átomos hasta que la radiactividad fue aplicada con éxito al estudio de la estructura atómica, como veremos más adelante.

LA RADIACTIVIDAD Y EL NÚCLEO ATÓMICO

Anteriormente hemos mencionado que en el gran avance de la química en el siglo XX no se había encontrado ninguna prueba de la conversión de unos elementos en otros como soñaban los alquimistas. Esto habría puesto de manifiesto la divisibilidad de los átomos y sería un indicio de estar compuestos por bloques más elementales, entre los que habría que buscar la carga positiva. Sin embargo, a finales del siglo se descubrió la radiactividad natural, cuyo estudio rompió con la idea de indestructibilidad de los átomos y aportó la clave para llegar a su estructura. La radiactividad fue descubierta en 1896 por Henri Becquerel cuando trabajaba con sales de uranio para estudiar la posible relación entre su fosforescencia y la emisión de los recién descubiertos rayos X. De un modo casual, Becquerel observó que las placas fotográficas aparecían impresionadas en presencia de las sales de uranio aunque estuviesen bien aisladas de la luz. Tras estudiar el fenómeno con varios minerales de uranio (fosforescentes y no fosforescentes) atribuyó el fenómeno a una radiación penetrante que emanaba de los propios átomos. El estudio de los minerales de uranio permitió a Marie Curie y Pierre Curie en el periodo entre 1898 y 1903 descubrir el polonio y el radio, cuya rápida desintegración ponía de manifiesto que los átomos de un elemento se podían descomponer en átomos más ligeros emitiendo radiación en el proceso. Por otro lado, estas radiaciones serían las fuentes de proyectiles apropiados para llegar al interior del átomo e informarnos sobre su estructura. Ernest Rutherford estudió la radiación desde sus orígenes y precisamente

LOS EXPERIMENTOS DE LA LÁMINA DE ORO

Los experimentos realizados en la Universidad de Manchester por Hans Geiger (1882-1945) y Ernest Marsden (1889-1970) entre 1908 y 1913, bajo la dirección de Ernest Rutherford, permitieron a este determinar la distribución de la carga eléctrica en el átomo. Tales experimentos se basaban en el lanzamiento de partículas α procedentes de una fuente conocida sobre una finísima lámina de oro (por lo que también se conocen como experimentos de la lámina de oro), y la observación de la desviación de sus trayectorias en una pantalla de sulfuro de cinc (ZnS), como indica la figura. Es impresionante el hecho de que este experimento requiere contar átomos ¡uno a uno! Esto es posible porque cada desintegración del elemento de la fuente (radio y sus descendientes) produce una partícula α, y como la actividad o número de desintegraciones por segundo del elemento fuente es conocida, se sabe el total de partículas que emana del haz. Las pocas partículas que se desvían son contadas con infinita paciencia por su destello fosforescente al impactar sobre el sulfuro de cinc.

Resultados reveladores

Si las cargas positivas y negativas estuviesen distribuidas en todo el átomo, como asume el modelo de Thomson, las partículas α atravesarían la lámina con una ligera desviación. Sin embargo, se observan desviaciones muy grandes, algunas mayores de 90°, muy difíciles de explicar aun como resultado del paso de la partícula por sucesivos átomos en su camino a través de la lámina. Rutherford atribuyó estas desviaciones a la presencia de un núcleo atómico compacto que contiene la carga positiva y casi toda la masa del átomo. Los electrones se moverían en órbitas alrededor de ese núcleo formando una corteza decenas de miles de veces mayor que este. Así pues, las partículas α pasarían sin desviación a través de átomos casi huecos excepto las pocas que topasen directamente con algún núcleo.

Tanto Joseph John Thomson (izquierda) como Ernest Rutherford hicieron grandes aportaciones a la física del átomo. Sin embargo, en la confrontación entre el modelo atómico del primero y el del segundo, fue este último quien logró aproximarse más a la realidad de la estructura atómica.

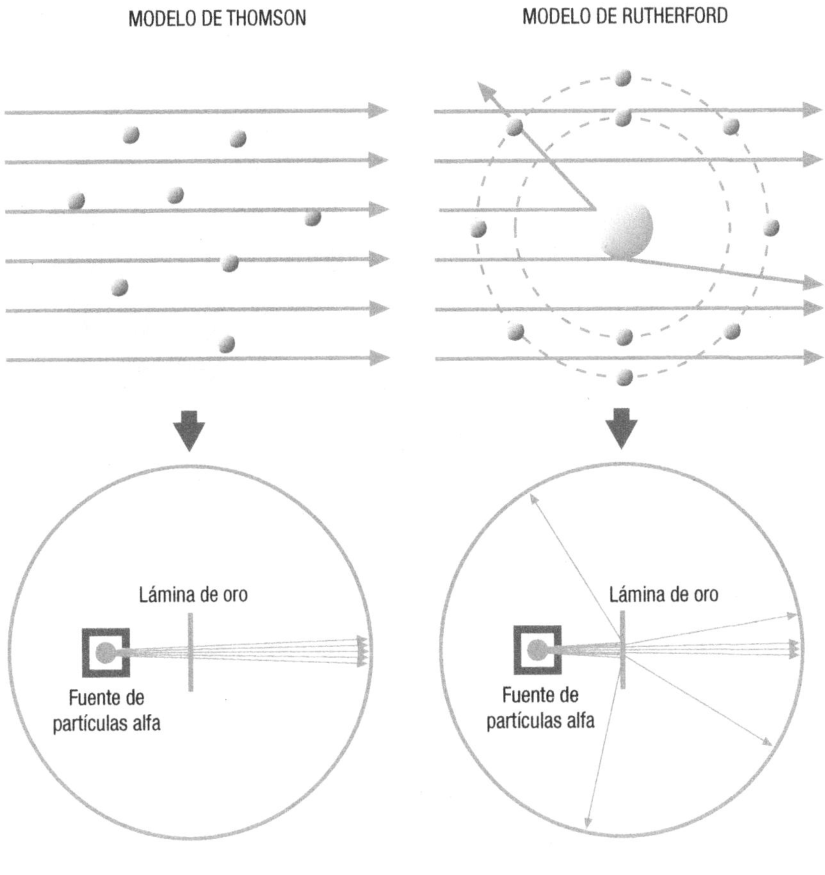

Experimento Geiger-Marsden o de la lámina de oro y el resultado esperado según la teoría atómica de Thomson (izquierda) y la de Rutherford (derecha), que explica el resultado observado. El experimento consiste en lanzar partículas α sobre una lámina de oro muy delgada. La pared del dispositivo está recubierta con sulfuro de cinc, de modo que las partículas dispersadas producen luminiscencia en el punto de impacto. Según el modelo de Thomson, el átomo estaría formado por una «pasta» positiva homogénea, con electrones dispersos (a modo de pastel de pasas), que frenaría las partículas α sin desviarlas.
En cambio, el resultado observado obedece a la dispersión producida por un núcleo duro que contiene la carga positiva.

su aplicación en el estudio del átomo le dio la clave para explicar la estructura atómica (1911), y posteriormente, para identificar los bloques positivos de carga en el átomo o *protones* (1919). Las aportaciones de Rutherford a este proceso le han hecho acreedor del nombre de padre de la física nuclear.

Así, los trabajos de Rutherford entre 1898 y 1899 sirvieron para identificar dos tipos de radiación en las emisiones de los minerales de uranio a las que denominó alfa (α) y beta (β). Ambas están formadas por partículas cargadas. La β es muy penetrante y pronto se estableció su analogía con los rayos catódicos. La α podía ser detenida por una hoja de papel y las partículas que la forman se identificarían años después como iones de helio. Paul Villard, en 1900, identificó un tercer tipo de radiación en las emisiones de los minerales de uranio que consistía en radiación electromagnética muy penetrante a la que posteriormente Rutherford denominó *radiación gamma*, γ. La radiación α proporcionó el proyectil adecuado para llegar a la estructura atómica y con ello descubrir la distribución de carga en los átomos, primer paso para identificar al protón como el bloque elemental portador de la carga positiva.

Rutherford consiguió determinar la distribución de la carga eléctrica en el átomo gracias a la interpretación de los experimentos que Hans Geiger y Ernest Marsden realizaron bajo su dirección entre 1908 y 1913 en la Universidad de Manchester. El modelo confeccionado por Rutherford a raíz de dichos experimentos dejaba patente la existencia de un núcleo atómico compacto, con carga positiva, el cual alberga casi toda la masa del átomo, y a partir de ese hallazgo tenemos que distinguir ya entre física atómica y nuclear. Según este modelo, los electrones giraban en órbitas alrededor del núcleo constituyendo una corteza muchísimo más grande que este. Sin embargo, el modelo de Rutherford no puede explicar satisfactoriamente el movimiento de los electrones en torno al núcleo con las leyes de la mecánica y el electromagnetismo clásico, según las cuales los electrones se mantienen en sus órbitas por la atracción electrostática del núcleo, al igual que los planetas describen órbitas debido a la atracción gravitatoria del Sol. Aunque el núcleo ejerza una fuerza central sobre los electrones, estos no pueden formar órbitas estables ya que, según la teoría electromagnética, emitirían energía en forma de radiación por estar acelerados. Esto resultaría en un progresivo acercamiento al núcleo, y por tanto en un átomo inestable. Este problema sería resuelto posteriormente por Niels Bohr aplicando la teoría cuántica a las órbitas de los electrones para explicar su estabilidad.

La relación entre la carga y la masa del núcleo seguía siendo un puzle muy difícil de resolver, puesto que la pieza que falta, el *neutrón*, no sería descubierto hasta mucho después, en 1932. Rutherford pensaba que la carga del núcleo era aproximadamente la mitad de su masa atómica. Sin embargo, fue Antonius van den Broek el primero en postular que la carga del núcleo se corresponde exactamente con su lugar en la tabla periódica (conocido como *número atómico* y representado por la letra Z) y es igual al número de electrones de su corteza. En 1913, Henry Moseley consiguió demostrarlo gracias a la interpretación de los espectros de emisión de rayos X de varios átomos excitados, es decir, aquellos cuyos electrones no se encuentran en su estado fundamental. La coincidencia del orden de los elementos en la tabla periódica con la carga de su núcleo explica el éxito de la tabla agrupando elementos con similares propiedades, dado que salvo algunas excepciones, como la del níquel y el cobalto, el orden establecido por peso atómico es el mismo que el del incremento de la carga del núcleo. Actualmente, la tabla periódica sigue el orden de la carga nuclear, con lo que el número atómico Z se identifica con el número de electrones de la corteza del átomo o el de la carga de su núcleo. Pero aun conociendo la carga total de un núcleo, la estructura de este es enigmática; el núcleo concentra toda la carga positiva a pesar de que la repulsión electrostática tendería a dispersarla y además la relación con su masa no está determinada, presentándose casos como el de los isótopos de un mismo elemento que incluso teniendo el mismo Z presentan distintas masas.

La identificación de un bloque positivo de carga elemental requiere saber algo más de la estructura del núcleo; las reacciones nucleares darían la respuesta definitiva al problema. El propio

FIG. 2

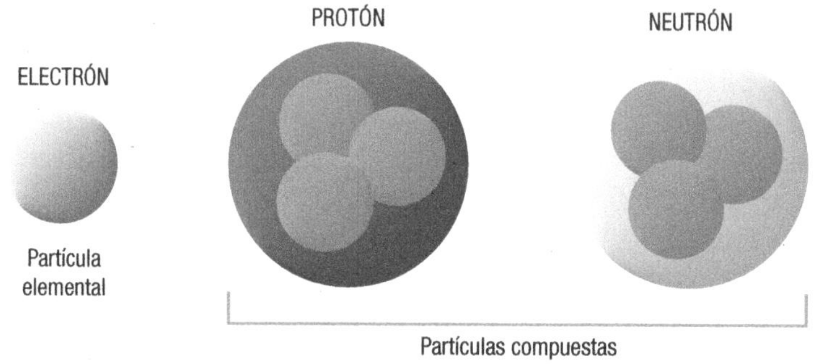

A diferencia del electrón, que está «hecho de una sola pieza», por así decirlo, el protón y el neutrón están hechos de otras partículas.

Rutherford en 1919 consiguió identificar al protón con el núcleo del átomo de hidrógeno al analizar la primera reacción nuclear artificialmente inducida, la producción de oxígeno al bombardear nitrógeno con partículas alfa:

$$^{14}\mathrm{N} + \alpha \rightarrow {}^{17}\mathrm{O} + p$$

donde los números 14 y 17 son las masas atómicas del nitrógeno y del oxígeno respectivamente. Esta reacción deja claro que, además de las *tierras raras*, los elementos comunes también pueden convertirse unos en otros como soñaron los alquimistas, y que el hidrógeno emanaba del núcleo atómico. Rutherford consideró al núcleo de hidrógeno como un bloque fundamental de la materia y lo denominó *protón*, basándose en la palabra griega *protos*, que significa «primero». Sin embargo, la cantidad de protones necesaria para explicar la carga del núcleo no es suficiente para explicar su masa. Este problema no se resolvería hasta el descubrimiento en 1932 del neutrón, una partícula neutra de masa similar a la del protón, al que acompaña en el núcleo atómico. El protón y el neutrón se denominan en general *nucleones*

y su número total se identifica con la masa atómica, denotada como A. Por tanto, un núcleo contiene A nucleones, de los que una cantidad Z son protones, y el resto (A−Z), neutrones.
La identificación de los portadores elementales de carga con el protón y el electrón son una buena referencia de hasta dónde se pudo llegar en la identificación de partículas elementales usando los recursos de la mecánica y el electromagnetismo clásicos. En los sucesivos capítulos veremos cómo nuevas teorías han propiciado el descubrimiento de nuevas partículas e incluso predicho la existencia de otras aun antes de ser descubiertas. Hemos incluido al electrón entre las partículas del modelo estándar, pero sin embargo, los nucleones no pueden considerarse elementales. Si bien el electrón puede estimarse como un bloque (figura 2), el protón y el neutrón precisan de una estructura para poder explicar las fuerzas nucleares y, por consiguiente, la estabilidad del núcleo atómico.

Materia e interacciones: fermiones y bosones

La interpretación de la radiación electromagnética abrió las puertas a la mecánica cuántica, lo que permitió comprender la estructura del átomo y el comportamiento de las partículas que lo componen. Una propiedad cuántica, el espín, serviría para distinguir en el modelo estándar las partículas que integran la materia de aquellas asociadas a las interacciones.

El desarrollo del electromagnetismo cambió nuestro concepto de materia, convirtiendo las sustancias que nos rodean en agregados de partículas positivas y negativas. El electromagnetismo supuso una revolución tanto en la industria como en la ciencia. Su conocimiento permitió desarrollar las técnicas experimentales hasta el punto de poder medir cantidades de una pequeñez inimaginable. La formulación de la teoría electromagnética por Maxwell posibilitó el estudio de la radiación electromagnética, lo cual condujo al desarrollo de la mecánica cuántica, y su formulación matemática, a la teoría de la relatividad de Einstein.

Las expresiones matemáticas de las ecuaciones de Maxwell explican las variaciones espacio-temporales de los campos eléctrico y magnético. Las fuentes del campo eléctrico son las cargas eléctricas, mientras que el magnético solo se produce cuando estas están en movimiento. La teoría de Maxwell permite generalizar este concepto de un modo un poco más abstracto, sin que sea preciso mencionar las cargas eléctricas: la variación del campo eléctrico origina un campo magnético y viceversa. Así, los campos eléctricos y magnéticos pueden propagarse en ausencia de cargas en forma de ondas electromagnéticas. Una onda mecánica se produce por una vibración que se propaga, haciendo oscilar las partículas del medio material en el que la perturbación avanza. En el caso del campo electromagnético, la *ecuación de onda* resulta de la combinación de las ecuaciones de Maxwell. Las ondas son oscilaciones sincronizadas de los campos eléctrico y magnético que se propagan a una velocidad igual a la de la luz. Maxwell publicó su trabajo en 1865. Pocos años después, en 1886, Heinrich Hertz lograría producir y recoger estas ondas. No es necesario explicar lo que a corto y largo plazo esto ha significado para nuestras comunicaciones. Sin embargo, es preciso recalcar que la radiación permitió establecer la naturaleza electromagnética de la luz visible, la cual es una pequeña porción del espectro de radiación electromagnética. Las frecuencias pequeñas (longitudes de onda grandes) son la base de nuestras comunicaciones actuales, mientras que la interacción de la radiación de grandes frecuencias con la materia puso de manifiesto la *cuantización* de la energía. Por otro lado, existía el problema de la propagación de las ondas electromagnéticas, para lo cual se pensó en un medio al que se llamó *éter* y que estaría presente en todo el espacio interestelar. En el capítulo próximo hablaremos del éter y de cómo la teoría de la relatividad lo hace innecesario. Por el momento nos centraremos en la cuantización de la energía y sus consecuencias para el modelo estándar, entre las que destacamos la identificación del fotón y el descubrimiento del espín.

LA TEORÍA CUÁNTICA Y EL FOTÓN

El concepto de *cuantificación* de la materia a partir de los átomos es algo intuitivo y pensado desde mucho antes de que el modelo atómico tomase bases científicas. Respecto a la cuantificación de la energía, el problema es diferente. La energía se mide a través de un trabajo que da cuenta de su transformación o paso de un estado a otro. Por ejemplo, hasta el siglo XIX se pensaba que el calor se propagaba por medio de un fluido llamado «calórico» que se introducía en los cuerpos calentándolos. El desarrollo de la *termodinámica*, con el establecimiento del equivalente mecánico térmico por James Prescott Joule en 1840, permitió entender la energía como un concepto general que puede tomar distintas formas. Sin embargo, no había ningún indicio de que la energía se propagase de manera discontinua, es decir, de una manera pulsada emitiendo corpúsculos elementales de energía.

En la primera década del siglo XX seguían abiertos algunos problemas relacionados con la interacción de la radiación con la materia, tales como el de los rayos X y el efecto fotoeléctrico, que las teorías clásicas no conseguían explicar. A estos problemas había que añadir la cuestión abierta de la estabilidad del átomo de Rutherford. Sin embargo, la primera aplicación de la hipótesis de cuantización de la energía aparece en un problema más cotidiano: la explicación de la emisión de radiación luminosa de un cuerpo a medida que aumenta su temperatura. El problema se conoce como el de la *radiación de un cuerpo negro*. El color de un cuerpo incandescente está relacionado con su temperatura; por ejemplo, a medida que se calienta un trozo de hierro, va tomando un color rojo que después se torna de un intenso blanco violeta. Una vez conocida la naturaleza electromagnética de la luz se podía aplicar dicha teoría para buscar la relación entre la frecuencia de la radiación emitida, que determina el color, y la temperatura del cuerpo emisor. Este problema era de gran relevancia en el tiempo en que comenzaban a utilizarse lámparas de incandescencia y se precisaba cuantificar su eficiencia. Por supuesto, para relacionar el color con la temperatura se precisa partir de un patrón de cuerpo negro. Un emisor ideal absorbe toda la radiación que recibe sin reflejar nada. Esto no es fácil, porque cualquier material cotidiano absorbe y emite energía, de modo que es muy difícil separar las frecuencias emitidas de las reflejadas, y además estas dependerían de la forma y la composición del cuerpo. Gustav Kirchhoff fue quien introdujo el nombre de *cuerpo negro*, y hacia 1860 propuso varias ideas de superficies que podrían comportarse como tales. Sin embargo, es muy difícil suprimir la reflexión con una sola superficie. Una buena aproximación de un cuerpo negro sería un recinto de paredes oscuras a modo de horno, tal que la radiación quede atrapada en la cavidad, y en el que a su vez, por una pequeña abertura, sea posible observar la radiación emitida a cada temperatura. El problema estuvo abierto durante varias décadas. Gracias al estudio del espectro de frecuencias de emisión se pudo establecer que para una temperatura determinada el máximo de energía se emite en un intervalo pequeño de frecuencias, es decir, se corresponde con un color determinado. Así se pudo establecer una relación entre el color del cuerpo y su temperatura, como se indica en la figura 1.

Desde el punto de vista teórico, se trató de explicar la radiación del cuerpo mediante la hipótesis de la agitación térmica de las cargas de los átomos que forman las paredes del cuerpo, ya que, según la teoría electromagnética, las cargas aceleradas emiten radiación. Aunque se consiguieron modelos que explican la emisión a bajas y altas frecuencias, un mismo modelo no conseguía explicar ambas situaciones, como sería el caso de una emisión continua. El hecho de que la fórmula produjese valores infinitos a frecuencias altas, contrariamente a la observación experimental como se muestra en la figura 1, molestaba bastante a los estudiosos del tema, y fue denominado «catástrofe ultravioleta». Max Planck consiguió explicar el espectro de emisión en 1900, postulando que los emisores de radiación distribuidos en las paredes del cuerpo negro solo pueden emitir energía de manera pulsada. Con esta hipótesis se explicaba la radiación del cuerpo negro, tanto a bajas como a altas frecuencias, asumiendo que cada emisor solo puede radiar energía en múltiplos de un cuanto fundamental cuyo valor es $h\nu$, donde h es una constante, y ν, la frecuencia de la radiación emitida. Con esta fórmula se podía obtener una expresión para la intensidad de emisión que reproducía la *ley Rayleigh-Jeans* para bajas frecuencias y la de *Wien* para altas frecuencias. Además, gracias a esta ecuación, se pudo determinar el valor de la constante h, a la que se denomina *constante de Planck*.

La hipótesis cuántica de Planck fue aplicada por Einstein para estudiar otra consecuencia de la interacción de la radiación con la materia: el efecto fotoeléctrico, descubierto en 1887, y sin ex-

FIG. 1

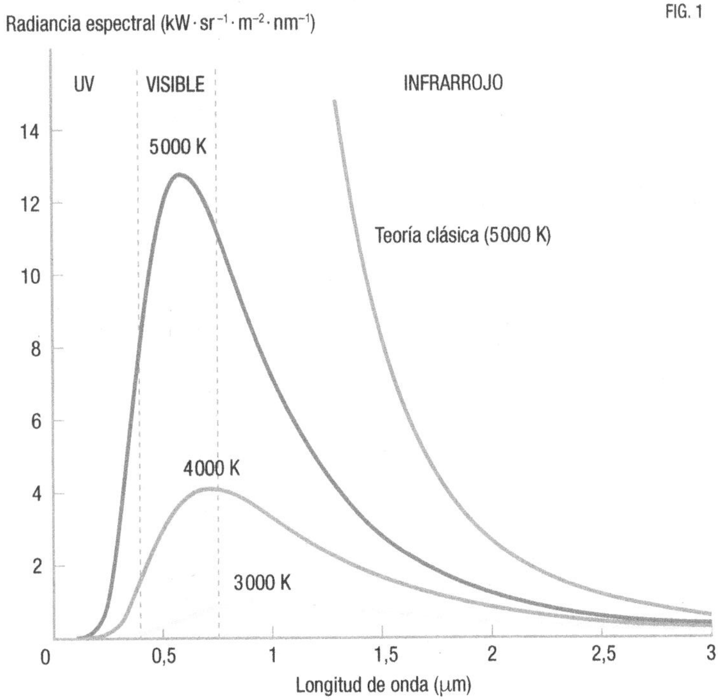

Curvas del cuerpo negro de Planck para varias temperaturas y la comparación con la teoría clásica de Rayleigh-Jeans. La mayoría de los «cuerpos negros» utilizados en experimentos de laboratorio son hornos con una abertura muy pequeña. Una vez que las paredes de la cavidad están en equilibrio térmico a una determinada temperatura, la radiación que se observa por el orificio corresponde, con gran precisión, a la de un emisor ideal.

plicación según el electromagnetismo clásico. La actual producción de energía fotovoltaica se basa en este efecto, consistente en la producción de una corriente eléctrica en ciertos metales al incidir luz sobre ellos. El mecanismo de absorción de la radiación por parte de los electrones y su abandono del metal depende de la frecuencia de la luz incidente y no de su intensidad, lo cual no podía explicarse con el electromagnetismo clásico. Según Einstein, la ondas luminosas estarían formadas por corpúsculos a los que hoy llamamos *fotones* de energía $E = h\nu$. Cada uno de

FIG. 2

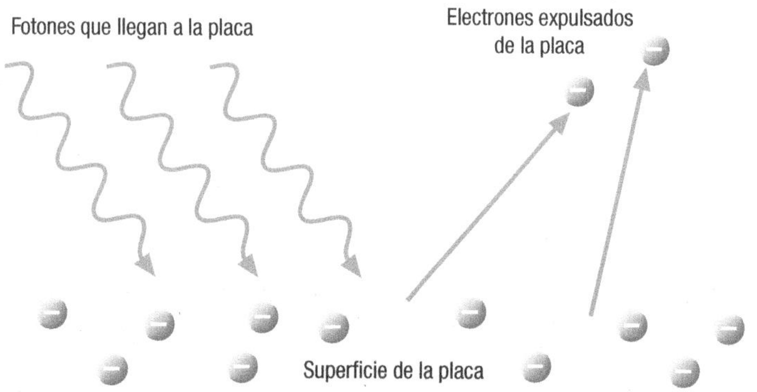

Cuando las condiciones son las adecuadas, los fotones que llegan de una fuente luminosa pueden chocar con electrones de la superficie de una placa (por ejemplo un panel solar), provocando la salida de electrones de dicha placa.

ellos actúa como una partícula que choca mecánicamente con un electrón que abandona la placa metálica cuando la partícula le confiere el momento suficiente (figura 2). De este modo se explica que el efecto fotoeléctrico solo se produzca por encima de una frecuencia umbral, por debajo de la cual los electrones no adquieren la energía suficiente para abandonar la placa. Por otro lado, el análisis de la corriente fotovoltaica permitió a Millikan determinar nuevamente la constante de Planck, obteniendo un valor muy similar al de Max Planck, de modo que sirvió de confirmación independiente de la hipótesis cuántica.

Obsérvese que Einstein se basó en una hipótesis similar a la de Planck, pero con una diferencia notable. Para Planck la cuantización se hacía sobre los emisores que emiten energía como múltiplos de una unidad fundamental $h\nu$, es decir, sus energías podían tomar valores $E = nh\nu$, donde n es un número natural, y la radiación emitida se podía comportar como una onda clásica. En cambio, Einstein asoció el paquete de energía a la radiación emitida en forma de un *cuanto* con $E = h\nu$, y no a sus múltiplos. Este cuanto se comporta como un corpúsculo con propiedades mecánicas de energía y momento. Se postula así el fotón, que es el primer *bosón* del modelo estándar. Aun sin tener masa, el fotón sí tendría momento lineal, y como este se conserva en los choques se podrían explicar otros fenómenos, como la *dispersión Compton* de rayos X o la producción de estos en el frenado *(bremsstrahlung)* de los electrones. Podemos asociar la idea de la naturaleza corpuscular de la luz a su propagación: las energías y el momento de una onda de materia están adscritos al medio en que esta se propaga; si la luz se propaga en el vacío, entonces la propia onda debe de transportar su energía y momento.

TEORÍA ATÓMICA, MECÁNICA CUÁNTICA Y EL ESPÍN DEL ELECTRÓN

Los fenómenos cuánticos habían sido observados al interpretar fenómenos a escala atómica. Parece lógico que se pensase en la hipótesis cuántica para estudiar el problema de la estabilidad del átomo que el modelo planetario de Rutherford deja sin resolver. En sistemas con fuerzas centrales, como el sistema planetario, la estabilidad de una órbita se explica por la conservación de la energía y del momento angular L, el cual es un vector perpendicular al plano de la órbita y su magnitud o módulo es producto de la masa de la partícula que gira por su velocidad y por su distancia al centro de giro: $L = m v r$. Como vimos en el capítulo anterior, cuando aplicamos este modelo al átomo, la atracción del núcleo podría explicar las órbitas del electrón. Sin embargo, mientras que un planeta conserva su energía en la órbita, un electrón sometido a la aceleración centrípeta de la órbita emite radiación electromagnética debido a su carga, lo cual supone pérdida de energía y su progresivo acercamiento al núcleo hasta ser absorbido por este. En 1913 Niels Bohr elaboró un modelo (figura 3) siguiendo las hipótesis de cuantización de Planck y Einstein, que se puede resumir como:

1. El electrón se mueve alrededor del núcleo en órbitas circulares debidas a la atracción electrostática del núcleo. Sin

embargo, solo son estables las órbitas en las que el momento angular L es un múltiplo entero de $h/2\pi$, en las que el electrón no absorbe ni emite energía.

2. Cuando un electrón pasa de una órbita inicial con energía E_i a una órbita final con energía E_f emite un fotón cuya frecuencia es $\nu = (E_f - E_i)/h$.

El primer postulado resuelve con un decreto, irreconciliable con la física clásica, el problema de la estabilidad del átomo. El segundo postulado explica un problema muy estudiado en la época: la emisión discreta de la radiación por parte de los átomos excitados. Esta radiación se emite en frecuencias determinadas y, una vez recogida en placas fotográficas, da lugar a líneas características de cada átomo, conocidas como *espectro atómico*. Desde el punto de vista clásico, el espectro debería de ser continuo. Sin embargo, en átomos como el hidrógeno, varias secuencias de líneas están muy bien establecidas y reciben los nombres de sus descubridores: serie de *Lyman*, de *Paschen*... La hipótesis de Bohr, además de explicarlas, conseguía predecir algunas más que serían observadas después.

El modelo atómico de Bohr fue refinándose progresivamente para encajar la estructura fina de los espectros atómicos. Esta consiste en el desdoble de los niveles de energía del átomo de Bohr en un conjunto de líneas muy delgadas, correspondientes a subniveles de energía muy próximos entre sí. Arnold Sommerfeld interpretó algunas líneas incluyendo los efectos relativistas del movimiento del electrón en su órbita y explicó otras asumiendo que las órbitas podrían ser elípticas. Por otro lado, las órbitas de los electrones son sensibles a los campos magnéticos, lo que explica un nuevo desdoble de las líneas espectrales en átomos sometidos a estos campos, fenómeno conocido como *efecto Zeeman*, en honor a su descubridor. El perfeccionamiento del modelo gracias a un buen número de investigadores dio lugar a un átomo de órbitas cuantizadas cuyas formas y orientación quedaban determinadas por tres números cuánticos: n, número cuántico principal, que se relaciona con la energía del nivel y la

FIG. 3

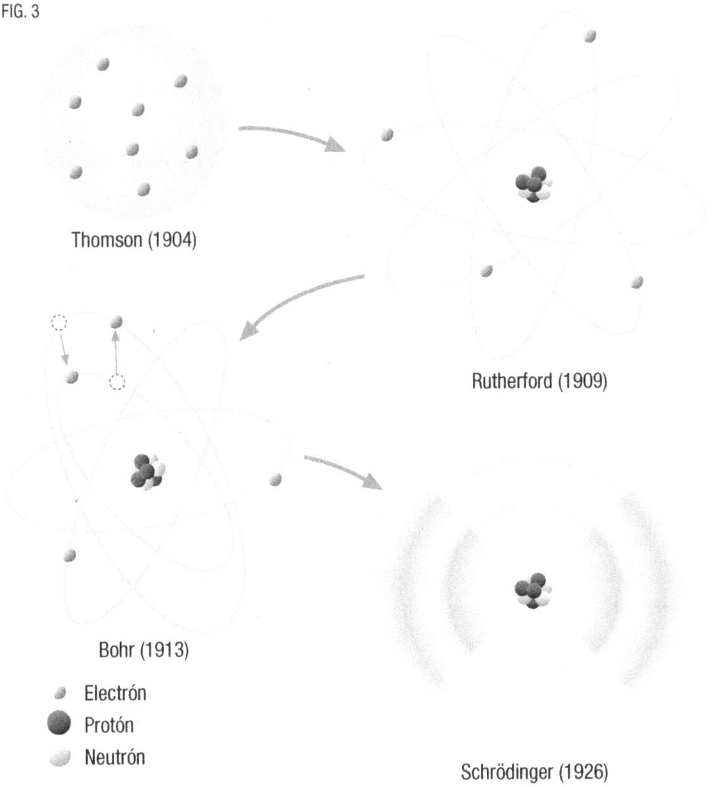

Evolución del modelo atómico. El átomo de Thomson incorpora el descubrimiento del electrón; el de Rutherford, el núcleo atómico; el de Bohr explica la estabilidad de las órbitas de los electrones, estableciendo que estos solo ocupan órbitas específicas caracterizadas por sus niveles energéticos y que pueden saltar de una a otra, y el de Schrödinger identifica los electrones como nubes de probabilidad de presencia de diversas formas en torno al núcleo. Aunque el neutrón aparece representado en tres de los esquemas como un componente del núcleo, no fue identificado hasta 1932.

distancia media entre el electrón y el núcleo; l, número cuántico azimutal, que indica la forma de los orbitales, y m, el número cuántico magnético, que indicaría la orientación de las órbitas. En 1925, Wolfgang Pauli intuyó que cada electrón en un átomo ocupaba un nivel de energía único y que es determinado por un valor único de los números cuánticos. Este postulado, que se conoce como *principio de exclusión*, es fundamental para determinar la estructura de la corteza electrónica de los átomos y, con ello, las propiedades químicas de los elementos. Sin embargo, necesitaba un número más, que se introdujo posteriormente, y al que se llamó *espín*. Los valores que pueden tomar los números cuánticos se resumen en la tabla de abajo.

El espín es una propiedad de los electrones sin equivalente en la física clásica. Fue introducido en 1925 por los físicos Samuel Abraham Goudsmit y George Eugene Uhlenbeck cuando hacían su doctorado. Siguiendo el análogo clásico, imaginaron que el electrón podría girar sobre sí mismo, de manera parecida al movimiento de rotación de los planetas, con lo que adquiriría un momento angular intrínseco. Al nuevo momento angular, al que se denominó *espín* (de la palabra inglesa *spin*, sin un equivalente en español, que designa el giro de un objeto sobre sí mismo), se asocia un número cuántico adicional, el cual puede tomar dos valores iguales y opuestos, según el sentido del giro sea a favor o en contra de las agujas del reloj. Con esta propiedad se explica el *experimento de Stern-Gerlach* (1924) en el que se observaba

Número cuántico	Valores	Significado
Principal, n	1, 2, 3...	Nivel energético
Azimutal, l	Para cada n: 0, 1,..., $n-1$	Distribución espacial de la probabilidad
Magnético, m	Para cada l: entre $-l$ y $+l$	Orientación del orbital
Espín, s	+1/2 y −1/2	Espín del electrón

Números cuánticos que describen el estado de energía de los electrones en la corteza atómica. Postulados con anterioridad a la ecuación de Schrödinger, se corresponden con las soluciones de esta y explican el orden en el que los electrones se disponen en el átomo. Según el principio de exclusión de Pauli, a cada electrón le corresponde un estado de energía, por lo que son necesarios cuatro números cuánticos para asignar a cada electrón su lugar en la corteza atómica. Las semejanzas en la ocupación de los últimos niveles energéticos de los electrones explican las propiedades periódicas de la tabla de los elementos.

el desdoblamiento de un haz de átomos de plata al pasar por un campo magnético no homogéneo. Además, se introducía el número adicional requerido por Pauli para explicar el estado cuántico de cada electrón en el átomo. El espín, sin embargo, no puede asociarse al giro de una partícula cargada sobre sí misma; en el caso del electrón, la velocidad de giro debería ser superior a la de la luz para explicar los valores experimentales. Además, hay otras partículas, como el *neutrino*, que, aun no teniendo carga, presentan un espín igual al del electrón.

El estudio de fenómenos a nivel atómico dejaba claro que las leyes de la física clásica no eran suficientes para explicarlos. Sin embargo, las hipótesis cuánticas tampoco bastaban, puesto que ofrecían reglas sin un fundamento claro. La mecánica cuántica fue la teoría adecuada para encajar estas hipótesis. Esta se basa en el carácter ondulatorio de la materia. De la misma manera que la idea de cuantización se introdujo postulando que las ondas de radiación se comportaban como una partícula, Louis de Broglie postuló que cualquier partícula en movimiento llevaba asociada una onda de longitud $\lambda = h/p$, donde h es la constante de Planck y p, el momento lineal. Para una piedra de unos gramos esta longitud de onda es inapreciable. Sin embargo, partículas como el electrón manifiestan propiedades ondulatorias observables. Muy pronto se comprobó experimentalmente que un haz de electrones se difracta al igual que las ondas luminosas. Curiosamente, uno de los estudiosos del tema fue el hijo de J.J. Thomson, George Paget Thomson, quien recibió el premio Nobel en 1937 junto a Davisson por su trabajo en la difracción de electrones. El físico e historiador de la ciencia Max Jammer comentó que Thomson padre recibió el Nobel por demostrar que el electrón es una partícula y, treinta años después, su hijo recibía el mismo premio por demostrar que el electrón es una onda. Hoy en día la naturaleza ondulatoria de los electrones es la base del microscopio electrónico.

La interpretación de las ondas asociadas a cada partícula llevó a replantearse el sentido de la observación física. Clásicamente, conocemos la trayectoria de un objeto en movimiento conociendo su posición y su velocidad. En cambio, si este objeto se mueve como una onda, la posición y la velocidad aparecen difuminadas. Werner Heisenberg estableció su famoso *principio de incertidumbre* basándose en que la medida de cualquier parámetro físico implica una perturbación del sistema. Por ejemplo, si queremos medir la posición de un objeto macroscópico el error del instrumento puede ser irrelevante respecto del valor de la medida. Sin embargo, en una partícula diminuta su naturaleza ondulatoria limita la precisión en la medida de su posición, la cual no puede ser mayor que la longitud de onda de De Broglie asociada a la partícula. El principio de incertidumbre de Heisenberg, aplicado a una partícula que se mueve en una recta, puede interpretarse como la imposibilidad de medir simultáneamente la posición de la partícula x y su momento lineal p. Los correspondientes errores en la medida simultánea de ambas cantidades, Δx y Δp, verifican la relación: $\Delta x \Delta p \geq h/(4\pi)$. De esta relación se puede concluir que si se pretende medir la posición extremadamente bien, la medida de la velocidad o momento de la partícula será mucho más incierta.

La física clásica tiene un formalismo matemático determinista. Por ejemplo, si sabemos que una partícula está sujeta a la acción de una fuerza, conociendo su posición y su velocidad en un instante podemos dibujar una trayectoria que predice su posición en cualquier momento. En el caso cuántico la situación es diferente, los *observables* pueden tener *valores discretos* y además están localizados en una onda en lugar de en un punto. Por tanto, un sistema como el átomo no se puede concebir como un sistema planetario de órbitas bien definidas. La mecánica cuántica fue formulada en la segunda década del siglo XX. En principio existieron dos desarrollos: el matricial de Heisenberg y el ondulatorio de Schrödinger, aunque pronto se demostró su equivalencia. En el formalismo de Heisenberg los operadores se cuantifican mediante matrices y la evolución del sistema estaría determinada por las transiciones de un elemento a otro. En lugar de una evolución determinista del sistema, el principio de incertidumbre se incorpora a través de reglas de conmutación matricial. Erwin Schrödinger, en cambio, parte de la naturaleza ondulatoria de las partículas, a las que asigna una función de onda; los observables son operadores diferenciales que actúan sobre esta, de modo que cuando se escribe la energía del sistema en función de ellos se forma una ecuación de ondas, que es la famosa *ecuación de Schrödinger*. Aunque una explicación más detallada va más allá de nuestro propósito, podemos entender que la formulación de la mecánica cuántica no se basa en unas leyes concretas, como la gravedad o el electromagnetismo, sino en buscar una idea en la que encaje la evidencia experimental. Por eso, la mecánica cuántica ha sido polémica desde sus orígenes y continuamente invocada por motivos ajenos a la física. Sin embargo, su éxito es irrefutable. Por ejemplo, en el caso del átomo, los números cuánticos aparecen como los autovalores de las matrices del formalismo de Heisenberg, mientras que en la interpretación de Schrödinger aparecen como los parámetros de ondas estacionarias que explicarían que el electrón no emita energía y que el átomo sea estable. Max Born interpretó la función de onda de un modo estadístico, de manera que el cuadrado de su valor absoluto en un punto representa la probabilidad de encontrar al electrón en dicho punto. En el caso del átomo de hidrógeno, los valores más probables de la posición del electrón se corresponden con las órbitas de Bohr. El espín se incorpora a la ecuación de Schrödinger como un operador que contribuye a la energía del sistema en presencia de campos magnéticos. Este operador se construye mediante las llamadas *matrices de Pauli*, cuya importancia quedará patente en el próximo capítulo. Sin embargo, el espín es una propiedad intrínseca de cada tipo de partícula, y por tanto debe ser incorporado a la función de onda de esta. El espín va a determinar el comportamiento colectivo de las partículas en un sistema. Las partículas de espín entero pueden coexistir en el mismo estado de energía y se denominan *bosones*. En el caso del modelo estándar son partículas asociadas a las interacciones, de las que ya conocemos al fotón, al que hemos relacionado con la interacción electromagnética. Las partículas de espín semientero se denominan fermiones y su

> El progreso técnico implica tres elementos: conocimiento, energía y materiales.
>
> **George Paget Thomson**

comportamiento colectivo está condicionado por el principio de exclusión de Pauli, que no permite que dos fermiones idénticos ocupen el mismo estado de energía. Los electrones son el primer ejemplo de fermiones cuyo espín vale $1/2\,\hbar = 1/2\,(h/2\pi)$, siendo $\hbar$ la constante reducida de Planck. Gracias al espín podemos entender la distribución de los electrones en la corteza atómica: los electrones se distribuyen en orbitales que se van ocupando de menor a mayor energía y solo dos electrones pueden ocupar cada orbital, correspondiéndose con las dos proyecciones del espín $+\hbar/2$, $-\hbar/2$. En el modelo estándar los fermiones son los constituyentes de la materia. Como ya se ha mencionado, el electrón fue el primero en ser descubierto. En cambio, el protón, aunque también es un fermión, no es una partícula elemental, ya que está formado por quarks, otro tipo de partículas de las que se hablará más adelante.

EL AVANCE EXPERIMENTAL, LOS RAYOS CÓSMICOS Y LA OBSERVACIÓN DE PARTÍCULAS NO ATÓMICAS

En el capítulo anterior se mencionó cómo el electromagnetismo aportó un enorme empuje a la experimentación; difícilmente alguien hubiera pensado que era posible medir algo tan pequeño como la masa del electrón. Sin embargo, Robert Millikan en 1913 consiguió medir su carga, y gracias a la relación carga/masa obtenida por J.J. Thomson se pudo determinar su masa, que resultó ser $m_e = 9{,}11 \cdot 10^{-31}$ kg.

Millikan, además, estaba convencido de la naturaleza ondulatoria de la luz, y por ello estudió el efecto fotoeléctrico tratando de rebatir la teoría de Einstein. Sin embargo, los resultados de sus experimentos acerca de la emisión fotoeléctrica en varios metales, publicados en 1914, sirvieron para confirmar el carácter corpuscular de la luz, y además, usando la teoría de Einstein, se pudo obtener el valor de la constante de Planck, cuyo valor era similar al obtenido de la radiación del cuerpo negro. La constante de Planck quedaba determinada, entonces, por dos métodos completamente diferentes, lo que consolidaba las hipótesis cuánticas.

MIDIENDO LA CARGA DEL ELECTRÓN

El experimento de Robert Millikan es realmente ingenioso, una prueba de que en ocasiones los grandes problemas de la física precisan de la llegada de la persona adecuada para resolverlos. Aunque muy difícil de realizar, el citado experimento, pensado para medir la carga del electrón, es sencillo de describir: se basa en observar la caída de gotas de aceite cargadas dentro de un campo eléctrico (véase la figura). Una gota de masa m y carga q cae por acción de la gravedad con una fuerza mg; si se dispone de un campo eléctrico E, de modo que la fuerza eléctrica qE actúe en sentido opuesto, se puede seleccionar un valor de E tal que la gota quede flotando cuando $mg = qE$. De este modo, conociendo m, g y E, es posible determinar la carga de la gota de aceite.

Gotas de tamaño ínfimo

El tamaño de las gotas de aceite puede reducirse tanto que pueden adquirir cargas de unas pocas veces la carga del electrón. La observación de la caída de numerosas gotas permite determinar que cada gota de aceite posee una carga cuyo valor es múltiplo de una carga mínima, que es la que corresponde a un solo electrón. Millikan obtuvo un valor parecido al aceptado actualmente, $e = 1{,}60217653(14) \cdot 10^{-19}$ culombios, y con el valor de e/m se consiguió determinar la masa del electrón, $m_e = 9{,}11 \cdot 10^{-31}$ kg, que hasta ahora es la masa más pequeña jamás medida (aunque hay evidencias de que las masas de los neutrinos son muy inferiores a la del electrón, aún no se ha conseguido medirlas directamente).

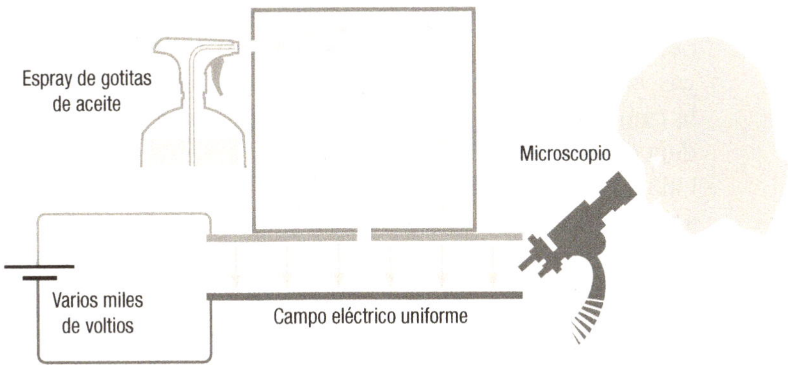

Esquema básico del experimento de Millikan, en el cual se hacen flotar gotitas de aceite en espray mientras se aplica un campo eléctrico y se observa con un microscopio de qué manera caen algunas de ellas. Observando la caída de muchas gotas, se puede deducir que cada gota posee una carga cuyo valor es múltiplo de una carga mínima, que es la que corresponde a un único electrón.

En el capítulo anterior también mencionamos cómo, gracias a pantallas fosforescentes, Rutherford y sus colaboradores observaban señales de partículas individuales. Aunque esta técnica era tremendamente laboriosa, con ella se consiguió descubrir el núcleo atómico. Las placas fotográficas, a pesar de que su uso es más complejo, ofrecen un registro de las partículas que inciden en ellas. Sin embargo, las partículas cargadas producen señales mucho más fáciles de registrar, gracias a la ionización del medio material por el que pasan. Esta es la base de varios detectores de partículas, de los que quizá el más sencillo sea el *contador Geiger* de la figura 4; este consiste en un tubo metálico con un hilo concéntrico en su interior, a modo de condensador cilíndrico sometido a un alto voltaje. Cuando una partícula cargada entra en el tubo produce ionización del gas, de manera que las cargas originadas se desplazan hacia ambos electrodos produciendo una corriente que puede medirse. Otros detectores más sofisticados, como las *cámaras de chispas*, se basan en este mismo principio. Entre dos placas metálicas sometidas a un alto voltaje se coloca un gas como helio o neón. El paso de una partícula cargada por la cámara produce su ionización, la cual, gracias al alto voltaje, deja un rastro de chispas a lo largo de la trayectoria de la partícula. Los detectores de descarga son aún muy utilizados, gracias a los avances de la electrónica. Los llamados *detectores proporcionales* contienen gas en su interior, como las cámaras de chispas, pero en este caso recogen la carga liberada al paso de las partículas, la cual es proporcional a su energía. Las *cámaras de deriva*, por su parte, disponen de múltiples ánodos, de manera que es posible recomponer la trayectoria de la partícula por la posición del que recibe la carga.

> El propósito de la ciencia es desarrollar, sin prejuicios de ninguna clase, un conocimiento de los hechos, las leyes y los procesos de la naturaleza.
>
> **Robert Millikan**

La cámara de niebla (o también cámara de Wilson) utiliza la ionización como principio de detección, pero de una manera diferente a los tubos de descarga. Consiste en un recipiente que contiene vapor sobresaturado de agua o alcohol; cuando la partí-

FIG. 4

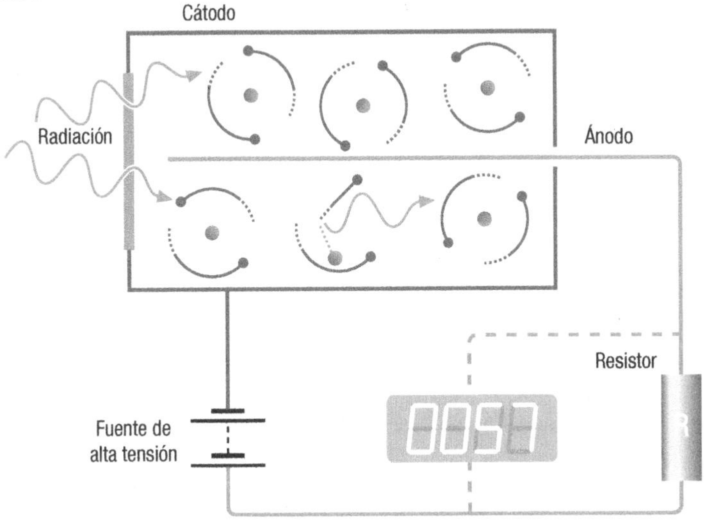

Esquema de un contador Geiger. Una fuente de alta tensión proporciona una diferencia de potencial entre un cátodo y un ánodo, y la radiación incidente ioniza el gas contenido en el detector produciendo un pulso eléctrico que registra el contador.

cula lo atraviesa ioniza el gas y los iones provocan su condensación, dejando una traza visible de gotas de líquido. Las partículas dejan trazas diferentes según su tamaño y energía. Además, si se dispone un campo magnético, es posible distinguir entre las trayectorias de las partículas positivas y negativas. El positrón fue descubierto por Carl Anderson en 1932 utilizando una de estas cámaras. Las cámaras de niebla evolucionaron a las cámaras de burbujas. En ellas el gas se reemplaza por un líquido sobrecalentado sobre el que el paso de una partícula deja una traza visible de burbujas por vaporización del líquido. Actualmente, gracias a nuestro mejor conocimiento de los materiales y la electrónica, son muy utilizados los detectores de centelleo. Estos se basan en plásticos o cristales orgánicos cuyas moléculas se excitan al paso de la radiación sin llegar a ionizarse, pero produciendo una luminosidad observable en su desexcitación.

CASCADA DE PARTÍCULAS POR RAYO CÓSMICO

Cascada de partículas producida por un rayo cósmico (un protón muy energético) que se desintegra al entrar en la alta atmósfera. La interacción del protón original con núcleos atmosféricos (nitrógeno y oxígeno) produce un millón de partículas. Las que se producen por interacción fuerte son los bariones: protones (p) y neutrones (n), y los mesones: piones (π^+, π^-, π^0). Las procedentes de interacciones débiles y electromagnéticas son los leptones: electrones (e^-), positrones (e^+), muones (μ^-), antimuones (μ^+) y neutrinos (ν, no mostrados), y los fotones (γ) .

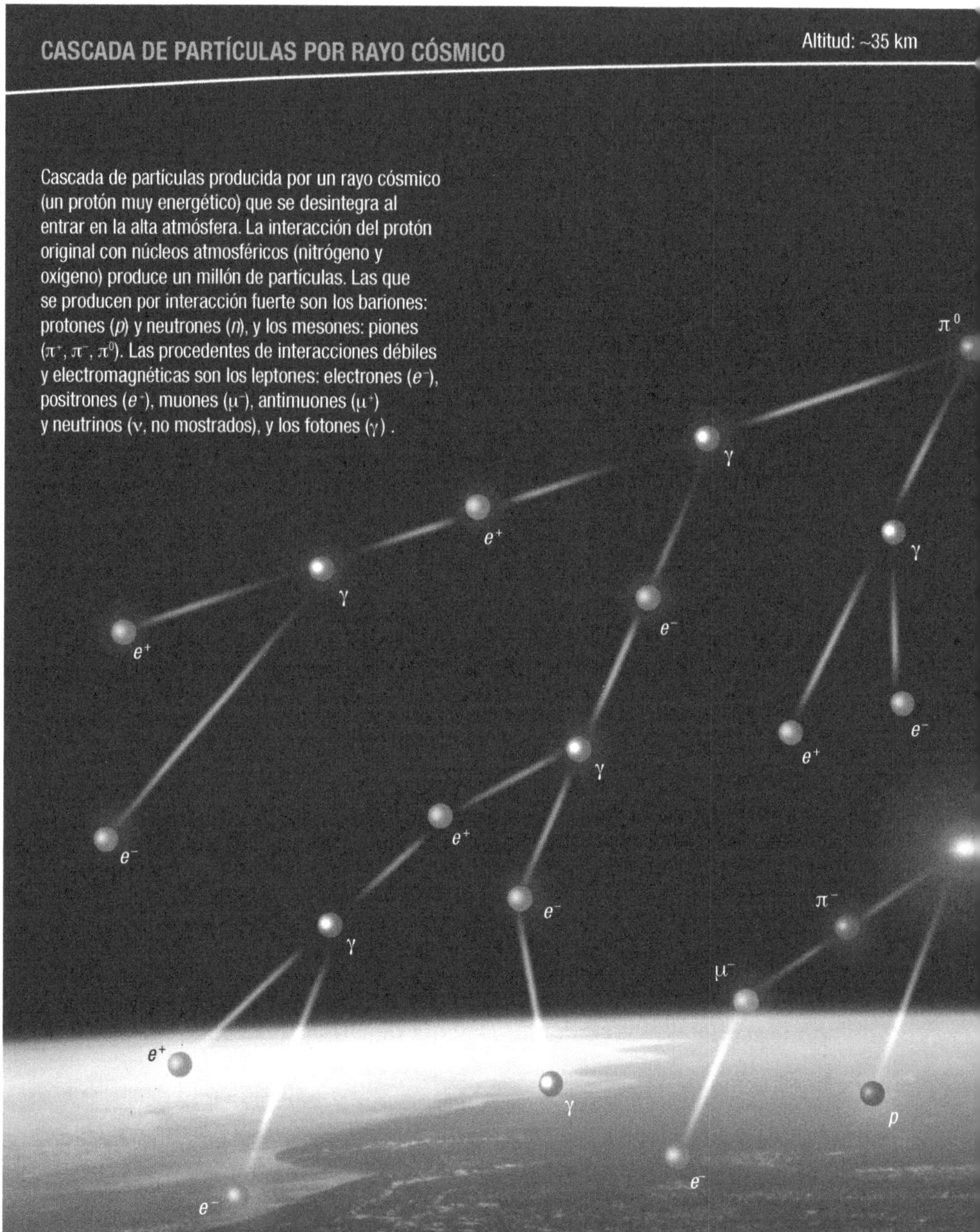

Energía: 10^{15} eV
p
π^-
μ^-
n
p
π^+
π^+
p
n
π^-
μ^+
n
n
p
π^-

Desde las primeras etapas de su desarrollo los instrumentos de detección fueron orientados a la búsqueda de radiación no terrestre. En 1912 Victor Hess realizó experimentos con globos aerostáticos y descubrió que el nivel de radiación aumentaba a medida que el globo ascendía. Hess atribuyó esta radiación a fuentes fuera de la atmósfera. En principio se pensó que esa radiación era de tipo electromagnético, y por eso se denomina radiación cósmica. Sin embargo, por su desviación en campos magnéticos pronto se pudo saber que está constituida, en su mayor parte, por partículas cargadas. De hecho, la radiación cósmica fue la única fuente de partículas con altas energías hasta que hacia 1950 aparecieron los primeros grandes aceleradores artificiales. Gracias a la radiación cósmica se observaron las primeras partículas no atómicas: el positrón (1932) y el muon (1936).

Los rayos cósmicos están formados en un 89% por protones, en un 10% por helio y el 1% restante corresponde a elementos más pesados. Los más energéticos proceden de fuera del sistema solar, pudiendo alcanzar algunos de ellos energías mayores de 100 TeV, muy superiores a los 10 TeV que alcanza el mayor de los aceleradores terrestres (el LHC del CERN). Estos, al colisionar con las moléculas de gas de la atmósfera, producen una cascada de partículas (véase la imagen de las págs. 50-51) que forman los rayos cósmicos secundarios. Partículas como los muones llegan a tierra en gran cantidad. Aunque en principio su vida media es muy corta, llegan a tierra debido a que viajan a velocidades próximas a la luz, lo que alarga decenas de veces su periodo de existencia, al transcurrir el tiempo más despacio para ellas. El muon es una de las pocas partículas que se adelantaron a su tiempo, es decir, que apareció antes de que se predijese su existencia, y tendría que esperar a que se formulase la teoría de la interacción débil para ser entendida. La aparición del positrón, en cambio, se identificó rápidamente como la antipartícula del electrón predicha por la ecuación de Dirac.

Partículas relativistas. La ecuación de Dirac

La comprensión de la teoría electromagnética conllevó el desarrollo de la teoría de la relatividad, y gracias a esta se pudo observar la primera partícula no atómica del modelo estándar, el muon, e identificar al último componente del núcleo atómico, el neutrón. La relación entre la mecánica cuántica y la relatividad especial vino de la mano de Paul Dirac.

Cuando se hizo patente la naturaleza ondulatoria de la luz surgió el problema de su medio de propagación. Otras ondas, como el sonido, se propagan de modo mecánico produciendo vibraciones en el medio material que atraviesan; en el vacío las ondas sonoras no se propagan. Si la luz se propagase de un modo parecido, todo el universo debería estar inmerso en una sustancia que sirviese de medio material para su transmisión. Sería como si el universo fuese una gran pecera llena de una sustancia hipotética llamada *éter* que proporcionaría a la luz su medio de propagación y en cuyo seno se moverían los objetos celestes. En el éter la luz se movería con la velocidad $c \sim 300\,000$ km/s, mientras que en otros medios su velocidad, v, es menor, ya que el índice de refracción de cualquier medio material, definido como $n = c/v$, es mayor que la unidad. Consecuentemente, el éter debería tener unas propiedades difíciles de encontrar en cualquier sustancia terrestre: densidad y viscosidad casi nulas para no ser notado por los cuerpos que se mueven en su interior, y, por el contrario, una rigidez mayor que la de cualquier cuerpo conocido, para que la velocidad de propagación de la luz en él fuera superior que en cualquier otra sustancia. Por otro lado, si la luz se propaga en un medio, su velocidad debería cambiar para un observador en movimiento respecto de este medio; por tanto, la velocidad de la luz cambiaría según la Tierra se moviese en la dirección del foco emisor o en contra.

LA TEORÍA DE LA RELATIVIDAD ESPECIAL Y EL DESCUBRIMIENTO DEL MUON

La desviación de trayectoria de la luz de las estrellas, fenómeno conocido como *aberración estelar*, parecía implicar que la velocidad de la Tierra afecta a la velocidad de propagación de la luz. Esto es, un observador en la Tierra observaría el movimiento de una estrella con una velocidad $\vec{c}-\vec{v}_T$, donde $\vec{c}$ es la velocidad de la luz respecto al éter y $\vec{v}_T$ es la velocidad de la Tierra en su movimiento alrededor del Sol; puesto que la suma es vectorial, la dirección de los rayos que se mueven con velocidad $\vec{c}'$ cambian durante el año y esto hace que la estrella aparezca en una posición diferente en el otoño que en la primavera. El efecto es parecido al cambio de trayectoria de las gotas de lluvia cuando caminamos deprisa o corremos, aun en ausencia de viento (figura 1). En este caso las gotas se mueven respecto del aire con una velocidad perpendicular al suelo que podemos llamar $\vec{v}_L$, con lo que un observador en reposo observa que las gotas le llegan justo desde arriba, con una trayectoria totalmente vertical. Sin embargo, un observador que camina o corre con una velocidad $\vec{v}_O$ recibe la lluvia en una dirección oblicua determinada por la suma vectorial $\vec{v}_L-\vec{v}_O$. En el caso de la luz, la velocidad de la Tierra alrededor del Sol es de unos 30 km/s, lo que supondría un 0,01% de la velocidad de la luz en el éter. Un instrumento capaz de medir la velocidad de la luz con un error inferior a este podría ser utilizado para comprobar el arrastre del éter, ya que la velocidad de la luz debería cambiar según la luz se reciba a favor o en contra del movimiento de la Tierra. Hacia 1887, Albert A. Michelson y Edward W. Morley habían perfeccionado un método basado en interferencias de haces luminosos, uno moviéndose en la dirección de la Tierra y otro perpendicular a esta, tal que

FIG. 1

En ausencia de viento, cuando alguien está inmóvil bajo la lluvia las gotas le llegan totalmente en vertical. Pero si echa a andar rápido o a correr, recibe las gotas en una dirección oblicua.

el patrón de interferencias de ambos rayos daría cuenta de diferencias en la velocidad de propagación en ambas direcciones. El resultado determinó que la velocidad de la luz era la misma, independientemente de su dirección de propagación respecto de la Tierra, lo cual no era compatible con la presencia de un éter en reposo. Este experimento, conocido como el *experimento de Michelson-Morley*, es quizá el experimento con resultado negativo más famoso de la historia. Si bien no explicaba la existencia del éter, tampoco la excluye, lo que agrandaba aún más su misterio, confirmando que la luz se propaga en él con una velocidad fija, independiente del movimiento del observador. Para entender lo sorprendente de este descubrimiento consideremos un ejemplo a nuestra escala: un observador recibe la luz de los faros de un auto en reposo con una velocidad c; cuando comienza a alejarse con velocidad v la luz es recibida por el observador con la misma velocidad c y no con $c+v$.

Además del problema de la velocidad de la luz, los sistemas de referencia planteaban otro para el electromagnetismo. Un sistema se denomina *inercial* si un objeto que se mueve respecto de él verifica la *primera ley de Newton*, es decir, no cambia su estado de reposo o de movimiento con velocidad constante. Un objeto está en una posición x respecto de un sistema de referencia en reposo; aparentemente esa posición se corresponde con la posición $x'=x-vt$ en otro referencial que se desplaza con una velocidad constante v respecto de él. Este cambio de coordenadas se llama *transformación de Galileo*. Parece sorprendente que mientras las fuerzas mecánicas son invariantes a ese cambio de coordenadas, las fuerzas electromagnéticas no lo sean. Esto quiere decir que la medida de una fuerza mecánica, como la producida por el resorte de una balanza para indicar nuestro peso, es la misma en cualquier sistema de referencia inercial. En cambio, la fuerza que produce un campo magnético B sobre una carga q que se mueve con velocidad v, cuyo módulo es qvB, sería diferente en otro sistema de referencia que se desplace a velocidad constante respecto del anterior. Un ascensor puede servirnos de ejemplo de sistema de referencia (figura 2). Cuando está en reposo o se mueve con velocidad constante es un *referencial inercial*. En cambio, cuando acelera no lo es. Si colocamos una balanza en el suelo del ascensor para medir el peso de una persona de 80 kg, esta mide el valor de la fuerza normal que el suelo ejerce sobre la persona que, en caso de que el ascensor no esté acelerado, es igual a su peso, $mg=800$ newtons (N) (aproximando g a 10 m/s^2). Por lo tanto, la medida de la balanza es la misma cuando el ascensor está parado que cuando sube o baja con velocidad constante. En cambio, para pasar de reposo a movimiento o viceversa, el ascensor debe acelerarse, convirtiéndose en un *referencial no inercial*. Si sube con una aceleración constante de 1 m/s^2, la fuerza normal que el suelo del ascensor ejerce sobre la persona no solamente ha de sostener su peso, sino además empujarle con una fuerza $F=ma$, con lo que la lectura de la balanza es la suma de ambas, $mg+ma=880$ N (88 kg). En el caso de que el ascensor baje con la misma aceleración, la balanza mide una fuerza inferior al peso, $mg-ma=720$ N (72 kg). En el caso extremo de que la bajada se realizase con una aceleración igual a la gravedad,

FIG. 2

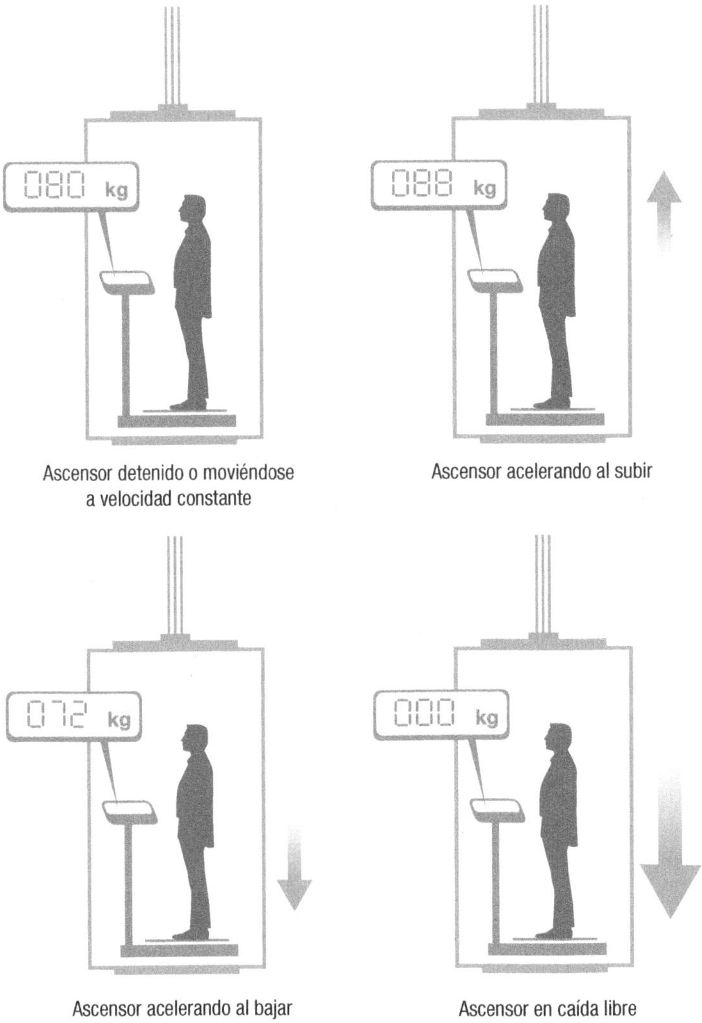

La figura muestra un ascensor como ejemplo de sistema de referencia. La persona pesa lo mismo sobre una báscula con el ascensor inmóvil que cuando sube o baja a una velocidad constante. Si acelera hacia arriba, pesa más. Si acelera hacia abajo, pesa menos. Si el ascensor bajase en caída libre, el peso de la persona sobre la báscula durante la caída sería cero.

LAS TRANSFORMACIONES DE GALILEO Y DE LORENTZ

Consideremos por sencillez el movimiento en una sola dirección, y definamos un sistema de referencia con un origen donde se empieza a contar el tiempo t y la distancia x, como se ilustra en la figura. Dos sistemas de referencia inerciales R y R' pueden desplazarse uno respecto del otro con una velocidad constante v. Si consideramos fijo el sistema R, el sistema R' se mueve respecto de R con la velocidad v. La posición de un objeto en R en un instante t viene dada por la posición x respecto a su origen, mientras que en el R' sería x'. La relación que permite relacionar la misma posición en ambos sistemas:

$$t'=t,\ x'=x-v\,t,\ y'=y,\ z'=z,$$

se denomina *transformación de Galileo*. Las leyes de Newton son invariantes ante ese cambio de coordenadas; en cambio, las ecuaciones de Maxwell no lo son. Lorentz y Poincaré encontraron una transformación de coordenadas que deja invariantes las ecuaciones de Maxwell. Esta se conoce como *transformación de Lorentz* y obedece a las relaciones:

Galileo en un cuadro pintado por un artista italiano de identidad desconocida, probablemente en el siglo XVIII. A la derecha, Albert Einstein junto a Hendrik Lorentz en una fotografía tomada en 1921.

$$t'=\gamma\,(t-v\,x/c^2),\; x'=\gamma\,(x-v\,t),\; y'=y,\; z'=z,$$

donde

$$\gamma=\frac{1}{\sqrt{1-v^2/c^2}}$$

es mayor que 1 y es el factor de dilatación del espacio y de contracción de longitudes.

La aportación de Einstein

Albert Einstein, en su teoría de la relatividad especial, postuló que ese tipo de transformaciones también son aplicables a la mecánica, lo que generaliza el concepto de movimiento relativo y hace que la velocidad de la luz sea la máxima alcanzable. Obsérvese que cuando $v/c \sim 1$, γ se hace muy grande, con lo que el tiempo t' puede ser mucho mayor que t. En cambio, cuando v es mucho menor que c, la transformación de Lorentz se reduce a la de Galileo; en este caso un objeto que se mueve respecto del referencial en movimiento con una velocidad $v'=dx'/dt'$ se relaciona con la velocidad respecto del referencial fijo $v=dx/dt$ mediante la relación $v'=v-v_o$. Si la luz recorre un espacio x en tiempo t en el primer sistema, su velocidad es la misma que en el segundo sistema, ya que $c=x/t=x'/t'$.

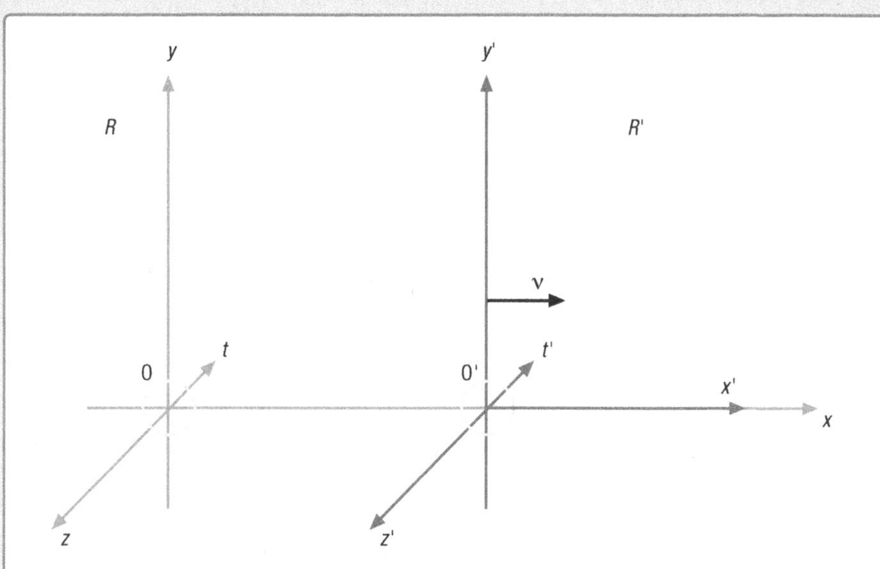

Las leyes y hechos fundamentales más importantes de la ciencia física han sido todos descubiertos, y están tan firmemente establecidos que la posibilidad de que lleguen a ser reemplazados a consecuencia de nuevos descubrimientos es extremadamente remota.

Albert A. Michelson

la balanza no mediría ninguna fuerza (marcaría 0 kg) y la persona tendría la sensación de ingravidez.

Las fuerzas electromagnéticas, en cambio, no toman el mismo valor en todos los sistemas de referencia inerciales. Consideremos, por ejemplo, el movimiento relativo entre una carga y un imán. Cuando el imán está en reposo crea un campo magnético constante B. Si hacemos pasar una carga q a una velocidad v por su zona de influencia esta experimenta una fuerza $q\,v\,B$. En cambio, si tomamos otro sistema de referencia inercial en el que la carga esté en reposo, esta no puede experimentar fuerza magnética. Sin embargo, según las *leyes de Faraday* la variación del campo magnético producida al mover el imán crea un campo eléctrico, E, el cual produce una fuerza sobre la carga igual a qE. Al aplicar la transformación de Galileo relacionando ambos sistemas se encuentra que las respectivas fuerzas sobre la carga no son equivalentes. De este modo, podemos decir que la formulación de la mecánica es «relativa» en el sentido de que es independiente del sistema de referencia en el que se formule, mientras que el electromagnetismo solo puede ser formulado en un sistema de referencia absoluto. Hendrik Lorentz estudió este problema proponiendo al éter como sistema de referencia fijo y consiguió explicar las diferencias de las ecuaciones de Maxwell cuando se cambia de un sistema de referencia a otro mediante contracciones del espacio y dilataciones del tiempo. El éter, que servía de medio transmisor de la luz y agente contractor del espacio y dilatador del tiempo, sería una sustancia no formada por átomos y únicamente con propiedades electromagnéticas. Henri Poincaré perfeccionó las transformaciones de Lorentz y descubrió que, gracias a estas, el electromagnetismo se podría formular de manera equivalente en cualquier sistema de referencia inercial. El mismo año de la publicación del trabajo de Poincaré, Einstein publicó su teoría de la *relatividad especial*. El nombre de especial se refiere a que no incluye la gravedad, como la teoría de la *relatividad general* que publicaría años después. La teoría de Einstein generaliza los trabajos de Lorentz, Poincaré y otros, no necesita el éter y es aplicable también a la mecánica de Newton. Se basa en dos principios:

1. Invariancia de la velocidad de la luz en cualquier sistema de referencia.

2. Principio de la relatividad: las leyes de la física son invariables en cualquier sistema de referencia inercial.

Se puede comprobar que la composición de velocidades no puede superar la velocidad de la luz, y que para velocidades pequeñas, tales que v muy inferiores a c, la transformación de Lorentz se reduce a la de Galileo, y los efectos relativistas no afectan a las medidas cotidianas: por ejemplo, la composición de velocidades se reduce a la suma de estas. Las contracciones del espacio-tiempo aparecen al pasar de un sistema de referencia a otro. De este modo, la invariancia de las ecuaciones de Maxwell respecto de las transformaciones de Lorentz explica su equivalencia en todos los sistemas de referencia inerciales sin necesitar un éter inmóvil. Con ello el trabajo de Einstein privaba al éter de la única propiedad que le quedaba tras las investigaciones de Lorentz: la inmovilidad. Las contracciones del espacio permiten explicar el problema de las fuerzas electromagnéticas en los sistemas inerciales. La combinación de fuerzas eléctrica y magnética que experimenta una carga q que se mueve con una velocidad v en un campo electromagnético (eléctrico $\vec{E}$ y magnético $\vec{B}$) se denomina *fuerza de Lorentz* y viene dada por la expresión $\vec{F} = q(\vec{E} + \vec{v} \times \vec{B})$, la cual es la misma en cualquier sistema de referencia inercial. De manera que la componente eléctrica o magnética de la fuerza varía con el sistema de referencia, pero no la suma de ambas.

La dilatación del tiempo desde el punto de vista de la mecánica ha dado lugar a todo tipo de especulaciones fantásticas. Sin embargo, en el contexto de partículas que se mueven con velocidades próximas a la de la luz, la dilatación del tiempo es un hecho que permite la observación de aquellas de vida muy corta. Así, por ejemplo, el muon fue observado en los rayos cósmicos en 1936 por Carl D. Anderson y Seth Neddermeyer. Su masa es 207 veces la masa del electrón. Debido a sus altas velocidades, superiores a 0,99 c, el muon pudo ser utilizado para confirmar la dilatación relativista del tiempo por Bruno Rossi y D.B. Hall, los cuales, en 1941, consiguieron determinar su vida media, obteniendo un valor similar al actual de 2,2 μs (millonésimas de segundo). Aunque los muones producidos en la alta atmósfera viajen a una velocidad próxima a la de la luz, en 2,2 μs no avanzarían más que unos cientos de metros. Sin embargo, ese tiempo para un observador en reposo se multiplica varias docenas de veces debido a la dilatación temporal relativista. El muon se identificó en un principio con la partícula intermedia entre el electrón y el protón predicha por H. Yukawa para explicar la interacción fuerte. Sin embargo, pronto se vio que el muon no participaba en dichas interacciones y que la partícula de Yukawa era el pion descubierto en 1947, también en rayos cósmicos. Como veremos, habrá que esperar varias décadas para clasificar al muon en el modelo estándar. Su lugar está entre los leptones, categoría a la que pertenece el electrón. El muon, al que actualmente se representa con la letra μ, es la primera partícula elemental encontrada de origen no atómico. Llegó a la Tierra anticipándose mucho a su tiempo desde los rayos cósmicos, invitada por la teoría de la relatividad.

EQUIVALENCIA MASA-ENERGÍA Y EL DESCUBRIMIENTO DEL NEUTRÓN

Puesto que las ecuaciones de Maxwell son invariantes bajo las transformaciones de Lorentz, el electromagnetismo está formulado de modo relativista. En cambio, la formulación de la mecánica clásica solamente es válida para velocidades mucho menores que la de la luz. Es preciso, entonces, redefinir conceptos tales como el momento y la energía cinética para hacerlos válidos a velocidades relativistas, y por tanto invariantes bajo las trasformaciones de Lorentz. La energía de una partícula de momento p y masa m toma la forma

$$E = \sqrt{p^2c^2 + (mc^2)^2}.$$

La sola observación de esta expresión nos permite concluir:

1. Para una partícula en reposo, $p = 0$, obtenemos la famosa equivalencia entre la masa y la energía: $E = mc^2$. Uno de los principios de las reacciones químicas es precisamente la conservación de la masa; sin embargo, la conversión de la masa en energía se produce en las reacciones nucleares. Esta fórmula implica que un pequeño cambio en la masa se traduce en una enorme liberación de energía.

2. Aunque el fotón no tenga masa, la fórmula le atribuye un momento $p = E/c$. Con esto se puede entender que la luz, aun teniendo naturaleza ondulatoria, tenga energía y momento propios, ya que no se propaga en un medio. En el caso de otras ondas, como el sonido, la energía y el momento son transportados por el medio en que se propagan. La luz, en cambio, está formada por fotones, tales que al cuantizar su energía como $E = h\nu$ también su momento queda cuantizado: $p = h\nu/c$. De este modo, el fotón se comporta como un corpúsculo que obedece a la ley de *conservación del momento* en las colisiones. Así se explica el efecto fotoeléctrico y la dispersión Compton, como vimos en el capítulo anterior.

El descubrimiento del neutrón es un buen ejemplo de aplicación de la equivalencia masa-energía. Puesto que el neutrón no tiene carga eléctrica su detección fue muy difícil, aun cuando es uno de los componentes del núcleo atómico. Desde los inicios de la teoría atómica se sabía que el número atómico, Z, es aproximadamente la mitad de la masa atómica, A. También era conocido que un mismo elemento, caracterizado por su Z, se presenta en varios isótopos con distinta A. Hasta el descubrimiento del neutrón en 1932 solo se contaba con el protón y el electrón para explicar la composición del núcleo, de modo que se pensaba que este contenía una cantidad A-Z de electrones que neutralizaban a una cantidad equivalente de protones. Sin embargo, a esas alturas la teoría atómica y la mecánica cuántica estaban lo suficientemente desarrolladas como para encontrar importantes objeciones a esa hipótesis: con el principio de incertidumbre se puede estimar la energía de confinamiento del núcleo, la cual es muy superior a la energía de las partículas emitidas por este último (contrariamente a lo que viene siendo la norma en física de que la teoría se anticipe al descubrimiento, en este caso, el propio Heisenberg llegó a pensar que su principio no se podía aplicar al núcleo atómico); Oskar Klein mostró que los electrones no podían ser confinados por el potencial eléctrico del núcleo *(paradoja de Klein)*; y finalmente, los espines de los electrones contribuirían al espín nuclear. En el caso del nitrógeno, con $A=17$ y $Z=7$, los resultados experimentales corresponden a un espín entero, lo que es imposible con la composición de 21 partículas de espín 1/2 (14 protones y 7 electrones nucleares).

Como se ha dicho antes, la ausencia de carga eléctrica del neutrón hace de él una partícula elusiva a los detectores, los cuales, como vimos en el capítulo anterior, miden partículas cargadas. Por tanto, no resulta extraño que no se descubriese hasta 1932. Lo que sí resulta extraño es que aún no se hubiera formulado una hipótesis sólida anticipando su existencia, como suele ser normal en física, y como encontraremos en varias situaciones. El primer indicio de un nuevo tipo de radiación aparece con el desarrollo de las reacciones nucleares. En 1931 Walther Bothe y Herbert Becker observaron que elementos como el boro, el berilio y el litio al ser bombardeados con partículas alfa emiten una radiación neutra muy penetrante. Al principio, supusieron que eran rayos gamma muy energéticos. Frédéric Joliot e Irène Curie estudiaron esta radiación y observaron que al chocar con un blanco de para-

> El trabajo de Einstein es hacer más filosófica la física (en el buen sentido).
>
> HENDRIK LORENTZ

fina (sustancia con un alto contenido de hidrógeno) se liberaban protones con una energía de 5,7 MeV. En 1932, James Chadwick realizó un exhaustivo trabajo sobre el balance energético de la reacción He + Be → C + X y concluyó que si el producto X fuese radiación γ, como proponían Joliot y Curie, esta debería tener una energía de 54,4 MeV, lo que no es posible, porque al balance energético de la reacción solo se le puede atribuir una energía de 16,6 MeV. Sin embargo, observó que el balance energético cuadra si se identifica X con una partícula neutra, de masa similar a la del protón, a la que denominó *neutrón*. En notación moderna la reacción se escribe ${}_{2}^{4}\mathrm{He} + {}_{4}^{9}\mathrm{Be} \rightarrow {}_{6}^{12}\mathrm{C} + {}_{0}^{1}n$. Chadwick midió el impacto de la nueva radiación sobre varios gases, y aprovechando que las masas atómicas del boro y el nitrógeno se conocían con bastante exactitud usó el balance energético de la reacción ${}_{2}^{4}\mathrm{He} + {}_{5}^{11}\mathrm{B} \rightarrow {}_{7}^{14}\mathrm{N} + {}_{0}^{1}n$ para determinar la masa del neutrón con mayor precisión.

Los experimentos de la época le permitían determinar las velocidades de la partícula α, del helio v_{He}, del nitrógeno v_{N} y del neutrón v_{n}, todas ellas en el régimen no relativista, con lo que la masa del neutrón puede obtenerse de la expresión:

$$m_{\mathrm{B}}c^2 + m_{\mathrm{He}}c^2 + 1/2m_{\mathrm{He}}v_{\mathrm{He}}^2 = m_{\mathrm{N}}c^2 + m_{\mathrm{n}}c^2 + 1/2m_{\mathrm{N}}v_{\mathrm{N}}^2 + 1/2m_{\mathrm{n}}v_{\mathrm{n}}^2$$

El valor obtenido fue 938 ± 1,8 MeV, muy próximo al valor aceptado actualmente de 939,57 MeV.

BOSONES, FERMIONES Y EL ESPÍN

La mecánica cuántica introduce el concepto de partículas idénticas que no existe en la física clásica. Pongamos, por ejemplo, dos partículas iguales en una caja, que clásicamente podemos llamar A y B. Con las ecuaciones de movimiento del sistema podemos saber dónde están A y B en cada momento, por tanto, aunque sean iguales, cada una conserva su identidad. Sin embargo, cuánticamente A y B son dos ondas, de modo que cuando se las confina en una caja lo que tenemos es una superposición de ambas en la que no se puede distinguir una de otra. A continuación veremos cómo el espín, introducido como una propiedad cuántica de cada partícula, determina el tipo de estados que esta puede formar cuando se combina con otras iguales y cómo las partículas se agrupan entre sí para formar estados más complejos.

En el capítulo anterior se ha mencionado que el espín se manifiesta como un momento angular intrínseco de la partícula, el cual se podía observar en presencia de un campo magnético. Sin embargo, no se puede considerar como la cuantización de un observable clásico, tal como el giro de la partícula sobre sí misma, de donde deriva su nombre. El espín determina los estados cuánticos en que puede encontrarse una colectividad de un mismo tipo de partículas. Cuando estas tienen espín semientero, 1/2, 3/2, 5/2... se denominan fermiones y obedecen al principio de exclusión de Pauli, según el cual, dos fermiones idénticos no pueden ocupar el mismo estado cuántico. Las partículas con espín entero 0, 1, 2... se denominan *bosones* y no están sujetas al principio de exclusión. Aun en ausencia de campos magnéticos externos, el comportamiento colectivo de fermiones y bosones es muy diferente. En el caso de los electrones, que son fermiones de espín 1/2, un estado cuántico puede contener un fermión o ninguno. De este modo, en la corteza atómica los niveles energéticos van poblándose de modo sucesivo sin que se repitan dos electrones en el mismo estado. En el caso de que la carga negativa del átomo fuese proporcionada por bosones idénticos, estos se agruparían en el estado fundamental formando átomos semejantes a esferas neutras que no se combinarían unas con otras, y por tanto no habría química.

El bosón recibe su nombre en honor a Satyendra Nath Bose. El fotón es un ejemplo de bosón de espín 1. Bose, en 1924, derivó una estadística cuántica para un gas de fotones; mediante razonamientos muy simples, obtuvo con ella la fórmula de Planck para la radiación del cuerpo negro. Einstein extendió su idea a partículas con masa, especulando que, a temperatura lo bastante baja, los componentes de un gas de bosones podrían encontrarse colectivamente en su estado de energía más bajo o fundamental. Este fenómeno se denomina *condensado de Bose-Einstein* y se observa, por ejemplo, en el helio-4, que es un bosón y licúa a los 4,2 K (el punto de fusión del agua en kelvins se halla en los 273 K). Sin embargo, al continuar enfriándose, el helio líquido cambia sus propiedades a partir de los 2,17 K y se convierte en un superfluido con una viscosidad casi nula. En cambio, un gas formado solamente por el isótopo helio-3, que es un fermión de espín 1/2, no experimentaría la transición a superfluidez a los 2,17 K.

LA ECUACIÓN DE DIRAC: PARTÍCULAS Y ANTIPARTÍCULAS

En la mecánica y el electromagnetismo clásicos el formalismo matemático, por complejo que sea, parte de unas leyes muy concretas: los principios de Newton, la ley de Faraday... En cambio, en mecánica cuántica las ecuaciones de onda son en sí mismas una hipótesis con la que se busca una ecuación que describa un sistema y una función de onda que represente a una partícula en ese sistema.

Dirac intentó encontrar una ecuación que pudiese explicar el movimiento relativista del electrón y pudiera aplicarse al movimiento de este en el átomo. De la misma manera que Schrödinger partió de la ecuación clásica de la energía, parece lógico pensar que el punto de partida sea la energía relativista:

$$E = c\sqrt{p^2 + m^2c^2}.$$

La sustitución de observables clásicos por operadores cuánticos choca con el problema de la raíz cuadrada a la hora de convertir la expresión de la energía en una ecuación diferencial. Sin embargo, utilizando el cuadrado de la energía, en 1926 Oskar

Klein y Walter Gordon obtuvieron una ecuación de ondas que se puede agrupar en la forma:

$$\frac{1}{c^2}\frac{\partial^2\psi}{\partial t^2}-\nabla^2\psi\frac{m^2c^2}{\hbar^2}\psi=0$$

y que se conoce como la *ecuación de Klein-Gordon*, en la que ψ es la función de onda. Esta no tuvo éxito en sus orígenes, porque contiene soluciones con densidad de probabilidad negativa, y en ese momento no se le encontró aplicación. Sin embargo, varios años después se halló que era adecuada para describir partículas relativistas sin espín. Dirac, en cambio, trató de buscar una ecuación lineal, para lo cual empleó matrices 4×4, lo que conlleva funciones de onda de cuatro componentes. En su forma original es:

$$(\beta mc^2+c(\alpha_1p_1+\alpha_2p_2+\alpha_3p_3))\,\psi(x,t)=i\hbar\frac{\partial\psi(x,t)}{\partial t},$$

donde los momentos p_1, p_2, p_3, son los operadores de momento análogos a los de Schrödinger y las α y β son matrices 4×4 tales que, al elevar los operadores al cuadrado, se obtiene la ecuación de Klein-Gordon. En la notación actual, la ecuación de Dirac se escribe utilizando las matrices gamma y expresando las derivadas de modo que muestren explícitamente la invariancia ante las transformaciones de Lorentz (forma covariante), mostrándose como

$$i\hbar\gamma^\mu\,\partial_\mu\psi-mc\psi=0\,.$$

Donde

$$\gamma^\mu\,\partial_\mu=\gamma^0\frac{\partial}{c\,\partial t}-\gamma^1\frac{\partial}{\partial x}-\gamma^2\frac{\partial}{\partial y}-\gamma^3\frac{\partial}{\partial z},$$

es el modo abreviado de escribir la contracción de índices de vectores en cuatro dimensiones con la métrica Minkowski

$$a^{\mu} b_{\mu} = g^{\mu v} a_{\mu} b_{v} = a_0 b_0 - a_1 b_1 - a_2 b_2 - a_3 b_3.$$

Las matrices de Dirac forman un álgebra de Clifford, definida por las relaciones de conmutación:

$$\{\gamma^{\mu}, \gamma^{v}\} = \gamma^{\mu}\gamma^{v} + \gamma^{v}\gamma^{\mu} = 2g^{\mu v}.$$

La ecuación de Dirac consigue compatibilizar la mecánica cuántica con la relatividad. Además, el operador de espín está integrado en la propia ecuación. La función de onda de Dirac es un vector de cuatro componentes. Sin embargo, en el límite no relativista se pueden eliminar dos de ellas, de modo que la ecuación de Dirac se reduce a la de Pauli, y con ello a la de Schrödinger. Aunque presenta soluciones de energía negativa, esto, lejos de restarle validez, aumenta su interés porque con ellas se pueden describir las *antipartículas*, como veremos a continuación.

La función de onda de Dirac es un vector de cuatro componentes al que se denomina *espinor*. La densidad de probabilidad es: $\rho = \Sigma(\psi_i)^2$, que es una cantidad definida positiva. Sin embargo, algunas de las soluciones tienen energía negativa. Dirac interpretó este tipo de soluciones como niveles de energía ya ocupados que formarían lo que se denomina el *mar de Dirac*. Los fermiones de energía incialmente positiva no podrían perder energía hasta caer en él, ya que el principio de exclusión de Pauli les impide tomar la misma energía que los niveles ya ocupados. Sin embargo, las partículas de energía negativa sí pueden saltar a niveles más altos dejando huecos en los niveles negativos. Cada hueco se comportaría como una partícula con energía positiva y carga opuesta a la de los niveles positivos; estas serían las antipartículas. De este modo, el salto de un es-

FIG. 3

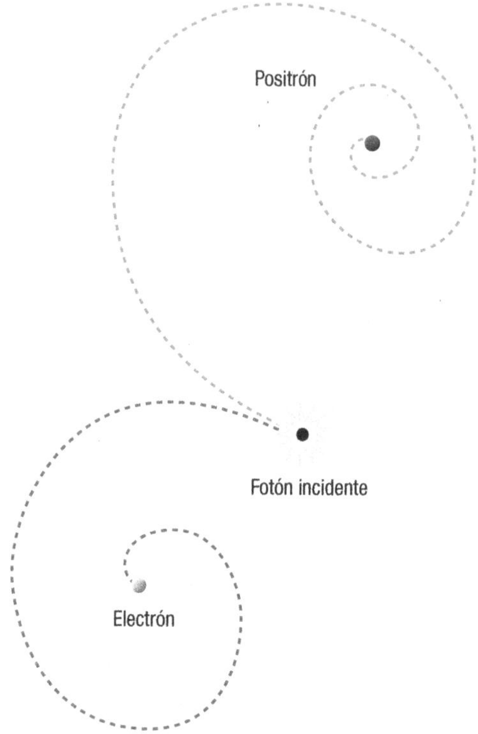

Resultado de un experimento realizado en una cámara de burbujas. Tras la generación de un par electrón-positrón por un fotón incidente de alta energía, el electrón se desplaza girando en sentido antihorario mientras que el positrón lo hace en el de las agujas del reloj. El campo magnético es perpendicular a la imagen.

tado de energía negativo a otro positivo crearía un par de un electrón con su antipartícula, ambas con la misma masa. En un principio, Dirac pensó que el protón podría ser la antipartícula del electrón, puesto que ambos tienen espín 1/2 y cargas iguales y opuestas. Sin embargo, el protón es unas 2000 veces más pesado que el electrón, por tanto no encaja en esa descripción. La antipartícula del electrón, denominada *positrón*, fue descubierta por Carl David Anderson en 1932 al investigar la radiación cósmica. Se puede captar la trayectoria de un positrón en una cámara de niebla con un campo magnético. A partir de la curvatura de la traza, es factible inferir la masa de la partícula que la ha producido. Siendo la masa compatible con la del electrón, queda descartado el protón como su antipartícula.

Los esposos Joliot-Curie, en 1934, identificaron positrones en reacciones nucleares al bombardear aluminio con partículas alfa. Sin embargo, existen isótopos, como el carbono-11 o el potasio-40, que emiten positrones de modo natural. El fenómeno se conoce como *radiación beta positiva*.

En el modelo estándar la materia está formada a partir de fermiones, de los cuales ya hemos descubierto al electrón y su antipartícula, el positrón. Para todas las partículas se encuentran sus antipartículas, así que para el protón existe el antiprotón. Se ha especulado con el hecho de que a partir de positrones y antiprotones se podría originar antimateria. Sin embargo, no se ha encontrado evidencia de ningún núcleo complejo formado por esta, como por ejemplo antihelio, que podría llegar a nosotros como partículas antialfa en rayos cósmicos.

El par electrón-positrón (figura 3), descrito por la ecuación de Dirac, junto al fotón, descrito a partir de las ecuaciones de Maxwell, son las bases de la primera teoría cuántica de campos: la electrodinámica cuántica. El modelo estándar se desarrollaría a partir de esta, integrando las interacciones fuertes y débiles siguiendo un formalismo análogo.

La primera teoría cuántica de campos: la electrodinámica cuántica

El fotón, el electrón y el positrón son los tres ingredientes necesarios para elaborar una teoría cuántica de la interacción electromagnética. Su formulación, en la que tanto la materia como la interacción son descritas como campos, no solo confirma los datos experimentales con una exactitud sin precedentes sino que constituye el punto de partida para explicar las otras interacciones del modelo estándar.

Como en los capítulos anteriores, la motivación de este es profundizar más en nuestra comprensión de la interacción de la radiación con la materia. Ahora sabemos que la radiación está formada por fotones, que son bosones, mientras que el electrón es un fermión. La mecánica cuántica nos ha enseñado que ambos tienen un comportamiento dual onda-partícula y la teoría de la relatividad nos ha permitido entender su comportamiento a altas velocidades. En este capítulo podemos comenzar a utilizar la idea de partícula elemental fuera del contexto del átomo, de manera que la *teoría de partículas elementales*, la cual se va a ocupar de las interacciones básicas entre partículas, se desvincula de la física atómica y nuclear.

En la mecánica clásica una partícula es una abstracción de un objeto al que se puede identificar con un punto de masa m, el cual se puede desplazar sin rotar, como haría un objeto extenso. Las leyes que rigen esta teoría son las *leyes de Newton*, que se formulan para partículas y se generalizan, mediante el cálculo integral, para objetos con estructura. De modo paralelo, en física de partículas el equivalente de las leyes de Newton es la ecuación de Dirac. Con ella se explica el comportamiento de los electrones (e^-) y, además, el de sus antipartículas, los positrones (e^+). Las fuerzas vendrían determinadas por la interacción de estos con el campo electromagnético, el cual está perfectamente determinado por las ecuaciones de Maxwell. Con estos elementos se construye la primera teoría cuántica para las partículas elementales: la electrodinámica cuántica. Nos referiremos a ella por sus siglas en inglés, QED.

Históricamente, la QED se desarrolla, aproximadamente, entre 1930 y 1950. Para su formulación solo se requieren tres partículas bien conocidas: dos fermiones de espín 1/2, que son el electrón y su antipartícula, el positrón, y un bosón de espín 1, que es el fotón. Aún habrá que esperar varias décadas para integrar las interacciones fuerte y débil en el modelo estándar. Sin embargo, el mecanismo de estas interacciones se comprenderá gracias a la teoría desarrollada para la QED, de ahí su importancia. La experimentación en ese periodo estaba muy limitada por la energía hasta la que se podían acelerar las partículas en los aceleradores, aún lejos de producir las partículas observadas en los rayos cósmicos como el muon y el pion, que serían producidas abundantemente en la década de 1950. Hasta entonces, los progresos en el modelo estándar son fundamentalmente teóricos y quizá el desarrollo de la QED, tanto por su dificultad como por su importancia y precisión, está al nivel de los grandes avances de la física. De hecho, la física es la ciencia experimental en la que la teoría tiene mayor vida propia, en el sentido de que los científicos que hacen la teoría son diferentes de los que realizan los experimentos.

La mecánica cuántica (no relativista) apareció porque la física clásica no podía explicar los fenómenos atómicos, los cuales resultaban más que aparentes para la ciencia y precisaban un cambio de perspectiva. Su éxito fue notable, porque las velocidades de los componentes atómicos son pequeñas, comparadas con la velocidad de la luz, la cual, en números redondos, alcanza los 300 000 km/s. Sin embargo, fenómenos como la interacción del campo electromagnético con electrones a grandes velocidades suponían todavía un problema sin resolver, para cuya comprensión se requería la formulación relativista de la mecánica cuántica.

QED: LA PRIMERA TEORÍA CUÁNTICA DE CAMPOS

En mecánica clásica el concepto de sistema de partículas permite derivar las ecuaciones del movimiento, o sea, la evolución temporal del sistema, de un modo alternativo a la integración de la segunda ley de Newton ($F = m\,a$). Las formulaciones de Lagrange y Hamilton de la mecánica permiten obtener las ecuaciones del movimiento de un sistema a partir de la minimización de una función, denominada *acción*, que se puede relacionar con el estado energético del sistema. En mecánica cuántica la primera cuantización se realiza asignando operadores a las magnitudes que definen el estado de una partícula (posición, momento...). Una segunda cuantización se realiza sobre un sistema de partículas al que se le atribuyen muchos estados posibles, y el cual se entiende como una superposición de estados de partículas. Para cuantizar un sistema se emplea un formalismo análogo al de la *mecánica lagrangiana*, y que se denomina *segunda cuantización*. Este tipo de cuantización es la adecuada para la mecánica cuántica relativista, porque permite la creación y aniquilación de partículas individuales, tal como ocurre, por ejemplo, con la aniquilación de pares e^+e^-.

De forma clásica se entiende por *campo* una propiedad física que afecta a una región del espacio y que toma un valor en cada punto de este. Por ejemplo, el campo de velocidades de un fluido determina el valor de la velocidad de cada uno de sus elementos según su posición en el seno de este. En el caso del campo eléctrico este afecta a una región del espacio, de modo que al colocar una carga q en un punto esta se ve sometida a una fuerza $\vec{F}(r) = q\vec{E}(r)$. En el caso cuántico las cargas se asignan a partículas como el electrón, el cual se define como un campo cuyo valor en un punto resulta de la superposición de infinitos estados de momento con los que puede desplazarse la partícula al pasar por ese punto. Recíprocamente, el campo electromagnético se identifica con el fotón, que, como partícula, conlleva un momento, y su campo se define de modo análogo al del electrón. Clásicamente, una partícula de carga q entra en un campo que actúa sobre su carga y se desvía de su trayectoria, es decir, cambia su momento. En QED, una partícula descrita por un campo en un estado inicial de momento $\vec{k}_1$ absorbe un fotón de momento $\vec{q}$ y pasa a un estado final con momento $\vec{k}_2 = \vec{k}_1 + \vec{q}$.

La *teoría cuántica de campos* es difícil de describir de manera intuitiva, puesto que ya su correspondiente teoría clásica se basa en una formulación matemática bastante abstracta: un sistema de partículas sometidas a la acción de campos, el cual se describe mediante una función denominada *lagrangiano*, cuya minimización determina la evolución del sistema con el tiempo. De esta evolución se obtienen los observables físicos de interés, tales como trayectorias y momentos de las partículas del sistema. En la correspondiente teoría cuántica, el sistema está integrado por campos, los cuales describen partículas como una superposición de infinitos estados, e interacciones entre campos que conectan los estados inicial y final. A partir del lagrangiano, la evolución del sistema se puede obtener de dos maneras. La primera es análoga al caso clásico, siguiendo un formalismo similar al de la mecánica analítica para obtener los operadores de evolución del sistema. La segunda es la técnica de *integrales de camino de Feynman*. Según esta, la evolución desde un estado inicial a otro final se obtiene como la suma (integral funcional) de todos los caminos posibles entre los estados inicial y final, asignando un peso a cada uno de ellos. Ambos procedimientos conducen a los mismos resultados.

Para construir la QED, el campo cuántico del electrón se obtiene a partir de la ecuación de Dirac, mientras que el campo cuántico del fotón y su interacción con el del electrón se pueden determinar a partir de las ecuaciones de Maxwell. Para cuantizar el fotón es conveniente escribir las ecuaciones de Maxwell en el modo denominado covariante, esto es, mediante vectores con las cuatro componentes del espacio-tiempo, adecuados para el formalismo relativista. El fotón se puede describir a partir de los potenciales eléctrico y magnético, definidos de forma tal que los correspondientes campos sean campos eléctrico

$$\vec{E}(r) = -\nabla\phi(r) - \frac{\partial}{\partial t}\vec{A}$$

y magnético $\vec{B}(r) = \nabla \times \vec{A}(r)$; cabe recordar que como varias funciones tienen la misma derivada, los campos $\phi(r)$ y $\vec{A}(r)$ no quedan completamente definidos, o dicho de otra manera, hay una cierta libertad en su elección. Esta libertad, llamada *invariancia gauge*, es fundamental para la formulación del modelo estándar. La palabra *gauge* no tiene una traducción literal al español. En el inglés no científico gauge se refiere al nivel que alcanza un líquido en un depósito. Cuando compramos gasolina pagamos la cantidad que entra en nuestro depósito, la cual es independiente del nivel o gauge del tanque que contiene al combustible (siempre y cuando la reserva sea suficiente para llenar nuestro depósito). Análogamente, el campo eléctrico se obtiene de la diferencia de niveles en un potencial, lo cual es independiente de dónde esté el nivel (gauge) inicial del potencial. Gracias a la invariancia gauge se puede obtener una de las componentes del fotón en función de las otras, de este modo se elimina un grado de libertad. Sin embargo, como veremos en un próximo capítulo, la invariancia gauge es una simetría del sistema de la que se deduce la conservación de la corriente eléctrica. Además, este tipo de invariancia puede generalizarse a las interacciones fuerte y débil, haciendo de ella uno de los pilares del modelo estándar.

La computación de las magnitudes físicamente observables es compleja. Sin embargo, basta con partir del lagrangiano para poder extraer los fenómenos físicos que explica la teoría. Por un lado las simetrías del lagrangiano aparecen plasmadas en las interacciones de las partículas contenidas en él, como veremos a continuación, mientras que, por otro lado, este es el punto de partida para computar cualquier proceso físico gracias a los denominados *diagramas de Feynman* de los que nos ocuparemos en la sección siguiente. Como veremos, ambos aspectos de la formulación de la QED como una teoría de campos son aplicables a las interacciones fuertes y débiles, y por tanto son la base del modelo estándar.

Aunque la aplicación exacta de la teoría a problemas concretos es muy difícil, es posible expresar la solución en potencias de un parámetro. En el caso de la QED este parámetro es la *constante de estructura fina*:

$$\alpha_{em} = \frac{e^2}{4\pi\hbar c} \approx \frac{1}{137}.$$

Este valor cuantifica la intensidad de la interacción fotón-electrón. Puesto que su valor es pequeño, el lagrangiano se puede escribir como el correspondiente al fotón y el electrón libres más un término de interacción entre ambos. Los cálculos se realizan partiendo de la solución de las partículas libres, es decir, sin tener en cuenta la acción de los campos. Esta se considera como una interacción que perturba el sistema libre con una intensidad modulada por la constante α_{em}. La solución total es una serie de potencias en el parámetro α_{em}, el cual está definido a partir de la constante e que aparece en el término de interacción del lagrangiano. Obviamente, los cálculos se complican cada vez más a medida que se busca mayor precisión. Sin embargo, el impacto de estos en el resultado final es cada vez menor.

A pesar de su éxito, los trabajos de Weisskopf, Pauli y Oppenheimer muestran que algunos de los cálculos basados en QED, aun reproduciendo valores experimentales al nivel más bajo, presentan contribuciones infinitas en los órdenes siguientes. El problema se resuelve a partir de la redefinición de los parámetros del lagrangiano, mediante un proceso denominado *renormalización*. El problema de los infinitos parece inherente a una teoría en la que los campos se definen como superposición de infinitos estados; la renormalización permite eliminarlos de una manera consistente. Esto hace de la QED una teoría bien formulada y con una impresionante coincidencia con las medidas experimentales. Aunque la teoría fue desarrollada en un periodo de veinte años gracias a la contribución de muchos científicos, el mayor impulso se atribuye a Dyson, Tomonaga, Schwinger y Feynman; los tres últimos recibieron conjuntamente el premio Nobel en 1965.

SIMETRÍAS Y CORRIENTES

Las simetrías de un sistema físico están asociadas a magnitudes conservadas. Esta importante propiedad se deriva del *teorema*

EL ÉXITO DE LA QED: EL MOMENTO DIPOLAR MAGNÉTICO DEL ELECTRÓN Y EL EFECTO LAMB

Un ejemplo del éxito de la teoría es el cómputo del momento dipolar magnético del electrón, μ_s. Este depende del espín, S, y determina su interacción con un campo magnético externo B. La interacción del espín con el campo produce un desplazamiento del nivel energético en una cantidad $\mu_s B$. A partir de esa medida se puede medir μ_s con una gran precisión y su valor es

$$\mu_s = g_e \frac{e\hbar}{2m} S.$$

El valor de g_s predicho por la ecuación de Dirac es exactamente 2; sin embargo, el valor experimental g_e está medido con una asombrosa precisión:

$$g_e^{(\mathrm{exp})} = 2{,}0023193043738 \pm 0{,}0000000000082.$$

En la expresión vemos que el error experimental afecta únicamente a las dos últimas cifras. Julian Schwinger (1918-1994), empleando la QED, consiguió computar el primer orden en α_{em} con el que obtuvo un valor $g_e = 2(1 + \alpha_{em}/2\pi)$. Solo con esto, la precisión alcanza hasta el quinto decimal. En la actualidad el cómputo de esta cantidad está hecho con una precisión superior $(\alpha_{em})^4$, y con ello la concordancia entre la predicción teórica y la medida experimental es casi absoluta. El caso del momento magnético del muon, que es una partícula similar al electrón pero mucho más pesada, es diferente; aunque la correspondencia entre la teoría y el experimento es casi absoluta, la diminuta discrepancia entre las últimas cifras decimales de ambas cantidades hace pensar que pueda haber contribuciones de partículas aún por determinar.

El desplazamiento de Lamb

La QED consiguió explicar también el desdoblamiento de dos de los niveles del átomo de hidrógeno, los denominados $^2S_{1/2}$ y $^2P_{1/2}$ (efecto conocido como *desplazamiento de Lamb*), y para los que la ecuación de Dirac predice idéntica energía. El valor medido corresponde a una radiación de frecuencia $\nu = 1\,057$ MHz, al cual la relación de Planck $E = h\nu$ se corresponde con una energía de $4{,}372 \cdot 10^{-6}$ eV.

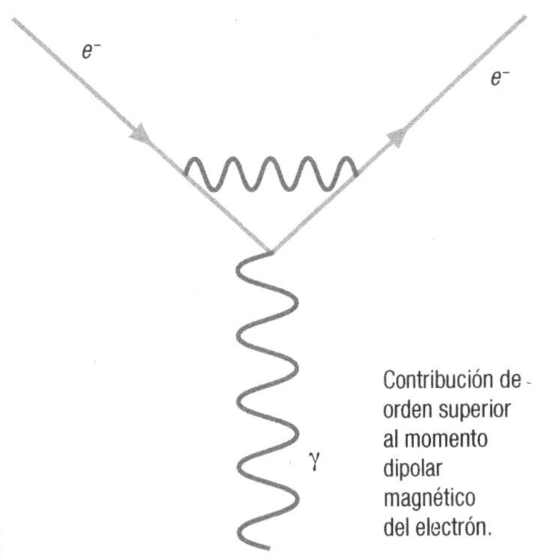

Contribución de orden superior al momento dipolar magnético del electrón.

de Noether, formulado por la matemática Emmy Noether en 1915, según el cual las simetrías de un sistema descrito por una función del tipo del lagrangiano se corresponden con leyes de conservación. Las simetrías pueden ser de varios tipos:

— Simetrías respecto a las variables espacio-temporales:

a) Independencia del tiempo ⇔ Conservación de la energía.

b) Independencia de traslación o cambio del origen de coordenadas ⇔ Conservación del momento.

c) Independencia rotacional o rotación de los ejes de referencia ⇔ Conservación del momento angular.

— Simetrías internas del sistema. Se refieren a invariancias del lagrangiano ante cambios en los campos, por ejemplo la invariancia gauge mencionada anteriormente. Esta conlleva la conservación de la carga.

En el capítulo anterior mencionamos la ecuación de Klein-Gordon; cuando fue propuesta, en 1928, no se le encontró aplicación física, ya que la interpretación de sus funciones de onda implicaba probabilidad negativa. Sin embargo, Pauli y Weisskopf, en 1934, la encontraron adecuada para explicar la interacción con el campo electromagnético para partículas sin espín. De la simetría ante los cambios de fase de la función de onda, $\Phi \rightarrow e^{i\theta}\Phi$, se deduce la conservación de la carga eléctrica, y esta puede interpretarse como la conservación de la corriente eléctrica. En forma covariante, la corriente se escribe en cuatro dimensiones como: $j^{\mu} = (\rho, j_x, j_y, j_z)$, donde ρ es la densidad de carga (carga/volumen) y $\vec{j} = (j_x, j_y, j_z)$ es el vector densidad de corriente eléctrica (carga que pasa por la unidad de superficie en unidad de tiempo). La conservación de la carga se escribe en forma diferencial como

$$\partial_{\mu} j^{\mu} = \frac{\partial \rho}{\partial t} + \vec{\nabla} \cdot \vec{j} = 0.$$

FIG. 1

Representación gráfica de la equivalencia entre una partícula de carga $-e$ con energía negativa y una partícula con carga $+e$ y energía positiva que viaja en sentido opuesto.

Este tipo de ecuaciones se denomina *ecuación de continuidad* y se aplica a los fluidos en general. Simplemente indica que la cantidad de fluido, carga eléctrica en este caso, que entra en un tubo de corriente es igual al que sale. En el caso de la ecuación de Klein-Gordon la corriente de carga conservada se puede escribir como $j^\mu = -ie(\Phi^* \partial^\mu \Phi - \Phi \partial^\mu \Phi^*)$. Ahora, debido a la presencia de la carga eléctrica e en la definición de la corriente, la componente $j^0 = \rho$ representa la densidad de carga. Mientras que la densidad de probabilidad ha de ser positiva, las densidades de carga pueden ser negativas o positivas según correspondan a partículas o a sus respectivas antipartículas. En el caso del campo de Dirac, la conservación de la carga se expresa mediante la corriente $j^\mu = -e\bar{\psi}\gamma^\mu\psi$. En este caso, ψ representa un espinor de cuatro componentes, que describe una partícula de espín 1/2 y carga e como el electrón, y las γ^μ son matrices 4×4, denominadas matrices de Dirac. El concepto de corrientes permite una interpretación diferente para los estados de energía negativa; según Stückelberg y Feynman, una partícula de carga $-e$ y energía negativa es equivalente a una partícula con carga $+e$ y energía positiva que viaja en sentido opuesto. En la figura 1 se muestra de una manera gráfica.

FENOMENOLOGÍA: LOS DIAGRAMAS DE FEYNMAN

La teoría de campos debe explicar fenómenos que se puedan observar, o dicho de otro modo, de ella debe derivarse la «fenomenología» que puede ser vista en experimentos. Dada la complejidad de la teoría, su aplicación a casos concretos no es sencilla. Richard Feynman introdujo un método pictórico que simplifica de tal modo este tipo de cálculos que los «diagramas de Feynman» se han convertido en emblema de la física de partículas.

Como vimos en capítulos anteriores, las líneas espectrales eran la observación fundamental en experimentos con átomos. En el caso de las partículas con velocidades relativistas, las observaciones se refieren a la dispersión de estas en colisiones y a la desintegración de las partículas inestables. La dispersión o *scattering* de proyectiles lanzados sobre un blanco se evalúa computando una cantidad denominada *sección eficaz*, σ. Para entender su significado, supongamos que se envían los proyectiles hacia el blanco. El flujo incidente se define como el número de proyectiles por unidad de tiempo que atraviesan una unidad de área en dirección perpendicular al blanco. Algunos de estos proyectiles consiguen interactuar con él, y otros pasan de largo; la sección eficaz de este proceso se define como el «número de interacciones por unidad de tiempo/flujo de proyectiles incidente».

El significado es el tamaño del área de acción del blanco sobre el proyectil. En el caso de un lanzador de dardos, el flujo de proyectiles podemos determinarlo contando el número de dardos que pasan por una superficie de referencia S en un tiempo t, pudiéndose considerar como interacción con la diana el hecho de acertar en su centro. Entonces, para un tirador que dispara N dardos y hace blanco con una cantidad A, la sección eficaz de dispersión sería:

$$\sigma = \frac{A/t}{N/(tS)} = (A/N)S.$$

De este modo, para un tirador que acierta todo, la sección eficaz es igual a S, y a medida que el porcentaje de éxitos disminuye, σ disminuye. La sección eficaz representa el área hipotética que el blanco representa para el proyectil, la cual incluye la probabilidad de impacto proyectil-blanco. Así, si imaginamos que la

Tengo el secreto temor de que las nuevas generaciones podrían no tener necesariamente la oportunidad de familiarizarse con las ideas disidentes.

Julian Schwinger

diana se coloca más lejos, el número de aciertos se hace más bajo y la sección eficaz disminuye. Por otro lado, si el blanco atrae al proyectil la sección eficaz aumenta. En el caso de partículas subatómicas, para conocer la sección eficaz total se requiere conocer las partículas dispersadas en todas las direcciones. Normalmente, un detector solo cubre las direcciones contenidas en el pedazo de casquete esférico que cubre su ventana, pedazo que se caracteriza por un ángulo sólido infinitesimal $d\Omega$, de modo que la medida del detector corresponde a la eficaz diferencial, $d\sigma/d\Omega$. La sección eficaz total se obtiene integrando sobre todo el ángulo sólido Ω, cuyo valor para una esfera completa es de 4π. La unidad de medida de la sección eficaz es el *barn*, que equivale a 10^{-28} m^2 y corresponde aproximadamente al diámetro de un núcleo de uranio al cuadrado. La palabra *barn* significa «granero» en inglés: el nombre de la unidad fue asignado por un equipo de científicos que encontraron secciones eficaces mucho mayores que las magnitudes de las partículas que estaban manipulando.

Otra de las observaciones habituales en los experimentos con partículas es su tasa de desintegración, Γ. Su relación con la vida media de la partícula, τ, viene dada por $\tau = 1/\Gamma$. Como las partículas pueden desintegrarse de varias maneras, la probabilidad de desintegración en un canal particular *A* viene dada por la fracción Γ_A/Γ_{total}. Tanto $d\sigma/d\Omega$ como Γ se calculan a partir de la amplitud invariante *M*, obtenida a partir de los términos de interacción del lagrangiano del sistema. El cómputo de *M* se realiza evaluando los sucesivos términos de una serie de potencias en el parámetro α_{em}. La aplicación de la teoría para este tipo de cálculos es un procedimiento muy laborioso, aun para los órdenes más bajos. Sin embargo, Feynman desarrolló un procedimiento tal que todas las contribuciones al resultado final se pueden esquematizar, orden por orden de una serie de potencias en α_{em}, gracias a una técnica basada en diagramas. Al inicio de su desarrollo, el propio Feynman predijo que en el futuro las revistas es-

Me gustaba mucho la mecánica cuántica. El tema era difícil de entender pero fácil de aplicar a un gran número de problemas interesantes.

Willis Lamb

pecializadas de física estarían plagadas de este tipo de dibujos; el acierto fue completo: basta abrir cualquier ejemplar de *Physical Review D* o *Nuclear Physics B* para darse cuenta de la relevancia de los diagramas de Feynman en la investigación en física de partículas. Su uso en la QED se puede resumir como se muestra en la figura 2.

Utilizando las reglas de Feynman como piezas de un juego de construcción, se pueden construir los diagramas que contribuyen a cada proceso. Basta combinarlas como aparecen en los términos de interacción del lagrangiano de la teoría. Por ejemplo, en el efecto Compton, que es la dispersión de un fotón al chocar con un electrón de la que hablamos en el capítulo 2, el ángulo de dispersión (figura 3) se puede calcular con gran precisión gracias a la QED. El término de interacción del lagrangiano es $eA^{\mu}\bar{\psi}\gamma^{\mu}\psi$, que se puede interpretar como un electrón en un estado inicial de momento y espín, que experimenta la interacción electromagnética absorbiendo un fotón, y con ello pasa a otro estado final con otro espín y momento. La probabilidad de esta transición se calcula a partir de los operadores y campos que aparecen en ese término.

Como hay dos vértices, el proceso es de orden $M \sim e^2 \sim \alpha_{em}$, por tanto $\sigma \sim |M|^2 \sim \alpha_{em}^2$. Según se coloquen las líneas externas, se pueden describir otros procesos de dispersión, como los de la figura 4.

También son posibles a este mismo orden la creación de pares $\gamma\gamma \rightarrow e^+e^-$ y su aniquilación $e^+e^- \rightarrow \gamma\gamma$. Las contribuciones de orden superior proceden de bucles como el de la figura de la pág. 83, que representa una contribución de orden superior al momento dipolar magnético anómalo del electrón. Este tipo de contribuciones son muy importantes, porque a los bucles pueden incorporarse partículas nuevas contribuyendo al proceso. En el caso del muon, existe una pequeña discrepancia entre el valor experimental y el cálculo del modelo estándar, la cual puede interpretarse como una manifestación de física desconocida.

FIG. 2

Reglas de Feynman para la QED.

FIG. 3

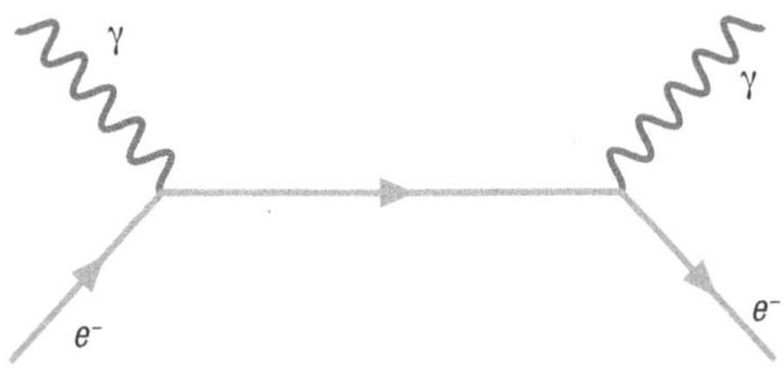

Uno de los diagramas de Feynman que contribuyen al orden más bajo de la dispersión.

FIG. 4

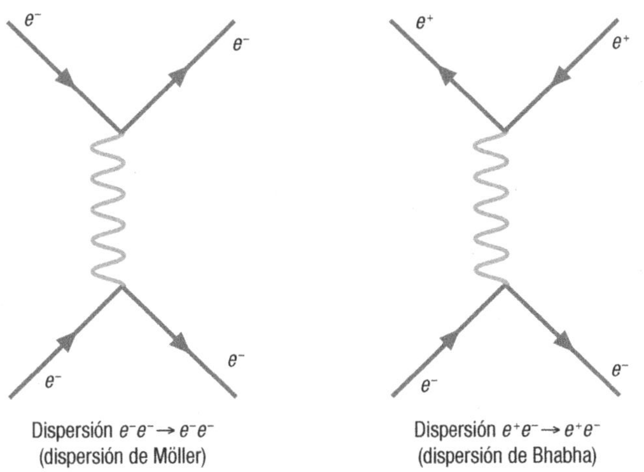

Diagramas de Feynman que contribuyen al orden más bajo de varios procesos de dispersión.

Los diagramas de Feynman son una herramienta básica en la física de partículas. Aunque se han presentado para el caso de la teoría electromagnética, su uso puede generalizarse a cualquier tipo de teoría cuántica de campos. De este modo, se propone una nueva teoría a partir de un lagrangiano del que se extraen las reglas de Feynman, y a partir de las cuales se pueden contrastar las predicciones de la teoría con las observaciones experimentales. Por otro lado, la invariancia gauge, que conducía a la conservación de la carga eléctrica, es la clave para formular una teoría que incluya, además, las interacciones fuertes y débiles, como veremos en los próximos capítulos.

Aceleradores de partículas, simetrías y quarks

En la década de 1950 se consiguió acelerar partículas a energías que superaban la correspondiente a la masa del protón. Ello dio lugar a un auténtico «zoo» de partículas nuevas, cuyas propiedades se pueden relacionar con las interacciones fuerte, débil y electromagnética. En su mayor parte, están formadas por unos pocos bloques elementales: los quarks.

A diferencia de capítulos anteriores, en este no comenzamos a hablar de interacción entre radiación y materia. La razón es que con el fotón, el electrón y el positrón se consiguió construir la electrodinámica cuántica o QED, la cual explicaba todos los fenómenos observados de naturaleza electromagnética con una precisión sin precedentes. El problema ahora era la interpretación de las interacciones fuertes y débiles, de las cuales solo sabíamos por la desintegración de núcleos inestables o por alguna noticia lejana que nos había llegado a través de la radiación cósmica. Estas señales son indicios de fenómenos que se producen a gran energía y por tanto se requería de un gran avance experimental para recrearlas, el cual llegó con los *aceleradores de partículas*. Para hacernos una idea de las escalas de energía, es indicativo señalar que la escala de energía de las interacciones atómicas es la del *electronvoltio* (eV), y la de las reacciones nucleares es la del millón de eV o MeV (megaelectronvoltios). En el caso de los aceleradores, el gran avance tuvo lugar cuando, en torno a 1950, se comenzaron a superar los 1 000 MeV o 1 GeV (gigaelectronvoltios). Con esas energías se produjeron partículas que antes se habían visto en la radiación cósmica y, además, muchas otras dando lugar a lo que se llamó el *zoo de las partículas*, en cuyo estudio se observaron los tres tipos de interacción: fuerte, débil y electromagnética, y se investigaron patrones comunes para clasificarlas. En este último aspecto, los grupos de simetrías permitieron adivinar la estructura de las partículas y explicar las decenas de ellas observadas hasta 1960 con solo tres bloques constituyentes elementales: los tres quarks conocidos hasta la época.

LOS ACELERADORES DE PARTÍCULAS

El avance experimental que propició la comprensión de las interacciones débil y fuerte fue, sin duda, el desarrollo de los aceleradores de partículas. Al acelerar una partícula, esta aumenta su velocidad, y con ello, su *energía cinética*. Como existe una equivalencia entre la masa y la energía, mediante la colisión de dos partículas ligeras pueden producirse partículas más pesadas que las originales, siempre que aquellas posean la energía suficiente. Para producir un electrón o un positrón se precisa una energía de 0,511 MeV/c^2; por tanto, un par electrón-positrón puede ser producido por un fotón de una energía superior al doble de esta. Del mismo modo, un electrón y un positrón pueden colisionar y producir un par muon-antimuon, siempre que la energía alcanzada en el choque sea superior a $2 \cdot 105{,}7$ MeV/c^2. Hasta la mitad del siglo XX los aceleradores de partículas habían alcanzado la energía suficiente para estudiar reacciones nucleares, pero los rayos cósmicos eran aún la única fuente de partículas no nucleares. Aunque estos pueden ser originados por partículas de energías mucho mayores que las aún alcanzables en cualquier acelerador, su llegada no se produce de la manera continua y controlada que se precisa para su estudio. En cambio, en un acelerador es posible seleccionar el flujo y la energía de las partículas, y además, acomodar detectores de modo que se puedan observar la mayor parte de los productos resultantes de la colisión.

El principio de un acelerador se basa en suministrar energía cinética a partículas cargadas por medio de campos electromagnéticos. Si la aceleración de la partícula se realiza mediante un

FIG. 1

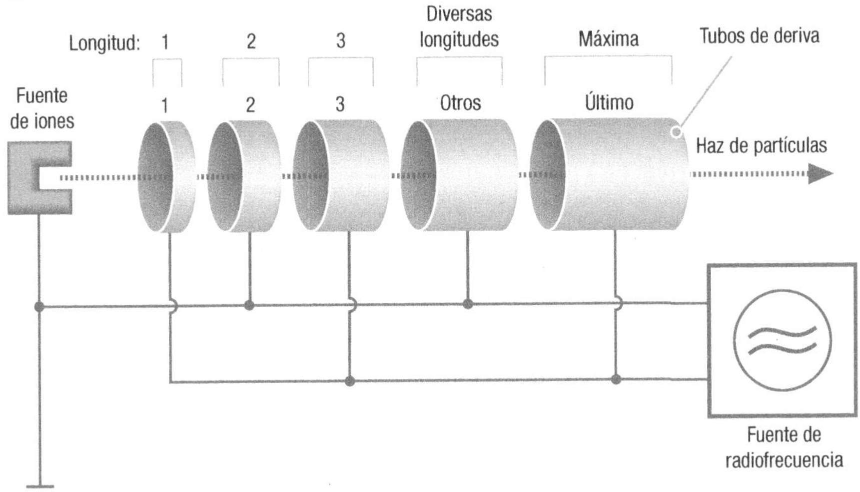

Técnica Ising-Wilderöe de aceleración lineal de partículas cargadas. Los tubos tienen una longitud cada vez mayor, como puede verse en los tubos 1, 2 y 3. El tubo 2 mide el doble que el 1. El 3 mide el triple que el 1. El acelerador es mucho más largo que lo mostrable en el dibujo, por lo que el tubo señalado como «Otros» marca tan solo la posición de todos los existentes entre los tres primeros y el último. Más allá de este, que no está representado en toda su longitud, el haz de partículas originado a partir de la fuente de iones y acelerado con ayuda de cavidades de radiofrecuencia (que contienen un campo electromagnético) completa su aceleración y alcanza el blanco.

campo eléctrico, la trayectoria de esta es rectilínea y el acelerador deberá ser lineal. Cuando las partículas se mueven en un campo magnético el acelerador deberá ser circular.

Los *aceleradores lineales*, denominados LINAC, tienen, en esencia, el mismo fundamento que el tubo de Crookes, al que ya relacionamos en el capítulo primero con el descubrimiento del electrón. Intuitivamente podemos pensar que, cuanto más largo sea el tubo, mayor será la energía que adquieran las partículas que se aceleran en él. Para construir un LINAC a gran escala aún se emplea la técnica original, propuesta por Gustav Ising y perfeccionada por Rolf Wideröe en 1927, la cual se describe en la figura 1. El alto voltaje se produce mediante corriente alterna. Como en esta la polaridad cambia cíclicamente es preciso alternar los tubos de propulsión con espacios vacíos, tal que el movimiento de la partícula esté sincronizado con la corriente, de modo que pase por el tubo durante el semiperiodo de aceleración en el sentido del movimiento y esté fuera de él cuando la polaridad cambie. Puesto que las partículas cada vez circulan más rápido, se precisa que los tubos de aceleración o deriva sean cada vez más largos. Por tanto, para alcanzar energías muy altas se requieren instalaciones muy grandes, como la del SLAC *(Stanford Linear Accelerator Center)* en California. Los aceleradores lineales son muy utilizados en la industria y en la medicina. Por otro lado, este tipo de acelerador se postula con fuerza como candidato para el avance a corto y medio plazo de la experimentación en física de partículas, ya que, aunque alcancen menor energía que los circulares, son mucho más precisos, lo que es fundamental para proporcionar datos que permitan el análisis de las propiedades de las partículas.

Los *aceleradores circulares* disponen de un campo magnético B, el cual proporciona a una partícula de masa m y carga q la fuerza centrípeta necesaria para que la partícula describa un círculo en un plano perpendicular al campo. La velocidad de la partícula y, por tanto, su energía cinética están relacionadas con el radio R del círculo descrito como $v = eBR/m$. Pero esta velocidad se mantiene constante en la órbita. Para conseguir velocidades cada vez mayores es preciso impulsar a la partícula a radios también cada vez mayores, lo cual se consigue con un impulso eléctrico. Un dispositivo que combina adecuadamente un campo magnético con impulsos eléctricos es el *ciclotrón*. El primero de ellos, construido en 1931 por Ernest O. Lawrence y M. Stanley Livingston, medía unos 11 cm de diámetro y conseguía acelerar electrones hasta 80 KeV.

La base del ciclotrón es un campo magnético que hace que las partículas que entran en él describan órbitas con un radio $R = mv/eB$. El campo magnético por sí solo únicamente proporciona la aceleración centrípeta que mantiene a la partícula en su órbita. Como la velocidad no cambia, su energía cinética permanece constante. Para conseguir impulsar a las partículas con velocidades cada vez mayores se utiliza una fuente de corriente

Vista aérea del acelerador lineal de Stanford (*Stanford Linear Accelerator Center*, SLAC), en Estados Unidos. La fotografía está tomada hacia 1968.

alterna, que actúa de modo similar a la de Wideröe en el acelerador lineal. En la figura 2 se presenta el esquema de uno de estos dispositivos. El disco por el que circulan las partículas está dividido en dos mitades llamadas «Dees», separadas por una distancia en la que el electrón se mueve en línea recta impulsado por un campo eléctrico. Este campo está generado por una fuente de corriente alterna sincronizada con el paso del electrón, de modo que nunca actúe desacelerándolo. Lawrence y Livingston construyeron una serie de ciclotrones que alcanzaban cada vez mayores energías: el de 28 cm, de 1932, alcanzaba el MeV, y el de 69 cm de la Universidad de California en Berkeley conseguía acelerar iones hasta los 5 MeV (véase la fotografía superior de la pág. 101). Aunque el ciclotrón presenta la ventaja de tener menor tamaño que un acelerador lineal, la energía que se puede alcanzar con él está limitada cuando las partículas alcanzan velocidades muy grandes. En estos casos, los efectos relativistas que incrementan el periodo de la órbita son apreciables, y terminan por romper la sincronía entre el paso de las partículas y los impulsos de la fuente de corriente alterna. Debido a esto, el ciclotrón no puede acelerar iones por encima de 25 MeV. Para resolver este problema se construyeron varios tipos de aceleradores circulares que funcionaban con campos magnéticos variables, como el *betatrón* (1940), o modificando las fuentes de aceleración para paliar los efectos relativistas, como el *microtrón* y el *sincrociclotrón*. Sin embargo, el modelo de acelerador circular con el que se consiguen mayores energías es el *sincrotrón*, aún de gran utilidad en muchos campos de la ciencia. En el sincrotrón el campo magnético se sincroniza con la energía de las partículas aceleradas, de modo que mantengan su radio de giro constante. Si además se aceleran protones cuya masa es unas 2000 veces mayor que la del electrón se consiguen energías del orden del GeV. El primer sincrotrón de protones es el Cosmotrón de Brookhaven (Estados Unidos), el cual, en 1952, consiguió acelerar protones hasta 3 GeV. Sin embargo, la aceleración centrípeta a la que están sometidas las partículas en las órbitas hace que a grandes velocidades emitan radiación electromagnética. Esta radiación, en la frecuencia de los rayos X, fue descubierta en 1947 y se denomina *radiación*

FIG. 2

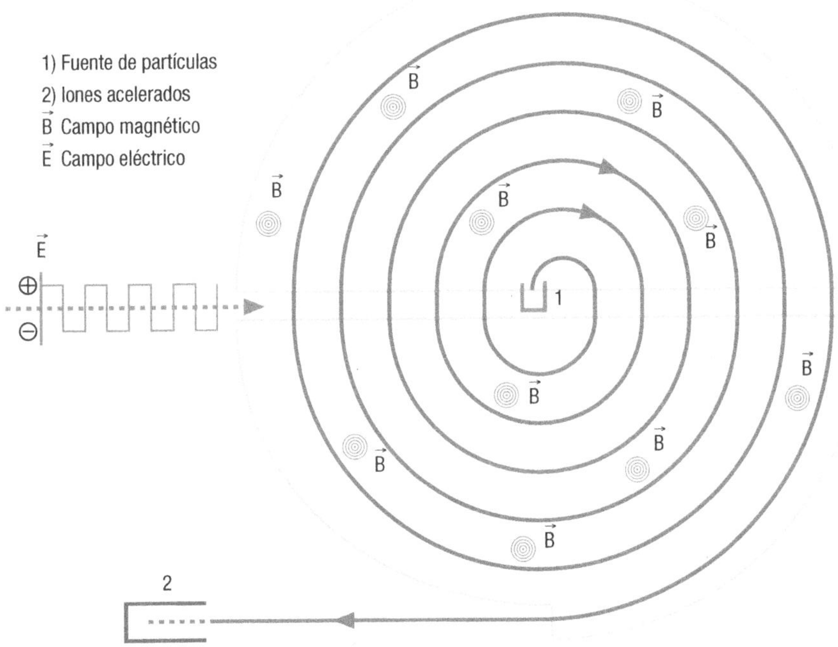

Esquema básico de funcionamiento de un ciclotrón. El campo magnético se dirige hacia fuera del plano de la figura y hace que las partículas cargadas describan círculos. Con el impulso recibido al pasar por la zona del campo eléctrico, las partículas adquieren energías cada vez mayores.

de sincrotrón. Aunque en un principio se consideró un problema por la pérdida de energía de la partícula, su utilidad en *espectroscopía* y *cristalografía* hace que en la actualidad se construyan sincrotrones solo para producir este tipo de radiación.

Los aceleradores descritos hasta ahora aceleran partículas que después se extraen para hacerlas colisionar con un blanco fijo. La colisión se produce, entonces, a la energía que adquiere la partícula en el acelerador. Sin embargo, produce un choque frontal de dos partículas aceleradas hasta la misma energía, con lo que se consigue duplicar la energía disponible para la producción de nuevas partículas.

Los grandes aceleradores actuales del CERN y el Fermilab (fotografía inferior de la página contigua) son *colisionadores* basados en ese principio. La precisión de la colisión se consigue acelerando partículas y antipartículas, ya que en campos electromagnéticos recorren trayectorias idénticas en sentidos opuestos. La producción y almacenamiento de las partículas que actúan como proyectil se realiza en los llamados *anillos de almacenamiento*. El primero de ellos fue construido en 1960 por Bruno Touschek. El más famoso es el del CERN, con un túnel circular de 27 km. En el experimento LHC se está consiguiendo acelerar protones hasta varios TeV (teraelectronvoltios) produciendo colisiones protón-antiprotón.

EL ZOO DE LAS PARTÍCULAS

Hasta finales de la década de los cuarenta no se conocían partículas más allá de los componentes del átomo, con la excepción del muon, encontrado en los rayos cósmicos, y del que ya hablamos en el capítulo 2. Sin embargo, la explicación de las fuerzas nucleares y la desintegración beta, con modelos inspirados en el electromagnetismo, parecían apuntar a la existencia de nuevas partículas. En 1933, Enrico Fermi elaboró una *teoría de la desintegración beta* basada en dos corrientes fermiónicas que se acoplan con una constante, llamada *constante de Fermi*, G_F. Esta teoría postula la existencia del *neutrino*, que sería un fermión neutro y con masa muy pequeña, necesario para explicar la conservación de la energía en la desintegración beta. En 1956, Clyde Cowan y Frederick Reines detectaron los neutrinos procedentes de un reactor nuclear mediante su colisión con protones: $\nu_e + p^+ \rightarrow n^0 + e^+$. Esta reacción deja una huella de dos fotones simultáneos, fáciles de identificar: uno como la aniquilación del positrón con un electrón, y el otro como la emisión gamma que sucede a la captura del neutrón por un núcleo.

Respecto de la fuerzas nucleares, Hideki Yukawa elaboró una teoría en 1934 en la que la interacción entre nucleones se producía gracias al intercambio de un bosón masivo al que denominó *me-*

En la fotografía de arriba, M. Stanley Livingston (izquierda) y Ernest O. Lawrence posan frente al ciclotrón de 69 cm ubicado en la Universidad de California, Berkeley, en 1934. Abajo, imagen del *Fermi National Accelerator Laboratory* (Fermilab), situado en Illinois. El anillo más alejado es el Tevatron, de 6,3 km de circunferencia. Es capaz de acelerar protones a una energía del orden de 1 TeV (1 000 GeV), y, por tanto, alcanzar el doble de dicha energía en las colisiones protón-antiprotón.

La naturaleza crea líneas curvas, mientras que los humanos las hacemos rectas.

Hideki Yukawa

són, que en griego quiere decir «medio», porque su masa, en torno a los 100 MeV, sería intermedia entre la del electrón y el nucleón. Cuando se descubrió el muon, en 1937, se pensó que esta podría ser la partícula predicha por Yukawa, aunque pronto se vio que sus propiedades no eran las adecuadas. Sin embargo, en 1947 se descubrió el mesón π o pion, primero observado en los rayos cósmicos y después producido en aceleradores. Su masa de 140 GeV y su espín 0 lo harían encajar en la teoría de Yukawa. El muon, en cambio, es un fermión del tipo del electrón, pero mucho más masivo. Su desintegración en un electrón y neutrinos podría explicarse mediante el mecanismo de Fermi para la desintegración beta. En la actualidad ambas teorías han dado paso a otras mucho más generales. Sin embargo, como veremos, la constante de Fermi es clave para entender el mecanismo de la *interacción electrodébil*, mientras que la interacción entre fermiones con intercambio de un bosón se conoce como *interacción de Yukawa*, y es la clave para explicar la generación de masa en el modelo estándar.

La evolución de los aceleradores de partículas permitió, además de la observación detallada de las partículas descubiertas en los rayos cósmicos, descubrir muchas otras. En 1948, el sincrociclotrón de Berkeley produjo los primeros piones cargados artificiales, y a partir de ese año se descubrió una cantidad enorme de partículas no atómicas, sobre todo desde 1952, cuando entraron en funcionamiento aceleradores capaces de alcanzar energías superiores al GeV. La cantidad de ellas es tal que se denominaron colectivamente «el zoo de las partículas» subatómicas. La clasificación de estas nos dará algunas de las claves para entender las interacciones fundamentales. Antes de entrar en si estas partículas son elementales o agregados de otras partículas se pueden buscar propiedades comunes y clasificarlas como:

— Hadrones (del griego *hadrós*, «fuerte»): Partículas que experimentan interacción fuerte. Según su masa y espín se pueden dividir en:

a) Bariones (del griego *baris*, «pesado»): Partículas de espín semientero o fermiones. Los bariones los integran los *nucleones*, que son las partículas que están en el núcleo atómico, es decir, el protón y el neutrón, que tienen masas parecidas, y los *hiperones*, que no están en el núcleo y son más pesadas que los nucleones.

b) Mesones (del griego *mesos*, «medio»): Son bosones o partículas de espín entero, con masas intermedias entre los bariones y los leptones.

— Leptones (del griego *leptós*, «ligero»): Partículas que no experimentan interacción fuerte. Son los fermiones de espín 1/2 y pueden estar cargados, como el electrón, o ser neutros, como el neutrino. La primera partícula no atómica descubierta, el muon, encaja dentro de esta categoría.

La *vida media* de las partículas, τ, puede relacionarse con las interacciones que experimentan, ya que la vida media es proporcional a la *constante de acoplamiento*, α, que determina la fuerza asociada al tipo de interacción. De modo que $\tau \sim (1/\alpha)^2$. Si observamos las tablas de la pág. 105 podemos comparar tres tiempos característicos de vidas de partículas: el π^0, cuyo principal canal de desintegración es el electromagnético, $\pi^0 \rightarrow \gamma\,\gamma$, con una duración en torno a 10^{-16} s; el $\rho^0 \rightarrow \pi^-\pi^+$, en torno a los 10^{-22} s, y el $\pi^+ \rightarrow \mu^+\nu_\mu$, en torno a los 10^{-8} s. La desintegración más rápida corresponde a la interacción más fuerte, que se caracteriza por la constante α_s, de modo que se puede establecer una relación $(\alpha_s/\alpha_{em}) \sim 10^3$. La interacción más débil es la asociada a la desintegración β, la cual se puede asociar a una constante α_W tal que $(\alpha_W/\alpha_{em}) \sim 10^{-2}$.

LOS NÚMEROS CUÁNTICOS B, L Y S

Según vimos en el capítulo anterior, existe una relación directa entre simetrías y cantidades conservadas, formalmente establecida por el teorema de Noether. Por ello, es muy importante buscar patrones comunes en los canales de desintegración. De este modo se pueden establecer grupos de partículas y buscar después simetrías que expliquen su composición. En una primera clasificación los hadrones se han dividido entre *bariones* y *mesones*. Cuando asignamos a cada barión un número bariónico $B = +1$, a los antibariones $B = -1$ y a mesones y fermiones $B = 0$ es posible observar que este número se conserva en todos los canales de desintegración de la tabla superior de la página siguiente. Del mismo modo, si a cada *leptón* se le asigna un número leptónico $L = +1$, $L = -1$ a su antipartícula y cero a los hadrones, este número se conserva en la desintegración de los mesones de la tabla.

En el apartado anterior hemos relacionado la vida de las partículas con la interacción que experimentan. Los números B y L no son suficientes para determinar la participación de una partícula en una interacción u otra. Por ejemplo, el barión Σ^- se produce mediante interacción fuerte en la reacción $\pi^- p \rightarrow K^+ \Sigma^-$ y, en cambio, se desintegra principalmente mediante la reacción $\Sigma^- \rightarrow n\pi^-$ con un tiempo de vida de 10^{-10} s, típico de la interacción débil. Otros bariones tienen vidas mucho más cortas, características de la interacción fuerte. Tal es el caso del $\Delta^- n \rightarrow n\pi^-$ que determina una vida para el Δ^- del orden de 10^{-23} s. Murray Gell-Mann e, independientemente, Kazuhiko Nishijima interpretaron estos datos gracias a la introducción de un nuevo número cuántico al que se denominó *extrañeza* (en inglés «*strangeness*»), y que se representa por la letra *S*. A cada hadrón se le asigna un valor de *S* que puede ser +1, 0, −1, el opuesto a su correspondiente antipartícula y 0 a los leptones. Así, se puede observar que la extrañeza se conserva en las interacciones fuertes y electromagnéticas pero no en las débiles. En la tabla inferior se puede observar que los bariones que se desintegran conservando *S*, como el multiplete de Δ's, tienen vidas medias cortas, correspondientes a la interacción fuerte, mientras que las que no conservan *S* son las típicas de la interacción débil. También se observa que los bariones Σ cargados decaen débilmente, ya que no existe ninguna partícula más ligera que ellos con $S = 1$; en cambio, el neutro puede decaer con interacción fuerte, porque la reacción $\Sigma \rightarrow \Lambda^0 \gamma$ conserva *S* y está permitida energéticamente.

MESONES Y ALGUNAS DE SUS PROPIEDADES

Partícula	Símbolo	Masa en reposo MeV/c^2	S	I_3	Vida media	Canales de desintegración
Pion	π^+	139,6	0	+1	$2{,}60 \cdot 10^{-8}$	$\mu^+ \nu_\mu$
	π^-	139,6	0	−1	$2{,}60 \cdot 10^{-8}$	$\mu^- \nu_\mu$
	π^0	135,0	0	0	$0{,}83 \cdot 10^{-16}$	2γ
Kaon	κ^+	493,7	+1	+1	$1{,}24 \cdot 10^{-8}$	$\mu^+ \nu_\mu, \pi^+\pi^0$
	κ^-	493,7	−1	−1	$1{,}24 \cdot 10^{-8}$	$\mu^- \nu_\mu, \pi^- \pi^0$
	κ^0_S	497,7	+1	0	$0{,}89 \cdot 10^{-10}$	$\pi^+ \pi^-, 2\pi^0$
	κ^0_L	497,7	+1	0	$5{,}2 \cdot 10^{-8}$	$\pi^+ e^- \nu_e \pi^+ \mu^- \nu_\mu$
Eta	η	548,8	0	0	$5 \cdot 10^{-19}$	$2\gamma, 3\pi^0$
Eta prima	η'	958	0	0	$3 \cdot 10^{-21}$	$\pi^+ \pi^- \eta \, \mu^0 \gamma$

BARIONES Y ALGUNAS DE SUS PROPIEDADES

Partícula	Símbolo	Masa en reposo MeV/c^2	Espín	B	S	I_3	Vida media (s)	Canales de desintegración
Protón	p	938,3	1/2	+1	0	+1/2	Estable	—
Neutrón	n	939,6	1/2	+1	0	−1/2	920	$p e^- \nu_e$
Lambda	Λ^0	1 115,6	1/2	+1	−1	0	$2{,}6 \cdot 10^{-10}$	$p\pi^-, n\pi^0$
Sigma	Σ^+	1 189,4	1/2	+1	−1	1	$0{,}8 \cdot 10^{-10}$	$p\pi^0, n\pi^+$
	Σ^0	1 192,5	1/2	+1	−1	0	$6 \cdot 10^{-20}$	$\Lambda^0\gamma$
	Σ^-	1 197,3	1/2	+1	−1	−1	$1{,}5 \cdot 10^{-10}$	$n\pi^-$
Delta	Δ^{++}	1 232	3/2	+1	0	+3/2	$0{,}6 \cdot 10^{-23}$	$p\pi^+$
	Δ^+	1 232	3/2	+1	0	+1/2	$0{,}6 \cdot 10^{-23}$	$p\pi^0$
	Δ^0	1 232	3/2	+1	0	0	$0{,}6 \cdot 10^{-23}$	$n\pi^0$
	Δ^-	1 232	3/2	+1	0	−1/2	$0{,}6 \cdot 10^{-23}$	$n\pi^-$
Xi	Ξ^0	1 315	1/2	+1	−2	+1/2	$2{,}9 \cdot 10^{-10}$	$\Lambda^0\pi^0$
	Ξ^-	1 321	1/2	+1	−2	−1/2	$1{,}64 \cdot 10^{-10}$	$\Lambda^0\pi^-$
Omega	Ω^-	1 672	3/2	+1	−3	0	$0{,}82 \cdot 10^{-10}$	$\Xi^0\pi^-, \Lambda^0K^-$

LOS GRUPOS DE SIMETRÍA EN LA FÍSICA DE PARTÍCULAS

Las simetrías permiten relacionar partículas con propiedades comunes. Matemáticamente, un grupo se define como un conjunto de elementos con una operación que transforma unos en otros, la cual cumple la propiedad asociativa y tiene un elemento neutro. En matemáticas el concepto de grupo puede mantenerse en su aspecto formal, sin necesidad de precisar cómo se define la operación del grupo sobre funciones u otros objetos que representen a los elementos del grupo. Sin embargo, en física estamos interesados en plasmar las propiedades del grupo en operadores que actúan sobre partículas o propiedades de estas. Por ello precisamos saber cómo se representan estos grupos en los espacios en los que aquellas están definidas.

Un grupo finito contiene un conjunto de elementos con una operación que convierte a unos en otros. Mediante ellos se pueden expresar simetrías discretas, tales como la conjugación de la carga C y la paridad P. La *conjugación de la carga* transforma a una partícula en su antipartícula. Formalmente, se asocia con un grupo de dos elementos, $\{C, I\}$, donde I es la identidad y C es un elemento tal que $C^2 = I$. Para su uso en cálculos, los elementos del grupo deben tomar la forma de un operador que actúa sobre las funciones que representan los campos. Por ejemplo, cuando se aplica a fermiones, C puede expresarse como una combinación de las matrices de Dirac del capítulo 3. De la misma manera, la *paridad* P es una simetría que transforma un objeto en su imagen especular. Por ejemplo, la letra A es invariante a la paridad, mientras que la P no lo es. La paridad actúa sobre una función cambiando el signo de las coordenadas espaciales. Por ejemplo, si colocamos un espejo en la posición $x = 0$, la imagen de los objetos colocados a una distancia x aparece en la posición $-x$.

Las interacciones fuertes y electromagnéticas son invariantes a las simetrías C y P. Las débiles violan ambas por separado, pero conservan la simetría conjunta CP. La violación de la simetría CP se ha observado en el sistema de *kaones* neutros, ya que uno no es la antipartícula del otro, como sucede con el resto de las partículas neutras. Otra simetría discreta es la inversión temporal, T, que equivale a cambiar la variable temporal t por su opuesta $-t$. La violación conjunta CPT nunca ha sido observada.

Un tipo especial de grupos son los *grupos continuos*. Estos tienen infinitos elementos que se pueden expresar en función de unos parámetros que pueden variar de un modo continuo. Un ejemplo es el de las rotaciones en el espacio. Estas se pueden poner en función de los ángulos de rotación, y el producto de dos rotaciones es otra rotación. Los grupos de este tipo se llaman *grupos de Lie*, en honor a su inventor Sophus Lie (1842-1899), y tienen la propiedad de que, si asigna el elemento unidad o neutro del grupo al valor cero de los parámetros, cualquier elemento del grupo se puede construir como una sucesión de rotaciones de ángulos infinitesimales. Por ejemplo, las rotaciones en el espacio tridimensional pueden construirse a partir de tres ángulos de rotación en torno a tres ejes. A cada uno de ellos se le asocia un operador, J_i, $i = 1, 2, 3$, que se denomina *generador del grupo* y se puede representar por una matriz 3×3. El conjunto de estos tres generadores forma un álgebra con la J_i propiedad $[J_a, J_b] = J_a J_b - J_b J_a = -i f_{abc} J_c$, donde los f_{abc} son coeficientes completamente antisimétricos ante la permutación de índices. Este tipo de álgebra se denomina *álgebra de Lie*.

El propio modelo estándar de las interacciones fundamentales asocia cada una de estas a un grupo de Lie, de modo que el modelo se expresa como el producto de los tres grupos del tipo unitario, $SU(3) \times SU(2) \times U(1)$. Un grupo unitario lo forman las matrices unitarias, esto es, matrices tales que al multiplicar una de ellas, U, por su conjugada, U^+, verifica $UU^+ = U^+U = 1$. El especial unitario lo forma el conjunto de matrices unitarias con determinante 1. Si las matrices operan en un espacio de dimensión n, el grupo especial unitario asociado a este espacio es $SU(n)$. Cada elemento del grupo se construye con $n^2 - 1$ parámetros independientes, que son los que se requieren para formar los $n \times n$ elementos de una matriz compleja, U, con las propiedades anteriores. Cada uno de estos parámetros lleva asociado un generador del álgebra de Lie del grupo. Los grupos se definen de un modo abstracto. La manera de expresar los elementos del grupo y sus generadores como operadores matemáticos se denomina *realización* o *representación del grupo*, y la dimensión del espacio donde se construyen esos operadores es la *dimensión de la representación*. La representación en un espacio de dimensión n se denomina representación de definición del grupo o *fundamental*. En ella los elementos del grupo son matrices de dimensión $n \times n$. Sin embargo, no es la única manera de representar al grupo. También se podría hacer, por ejemplo, en un espacio en que cada parámetro independiente sea la componente de un vector. Por tanto, la representación sería de dimensión n^2-1. En física, más allá de las propiedades de los elementos del grupo y los aspectos formales de la teoría de grupos, interesan las representaciones de estos, ya que las partículas que experimentan la interacción se asocian a vectores en el espacio de la dimensión de la representación, sujetas a interacciones que se expresan a través de los generadores de su álgebra de Lie. Los generadores diagonales tienen especial interés, porque sirven para asignar números cuánticos a las partículas asignadas a la representación del grupo. El número de generadores diagonales es característico de cada grupo y se denomina *rango del grupo*.

El espín no es la única aplicación del grupo $SU(2)$ en el contexto del modelo estándar. Este grupo también se aplica para definir el *isospín*, del que hablaremos en la próxima sección, y la carga electrodébil del modelo estándar, que trataremos más adelante.

SU(3) Y LOS QUARKS

El grupo $SU(2)$ se intentó utilizar para explicar las fuerzas nucleares. La idea surgió porque el protón y el neutrón se comportan de una manera muy similar ante la interacción fuerte, además de tener masas muy parecidas. Por tanto podrían ocupar los dos estados de la representación fundamental de $SU(2)$, formando un doblete. A este doblete se le asigna un nuevo número cuántico al que, en principio, se llamó *espín isobárico* y que con el tiempo pasó a llamarse isospín, al que designaremos como I. De este modo al doblete protón-neutrón se le asigna $I=1/2$, tal que el protón corresponda al estado de $I_3=+1/2$ y el neutrón a $I_3=-1/2$.

Cuando se descubrieron los piones π^-, π^0 y π^+, se les asignó a la representación tridimensional de $SU(2)$ $I=1$, con valores de $I_3=-1, 0, +1$, respectivamente. Sin embargo, para explicar las propiedades de las nuevas partículas descubiertas a partir de 1950 se precisaba introducir el número cuántico de extrañeza S. Esto no es posible con $SU(2)$, ya que solo disponemos de un generador diagonal que ya se ha utilizado para el isospín. Por tanto se requiere un grupo de mayor rango; $SU(3)$ tiene rango 2, por lo que sería un buen candidato.

> De entre todas las disciplinas matemáticas, la teoría de las ecuaciones diferenciales es la más importante... Proporciona la explicación de todas esas manifestaciones elementales de la naturaleza que involucran el tiempo.
>
> **Sophus Lie**

La introducción de un número cuántico denominado *hipercarga*, definido como la suma del número bariónico y la extrañeza $Y=B+S$, hace posible establecer y relacionar los números cuánticos con los que se han clasificado las partículas con su carga Q, de modo que: $Q=I_3+Y/2$, donde I_3 es la tercera componente del isospín de la partícula. Partiendo de las partículas descubiertas hasta 1961, Gell-Mann y Ne'eman agruparon los mesones y los bariones con el mismo espín en el plano (I_3, Y). Los bariones de espín 1/2 y los mesones de espines 0 y 1 se agrupan en conjuntos de 8 miembros, lo que se conoce como *regla del octete*. Los bariones de espín 3/2 forman un *decaplete*. Todas estas agrupaciones encajarían en representaciones de dimensión 8 y 10 de $SU(3)$. Aunque en 1961 el barión *omega* aún no se había descubierto, el éxito de esta clasificación quedó patente cuando en 1964 se le encontró con la misma masa y propiedades de los mesones de la representación de $SU(3)$ en la que encajaba. Sin embargo, $SU(3)$ solo es una simetría aproximada ya que las masas de las partículas de cada representación deberían ser parecidas, lo cual no se cumple siempre (por ejemplo la masa del pion es tres veces inferior a la del kaón). Pero lo que es más sorprendente es que la representación fundamental de $SU(3)$, que es la de dimensión 3, no se ha asignado a ninguna terna de partículas. Como las representaciones de mayor dimensión se construyen a partir de la fundamental, podríamos pensar que los hadrones son agregados de partículas elementales (que serían los *quarks*). Aunque estos no habían sido vistos, los patrones de $SU(3)$ observados en la clasificación de los hadrones parecían un indicio de su existencia.

El modelo de los quarks fue establecido por Murray Gell-Mann y George Zweig en 1964. Según este modelo, las partículas conocidas hasta entonces se explicarían como agregados de tres fermiones de espín 1/2 y cuya carga eléctrica sería una fracción de la carga del electrón. El término quark se atribuye a Gell-Mann, quien lo sacó de la novela *Finnegans Wake* de James Joyce. Los quarks serían una terna formada por el *up*, *down* y *strange*, los cuales se abrevian como u, d y s respectivamente; estos encajarían en la representación fundamental de $SU(3)$ y se les asignarían los números cuánticos de la tabla siguiente:

Quark	Símbolo	Espín	Q	B	S
up	u	1/2	+2/3	1/3	0
down	d	1/2	−1/3	1/3	0
strange	s	1/2	−1/3	1/3	−1

Sus correspondientes antipartículas serían los *antiquarks* que encajan en la representación conjugada $\overline{3}$ y a los que se asignan números cuánticos opuestos a los de los quarks. Con ello los hadrones se pueden interpretar como agrupaciones de quarks y se pueden redefinir a partir de ellos:

— Mesones: Combinaciones de quark-antiquark, $q\,\overline{q}$. Sus representaciones se obtienen mediante el producto $3 \otimes \overline{3} = 1 \oplus 8$. De este modo se obtienen el octete de espín 0 de la tabla y el singlete η'.

— Bariones: Combinaciones de tres quarks, obtenidas a partir del producto $3 \otimes 3 \otimes 3 = 10 \oplus 8 \oplus 8 \oplus 1$. Lo cual se corresponde con el decuplete de espín 3/2 y octete de espín 1/2.

Con este *modelo del sabor* los quarks aparecen como las piezas de «lego» con las que se pueden construir todos los hadrones. Y así se explican con éxito las relaciones de masa entre las partículas en el mismo multiplete, mediante la *fórmula Gell-Mann-Okubo*. También los momentos magnéticos de cada partícula se explican como la combinación de los momentos magnéticos de cada uno de los quarks que la componen. Esto es realmente importante porque explica que el neutrón tenga momento magnético, μ_n, en lugar de ser nulo como se esperaría de una partícula neutra sin estructura. En cambio si el neutrón está compuesto de quarks cargados adquiere un μ_n que es combinación de los de sus componentes. De este modo, según el modelo de quarks la relación entre los momentos magnéticos del neutrón y el protón debe de ser: $\mu_n/\mu_p = -2/3$, la cual concuerda muy bien con el valor medido experimentalmente de $-0{,}6849745 \pm 0{,}00000058$.

A pesar de su éxito, el modelo de los quarks es insuficiente para establecer la estructura de las partículas; algunos de sus problemas son:

— Los quarks tienen cargas fraccionarias mientras que todas las partículas conocidas tienen carga entera. El más ligero de ellos debería de ser estable y haber dejado alguna señal experimental.

— Las únicas asociaciones de quarks observadas son de los tipos $q\bar{q}$ y qqq. Puesto que los quarks son fermiones, las asociaciones de tres quarks idénticos violarían la conexión espín-estadística (dos fermiones idénticos no pueden ocupar el mismo nivel energético). Esto sería manifiesto en partículas de momento angular 3/2, como el hiperón Δ^{++}, que estaría formado por los quarks *uuu*. Dos de estos quarks podrían estar en estados con $S_z = +1/2$ y $-1/2$, pero el tercero necesariamente coincidiría con uno de ellos.

Por estas razones se pensó en un número cuántico nuevo que explicase por qué no se detectan quarks individuales y sirviese para distinguir los quarks del mismo sabor. Este número cuántico se llama *color* y el modelo estándar lo incorpora con éxito no solo para resolver el problema de las asociaciones de quarks sino también para explicar la interacción fuerte. El grupo $SU(3)$ de sabor, a pesar de su gran trascendencia para comprender la naturaleza de las partículas elementales, no es el $SU(3)_C$ de color que forma parte de la definición de modelo estándar.

Las teorías de las interacciones fuerte y electrodébil

Las interacciones fuerte y débil son explicadas mediante el intercambio de bosones, de manera análoga a la electromagnética. Por esta razón, las tres interacciones se acabarán integrando en un mismo modelo: el modelo estándar de las interacciones fundamentales. La sorprendente verificación experimental de sus predicciones favorecerá su sólida implantación.

En este capítulo se presenta la formulación de las teorías que explican las interacciones fuerte y débil según el ME. Ambas se identifican con el grupo de simetría en el que se basan, $SU(3)_C$ y $SU(2)_L \times U(1)_Y$, respectivamente, lo que indica la importancia de las simetrías en la fundamentación de la teoría. En el capítulo 4 se explicó cómo las teorías de campos se desarrollan a partir de un lagrangiano que representa la energía de los campos asociados a una interacción. En el caso de la electrodinámica cuántica (QED) se consiguen explicar los datos experimentales con una precisión extraordinaria. En este capítulo se buscan asimismo teorías análogas para las interacciones débil y fuerte. Para ello se buscan simetrías que relacionen las partículas que experimentan la interacción con los campos bosónicos que la propagan. Este es el papel del fotón en la QED, mientras que los bosones asociados a las otras interacciones, gluones y bosones W y Z, no tienen un análogo previo. Sin embargo, la evidencia experimental de su existencia sirve de prueba de la corrección del modelo.

En la década de 1960 había suficientes datos experimentales como para conocer la estructura de las interacciones débil y fuerte. En el capítulo 5 vimos cómo la clasificación de las nuevas partículas permitía relacionar unas con otras mediante grupos de simetría como $SU(3)$. Este tipo de simetrías, llamadas *globales*, porque sus parámetros no dependen del espacio-tiempo, sirvieron para postular la existencia de los quarks. Sin embargo, no explicaban cómo les afecta la interacción fuerte o débil. Las teorías del tipo *Yang-Mills* parten de esa simetría, pero la consideran local (es decir, dependiente del espacio-tiempo) y con ello introducen campos bosónicos que explican la mecánica de la interacción.

Los nuevos modelos predijeron multitud de señales experimentales, lo que propiciaría el desarrollo de la experimentación. Con la explicación de las interacciones fuertes y débiles, como las teorías Yang-Mills o gauge, el ME quedó formulado en su forma actual. Las nuevas partículas postuladas por este se han ido descubriendo a medida que se ha incrementado la energía de experimentación. Con el descubrimiento del *bosón de Higgs* en 2012 el modelo ha quedado completamente establecido.

EL COLOR DE LOS QUARKS

La teoría de los quarks de tres sabores consiguió organizar el zoo de las partículas descubiertas hasta 1960. Aun así, dejaba dudas acerca del mecanismo de agregación de los quarks para formar los hadrones: ¿por qué no existen las partículas con solo un quark?, ¿por qué existen estados de tres quarks idénticos? Estos problemas pueden resolverse introduciendo un nuevo número cuántico que distinga quarks del mismo «sabor», y este es el llamado *color*.

El color fue introducido en 1965 por Moo-Young Han y Yoichiro Nambu e, independientemente, por Oscar W. Greenberg. Por cada estado de sabor habría tres de color: R (*red*, rojo), G (*green*, verde) y B (*blue*, azul). De este modo, los tres quarks de hadrones como el Δ^{++} no serían idénticos, con lo que no se violaría la conexión espín estadística. Los colores encajarían en el grupo $SU(3)_C$, al que colocamos el índice C para distinguirlo del grupo de sabor mencionado en el capítulo anterior. La no observación

FIG. 1

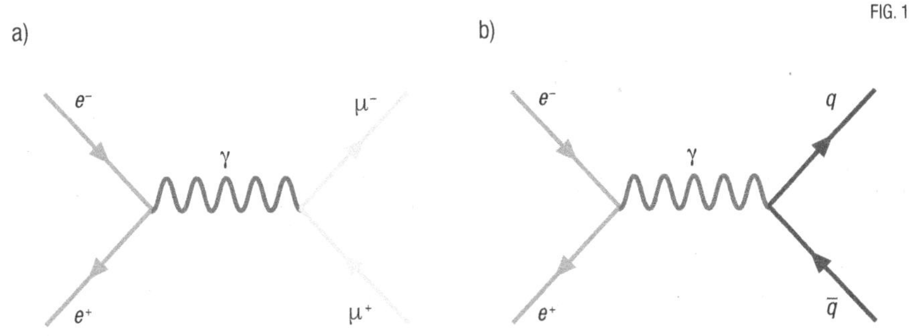

Producción electromagnética de fermiones a partir de una colisión electrón-positrón (e^+e^-). La interacción es mediada por un fotón (γ), de modo que la sección eficaz es proporcional al producto de la carga de las partículas que concurren en cada vértice. De este modo, la producción de muones ($\mu^+\mu^-$) en a) es proporcional al cuadrado de la carga del electrón, mientras que en la de quarks ($q\bar{q}$) en b) esta aparece reducida por la fracción de la carga del quark 1/3 para los down o 2/3 para los up.

de quarks aislados hace pensar que el color no aparece como propiedad de una partícula libre, como ocurre con la carga. De este modo, los quarks solo aparecen formando hadrones, que son amalgamas de ellos sin color neto. En el lenguaje de grupos de simetría esto significa que las asociaciones de quarks son singletes de color, esto es, representaciones de dimensión 1. Por esta razón, los mesones, formados por parejas quark-antiquark ($q\bar{q}$), encajarían en los productos $3\otimes\bar{3}=1\oplus...$, y los bariones, formados por tres quarks (qqq), aparecerían en los productos $3\otimes3\otimes3=1\oplus...$ donde los puntos suspensivos indican representaciones de mayor dimensión que corresponderían a partículas «coloreadas».

Las cargas fraccionarias de los quarks parecen un misterio. En cambio, es posible observarlas en la producción de hadrones como consecuencia de colisiones e^+e^-, como se indica en la figura 1. Si bien la carga de los hadrones es entera, estos son resultado de recombinaciones de quarks producidos por pares en la interacción electromagnética. La sección eficaz en colisión $e^+e^-\rightarrow f\bar{f}$ es proporcional al cuadrado de la carga del fermión saliente *f*. Por tanto, la relación entre la producción de quarks, de carga fraccionaria $e_q Q_e$ (donde Q_e es la carga del electrón y e_q la fracción de carga de cada quark), y muones de carga entera igual a Q_e, es proporcional al cuadrado de la fracción de la carga del electrón que portan los quarks e_q^2. Recordemos que e_q puede tomar el valor de 1/3 o 2/3 según el tipo de quark. Por consiguiente, comparando la producción de hadrones con la de muones se puede ver la huella de las cargas fraccionarias de los quarks:

$$R = \frac{\sigma(e^+e^- \to \text{hadrones})}{\sigma(e^+e^- \to \mu^+\mu^-)} = \frac{\sum_q \sigma(e^+e^- \to q\bar{q})}{\sigma(e^+e^- \to \mu^+\mu^-)} = 3\sum_q e_q^2,$$

donde las sumas se extienden a todos los tipos de quark que forman los hadrones. El factor de 3 se debe a que cada quark aparece en 3 colores que se cuentan individualmente. La cantidad R toma el valor 2 cuando en los hadrones resultantes intervienen los tres sabores de quark, u, d y s, de los que hemos hablado hasta ahora. Los experimentos confirman ese valor. Además, la concordancia sigue siendo buena cuando la energía de la colisión es suficiente para obtener otros tipos de quarks más pesados de los que hablaremos más adelante. Por ejemplo, con el sabor *charm* (encanto), con $e_q = 2/3$, R pasa a ser 10/3, y cuando la energía hace accesible el sabor siguiente, el *bottom* (fondo), con $e_q = 1/3$, $R = 11/3$.

EL COLOR Y LA INTERACCIÓN FUERTE

Hasta ahora hemos visto que la simetría $SU(3)_c$ explica cómo los hadrones pueden considerarse agregados de quarks. De alguna manera, esta simetría debe de estar asociada a la interacción fuerte y explicar así tanto el mecanismo que hace que se formen los hadrones a partir de los quarks como por qué estos nunca aparecen individualmente como partículas libres. Puesto que el mecanismo de intercambio de bosones explica muy bien la interacción electromagnética, tal vez un esquema parecido sea aplicable a la interacción fuerte.

En la QED la interacción electromagnética se describe a partir de una función de los campos asociados a las partículas portadoras de carga, el electrón y su antipartícula, el positrón, y el del bosón asociado a la interacción, el fotón. Esta función se denomina lagrangiano. En el capítulo 4 se explicó cómo se llega a ella a partir de la cuantización del electromagnetismo clásico, perfectamente establecido con las ecuaciones de Maxwell. Para describir las otras interacciones es preciso encontrar funciones parecidas que incluyan un mecanismo para la interacción. En estos casos no contamos con un modelo clásico que cuantizar. Sin embargo, las simetrías pueden servir de guía.

Podemos comenzar por investigar cómo se puede describir la QED a partir de sus simetrías y después extender el modelo a las otras interacciones. En este caso, la simetría $U(1)$ de la función de onda $\psi \to \psi' = e^{i\alpha}\psi$ se puede combinar con la libertad gauge en la elección del potencial electromagnético que define el fotón. Para ello, el parámetro α de la simetría $U(1)$ se convierte en una función del espacio-tiempo, $\alpha(x,t)$, y a partir de él se define un bosón, llamado *bosón gauge*, tal que su interacción con las partículas cargadas mantiene la simetría en todos los puntos del espacio. Este bosón gauge puede identificarse con el fotón. En el caso de la interacción fuerte, aunque no tenemos una teoría clásica en la que apoyarnos, existe una simetría de referencia: la $SU(3)_c$. Siguiendo el ejemplo de la simetría $U(1)$ de la QED se puede idear un modelo para la interacción del color de una manera análoga al de la carga eléctrica. En el caso de la QED el concepto de teoría gauge se establece para un grupo conmutativo o abeliano con un solo parámetro. En 1954 Chen Ning Yang y Robert Mills extendieron el concepto a grupos no abelianos, en los que la simetría se define a partir de varios parámetros, como los $SU(n)$, en un intento de explicar las otras interacciones. En principio la idea no tuvo gran éxito. Sin embargo, la abundancia de datos experimentales de esa década hizo que se aplicase con éxito para explicar la interacción electrodébil y posteriormente a las interacciones fuertes. Por simplicidad comenzamos por introducir la interacción fuerte como una teoría del tipo Yang-Mills, puesto que en este caso la simetría $SU(3)$ en la que se basa se mantiene en todo el espectro de energías. En cambio, la de la electrodébil se basa en una simetría $SU(2) \times U(1)$ que se rompe a bajas energías, como explicaremos en las secciones siguientes.

La teoría que describe los quarks y la interacción fuerte como una teoría gauge o del tipo Yang-Mills se denomina *cromodinámica cuántica*, a la que abreviaremos como QCD (del inglés *Quantum CromoDynamics*) y fue introducida en la década de 1970 a partir de los trabajos de David Politzer y de los de Frank Wilczek junto con David Gross. Se basa en el grupo $SU(3)_c$ de color, que no debemos confundir con el grupo de $SU(3)_f$ de sabor de Gell-Mann. Las diferencias entre el uso de la simetría en uno y otro caso nos pueden servir para entender la QCD. La simetría de sabor, $SU(3)_f$, sirve para clasificar a los hadrones en las representaciones de dimensión 8 y 10 de este grupo, las cuales resultaban de componer los tres sabores de los quarks *(u, d, s)* de la representación fundamental. La simetría de sabor no se utiliza como teoría gauge, puesto que el sabor no se asocia a una interacción. En QCD la simetría $SU(3)_c$ se aplica a tres estados de color de un mismo quark. La teoría se convierte en una teoría gauge introduciendo bosones que actúan sobre la carga de color produciendo la interacción fuerte.

En QCD los quarks son las partículas que forman la materia, y además de carga eléctrica portan también una carga de color que puede ser de tres tipos: *R (red)*, *B (blue)* y *G (green)*. Sus antipartículas son los antiquarks con cargas opuestas: $\bar{R}$, $\bar{B}$, $\bar{G}$. Cada quark formaría un triplete de tres colores, $q_T = (q_{c1}, q_{c2}, q_{c3})$, el cual sería invariante ante las transformaciones de color U, $q_T \rightarrow U(\alpha_a)\, q_T$, que son las matrices unitarias que forman la representación fundamental del grupo $SU(3)$. Cada una de ellas depende de 8 parámetros, α_a, con $a = 1, 2, ..., 8$. La simetría se convierte en una teoría gauge asignando a cada parámetro un bosón gauge. Estos son los 8 gluones G^a, responsables de la interacción fuerte. De modo que la interacción fuerte se representa por una interacción del tipo $g_s q_{\bar{C}} G_{C\bar{D}} q_D$, donde los índices C y D representan los tres colores y g_s es la constante de acoplamiento fuerte, que es común para todos los gluones (es decir, no hay colores más intensos que otros). La interacción de color se puede describir de un modo similar a la electromagnética. En esta, un fermión incidente de carga Q interactúa por medio de un fotón produciendo un fotón saliente con carga Q. La carga del fotón es nula, puesto que es la diferencia entre la entrante y la saliente. Sin embargo, la interacción fuerte puede cambiar el color, y eso solo puede hacerse con gluones coloreados. Supongamos un quark entrante de color R que interactúa con un gluon produciendo un quark de color B. Para que la interacción preserve la carga de color los gluones tienen que ser bicolor, en este caso, portar los colores $R\bar{B}$. Aunque con tres colores podemos formar 9 combinaciones color-anticolor, solo hay 8 gluones con los que identificarlas. Seis pueden ser gluones que cambian de color del quark con el que interactúan ($G_{R\bar{B}}, G_{R\bar{G}}, G_{B\bar{G}}$ y los correspondientes $G_{B\bar{R}}, G_{G\bar{R}}, G_{G\bar{B}}$) y dos combinaciones del tipo $C\bar{C}$ que no cambian de color.

> **Nos sentimos arrastrados por la habitual curiosidad insaciable del científico, y nuestro trabajo es un juego delicioso.**
>
> Murray Gell-Mann

Como los gluones tienen color pueden interactuar entre ellos, mientras que esto no es posible entre fotones, ya que no portan carga. La interacción entre gluones es muy importante, puesto que entra en la determinación del cambio de la constante de acoplamiento $\alpha_s = g_s^2/4\pi$ con la energía, de modo que α_s disminuye a medida que aumenta la energía. Este fenómeno se llama *libertad asintótica* y hace que los quarks puedan liberarse de los hadrones y generar «chorros» de partículas denominados *jets*. En cambio, a energía del orden de la masa del protón, α_s se vuelve muy grande, lo que nos da idea del confinamiento de los quarks, aunque aún no hay una teoría definitiva que lo explique. La constante α_{em} aumenta con la energía, pero mucho más lentamente. Su valor a energías del orden de la masa del protón es de 1/137. Cuando la energía sube en torno a los 100 GeV, aumenta hasta 1/128. En cambio, α_s se hace tan grande a baja energía que los cálculos no pueden expresarse como una serie de potencias de α_s, en cambio su valor pasa a ser de 0,12 para energías en torno a los 100 GeV.

FIG. 2

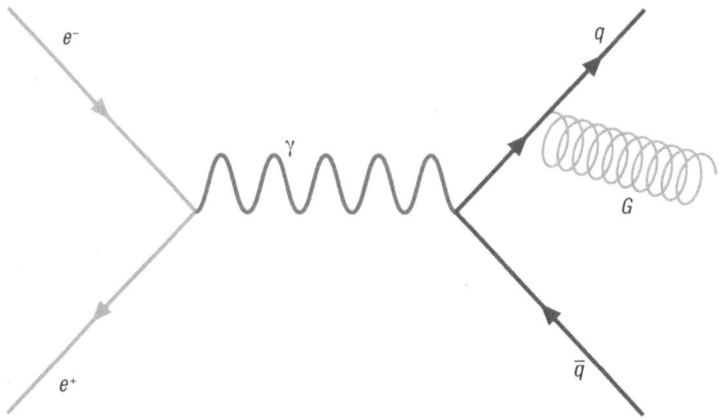

Producción de gluones (G) a partir de los quarks (q) resultantes de procesos de aniquilación de pares electrón-positrón con la mediación de un fotón (γ), $e^+e^- \rightarrow q\bar{q}\,G$. Cuando la energía de la colisión es lo suficientemente grande, es posible generar un gluon a partir de uno de los quarks.

Los términos responsables de la masa de las partículas contienen dos campos. Ni en QED ni en QCD es posible tener combinaciones de dos bosones gauge, del tipo AA o GG, ya que no respetan la simetría de la teoría y, por tanto, ninguno de ellos tiene masa.

Hasta ahora hemos aportado buenos argumentos teóricos en favor de la QCD, pero del mismo modo que en la QED se observan los fotones «a simple vista», los gluones deberían aparecer. Esto es posible, puesto que podrían ser emitidos por los quarks. Según la figura 2, un quark suficientemente energético puede emitir un gluon y cambiar de color. Experimentalmente, la señal de un quark en un detector es un «jet» de partículas depositadas en el detector que procede de la cascada de hadrones producidos por el quark al interaccionar con dicho detector. En la figura 1 presentamos la producción de parejas $q\bar{q}$ en colisiones e^+e^-. Estos se detectan como dos *jets* que toman direcciones opuestas, puesto que el momento total es nulo (ya que el del e^+ es igual y opuesto al del

e^-) y ha de conservarse tras la colisión. Sin embargo, al aumentar la energía de la colisión, uno de los quarks es capaz de cambiar de color liberando un gluon como se muestra en la figura 2. Este a su vez produce otro *jet* en el mismo plano, por lo que la observación experimental sería un evento de tres *jets*.

LA INTERACCIÓN DÉBIL

La desintegración β nuclear es la primera manifestación de la interacción débil. Poco después de que Pauli postulase la existencia del neutrino como partícula necesaria para conseguir cuadrar el balance energético de este tipo de reacción nuclear, Fermi propuso una teoría de la desintegración β. El modelo de Fermi consiste en la interacción de cuatro fermiones con una intensidad determinada por la constante G_F, conocida como *constante de Fermi* (figura 3). La interacción débil se asoció a desintegraciones de partículas como el $\pi^- \rightarrow \mu^-\bar{\nu}_\mu$ y $\mu^- \rightarrow e^-\bar{\nu}_e\nu_\mu$, puesto que su tiempo de vida es mucho mayor que los característicos de las partículas que se desintegran por medio de la interac-

FIG. 3

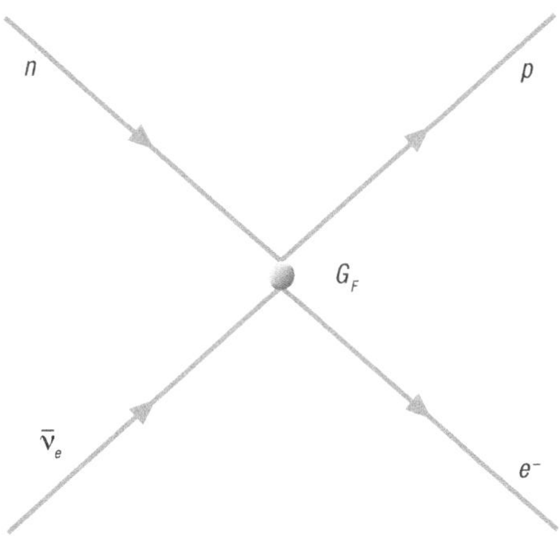

Esquema del modelo de Fermi de la desintegración β. Una corriente protón-neutrón interactúa con una corriente neutrino-electrón con una intensidad G_F.

LA NO CONSERVACIÓN DE LA PARIDAD EN LA DESINTEGRACIÓN β

La paridad P es la simetría asociada a la inversión espacial, $Pf(x,y,z) \rightarrow f(-x, -y, -z)$. Algunas cantidades cambian de signo con la paridad, por ejemplo la posición y la velocidad de un punto. En cambio, el momento angular asociado al sentido de un giro, $\vec{L} = \vec{r} \times \vec{p}$, no cambia con la paridad. En la Tierra, la paridad relaciona un punto con su antípoda.

El caso de la interacción débil

En las reacciones mediadas por las interacciones fuertes y electromagnéticas no se observan productos en los que haya direcciones favorecidas. Por tanto, la paridad se conserva. Esta propiedad se puede expresar asignando a cada partícula una paridad (+1) o (−1), y a un sistema de varias partículas el producto de la paridad de cada una de ellas. Con esto se observa que la paridad de los productos iniciales se mantiene en los finales. En las interacciones débiles esto es más difícil de observar, porque los neutrinos no se detectan. Sin embargo, con el descubrimiento de los mesones se observaron desintegraciones débiles no leptónicas, es decir, en otros mesones, por tanto, sin neutrinos en el estado final. En el caso del kaon positivo se descubrieron dos de estos canales, uno en tres piones y otro en dos. Puesto que el pion tiene paridad negativa, en principio se pensó que cada canal correspondía a partículas distintas, lo cual es extraño, porque ambas se corresponden con partículas de la misma masa, carga y espín. Dos profesores de la Universidad de Columbia en Estados Unidos, Tsung-Dao Lee y Chen Ning Yang, en 1956, postularon que en lugar de tratarse de dos partículas distintas quizá fuese la paridad lo que no se conservase en la desintegración débil. Chien-Shiung Wu, también profesora en esa universidad, aceptó el reto de buscar una prueba experimental directa de ello.

Merecía el Nobel

El experimento de Wu se basa en observar si hay una dirección de salida favorita de los electrones producidos en la desintegración β. Para comprobarlo utilizó átomos de cobalto-60 (Co-60), los cuales, sometidos a un campo magnético intenso, $\vec{B}$, orientan sus momentos angulares en la dirección de este. El Co-60 es un emisor β, se desintegra formando níquel-60 (Ni-60) y emitiendo un electrón y un neutrino. El momento angular del Co, $J=5$, debe conservarse, por lo que el de los productos debe sumar esa cantidad. Para el Ni, $J=4$, por lo que el e^- y el ν tienen que sumar 1. Para ello, los espines de ambos deben de apuntar en la dirección de $\vec{B}$. En estas condiciones es posible determinar la conservación de la paridad. Si esta se conserva, por cada electrón emitido en una dirección puede existir su «antípoda» en la dirección opuesta, con velocidad opuesta pero con el mismo momento angular (ya que este es invariante a la paridad). Por tanto, la conservación del momento angular permite ambas direcciones. En el experimento solo se observaron electrones emergentes en dirección opuesta al campo $\vec{B}$, fuese cual fuese la dirección de este (véase la figura), mientras que los fotones emitidos en desexcitación del Ni* sí están distribuidos simétricamente. Con ello se llega a la conclusión de que solo se emiten electrones cuyo momento está orientado en la dirección opuesta a su momento angular, y no sus «antípodas». T.D. Lee y C.N. Yang obtuvieron el premio Nobel en 1957, aunque son muchas las personas que aún se sorprenden de que Wu no lo compartiese con ellos.

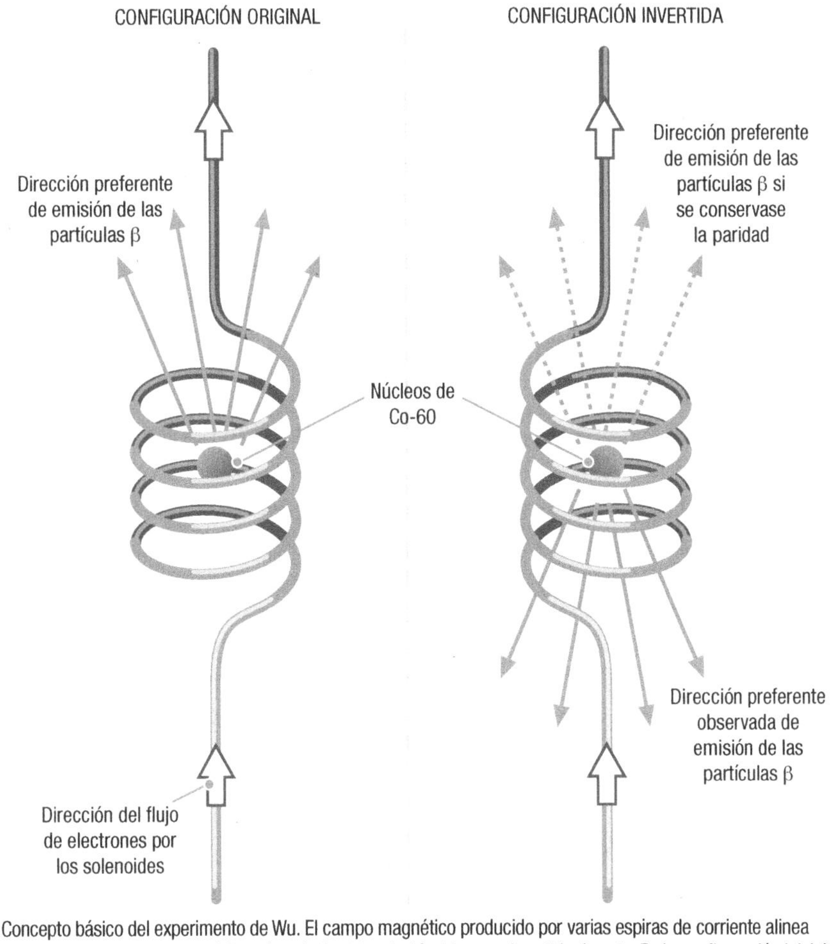

Concepto básico del experimento de Wu. El campo magnético producido por varias espiras de corriente alinea el momento angular de los núcleos de cobalto-60, orientándolos en el sentido de este. En la configuración inicial (izquierda), el campo se dirige hacia abajo, ya que el flujo de electrones produce una intensidad de corriente en dirección opuesta al flujo de los electrones y que, por tanto, circula en el sentido de las agujas del reloj visto desde arriba. En este caso, los electrones (partículas β) emitidos en la desintegración β del cobalto toman la dirección opuesta al campo. En cambio, en la configuración especular de la derecha, la corriente circula por las espiras en sentido opuesto, luego el campo magnético se invierte y los electrones son emitidos en direcciones opuestas a la configuración inicial. Si la paridad se conservase, los electrones se emitirían de manera isótropa en todas las direcciones en ambas configuraciones.

ción electromagnética o fuerte. También se había observado que en la interacción débil no siempre intervienen fermiones, como es el caso de los kaones, cuya vida es la típica de esa interacción y se desintegran en piones. Aunque la teoría de Fermi explica muchos aspectos de la interacción débil, solo es válida a bajas energías y, además, pronto se vio que la estructura de la interacción débil es diferente de la de la interacción electromagnética, como Fermi asumió.

El primero de los neutrinos, ν_e, asociado al electrón, fue descubierto en 1956 por Clyde Cowan y Frederick Reines al analizar la radiación β procedente de un reactor nuclear. En esa época ya había datos suficientes para sospechar que la interacción débil no tiene la estructura de la interacción electromagnética, como asume la teoría de Fermi. Las interacciones electromagnéticas, y también las fuertes, son invariantes ante la paridad P; esto es, el cambio de signo de las variables espaciales. Sin embargo, había indicios de que esa simetría no es respetada en la interacción débil. Este hecho fue confirmado por primera vez en 1956 por Chien-Shiung Wu mediante un ingenioso experimento. A partir de la desintegración β de átomos de cobalto polarizados Wu consiguió demostrar que los electrones producidos salían en una sola dirección, mientras que la distribución de fotones era simétrica. Con ello se comprobó que la interacción débil viola la paridad. Esta propiedad debe de ser incorporada a la estructura de esta interacción. Para ello, el espinor de Dirac f, que representa a cada fermión, se puede separar en dos componentes, f_L y f_R, cada una de las cuales corresponde a la orientación del momento respecto del espín (también denominada *helicidad*). La componente L, levógira o de helicidad negativa, se corresponde con el espín orientado en dirección opuesta al momento, y la R, dextrógira o de helicidad positiva, a la misma orientación. La interacción débil solamente afecta a la componente L del fermión o a la componente R de su antipartícula (recordemos que la antipartícula se mueve en sentido opuesto a la partícula, con lo que el cambio de signo del momento implica también el cambio de helicidad). En el caso de la desintegración β la interacción débil solo afecta a la componente e^-_L y a su antipartícula e^+_R. La componente e^-_R o e^+_L no interviene en la interacción débil. En el caso del neutrino la componente ν_R o $\overline{\nu}_L$ no está incluida en el modelo estándar, ya que no le afecta ninguna de las interacciones de este (solo sería observable para explicar la masa de los neutrinos, como veremos más adelante). Se puede establecer una analogía entre las componentes L y R de los fermiones del ME y las componentes del vector aceleración; la componente tangencial a la trayectoria cambia el valor del módulo de la velocidad, y la normal es responsable de los giros, por lo que la componente tangencial es la única responsable del cambio de energía cinética.

El comportamiento diferenciado de una interacción ante la paridad se denomina *quiralidad*. Esta se puede incorporar a la teoría de Fermi simplemente tomando la componente L de los fermiones. Con ello, la determinación de la constante de Fermi a partir de la vida media de núcleos emisores β resulta equivalente a la obtenida a partir del tiempo de desintegración del muon, a partir de la reacción $\mu^- \rightarrow e^-\overline{\nu}_e\nu_\mu$. En ambos casos se obtiene un valor de $G_F \sim 10^{-5}/m_p^{\,2}$ (m_p es la masa del protón). Sin embargo, la teoría de Fermi no es renormalizable como la QED, es decir, los cálculos de orden superior dan lugar a cantidades infinitas que no se pueden evitar mediante una redefinición de las constantes. Ahora bien, la teoría se podría entender como la aproximación de una teoría gauge mediada por un bosón masivo. Esta idea se representa en las figuras 3, 4 y 5; la teoría de Fermi de la desintegración β puede reinterpretarse reemplazando la interacción de cuatro fermiones por interacciones entre dos fermiones mediadas por un bosón de masa M_W que se acopla a cada pareja con una constante g. De este modo, a bajas energías $G_F = \sqrt{2}g^2 / 8M_W^{\,2}$, con esta interpretación el bosón cargado W^+ conecta las componentes L de las parejas de leptones (ν_L, l_L) y de los quarks (u_L, d_L). Asumiendo que g es del mismo orden de magnitud que su análoga electromagnética, M_W debe estar en torno a 100 veces la masa del protón. Las teorías gauge permiten asociar los bosones a las simetrías; por tanto, encontrar una apropiada para la interacción débil sería la clave para identificar al W como uno de los bosones gauge asociado a esa simetría.

FIG. 4

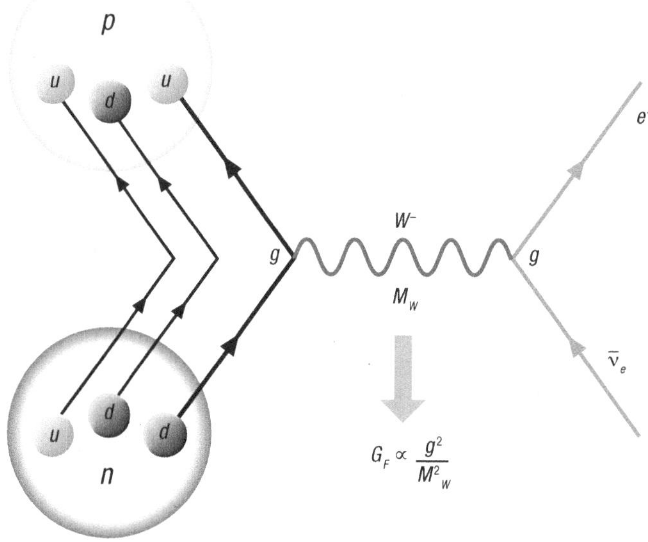

La desintegración β explicada a partir del modelo estándar. El neutrón está formado por dos quarks *d* y un quark *u*. Uno de los quarks *d* se convierte en *u*, emitiendo un bosón W^-, con lo que las partículas resultantes son un protón formado por la combinación de quarks *u*, *u* y *d*, más el par $e^-\bar{\nu}_e$ producido por la mediación del bosón W^-. Se puede observar que la constante de Fermi es equivalente a combinar la constante del acoplamiento *g* de ambos vértices con la masa del bosón *W* intercambiado, $G_F \sim g^2/M_W^2$.

FIG. 5

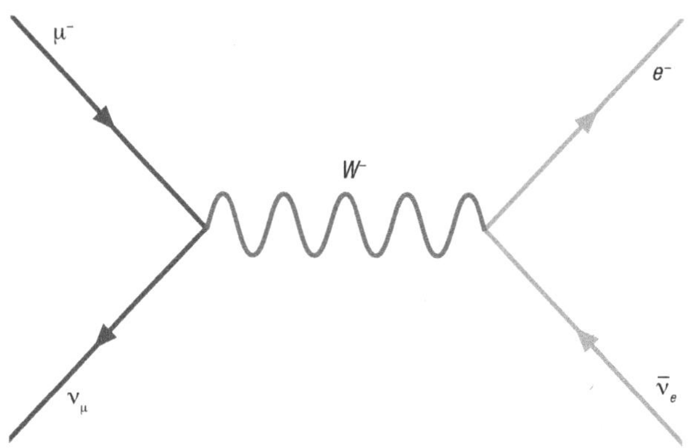

Interpretación de la desintegración del muon, $\mu^- \to e^-\nu_\mu\bar{\nu}_e$, en el modelo estándar. A partir de las interacciones del diagrama de Feynman se puede observar que el proceso es análogo a la desintegración β.

EL MODELO DE GLASHOW-WEINBERG-SALAM

Puesto que la interacción débil afecta a parejas de partículas con distinta carga es posible pensar en una simetría del tipo $SU(2)$, ya que estas parejas pueden ocupar dobletes, D, de modo que las transformaciones $D \rightarrow U(\alpha_1,\alpha_2,\alpha_3)D$ no afecten a la interacción, donde los parámetros α son los necesarios para expresar una matriz unitaria, U, en un espacio de dos dimensiones. El bosón W^+ y su conjugado W^- estarían asociados a dos de los tres parámetros α; el tercero estaría asociado a un bosón neutro, W_3, del que hablaremos más adelante. Dado que la interacción débil solo afecta a las componentes L de los fermiones, la carga electrodébil, T, se puede asignar de modo que los dobletes del tipo

$$\begin{pmatrix} \nu_L \\ e_L \end{pmatrix}, \begin{pmatrix} u_L \\ d_L \end{pmatrix}$$

tengan $T=1/2$ con proyecciones $T_3=1/2$ (neutrinos y quarks de tipo *up*) y $-1/2$ (leptones cargados y quarks de tipo *down*), mientras que las correspondientes componentes R, e_R, u_R, d_R, se correspondan con singletes con carga electrodébil 0. De este modo, las interacciones de los bosones W con los dobletes se pueden describir por términos de interacción en el lagrangiano del tipo $g\bar{\nu}_L W^+ e_L$, $g\bar{e}_L W^- \nu_L$ para los leptones, y $g\bar{d}_L W^- u_L$, $g\bar{u}_L W^+ d_L$ para los quarks. Esto explicaría la interacción débil como se conocía entonces. Sin embargo, para construir los bosones W^+ y su conjugado W^- solo son precisos dos de los tres parámetros de $SU(2)$, el tercero quedaría libre. Desde la tabla periódica, se sabe que los espacios libres de esta clase suelen estar ocupados por elementos por descubrir. La interacción débil no es una excepción, y este lugar lo ocupa un bosón neutro masivo responsable de las interacciones débiles entre fermiones con la misma carga eléctrica. Este tipo de interacción afectaría a partículas cargadas, como la electromagnética, pero también a los neutrinos, por lo que hacen posible la interacción entre estos, la cual sería descubierta en 1973.

En 1961, S. Glashow propuso el modelo $SU(2)_L \times U(1)_Y$ como una teoría gauge que explicase simultáneamente las interacciones débiles y electromagnéticas. Esta teoría se conoce como el *modelo estándar de la interacción electrodébil*. La explicación de la masa de los bosones a partir del *mecanismo de Higgs* fue introducida posteriormente, en 1967, por Weinberg, y en 1968 por A. Salam, por lo que al modelo se le conoce como el modelo de Glashow-Weinberg-Salam. Como ya se comentó al principio de este capítulo, la explicación de la interacción fuerte mediante el grupo $SU(3)_c$ completa lo que en la actualidad se conoce como el modelo estándar de las interacciones fundamentales.

La simetría $SU(2)_L \times U(1)_Y$ incorpora un bosón neutro adicional de la simetría $U(1)_Y$, al que se denota como B. Esta simetría afecta a ambas componentes L y R de los fermiones, a los que se acopla con una constante g', de modo que la estructura de la interacción es $g' Y \bar{f}_{L/R} B f_{L/R}$, donde con $f_{L/R}$ nos referimos a todos los tipos y componentes de fermiones, y con Y, a la hipercarga que se le asocia a cada uno. El bosón B se combina con el bosón neutro, W_3, del grupo $SU(2)$ que mencionamos antes, para dar lugar a uno sin masa, que se puede identificar con el fotón A de la interacción electromagnética, y a otro masivo, el Z^0. Las cantidades conservadas o cargas correspondientes a esa simetría se asignan de manera análoga a los anteriores usos de esos grupos, al $SU(2)_L$ se le asocia el isospín débil, T, y al grupo $U(1)_Y$ la hipercarga débil Y. La carga eléctrica se relaciona con ambas mediante la relación:

$$Q = T_3 + Y/2.$$

Esta fórmula es completamente análoga a la de Gell-Mann y Nishijima que se mencionó en el capítulo 5. Las cargas a las que nos referimos aquí nada tienen que ver con aquellas, de ahí que se las distinga añadiendo el calificativo «débil». La asignación de estos valores puede verse en la tabla siguiente. Obsérvese que la elección de cargas es tal que la carga eléctrica para los componentes L y R de una misma partícula coinciden.

Leptón	T	T_3	Q	Y
ν_{eL}	1/2	1/2	0	−1
e_L	1/2	−1/2	−1	−1
–	–	–	–	–
e_R	0	0	−1	−2

Quark	T	T_3	Q	Y
u_L	1/2	1/2	2/3	1/3
d_L	1/2	−1/2	−1/3	1/3
u_R	0	0	2/3	4/3
d_R	0	0	−1/3	-2/3

Valores del isospín (T) e hipercarga débil (Y) de leptones (neutrino y las componentes L y R del electrón) y quarks más ligeros (up y down, ambos con componentes L y R). Obsérvese que en el modelo estándar no hay neutrinos R.

La composición de los bosones $W^{\pm}$, Z^0 y A implica relaciones entre las constantes de acoplamiento que se pueden determinar experimentalmente. El bosón W^+ y su conjugado el W^- contienen únicamente generadores de $SU(2)_L$. En cambio, Z^0 y A combinan los generadores de ambos grupos: $A = \cos\theta_W B + \operatorname{sen}\theta_W W_3$, $Z_0 = -\operatorname{sen}\theta_W B + \cos\theta_W W_3$. El ángulo θ_W se denomina *ángulo de Weinberg*, y relaciona las constantes g y g' con la carga eléctrica:

$$e = g\,\operatorname{sen}\theta_W = g'\cos\theta_W.$$

La simetría $SU(2)_L \times U(1)_Y$ no explica las masas de los bosones $W^{\pm}$ y Z^0, ni tampoco las masas de los fermiones. Es más, los términos de masa del tipo $M_W{}^2 W^+W^-$ y $m_f \bar{f}_L f_R$ violan la simetría. El mecanismo de rotura de la simetría se basa en el llamado mecanismo de Higgs, introducido en 1964 por Robert Brout junto con François Englert e, independientemente, por Peter Higgs, de quien deriva su nombre. También de manera independiente, Weinberg y Salam aplicaron este mecanismo para explicar con éxito la ruptura de la simetría electrodébil, de modo que se explique tanto la masa de los bosones $W^{\pm}$ y Z^0 como la de los quarks, reduciendo la simetría a $U(1)_{em}$, que es la única que se observa a baja energía: $SU(2)_L \times U(1)_Y \rightarrow U(1)_{em}$.

La cámara de burbujas Gargamelle en septiembre de 1970, durante su instalación en el PS (sincrotrón de protones) del CERN. En su periodo operativo (1970-1978) contenía 18 toneladas de gas freón. En ella se registraron los primeros eventos que mostraron que la interacción débil también puede afectar a fermiones de la misma carga (corriente débil neutra). Este descubrimiento, previsto en la teoría de Glashow-Weinberg-Salam, es una de las claves que confirmaron el modelo estándar.

El mecanismo de ruptura de la simetría se basa en la introducción de un campo escalar ϕ, el cual respeta la simetría gauge, y por ello interacciona con los bosones de manera análoga a los fermiones. También interactúa con estos formando ternas $\bar{f}\phi f$. Adicionalmente, puede llevar asociada una energía potencial escalar $V(\phi)$, determinada por potencias del propio campo, compatibles con la simetría, por ejemplo productos del campo por su conjugado $\phi\phi^*$. Este potencial tiene un mínimo que representa el estado fundamental del sistema. Si este estado se corresponde con valores nulos de los campos, la simetría se preserva. En cambio, si alguno de ellos toma un valor no nulo en el mínimo, denominado *vev* (valor esperado en el vacío), $v = <\phi>$, la simetría desaparece total o parcialmente. Los bosones gauge asociados a la simetría que desaparece adquieren masa. Este mecanismo también proporciona las masas para los fermiones a partir de los acoplamientos $\bar{f}\phi f$. Para visualizar el mecanismo de Higgs podemos imaginar que los campos gauge y fermiónicos son el soluto de una disolución cuyo disolvente son los campos escalares de Higgs. Mientras el disolvente está presente la mezcla es simétrica. Sin embargo, cuando el disolvente desaparece el soluto precipita formando grumos o cristales que rompen la simetría original.

En el caso de la teoría de Weinberg-Salam la rotura de simetría debe ser $SU(2)_L \times U(1)_Y \rightarrow U(1)_{em}$. Para conseguirlo se requiere un doblete de bosones de Higgs con isospín débil $T = 1/2$ e hipercarga $Y = 1$,

$$\phi = \begin{pmatrix} \phi^+ \\ \phi^0 \end{pmatrix}.$$

La ruptura deseada de la simetría se logra asumiendo un potencial tal que

$$\langle \phi^+ \rangle = 0 \text{ y } \langle \phi^0 \rangle = \frac{v}{\sqrt{2}}.$$

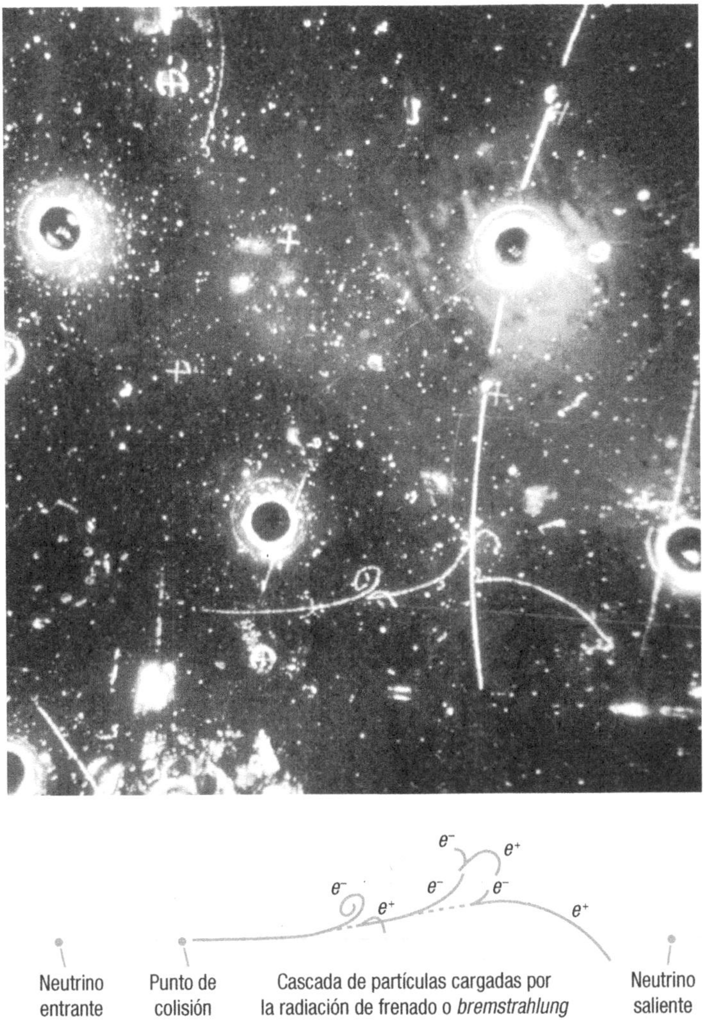

Trayectoria, en la cámara de burbujas Gargamelle, del neutrino que aportó la primera evidencia de las interacciones débiles entre fermiones con la misma carga (corriente débil neutra). El evento corresponde a la línea horizontal, tal como se muestra en el esquema inferior. La trayectoria del neutrino es la más difusa, mientras que las más marcadas corresponden a partículas cargadas. En su recorrido, un neutrino interacciona con un electrón y emerge como un neutrino sin producir un muon como se esperaría en la corriente cargada.

Cuando el estado básico de una teoría está claro, y todo lo que necesita son detalles, puedes colaborar. Pero si la estructura principal de una hipótesis no está establecida, y quieres cambiar el paradigma, como sucedía en los años sesenta, es mejor trabajar solo.

Peter Higgs

Con ello la simetría electromagnética se mantiene, por lo que el fotón queda sin masa y los bosones $W^{\pm}$ y Z^0 adquieren masas, $M_W^2 = g^2 v^2/4$ y $M_Z^2 = (g^2 + g'^2) v^2/4$. Puesto que g' y g están relacionadas por el ángulo de Weinberg, ambas masas están relacionadas, $M_W^2 = M_Z^2 \cos^2 \theta_W$. La interacción del bosón de Higgs con los fermiones recibe el nombre de *interacción de Yukawa*, ya que presenta una forma análoga propuesta por este en 1934 para describir la interacción entre nucleones y piones. En el contexto del ME es del tipo $\lambda_f \bar{f} \phi f$, donde λ_f es una constante denominada *acoplamiento de Yukawa*. Tras la ruptura de la simetría electrodébil, las masas de los fermiones se generan a partir de esos términos, de modo que $\lambda_f \bar{f} \phi f \rightarrow m_f \bar{f} f$, donde $m_f = \lambda_f v / \sqrt{2}$. De los componentes del doblete ϕ solo queda uno neutro, al que normalmente se denomina h, cuya masa, m_h, es una función de los parámetros del potencial de Higgs $V(\phi)$. Este es el que normalmente se identifica con el bosón de Higgs y que puede ser detectado en un experimento.

El éxito del modelo de Glashow-Weinberg-Salam está muy relacionado con los descubrimientos del laboratorio europeo CERN. En 1973 se descubrió la corriente neutra débil, a partir de la observación de la dispersión de un neutrino por un hadrón sin producir partículas cargadas, la cual se explica con la mediación del bosón Z^0, como muestra la figura 6. Con esto se consiguió medir el ángulo de Weinberg, tal que $\text{sen}^2 \theta_W \sim 0{,}22$, y a partir de este, el valor de las constantes g y g', con lo cual la relación $G_F = \sqrt{2} g^2 / \left(8 M_w^{\ 2}\right)$ predice los valores $M_W \sim 80$ GeV y $M_Z \sim 90$ GeV. Una década después, en 1983, en el CERN se alcanzaría la energía para su producción, observándose masas muy similares a las predichas. La masa del Higgs es un problema diferente, porque el mecanismo de rotura de la simetría electrodébil no sirve para predecir su masa. Por ello, ha sido preciso esperar hasta el fun-

FIG. 6

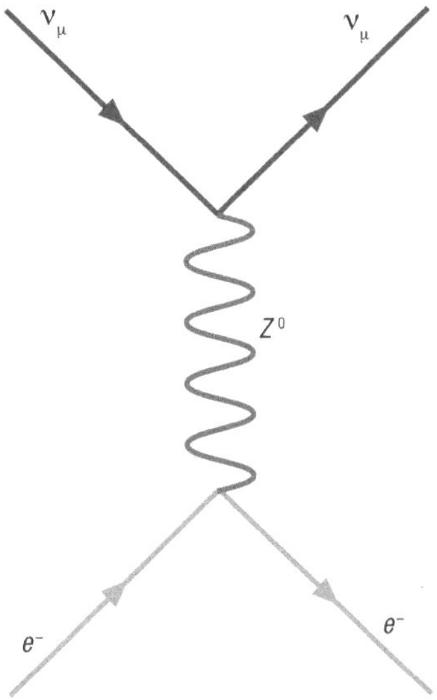

Diagrama de Feynman correspondiente a la interacción débil entre partículas con la misma carga. En este caso, un neutrino muónico interactúa con un electrón intercambiando un bosón Z^0, $\nu_\mu e^- \rightarrow \nu_\mu e^-$; las partículas resultantes son del tipo de las incidentes.

cionamiento del Large Hadron Collider (LHC) del CERN para alcanzar la energía de experimentación adecuada para descubrirlo en 2012. Además, la *renormalizabilidad* de la teoría probada por Gerardus 't Hooft en 1971 asegura que los parámetros de la teoría mantienen un valor finito en todo el espectro de energía.

El éxito del las teorías $SU(2)_L \times U(1)_Y$ para la interacción electrodébil y la $SU(3)_c$ para la interacción fuerte ha sido tal que el nombre de modelo estándar se ha generalizado para incluir las tres interacciones, de manera que el modelo basado en la simetría $SU(3)_c \times SU(2)_L \times U(1)_Y$ recibe el nombre de *modelo estándar de las interacciones fundamentales*. En él no se incluye la gravedad, y hasta ahora no existe una teoría que pueda explicarla como una teoría gauge. Aun así, el modelo estándar ha ido propiciando una explicación para la mayor parte de los descubrimientos de la física de partículas contemporánea. Con la determinación de la masa del Higgs en 2012 el modelo quedó completamente determinado.

El modelo estándar completo

El éxito del modelo estándar se basa en que todas las partículas que encajan en su estructura se han ido descubriendo a medida que el avance experimental lo ha permitido: tres generaciones de quarks y leptones, masas de los bosones W y Z^0 con el valor predicho y, finalmente, el descubrimiento, en 2012, del hipotético bosón de Higgs.

En capítulos anteriores hemos introducido los fermiones, que constituyen los bloques elementales de la materia, así como los bosones, que explican las fuerzas entre estos. La materia que nos rodea la podemos explicar con una primera generación de fermiones formada por el electrón y su neutrino junto con la pareja de quarks up y down. Ambos quarks forman los nucleones, que con los electrones constituyen los átomos neutros. En cuanto a los bosones, los gluones son responsables de la formación de los núcleos atómicos y los fotones de la fuerza electromagnética, mientras que el *W* se manifiesta en la desintegración β de los núcleos liberando al neutrino. Por tanto, el ME contiene los ingredientes para explicar las partículas de nuestro entorno y sus interacciones.

La denominación de «modelo estándar» se refería inicialmente al modelo de la interacción electrodébil, basado en la simetría $SU(2)_L \times U(1)_Y$. El éxito de la explicación de la interacción fuerte a partir de $SU(3)_C$ ha completado el modelo de modo que las tres simetrías componen la definición moderna del ME de las interacciones fundamentales, el cual se representa por el producto de las tres simetrías gauge $SU(3)_C \times SU(2)_L \times U(1)_Y$. Sería deseable incluir una cuarta que explicase también la gravedad. Sin embargo, aún no se ha conseguido encontrar una simetría *gauge* que lo haga. En cada una de estas simetrías podemos colocar la materia que conocemos. Por un lado, cada quark aparece en tres colores, que forman un triplete de $SU(3)_C$. Los quarks up con carga 2/3 y down con carga –1/3 forman un doblete de $SU(2)_L$, así como también lo forman los quarks charm y strange y los quarks top y bottom. Por su parte, los leptones forman un doblete de $SU(2)_L$ de neutrino y electrón, y al no tener color, no les afecta la simetría $SU(3)_C$, es decir, no sienten la interacción fuerte. Desde el establecimiento del modelo completo, en la década de 1970, hasta el descubrimiento del bosón de Higgs en 2012, todas las partículas descubiertas encajan en él. Los fermiones elementales que han aparecido son de masas superiores a los que forman la primera generación y encajan en dos réplicas de esta, de modo que todos los fermiones del ME están contenidos en tres generaciones o familias.

Esto no implica que el ME sea la teoría definitiva que explique toda la física de partículas. Hay observaciones como la oscilación de sabor de los neutrinos cuya explicación requiere de pequeñas masas para estos que el ME no puede explicar. Tampoco ninguna de las partículas del ME tiene las características necesarias para componer la *materia oscura* del universo, hacia cuya existencia apuntan una gran cantidad de observaciones cosmológicas y astrofísicas.

La lista de partículas del ME (figura 1) se ha ido completando a modo de tabla periódica; su último hueco fue ocupado en 2012 con la identificación del bosón de Higgs.

LOS LEPTONES Y LAS TRES GENERACIONES DE FERMIONES DEL ME

Los leptones están integrados por fermiones que no sufren interacción fuerte y por tanto no se fusionan entre ellos para formar otras partículas; cada generación contiene uno cargado y su correspondiente neutrino. De los leptones cargados, el electrón

FIG. 1

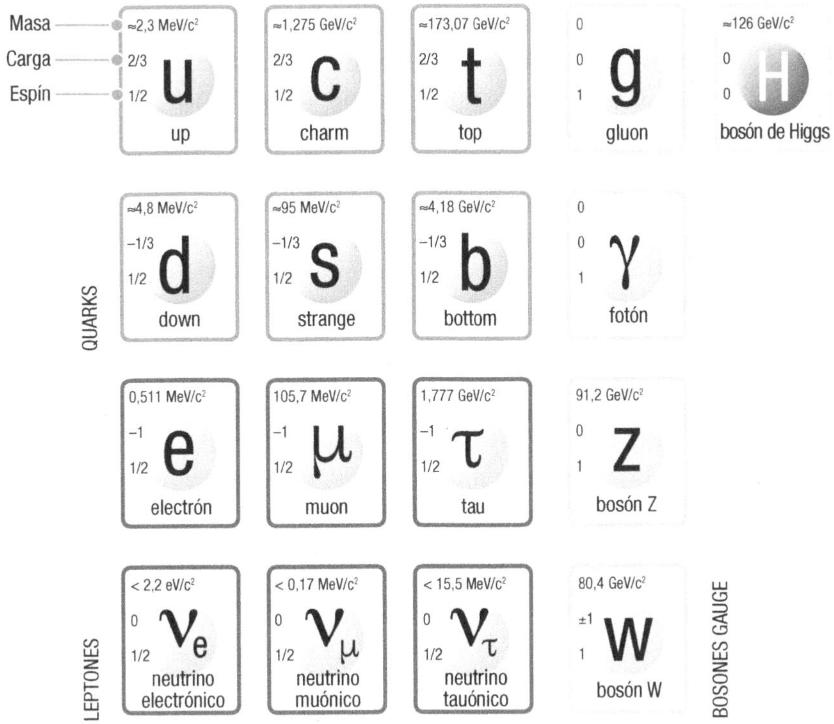

Las partículas del modelo estándar: los números de la izquierda representan su masa, carga eléctrica y espín. Cada columna de fermiones de espín 1/2 representa una generación, los quarks pueden aparecer en tres colores mientras que los leptones no tienen color. Los bosones gauge, de espín 1, son los responsables de las interacciones, los gluones de la fuerte (son 8, aunque se representen en una sola casilla); el fotón, γ, de la electromagnética; el Z^0 (casilla Z), el W^+ y el W^- (representados ambos en la casilla *W*) de la débil. El bosón de Higgs es de espín 0 y es el responsable de la rotura de la simetría electrodébil.

ya fue introducido en el primer capítulo como el primer ladrillo identificado del ME. El electrón es estable, mientras que los leptones cargados de la segunda y la tercera generación, el muon y el tau, respectivamente, se descomponen con rapidez en partículas más ligeras.

El muon, del que ya hablamos en el capítulo 3, apareció en los rayos cósmicos, y llegó a nosotros como un auténtico viajero del tiempo, tanto por la dilatación relativista de su vida media, que hace posible que alcance la superficie terrestre, como por haber llegado veinte años antes de que la física comprendiese su verdadero lugar. Es famosa la frase de Isidor Rabi, premio Nobel de Física en 1944, en la que se refiere al muon diciendo: «¿Quién ha pedido esto?». Aunque en principio se pensó que podría ser el mesón de la teoría de Yukawa, pronto se vio que no servía para explicar la interacción fuerte, ya que no participa en ella. Con el descubrimiento del mesón π o pion, el cual tiene las características de la partícula de Yukawa, el muon volvió a reaparecer inesperadamente. Con los conocimientos de la época, la desintegración del π^+ debería ser del tipo β^+, es decir, $\pi^+ \rightarrow e^+ + \nu_e$, y en cambio se encontró que es $\pi^+ \rightarrow \mu^+ + \nu_\mu$. Por tanto, diez años después de su descubrimiento, el muon volvió a despertar la perplejidad de los teóricos, no muy acostumbrados a imprevistos. M. Gell-Mann y E.P. Rosenbaum, en un artículo conjunto, se refirieron al muon como «un bebé no deseado abandonado en la puerta, cuya presencia significa el fin de la inocencia». Aún en la actualidad el muon sigue estando en la vanguardia de la física por explicar, ya que parece haber una discrepancia en la medida de su momento angular magnético y la predicción teórica para este, la cual se puede atribuir a contribuciones de física todavía por descubrir.

El tercero de los leptones cargados, el tau, τ, recibe precisamente el nombre del griego τριτον, «tritón», que significa tercero. Los τ fueron producidos por primera vez a partir de colisiones e^+e^- en los experimentos realizados en la instalación SLAC-LBL bajo la dirección de Martin L. Perl. La primera evidencia de su descubrimiento fue publicada en 1975.

Los neutrinos son sin duda las partículas más intrigantes del ME. Su existencia fue postulada por primera vez en 1930 por Wolfgang Pauli para justificar la aparente no conservación de la energía en la desintegración beta. No tienen carga y aun así su espín es 1/2, al igual que el de los otros leptones, con lo cual la idea de asociar el espín al giro de una partícula cargada sobre sí misma, en el caso del neutrino, no tiene mucho sentido. Por otro lado, el ME no prevé masa para los neutrinos. Aunque hay indicios de que sus masas no son nulas, estas son muchos órdenes de magnitud inferiores a la del electrón y deben ser explicadas por otras teorías. A pesar de todo, los neutrinos se detectan a partir de haces de leptones cargados y su correspondiente neutrino, producidos conjuntamente en desintegraciones débiles de hadrones. Tras hacer pasar uno de estos haces por el blindaje adecuado, las partículas cargadas no lo atraviesan y solo quedan en él los «invisibles» neutrinos, que son estables. Cuando los neutrinos resultantes inciden sobre un blanco, producen su correspondiente leptón cargado que es observable. La detección de cada neutrino es representativa de las posibilidades tecnológicas de la investigación en distintas épocas. Como ya vimos, el ν_e fue detectado en 1953 a partir de un haz e^--ν_e procedente de un reactor nuclear. El ν_μ, por su parte, se obtuvo a partir de un haz μ-ν_μ obtenido a partir de la desintegración de piones. Este descubrimiento tuvo lugar en 1962 en un experimento dirigido por Leon Lederman, Melvin Schwartz y Jack Steinberger, en el cual el haz de piones fue producido a partir de protones acelerados hasta 30 GeV en el *Alternating Gradient Synchrotron* (AGS) del Laboratorio Nacional de Brookhaven (BNL), en Estados Unidos. El ν_τ es el último fermión descubierto del ME, y aunque su presencia ya era conocida de modo indirecto, el anuncio de su detección directa no se produjo hasta el año 2000. En este caso se partió de un haz de protones de 800 GeV producido en el Tevatron del Fermilab, en Estados Unidos. Fue descubierto por la colaboración DONUT *(Direct Observation of the Nu Tau)*, de cuyo nombre se deduce que el hallazgo no fue inesperado, todo lo contrario de lo que ocurrió con el descubrimiento del primer leptón no atómico, el muon. El anuncio se basó en apenas cuatro eventos bien diferenciados sobre el fondo.

> Creo que los físicos son los Peter Pan de la raza humana. Nunca crecen y mantienen su curiosidad.
>
> **Isidor Rabi**

A cada pareja de leptones se le asigna un sabor leptónico, L_e, L_μ y L_τ, que contrariamente a lo que sucede con los quarks, se conserva. Esto ha permitido la identificación unívoca de cada neutrino, ya que solo lo produce su correspondiente leptón cargado. Pero ello también implica la prohibición de procesos del tipo $\mu \to e\,\gamma$. Sin embargo, las oscilaciones de sabor de los neutrinos requieren de la violación de estos números, por lo que no pueden ser explicadas por el ME.

EL SABOR DE LOS QUARKS

En el capítulo 5 vimos cómo la distribución de los quarks de distintos sabores en los hadrones condujo a postular su existencia. Sin embargo, el sabor no interviene en ninguna interacción fundamental, por lo que no está asociado a una simetría gauge, como es el caso del color. Para explicar la materia que nos rodea, formada por átomos, basta con dos quarks: el up de carga 2/3 y el down de carga −1/3, que pueden ser de tres colores diferentes y forman la primera generación. El resto de sabores son otras dos réplicas de ambos, de modo que existen tres parejas de quarks, las cuales corresponden a tres generaciones de tal modo que cada una es más pesada que la anterior.

Como ya se ha mencionado, la interacción débil respeta el sabor leptónico, de forma que cada neutrino interactúa únicamente con su correspondiente leptón cargado. No obstante, en el caso de los quarks, la interacción débil no respeta el sabor. Esto está relacionado con la no conservación de la extrañeza que vimos en el capítulo 5. Las transiciones que no la conservan están suprimidas respecto de las que sí lo hacen. En 1963, Nicola Cabibbo propuso la mezcla de sabores de quarks para explicar la situación. De este modo, un quark u interactúa débilmente con una mezcla de los quarks d y s, que podemos llamar $d' = \cos\theta_c d + \operatorname{sen}\theta_c s$, por lo que las desintegraciones $u \to d$ conservan extrañeza y su amplitud es proporcional a $G_F \cos^2\theta_c$, mientras que las transiciones $u \to s$ no la conservan y su amplitud es proporcional a $G_F \operatorname{sen}^2\theta_c$, donde G_F es la constante de Fermi y el ángulo θ_c se denomina *ángulo de Cabibbo*, cuyo valor es de aproximadamente 13 grados. El valor de θ_c se puede medir a partir de desintegraciones como la débil del pion y el kaón.

Con solo tres quarks, la interacción débil queda incompleta. Por ejemplo, la predicción para procesos como la desintegración $k^0 \rightarrow \mu^+\mu^-$ es excesivamente grande. Un cuarto quark, al que denominamos *c*, de carga +2/3, podría servir de pareja al quark *s* de modo que su interacción débil podría también mezclar los sabores *d* y *s*. Asumiendo una mezcla de sabores en un quark $s' = -\text{sen}\,\theta_c\, d + \cos\theta_c\, s$, la mediación del nuevo quark *c* reduciría la predicción de la desintegración anterior a un valor compatible con el observado. Este fue el razonamiento seguido por Sheldon Glashow, John Iliopoulos y Luciano Maiani, en 1970, para postular la existencia de ese quark llamado *charm* (encanto) cuya medición en ese proceso produce una cancelación denominada *mecanismo GIM* (por las iniciales de sus autores). El charm fue descubierto en 1974 a partir de un mesón que tiene un nombre doble por haber sido descubierto por dos grupos simultáneamente, el del SLAC liderado por Burton Richter, que lo llamó ψ, y el del BNL liderado por Samuel Ting, que lo llamó *J*. Al apreciar que se trataba de un mismo mesón de composición $c\bar{c}$, se le dio el nombre conjunto de J/ψ. Con el descubrimiento de este mesón quedó consolidado el ME de dos generaciones: los leptones con las parejas (e, ν_e), (μ, ν_μ) y los quarks (u, d), (c, s).

La mezcla de los quarks *d* y *s*, observada en la interacción débil, se consigue a partir de una rotación cuyo único parámetro es el ángulo de Cabibbo. Sin embargo, para explicar la mezcla de los kaones neutros, donde se violan simultáneamente la combinación de las simetrías *C* y *P* (conjugación de la carga y la paridad), se precisa una fase compleja. En 1973, Makoto Kobayashi y Toshihide Maskawa observaron que esto podría conseguirse si en la mezcla de sabores interviniese un tercer quark, ya que para conseguir combinar los tres sabores son precisos cuatro parámetros independientes, tres ángulos y una fase compleja. El primero de los ángulos sería el de Cabibbo, que se combinaría con el resto de parámetros para formar una matriz 3×3 que recibe el nombre de *CKM* en honor a sus tres autores. Con esta motivación comenzó la búsqueda de la tercera generación de quarks. El de tipo down, conocido como *b*, por *bottom* (debajo), se descubrió en el Fermilab en 1977 gracias a un grupo liderado por Leon M. Lederman (al que ya nos hemos referido en relación al descubrimiento del ν_μ). El de tipo up se le conoce como *top* (encima) y requirió

> Llamamos «quark encanto» al nuevo quark (el cuarto) porque estábamos encantados y fascinados por la simetría que traía al mundo subnuclear.
>
> **Sheldon Glashow**

de un gran avance experimental para ser descubierto. Esto se consiguió en 1995, en los experimentos CDF y D0 en el Fermilab. La elevada masa del top, en torno a los 173 GeV, frente a los 4,2 del bottom, explica la diferencia de tiempo entre sus respectivos descubrimientos. También hay una gran diferencia entre el tipo de colaboración que se ocupó de la búsqueda de uno y otro: la publicación del descubrimiento del bottom en *Physical Review Letters*, en 1977, está firmada por 16 autores pertenecientes a tres instituciones, mientras que la CDF, en la misma revista, en 1995, la firman 436 autores de 36 instituciones. Aunque los nombres de los quarks *bottom* y *top* coexistieron con los de *beauty* (belleza) y *truth* (verdad) para los quarks *b* y *t*, estos últimos no han prevalecido.

LOS BOSONES GAUGE Y EL BOSÓN DE HIGGS

Como vimos en el capítulo anterior, las interacciones del ME se explican a partir del intercambio de los bosones *gauge*. La simetría $SU(3)_C$ está mediada por gluones que fueron descubiertos en la década de 1970. La interacción electrodébil, originalmente unificada con la simetría $SU(2)_L \times U(1)_Y$, aparece rota a las energías de experimentación; como remanente queda la simetría $U(1)_{em}$, cuyo bosón *gauge* es el fotón, del que llevamos hablando desde el capítulo 2. Los otros tres bosones gauge, W^+, W^- y Z^0, adquieren masas como consecuencia de la rotura de la simetría. Estas masas quedan predichas a partir de la determinación del ángulo de Weinberg, lo cual fue posible gracias al descubrimiento de las *corrientes débiles neutras* en 1973. Lo único que faltaba para su determinación era construir un acelerador capaz de alcanzar la energía correspondiente a esas masas (en torno a los 80-90 GeV), y el SPS *(Super Proton Synchrotron)* del CERN sería la máquina adecuada para este propósito. Una vez alcanzada la energía necesaria, fueron descubiertos en 1983 en los experimentos UA1 y

UA2, estando sus masas dentro de los valores que se esperaban encontrar y que aparecen en la figura 1. El descubrimiento del quark top es posterior, debido a que su masa es más del doble de la de los bosones *W*.

El descubrimiento del bosón de Higgs en 2012 completa la lista de las partículas del ME. Aunque este bosón se convierte en masivo con la rotura de la simetría electrodébil, el ME no predice su masa como era el caso de la de los bosones gauge. Por otro lado, aun cuando se han hecho experimentos con energías superiores a la suya, por ejemplo la del quark top, el problema para su detección es su baja tasa de producción. En las colisiones protón-antiprotón la probabilidad de producirla es de 1 por cada 10 000 millones, por lo que se requiere un acelerador con una altísima capacidad para producir colisiones o *luminosidad*. Esto no se ha conseguido hasta la puesta en funcionamiento del LHC del CERN. En los canales de desintegración del bosón de Higgs aparecen las partículas a las que da masa, como son los bosones gauge y pares de fermión-antifermión.

Si en el caso del descubrimiento del top ya se mencionaba la magnitud de la colaboración, en el caso del bosón de Higgs esta es aún mayor. Además de la construcción y operación del experimento, se requiere una gran capacidad computacional para analizar todos los datos, para lo cual ha sido necesaria una red de computación con 170 centros distribuidos en 36 países.

MÁS ALLÁ DEL MODELO ESTÁNDAR

El ME parece una teoría completa. Aun así, para encontrar todos sus componentes se ha requerido alcanzar unas energías altísimas, las cuales recrean las condiciones del universo a los pocos segundos de su inicio con el Big Bang. En este contexto, el ME parece la aproximación de baja energía de una teoría más básica que explicaría su formación a partir de principios más elementales, cuyos vestigios aparecen a energías más altas. Un ejemplo serían las teorías de gran unificación, en las cuales las simetrías del ME se formarían a partir de la rotura

EL CERN, LA ORGANIZACIÓN EUROPEA PARA LA INVESTIGACIÓN NUCLEAR

El CERN es un laboratorio situado en la frontera franco-suiza, cerca de Ginebra, y por su magnitud y relevancia constituye una referencia mundial en la investigación en física de partículas. El CERN fue creado en 1954 por un consorcio de países, y en la actualidad cuenta con veintiún estados miembros. Su nombre es un acrónimo del francés *Conseil Européen pour la Recherche Nucléaire* (Consejo Europeo para la Investigación Nuclear). Aunque la palabra «nuclear» se mantenga en su denominación, el CERN es un centro de aceleradores y detectores para la investigación en todos los ámbitos de la física de partículas.

Un gran historial

Varios de los experimentos realizados en el CERN han sido decisivos en el desarrollo del modelo estándar:

- 1973: descubrimiento .de las corrientes neutras débiles en la cámara de burbujas Gargamelle. Su existencia muestra que hay interacciones débiles entre fermiones con la misma carga, lo que confirma la mediación por una partícula neutra (el bosón Z^0), como predice el modelo de Glashow-Weinberg-Salam.
- 1983: descubrimiento de los bosones W y Z^0 en los experimentos UA1 y UA2, realizados con el supersincrotrón de protones (SPS). Las masas de estos bosones encajaban en las predicciones del ME.
- 1989: los estudios del bosón Z^0, realizados en el Large Electron-Positron Collider (LEP), permitieron concluir que no hay más de tres generaciones de neutrinos ligeros.
- 1999: descubrimiento directo de la violación de la simetría CP.
- 2012: descubrimiento de un bosón cuyas características encajan con las del bosón de Higgs.

Una de las máquinas más sofisticadas creadas por el ser humano pertenece al CERN: se trata del detector de partículas CMS. Unos 2 500 científicos e ingenieros participaron en su construcción, que se prolongó por espacio de veinte años.

La cuna de la WWW

La investigación desarrollada en el CERN tiene implicaciones más allá de la física de partículas, ya que se sitúa en la vanguardia de la ingeniería y la informática. En este último aspecto se puede señalar que el comienzo de la red mundial World Wide Web se produjo en este laboratorio, a partir del proyecto ENQUIRE, iniciado por Tim Berners-Lee y Robert Cailliau en el año 1989.

de una única simetría. Esta teoría, además de explicar el origen del ME, podría hacer lo propio con algunos de los puntos menos atractivos de este, tales como la correcta predicción de la masa del Higgs y los problemas para los que el ME no tiene respuesta, como el de la materia oscura y el del cambio de sabor leptónico de los neutrinos, que mencionaremos a continuación.

La materia oscura es un tipo de materia que no interactúa lo suficiente con las partículas del ME como para ser detectada. Inicialmente fue introducida para explicar la discrepancia entre la masa visible de algunos objetos cósmicos y la que sería necesaria para comprender los efectos de su gravedad. Uno de los ejemplos más claros de su presencia son las curvas de rotación de los brazos de las galaxias espirales, cuya velocidad es mucho mayor que la que corresponde a su materia visible. Según análisis basados en la observación de la *radiación del fondo cósmico de microondas* (el eco que proviene del universo primitivo), la materia oscura corresponde a un 27% del balance energético del universo, mientras que la materia explicada por el ME solo es el 5% (el resto corresponde a *energía oscura*). Ninguna de las partículas del ME podría explicar la materia oscura, ya que su perfil es el de una partícula neutra y pesada, únicamente sensible a la interacción débil. El neutrino sería un candidato, sin embargo el ME no le asigna masa y la que se puede atribuir a estas partículas en otros modelos es tan pequeña que no sería suficiente. Algunas extensiones del ME, como los modelos *supersimétricos*, ofrecen un buen candidato para la materia oscura y, además, incorporan una explicación para la rotura de la simetría electrodébil. Este tipo de modelos han sido muy estudiados porque, adicionalmente, predicen una pareja supersimétrica por cada partícula del ME, las cuales podrían detectarse en el LHC.

La observación de la oscilación o cambio de sabor de los neutrinos es una de las más sólidas de un fenómeno para el que el ME no tiene explicación. Esta oscilación de sabor tiene lugar cuando los neutrinos atraviesan un medio material, de modo que se observa un déficit en los que salen respecto de los incidentes. Por ejemplo, los neutrinos de tipo ν_e producidos en el Sol (neutrinos solares) cambian de sabor antes de dirigirse a la Tierra al atravesar parte

EL LARGE HADRON COLLIDER (LHC)

En el LHC (*Large Hadron Collider*, o Gran Colisionador de Hadrones) se estudian colisiones protón-antiprotón. Los protones y sus antipartículas pueden acelerarse hasta 7 TeV/c^2, por lo que en la colisión se alcanzará una energía máxima de 14 TeV/c^2. Para el estudio de estas colisiones se dispone de varios detectores; los principales son los destinados a investigación general: ATLAS *(A Toroidal LHC Apparatus)* y CMS *(Compact Muon Solenoid)*. Además, hay otros destinados a investigación específica, como ALICE *(A Large Ion Collider Experiment)*, que estudia colisiones de iones pesados, y LHC-b, que se especializa en el quark *b* (*bottom* o *beauty*).

Varios aceleradores en uno

En la figura se indica la secuencia de aceleración de las partículas en el LHC. El proceso se inicia con un acelerador lineal: el LINAC2 acelera protones (p) hasta 50 MeV y el LINAC3 iones pesados (Pb) hasta 4,2 MeV/nucleón. El sincrotrón de protones (PS) acelera los protones hasta 20 GeV, desde donde pasan al supersincrotrón de protones (SPS) de 2 km, donde son acelerados hasta 450 GeV. En el túnel del LHC, de 27 km, se aceleran los protones hasta la energía de experimentación, la cual alcanzará hasta los 7 TeV.

El descubridor del Higgs

El LHC ha sido la máquina adecuada para llegar a la última partícula del ME que faltaba por descubrir: el bosón de Higgs. En 2012, los experimentos ATLAS y CMS anunciaron el descubrimiento de una partícula con una masa aproximada de 126 GeV, con las características del bosón de Higgs. Con este descubrimiento quedan determinados todos los parámetros del ME. Sin embargo, este no ha sido el único del LHC relacionado con el ME: en julio de 2015, el experimento LHC-b anunció el hallazgo de una partícula formada por 5 quarks. Este tipo de estructuras confirma la teoría del color ya que, además de los mesones, formados por parejas $q\bar{q}$, y los bariones, formados por ternas qqq, las agrupaciones del tipo $qqqq\bar{q}$ pueden formar partículas sin color, aunque nunca habían sido vistas. La partícula encontrada contiene la combinación $uc\bar{c}ud$ y se denomina P_c^+.

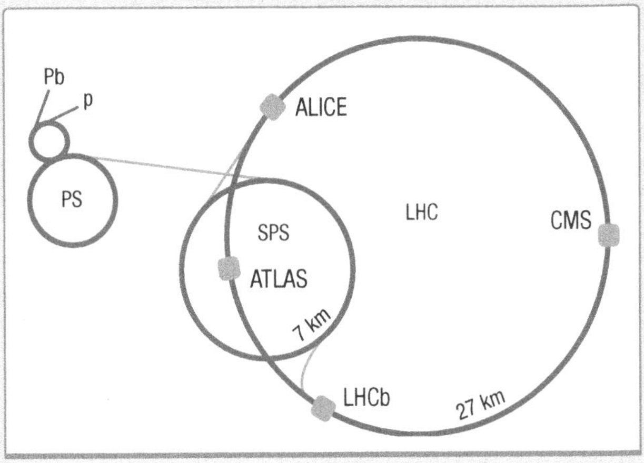

de la masa solar. El flujo de neutrinos del tipo ν_μ, producidos en la atmósfera terrestre por desintegración de muones (neutrinos atmosféricos), es distinto si estos llegan directamente desde la atmósfera o después de atravesar la masa terrestre. Este fenómeno se explica si los neutrinos poseen unas masas muy pequeñas (inferiores al eV), para las que el ME no tiene explicación. Son muy interesantes los modelos en los que los neutrinos adquieren masa por mecanismos relacionados con la formación de los bariones *(bariogénesis)*, porque con ello se puede buscar un esclarecimiento de por qué la cantidad de materia (bariones) domina sobre la de antimateria (antibariones), en lugar de observarse una distribución equitativa (problema de la asimetría bariónica del universo).

A pesar de sus limitaciones, el ME es una herramienta básica para el avance de la física actual, como hace cien años lo fue el electromagnetismo. Las partículas e interacciones del ME fueron descubiertas gracias a nuestro dominio de la teoría electromagnética, la cual permitió identificar sus manifestaciones experimentales. Del mismo modo, para la física del siglo XXI podemos aplicar el ME para identificar trazas de nuevos fenómenos, cuya búsqueda ha motivado la construcción del LHC y los proyectos de futuros aceleradores, como el *Compact Linear Collider* (CLIC) o el *International Linear Collider* (ILC). Estos aceleradores serán de tipo lineal, con longitudes de decenas de kilómetros; en ellos se espera hacer una investigación complementaria a la del LHC. Por otro lado, el ME supone un gran avance en nuestra comprensión del universo. Aunque no podamos hallar en él un candidato para la enigmática materia oscura, esta podrá ser identificada gracias a su interacción con detectores terrestres, y podrá ser interpretada gracias al ME.

QUARKS Y GLUONES

LAS ENTRAÑAS DE LAS PARTÍCULAS ELEMENTALES

Introducción

Imaginemos, retrocediendo hasta el siglo IV a.C., a un alumno cualquiera del Liceo de la Atenas clásica, cuna occidental del pensamiento y la filosofía. Nuestro alumno atiende a una lección de física, una de las iniciales, de las contenidas en el primero de los ocho libros que Aristóteles, fundador del Liceo, consagró a esta disciplina. Ante él, o seguramente paseando junto a él, una figura togada le instruye sobre el movimiento y sus causas, y sobre la materia sujeta a ese movimiento o, de forma más general, al cambio. El maestro, el mismo Aristóteles quizá, explica y critica el pensamiento de sus predecesores e introduce las líneas maestras de su sistema filosófico natural. En particular, explica el maestro, toda la materia perteneciente a la esfera comprendida por la órbita lunar se compone de cuatro elementos básicos, a saber: tierra, agua, aire y fuego. En esencia, según Aristóteles, la causa del movimiento de los cuerpos, o de su reposo, reside en la naturaleza primaria de los elementos que los componen. Aquellos cuya composición está dominada por la tierra tienden a caer, porque en el centro de la esfera terrestre se halla el lugar natural de dicho elemento. Del mismo modo, aquellos constituidos principalmente por aire o fuego buscan también su lugar natural en esferas sucesivas que rodean a la esfera terrestre y tienden a subir. El alumno mira a su alrededor y abarca con su mirada cuanto le rodea: la complejidad de ese mundo natural que contempla se deriva de un puñado de ingredientes básicos, mezclados en diferente proporción. Todo, la enredadera sobre su cabeza, el suelo que pisa o la piedra del pórtico bajo el que pasea, se obtiene de los cuatro elementos básicos. La simplicidad está en la base de la complejidad. Y la primera sirve para explicar la segunda.

Como afirmara el filósofo y matemático Bertrand Russell, el historiador de la ciencia tiene que dedicar la necesaria atención a un trabajo, el de Aristóteles en su *Física*, que dominó absolutamente la ciencia hasta la aparición de Galileo, aunque difícilmente una sola de sus sentencias pueda considerarse aceptable a la luz de la ciencia moderna. El alumno del Liceo de Atenas estaría siendo instruido en una teoría errónea, capturando, sin embargo, un principio correcto: la estructura última de la naturaleza se explica a partir de unos pocos ingredientes básicos o elementos y de unas pocas leyes fundamentales, aunque quizá no tan sencillas ni, desde luego, tan intuitivas como el filósofo clásico quería creer. La historia de la física y, en parte, de la química es también la historia de la búsqueda de estos ingredientes básicos y de estas leyes fundamentales que proporcionan el andamiaje básico de la realidad natural. El objeto de este libro es contar esa historia para proporcionar al lector la visión precisa y rigurosa que la física moderna ofrece sobre la estructura última de la materia. De toda la materia.

Nuestro alumno del siglo IV a.C., instruido de nuevo erróneamente durante sus últimas lecciones de física, habría levantado la cabeza y dirigido su mirada al cielo nocturno estrellado y habría creído que, más allá de la órbita lunar, reinaba la perfección inmóvil de un mundo distinto, compuesto por un quinto elemento, el éter o «quintaesencia». Sin embargo, Galileo y Newton nos enseñaron que nada es perfecto, ni inmóvil, más allá de la Luna y que las mismas leyes que rigen la tosca caída de una manzana en la Tierra gobiernan las majestuosas órbitas celestes y explican las observaciones planetarias de Kepler. Y, por supuesto, la materia es la misma también más allá de la órbita lunar.

Contemplemos, por ejemplo, la «fotografía» de nuestro universo que nos sirvió en 2003 el satélite WMAP *(Wilkinson Microwave Anisotropy Probe)*, lanzado en 2001 con la misión de realizar un mapa del cielo por medio del conocido como *fondo de radiación de microondas*. Esta radiación es un vestigio, luz fósil emitida hace unos 13 800 millones de años, solo unos 380 000 años después del origen del propio universo. La fotografía es, por tanto, una instantánea muy antigua de nuestro universo, de una etapa primordial del mismo, llamada «de recombinación», en la que las fuerzas eléctricas atractivas dominaron sobre la agitación térmica e hicieron de él un medio eléctricamente neutro en el que la luz entonces emitida pudo propagarse libremente, y así ha continuado hasta ser detectada hoy. Esta arcaica instantánea de nuestro universo es útil para nuestros propósitos, porque la imagen que proporciona y los cálculos nos muestran que, sin ningún género de dudas, el universo era entonces, y a gran escala sigue siendo hoy, muy homogéneo y uniforme. Es decir, igual en todas partes, compuesto del mismo modo, por la misma materia y la misma luz, en cualquier rincón. Toda esa materia estaba fundamentalmente constituida por solo tres especies químicas diferentes: tres cuartas partes de hidrógeno, casi una cuarta parte de helio y una pequeña parte, menos del 1%, de litio y de formas isotópicas diferentes de las especies anteriores. Toda esta materia, o sus ingredientes básicos, habría sido «cocinada» en unos pocos minutos, aproximadamente tres, después del origen del universo. ¿Qué son y qué rasgos caracterizan a estas especies químicas? ¿Qué distingue las diferentes variantes isotópicas de una especie dada? El progreso de la ciencia, de la física y la química a la sazón, desde los tiempos del Liceo de Atenas, ha traído consigo respuestas a estas interrogantes.

El descubrimiento del hidrógeno es atribuido a sir Henry Cavendish, quien lo identificó en 1766 y demostró en 1781 que su combustión producía agua, aunque el mismo Paracelso lo había aislado y descrito en el siglo XVI, sin reconocer en él un nuevo elemento, como resultado de la reacción de un metal y un ácido fuerte. El helio, en cambio, tuvo que esperar a ser aislado por sir William Ramsay en 1895, si bien había sido puesto de manifiesto previamente, en 1868, por medio de un análisis espectroscópico de la luz proveniente de la corona solar durante un eclipse. En ambos casos, hablamos de dos gases. Respecto al primero, el hidrógeno, la mínima entidad con las mismas propiedades químicas del conjunto, denominada generalmente *molécula*, está formada por dos átomos de la especie hidrógeno. En cuanto al segundo, el helio, es un gas monoatómico, es decir, la molécula se compone de un único átomo de la especie helio.

Un *átomo* de un elemento dado es la entidad mínima de algo que pueda ser considerado como ese elemento. A pesar de que su nombre tiene la raíz en el vocablo griego ἄτομον, «que no se puede cortar», «indivisible», hoy sabemos que está compuesto por un núcleo que aloja partículas subnucleares, protones y neutrones, y por un número igual al de protones de otras partículas, denominadas electrones, que, de algún modo, orbitan en torno al núcleo. Sobre qué son, cómo se comportan y qué estructura confieren al átomo estas partículas hablaremos en el primer capítulo; baste ahora con anticipar que protón y electrón poseen carga eléctrica opuesta, positiva el primero y negativa el segundo, siendo el neutrón eléctricamente neutro. Lo que define a un elemento es el número de protones que aloja en su núcleo. Este número se conoce como *número atómico*. El hidrógeno posee un único protón; el helio, dos; el litio, tres.

Protón y neutrón tienen prácticamente la misma masa, siendo el electrón unas 2000 veces más ligero. En consecuencia, los neutrones que puedan acompañar a los protones del núcleo modificarán la masa del átomo, así como las propiedades del propio núcleo. Las diferentes variantes isotópicas de una especie dada difieren, precisamente, en el número de neutrones. La variedad más común del hidrógeno se caracteriza por un núcleo consistente en un único protón y ningún neutrón. Una segunda, y mucho más rara, variedad denominada deuterio consta de un núcleo formado por un protón y un neutrón. Existe también una tercera, muy inestable, denominada tritio, que incorpora un segundo neutrón al núcleo. En el caso del helio, su núcleo más común posee dos protones y dos neutrones; el conjunto de dos protones y un único neutrón forma también un núcleo estable, aunque mucho más infrecuente en la naturaleza. Todos estos diferentes isótopos, incluyendo también las variedades más comunes del litio (con tres y cuatro neutrones), fueron sintetizados durante esos primeros tres minutos de vida de nuestro universo. Este proceso de síntesis se conoce como *nucleosíntesis primordial*. Unos 380 000 años después, las condiciones del universo, su enfriamiento por expansión, permitió que estos núcleos se rodearan del número adecuado de electrones y los mantuvieran de forma estable para formar átomos neutros.

Regresemos de nuevo a la fotografía del WMAP; hecha con «luz» en el rango de las microondas, muestra fluctuaciones de esa luz que nos hablan de la distribución de materia hace 13 800 millones de años. Si fijamos nuestra atención en el punto adecuado, tendremos una «imagen» retrospectiva de la materia que, transcurridos algunos miles de millones de años, constituiría las primeras estrellas de las galaxias del conocido como Grupo Local, al que pertenece la Vía Láctea. Al cabo de unos 9 000 millones de años, una pequeñísima parte de esa misma materia se condensaría en nuestro Sol y generaría el sistema solar al que pertenece la Tierra. ¿Toda la materia que nos rodea está constituida por ese pequeño puñado de elementos con sus diferentes isótopos? Ciertamente, no. La base biológica de nuestros cuerpos, y de todos los seres vivos (que conocemos), es un elemento químico, denominado carbono, cuyo número atómico es 6. Aloja, por tanto, seis protones en su núcleo y, en su variedad isotópica más frecuente, otros tantos neutrones. El 78 % del aire atmosférico que respiramos está constituido por nitrógeno, con un protón más en su núcleo que el carbono (y un neutrón más si, de nuevo, hablamos del isótopo más extendido). El agua de nuestros océanos se compone de una molécula formada por dos átomos de hidrógeno y uno de oxígeno, que tiene número atómico 8. Y así podríamos continuar, por ejemplo, hasta el uranio que sirvió para la primera bomba atómica detonada en Hiroshima en 1945, y que cuenta con 92 protones en su núcleo. Y hasta el último elemento sintetizado artificialmente, el ununoctio, cuyo núcleo aloja 118 protones.

¿Cuál es el origen de todos aquellos elementos no generados durante la nucleosíntesis primordial? Son el resultado de reacciones nucleares a partir de materia primigenia. Reacciones nucleares más o menos complejas que conducen a la transmutación de unos elementos en otros. Reacciones que, a partir de los tres primeros minutos, dejaron de producirse por el enfriamiento del universo, y que solo pudieron reactivarse, algunos miles de millones de años después, en el corazón de las primeras estrellas. Entonces sí se dieron las condiciones, en las estrellas adecuadas, para producir el resto de elementos más pesados. Las explosiones de estrellas de esta primera generación y el viento solar diseminaron estos núcleos pesados, enriqueciendo la materia interestelar que suministraría el material para una nueva hornada de estrellas, y para sistemas solares como el nuestro.

En suma, toda la materia que nos rodea es fruto de reacciones nucleares que se dieron a partir de ingredientes básicos «cocinados» mayormente en los primeros minutos del universo. Protones y neutrones, cuyas interacciones constituyen las fuerzas que rigen las reacciones nucleares, y electrones. ¿Son estos ingredientes elementales? ¿Constituyen las unidades últimas que dan estructura a la materia? De nuevo, la respuesta es negativa.

El estudio de las reacciones nucleares condujo a la introducción de dos nuevas fuerzas, nuclear fuerte y nuclear débil, que se sumaron a la gravedad y al electromagnetismo para cerrar el cuarteto de interacciones fundamentales. Indujo, además, a postular una nueva partícula subnuclear, unas siete veces más ligera que el protón, hoy denominada pion, que fue descubierta en 1947. No fue la última. Otras muchas partículas subnucleares, producidas por los cada vez más potentes aceleradores y que solo «vivían» brevísimas fracciones de segundo, fueron apareciendo en los cada vez más sofisticados sistemas de detección empleados por los físicos experimentales, complicando el panorama de la moderna física de partículas elementales hasta los años sesenta del siglo pasado. Estas partículas recibieron el nombre genérico de *hadrones*. La aplicación de las leyes de la mecánica cuántica, que había nacido con el siglo XX, y de ciertos principios organizadores basados en la simetría (y que hacían uso de una rama de la matemática, desarrollada a partir de la segunda mitad del siglo XIX, conocida como teoría de grupos) permitió poner orden en la aparentemente inextricable fauna de los hadrones. Además, sugirió que todos ellos, incluidos protón y neutrón, poseían una estructura interna que nacía de sus verdaderos constituyentes elementales, los *quarks*. Las fuerzas nucleares, fuerte y débil, en último término, eran ejercidas por y entre partículas más elementales que los protones y los neutrones, como eran los quarks, y los sistemas y reacciones nucleares debían ser el resultado del complicado efecto colectivo de estas fuerzas.

Finalmente, los quarks fueron detectados. La expresión de las fuerzas nucleares que los ligan se formalizó con el lenguaje de una teoría cuántica de campos, siguiendo las mismas pautas que la electrodinámica cuántica, la teoría cuántica microscópica para el electromagnetismo que fue exitosamente formulada a finales de la década de 1940. Y, del mismo modo que el fotón (excitación cuántica del campo electromagnético) mediaba en las interacciones electromagnéticas, otras partículas análogas eran las portadoras de las fuerzas nucleares fuerte y débil: los gluones y los bosones W y Z. El conocido como modelo estándar de la física de partículas emergió completo, siendo contrastado experimentalmente con una precisión jamás antes alcanzada. La estructura última de la materia, hasta donde hoy se sabe y se puede probar, había quedado finalmente revelada.

Este libro tiene como fin describir este apasionante viaje, desde el principio clásico de elementalidad en la descripción del mundo material hasta el mundo subnuclear regido por fuerzas nucleares que operan entre quarks.

De Abdera a Mánchester

Desde Demócrito de Abdera en la Grecia presocrática hasta sir Ernest Rutherford, pionero del estudio moderno de la estructura de la materia en la Universidad de Mánchester, el pensamiento humano fue fabricando modelos para describir la realidad material que, a principios del siglo XX, alumbraron el concepto de núcleo atómico.

Abdera, situada en la costa de Tracia, en el tercio oriental de la actual Grecia y en la desembocadura del río Nestos, será el punto de partida del viaje intelectual que emprendemos. Fue una próspera polis griega, ora dominada por los persas, ora parte de la liga de Delos junto a Atenas, que se ganó un lugar principal en los libros de historia, entre otras cosas, por haber sido la cuna de dos pensadores clásicos ilustres: Leucipo y Demócrito. Ambos, aunque fundamentalmente el segundo, discípulo y continuador del primero, comparten la paternidad de la primera teoría atómica, habiendo desarrollado con ella una escuela de pensamiento conocida como «atomista», que puede considerarse el germen del materialismo moderno. Y, por supuesto, con su teoría atómica, intuyeron una verdad que solo sería reconquistada en el siglo XIX por la ciencia moderna: la naturaleza discreta de la materia.

Persiguiendo el principio organizador y racionalizador que permitiría explicar la variada fenomenología que observamos en la naturaleza mediante un puñado escaso de principios básicos, Demócrito y sus partidarios concibieron un mundo compuesto por entidades indivisibles, que denominaron átomos, en constante movimiento en el espacio, separados unos de otros por el vacío, e interaccionando mecánicamente entre sí. Estos átomos, en número infinito, constituían el sustrato material de todo cuerpo, al ligarse de algún modo los unos con los otros de múltiples maneras. Según las ideas de Demócrito, las propiedades de cualquier cuerpo resultaban, en última instancia, de los atributos de los átomos que lo formaban, los cuales diferían entre sí, precisamente, por sus propiedades físicas: tamaño, forma, masa, dureza, etc. Los átomos de Demócrito eran, aparte de indivisibles, impenetrables y chocaban materialmente entre sí o podían «engancharse» dependiendo de una afinidad que se explicaba por su geometría o sus formas. Así, el mundo natural poseía un sustrato material último muy simple y, además, eterno: existían, siempre habían existido y siempre lo harían.

> Nada existe excepto átomos y espacio vacío; todo lo demás son opiniones.
>
> **Demócrito**

No obstante, más allá de la indivisibilidad de unas entidades que, en número infinito pero contable (es decir, que podían ser numeradas con los números naturales), constituían la materia, la otra gran intuición atomista residía en la aceptación del vacío como ausencia de materia. De hecho, lo último es consecuencia inevitable de lo primero, pero había sido tozudamente rechazado por filósofos clásicos de la talla de Parménides, quien se aferraba al siguiente silogismo: El vacío es nada; la nada no es; luego el vacío no puede ser, no puede existir. Al albur de esta suerte de razonamientos, Parménides acabó rechazando, incluso, la existencia del propio movimiento o, en sentido amplio, del cambio.

LA RESURRECCIÓN DEL ÁTOMO

A la luz de la física moderna, la intuición de Demócrito sobre el carácter discreto de la materia, según Bertrand Russell simplemente afortunada, es esencialmente correcta. Lo es en el sentido corpuscular clásico (el de la física clásica anterior a la revolución cuántica de principios del siglo XX). Pero también lo es, aunque en un sentido radicalmente diferente, desde la perspectiva de la mecánica cuántica y de las teorías cuánticas de campos, que armonizan la primera con la teoría de la relatividad especial (que Albert Einstein formuló, también, a principios del siglo XX). El silogismo de Parménides quedó entonces desvirtuado: el vacío cuántico es, como veremos más adelante, mucho más que «nada», del mismo modo que el espacio y la geometría son mucho más que meros marcos referenciales en la dinámica que resultó de la teoría general de la relatividad.

Sin embargo, aunque el concepto de elemento y el de un mundo como el descrito por Aristóteles, compuesto únicamente por unos pocos elementos básicos mezclados en diferente proporción, persistieron desde sus orígenes en la Grecia clásica, a través de toda la Edad Media, hasta el nacimiento de la química moderna, el atomismo y la teoría atómica fueron perdiendo crédito y adeptos paulatinamente. La alquimia, como protociencia empírica, aunque no propiamente cuantitativa, y como disciplina críptica y hermética que perseguía la transmutación de unos elementos en otros, se desarrolló en Europa tras absorber la visión helénica del mundo material. De ese modo, los alquimistas occidentales, en su búsqueda de la piedra filosofal que reuniera y potenciara las propiedades de los cuatro elementos clásicos, conservaron y transmitieron esa visión aristotélica de la naturaleza. Conservaron y transmitieron la idea de que la complejidad en el mundo natural, con todas sus propiedades, se derivaba de unos pocos elementos sencillos. Y contribuyeron también al alumbramiento de la química.

Faltaba, no obstante, la conexión entre elemento y átomo. Los cuerpos se concebían compuestos por cantidades y proporciones de elementos que podían variar de manera tan gradual como fuera requerido. Las porciones de materia podían, formalmente, dividirse sucesivamente hasta el infinito. La evidencia nacida de la experiencia empírica de los alquimistas así lo dictaba. Además, en el siglo XVII, reputados físicos como Robert Boyle (quien puede ser considerado también, y al mismo tiempo, alquimista y precursor de la química) o Robert Hooke iniciaron los estudios de la teoría de los gases ideales (formados por partículas que no interactúan entre sí), estableciendo la correlación entre sus magnitudes macroscópicas, como la temperatura, el volumen o la presión. Así nacía la termodinámica y, con ella, la física se ocupaba también de la materia concebida y tratada como un medio continuo. Algo análogo sucedía con la mecánica de fluidos, dirigida al estudio del movimiento de gases y líquidos, y desarrollada fundamentalmente a lo largo del siglo XVIII por medio de los trabajos de Daniel Bernoulli, Leonhard Euler y Joseph-Louis Lagrange.

Sin embargo, el propio Daniel Bernoulli había avanzado, con la publicación de su libro *Hydrodynamica* en 1738, una explicación de la ley de Boyle para los gases, combinando la mecánica de Newton y la descripción estadística del sistema gaseoso compuesto por un número muy elevado de partículas materiales puntuales. De ese modo, sentaba las bases de la teoría cinética de los gases y, con ella, de la mecánica estadística que, siglo y medio más tarde y a raíz de los trabajos de Ludwig Boltzmann, Josiah Willard Gibbs o James Clerk Maxwell, tendería el puente definitivo desde la descripción termodinámica de los sistemas macroscópicos hasta las leyes dinámicas fundamentales que rigen para sus componentes microscópicos. No obstante, en el siglo XVIII, la teoría cinética de los gases de Bernoulli era poco más que un ejercicio heurístico que muy difícilmente podía dar sustento a la revolución desencadenada por la teoría atómica moderna.

Al tiempo que la física, como ciencia surgida de la revolución galileana del siglo XVII, desarrollaba la descripción de la materia como un medio continuo, la alquimia daba paso a la química moderna. A la luz de esta última, se revelaron como sustancias elementales metales extraídos y explotados desde la antigüedad, como el cobre, el oro, la plata, el cinc o el mercurio; otros metales, metaloides o semimetales como el bismuto y el antimonio (aislados y descritos por el célebre alquimista Basilius Valentinus) o el arsénico (por san Alberto Magno), y no metales como el hidrógeno (descrito por Paracelso), el oxígeno, el carbono o el azufre (identificados como elementos por el gran químico Antoine Lavoisier).

Con la química, además, se iniciaba el estudio sistemático y cuantitativo de las reacciones que combinaban estas sustancias elementales para la formación de sustancias químicas compuestas. Como consecuencia, precisamente, de dichos estudios había surgido la conocida como *ley de las proporciones múltiples*, debida a John Dalton. Esta ley podía enunciarse como sigue: «Dados dos elementos A y B que se combinan para formar distintos compuestos, siendo fija la cantidad de A que entra a reaccionar y variable la de B, la proporción entre las distintas cantidades de B para cada compuesto viene expresada por un número entero» (figura 1).

La ley de las proporciones múltiples era una simple constatación empírica, pero al intentar justificarla, Dalton revolucionó el paradigma de la química y nuestra visión sobre la naturaleza de la materia. Con objeto de explicarla, en la primera década del siglo XIX, Dalton introdujo su teoría atómica, recuperando la vieja intuición (y la denominación) de Demócrito. La idea era sorprendentemente sencilla: cada especie química elemental debía estar formada por un número entero de entidades indivisibles e indestructibles, con una masa fija y característica para cada especie. Las especies químicas compuestas resultarían, entonces, de la unión de dos o más de estas entidades elementales, con distintas proporciones, pero siempre necesariamen-

FIG. 1

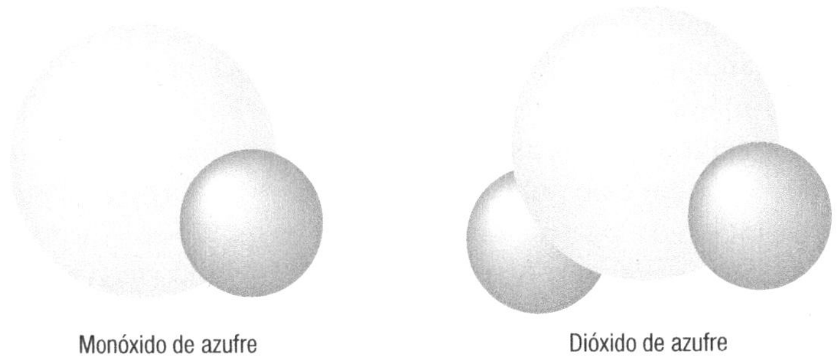

En el modelo de Dalton, los átomos eran esferas indivisibles que se combinaban entre sí, en diferente proporción y número, para dar lugar a moléculas. Por ejemplo, un átomo de azufre con uno o dos de oxígeno (izquierda y derecha, respectivamente).

te enteras. Así, por ejemplo, si un átomo de la especie A podía combinarse con uno o dos átomos de B para formar, respectivamente, los compuestos químicos AB y AB_2, la cantidad de B que debía reaccionar con una cantidad fija de A para producir AB_2 sería siempre el doble de la necesaria para producir AB. La ley de las proporciones múltiples se derivaría, por tanto, de la naturaleza atómica de la materia. Y las reacciones químicas se explicarían, sencillamente, a partir de la reorganización de los átomos que constituían las especies reaccionantes, elementales o compuestas. La química, de este modo, rehabilitó empíricamente el concepto de átomo y la naturaleza discreta de la materia.

EL ELECTRÓN Y EL «PUDIN DE PASAS»

La validez de la teoría de Dalton, entendida como una descripción efectiva de las reacciones químicas, persiste en la actualidad. No obstante, está muy lejos de proporcionar una descripción última de la estructura de la materia. Los átomos, aunque no podían dividirse ni ser destruidos en el curso de las reacciones químicas, resultaron no ser ni indestructibles ni indivisibles. Pero para que ello se pusiera de manifiesto, fue necesario que la física tomara el relevo de la química en la investigación de la estructura fundamental de la materia.

Por el momento, nuestro viaje intelectual hacia el corazón de la materia, iniciado en la griega Abdera, nos ha conducido, de la mano de Dalton, a las islas británicas. Concretamente a Mánchester, desde donde este publicó sus resultados y su revolucionaria interpretación de la ley de las proporciones múltiples. Nuestro siguiente destino, no muy lejos de Mánchester y poco menos de un siglo después, nos lleva a visitar el Laboratorio Cavendish de física experimental en la Universidad de Cambridge, donde trabajó el físico Joseph John Thomson, que demostró por primera vez que los átomos de Dalton podían, de algún modo, romperse. O, por lo menos, que era posible arrancarles algunos de los elementos o partículas que los constituían, partículas que fueron bautizadas genéricamente como «subatómicas». Los átomos tenían, por tanto, estructura, y Thomson avanzó el primer modelo atómico que pretendía describirla.

> Las ecuaciones [de Maxwell] identifican con precisión las regularidades y las comprimen en un pequeño paquete matemático de inmensa potencia.
>
> **Murray Gell-Mann**

Thomson había ganado una plaza de profesor en el Laboratorio Cavendish de Cambridge en 1884, cuando contaba 28 años, siendo ya entonces especialmente reconocido por su excepcional talento para las matemáticas. El interés del joven Thomson se dirigió hacia las aplicaciones de la teoría del campo electromagnético que, tan solo dos décadas antes, James Clerk Maxwell había condensado de forma brillante en un puñado de ecuaciones que, finalmente y con las aportaciones de Oliver Heaviside y Josiah Gibbs, quedaron reducidas a cuatro.

Un campo, en física, es un ente matemático que asocia a cada punto del espacio una cierta propiedad. El campo eléctrico en un punto dado, por ejemplo, expresa la fuerza que sentirá cada unidad de carga eléctrica positiva situada en dicho punto. Esa fuerza será el resultado de una o más cargas, situadas en otros puntos del espacio, que se dicen generadoras del campo eléctrico. Así, las fuerzas eléctricas, descritas por Coulomb como interacciones directas entre dos cargas, resultaban mediadas por un campo, el eléctrico, virtualmente ligado al espacio físico. Del mismo modo, las fuerzas magnéticas eran el resultado de la interacción de una carga en movimiento con un campo, el magnético, que era generado a su vez por otras cargas en movimiento (es decir, por corrientes eléctricas). A lo largo de todo el siglo XIX, a raíz de los trabajos experimentales de Jean-Christian Oersted, algunos otros reputados físicos como André-Marie Ampère, Joseph Henry o Michael Faraday pusieron de manifiesto, más allá de toda duda, la íntima conexión entre los fenómenos eléctricos y magnéticos. Maxwell completó la tarea, demostrando matemáticamente que los campos eléctrico y magnético eran manifestaciones parciales (o casos especiales) de una única entidad física: el campo electromagnético.

> El electrón: puede que no sirva nunca a nadie para nada.
>
> **J.J. Thomson**

Más adelante volcaremos nuestra atención sobre el campo electromagnético, ahora la reclaman los trabajos de Thomson, concretamente sus estudios de la interacción con el campo electromagnético de partículas o cuerpos cargados en movimiento. Así, se concentró en el estudio experimental de las propiedades de los rayos catódicos. Estos rayos habían sido descubiertos, en los años cincuenta del siglo XIX, por el físico alemán Julius Plücker, que los había observado en las lámparas de vacío con las que trabajaba. Posteriormente, fueron también observados y estudiados en tubos de vidrio que contenían aire, o algún otro gas, a baja presión y configurados con dos electrodos metálicos en su interior, entre los cuales se establecía un determinado voltaje. Recibieron su nombre, precisamente, por emanar del electrodo negativo, denominado *cátodo*. El tubo fue bautizado como tubo de Crookes, en honor del físico británico William Crookes, uno de los pioneros en la investigación de los rayos catódicos. Otros físicos perfeccionaron el tubo y realizaron distintos experimentos que contribuyeron a la comprensión del fenómeno, como el alemán Philipp von Lenard, quien recibió por ello el premio Nobel de Física en 1905. El tubo de Crookes es el precursor del tubo de rayos catódicos que, durante un siglo, constituyó la base de la tecnología de nuestros monitores y aparatos de televisión (figura 2).

Fueron, sin embargo, los meticulosos estudios experimentales de Thomson los que permitieron establecer la naturaleza de estos rayos. Descubrió que se propagaban en línea recta, en ausencia de campos eléctricos o magnéticos. Descubrió, además, que debían estar formados por partículas portadoras de carga eléctrica negativa, dado que se dirigían o eran desviadas hacia el electrodo positivo o ánodo del tubo, o también porque se desviaban bajo la acción de un imán, es decir, en presencia de un campo magnético, como se esperaría de un chorro o haz de partículas cargadas negativamente. Y, sobre todo, realizó diferentes estimaciones de la masa de estas partículas que le llevaron a concluir que debían ser mucho más ligeras, unas mil 1000 veces más, que el más ligero de los átomos conocidos: el hidrógeno. Así, aunque únicamente pudo medir con suficiente precisión el cociente entre la masa y la carga de las partículas que componían los rayos catódicos (a partir de su deflexión por un campo magnético), pudo reconocer dichas partículas como uno de los «ladrillos» constituyentes del átomo. Había descubierto la partícula subatómica que hoy conocemos como *electrón*, cuya existencia postuló Thomson en 1897.

El átomo no era, pues, «elemental» en el sentido helénico del término. Ciertamente, cada elemento químico poseía un tipo particular de átomos, como había propuesto Dalton, pero no se trataba de entidades fundamentales sin ninguna estructura subyacente. Por el contrario, los átomos se componían de partículas subatómicas, con alguna suerte de organización interna. Organi-

FIG. 2

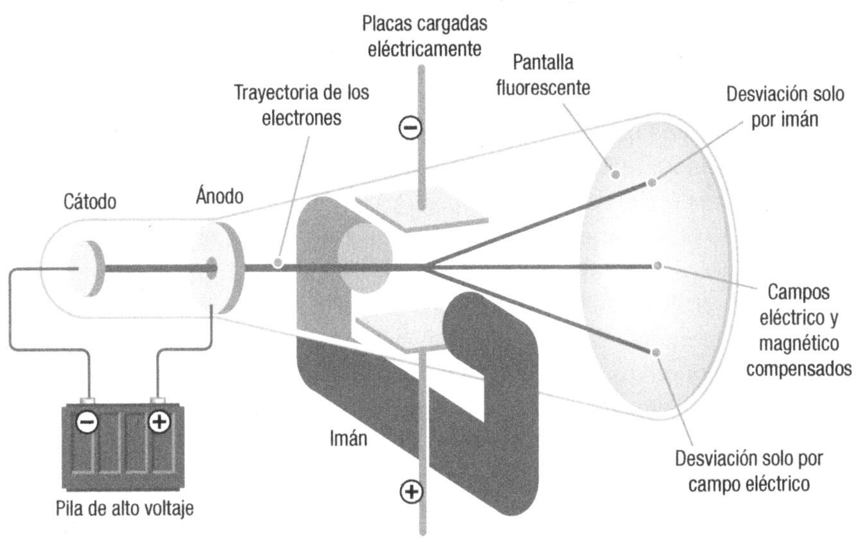

Esquema simple de un tubo de rayos catódicos, con el haz de electrones sometido a campos eléctricos y magnéticos combinados.

zación que, necesariamente, debía depender de las interacciones entre sus diferentes partículas constituyentes.

La materia es, en términos macroscópicos, eléctricamente neutra. Por consiguiente, los átomos que, por repetición, la constituyen también deben serlo. La consecuencia inmediata era que, si los electrones poseían carga negativa, el átomo debía compensar la carga de los electrones con una carga positiva equivalente. Además, la carga positiva posibilitaría la estabilización electrostática del átomo, al introducir fuerzas atractivas entre cargas de distinto signo. Bajo estas premisas, Thomson ideó en 1904 un primer y sencillo modelo para el átomo, presentándolo como una esfera maciza, con la carga eléctrica positiva distribuida uniformemente, en la que se incrustaban los electrones, como las pasas en un pudin, en número tal que compensaban la carga positiva. Esta última imagen, ilustrativa de la estructura del átomo propuesta por Thomson, determinó que fuera bautizado como «modelo del pudin de pasas» (figura 3). Thomson recibió el premio Nobel en 1906 «en reconocimiento al gran mérito de sus investigaciones teóricas y experimentales sobre la conducción de la electricidad a través de gases».

Según Thomson, los electrones podían ser arrancados de los átomos por colisiones entre estos, como las producidas por fricción material o por agitación térmica. Este proceso se conocería más tarde como *ionización* y su resultado sería un átomo cargado positivamente o catión (ion positivo), por el defecto de electrones. En el tubo de Crookes, el campo eléctrico producido por el voltaje entre los electrodos ionizaría el gas residual en su interior, y conduciría los electrones arrancados desde el cátodo hasta el ánodo. Los electrones producidos por ionización podían ser también capturados por un átomo neutro, generando un exceso de carga negativa y formando un anión (ion negativo). Así, el modelo de Thomson explicaba la fenomenología de los rayos catódicos y mucha de la relacionada con los procesos químicos iónicos.

La naturaleza de la nube o esfera de carga positiva que alojaba a los electrones era, no obstante, un misterio. El siguiente paso hacia el corazón de la materia tenía necesariamente que ir encaminado a la investigación de esta enigmática carga positiva.

FIG. 3

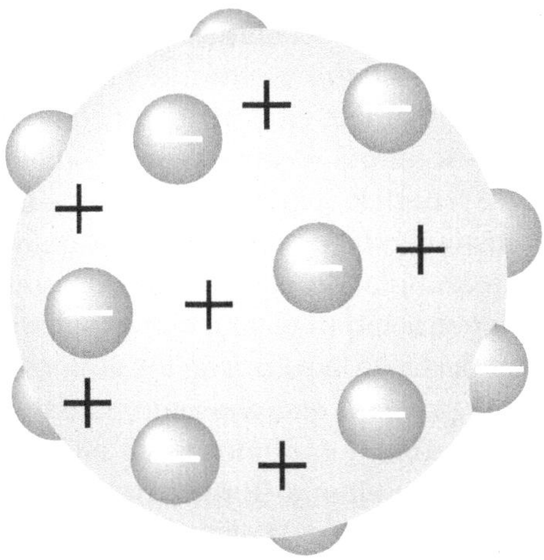

Representación esquemática del modelo de Thomson, en el que los electrones se incrustan en una esfera cargada homogéneamente con carga positiva.

Y sería el propio Thomson quien inspiraría a un joven neozelandés, que disfrutaba de una beca de estudios de posgrado en el Laboratorio Cavendish de Cambridge entre 1895 y 1898, para que le tomara el relevo. El alumno aventajado de Thomson se llamaba Ernest Rutherford y sus sobresalientes descubrimientos en el campo de la estructura atómica le valieron ser reconocido como el padre de la física nuclear.

DE CAMBRIDGE A MÁNCHESTER Y AL CORAZÓN DEL ÁTOMO

Ernest Rutherford fue algo más que un espectador privilegiado del descubrimiento del electrón por Thomson, en 1897. Además, estando todavía en Cambridge, se interesó por la radiactividad espontánea que Antoine Henri Becquerel había descubierto estudiando sales de uranio, hallazgo que había publicado en 1896. Posteriormente, cuando ocupaba una plaza de profesor en la

Universidad McGill en Montreal (Canadá), intensificó sus investigaciones en el campo de la radiactividad e identificó dos tipos diferentes de radiaciones asociadas a los fenómenos radiactivos. Las denominó *radiación alfa* y *radiación beta*, como se las conoce aún hoy. La primera de ellas acabaría convirtiéndose en la «luz» con la que escrutaría el mundo subatómico. Rutherford, junto al químico Frederick Soddy, demostró que la radiactividad implicaba la transmutación de unas especies químicas en otras, avanzando una teoría para lo que él llamó «desintegración atómica» (hoy desintegración nuclear), que explicaba los fenómenos radiactivos a partir de la rotura de los átomos.

Thomson había probado que el átomo podía perder electrones, o también ganarlos, ionizándose. Sin embargo, la especie química no mutaba. Su alumno Rutherford, en cambio, sugirió que el átomo podía romperse de algún modo más radical. El resultado era un cambio de elemento, la transmutación del átomo de una especie a otra. El viejo sueño de los alquimistas se tornaba científicamente posible.

En 1907, Rutherford regresó al Reino Unido, a la Universidad de Mánchester. Desde allí, entre 1907 y 1919, cambiaría el paradigma de la física experimental en las fronteras de nuestro conocimiento sobre la estructura de la materia. Había descubierto que los átomos podían romperse. ¿Qué mejor manera podía haber para estudiar la estructura interna de los átomos que romperlos, o intentar romperlos, y observar el resultado? Recién llegado a Mánchester, Rutherford continuó sus experimentos con la radiación alfa. Desarrolló, junto a Hans Geiger, las pantallas de sulfuro de cinc que, expuestas a la radiación alfa, dejaban ver destellos o centelleos que resultaban del impacto sobre ellas de cada una de las partículas que componían la radiación. Dichas partículas pasaron a llamarse *partículas alfa*. Estas pantallas de centelleo permitían contar el número de partículas incidentes y, por tanto, ofrecían una estimación del flujo de la radiación, es decir, del número de partículas que, por segundo, atraviesan una superficie dada. Pero ¿qué eran esas partículas alfa? Su recuento con las pantallas de centelleo y la medida de la carga total que inducían permitió a Rutherford establecer que cada una de ellas poseía una carga eléctrica positiva que doblaba la del electrón. Además, en un ingenioso experimento, Rutherford y un colaborador, Thomas Royds, consiguieron acumular estas partículas en un tubo o cámara de evacuación y hallaron que poseían un espectro atómico coincidente con el del átomo de helio. Rutherford concluyó entonces que las partículas alfa eran átomos de helio doblemente ionizados, es decir, que habían perdido dos electrones, explicando así su carga. Intuyó, además, que estaban completamente ionizados, es decir, que dos eran todos los electrones contenidos en el átomo de helio. Por tanto, la partícula alfa no podía ser otra cosa que la esfera o nube de carga positiva sugerida por Thomson para el átomo de helio.

Toda ciencia o es física o es filatelia.

ERNEST RUTHERFORD

Rutherford había encontrado el proyectil ideal con el que bombardear otros átomos y escudriñar el resultado. Así, bajo su dirección e inspiración, sus estudiantes Hans Geiger y Ernest Marsden planificaron y desarrollaron, entre 1908 y 1913, una serie clave de experimentos que, finalmente, invalidaron el modelo atómico de Thomson y llevaron a Rutherford a proponer su propio modelo. De manera genérica, se conoce a esta serie de experimentos como experimento Geiger-Marsden o experimento de la lámina de oro de Rutherford. Consistió esencialmente en hacer incidir un «proyectil», las partículas alfa de un chorro o haz convenientemente dirigido, sobre un blanco, átomos de oro dispuestos en una lámina delgada, y estudiar la desviación sufrida por el proyectil por medio de detectores, pantallas de centelleo, que determinarían el flujo de partículas desviado con diferentes ángulos, medidos respecto a la dirección de incidencia del haz (figura 4). Fue un experimento de *scattering* o dispersión (elástica, en este caso, porque no se romperían ni proyectil ni blanco), el primero de muchos que se sucederían y que, básicamente, siguen repitiéndose en nuestros días, paradigma de la física nuclear experimental que, precisamente, nació con él.

El resultado del célebre experimento fue totalmente inesperado, juzgado desde la idea consagrada por el modelo de Thomson.

FIG. 4

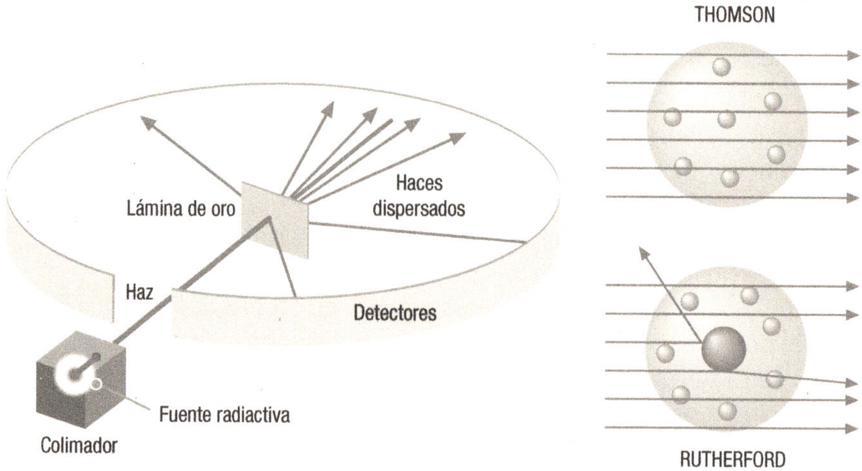

Diseño experimental básico del experimento de Geiger y Marsden. Una fuente radiactiva genera un haz dirigido por un colimador que lo hace incidir sobre una lámina de oro y es dispersado. Los núcleos de oro provocan las desviaciones de los haces dispersados, que son recogidos por los detectores. Como puede verse en el esquema de la derecha, el modelo de Thomson no puede explicar desviaciones importantes dado que la distribución de la carga y la masa por toda la esfera atómica diluye el efecto de dispersión. Del análisis de las desviaciones obtenidas, Rutherford infirió la existencia del núcleo, que concentra toda la carga positiva y casi toda la masa del átomo, y cuyo radio es 100 000 veces menor que el del propio átomo.

Gran parte de las partículas alfa se desviaban solo ligeramente y eran identificadas por detectores situados en las regiones hacia las que apuntaba el haz. Una pequeña fracción de ellas, sin embargo, fue recogida por detectores situados por detrás de la fuente emisora del haz. ¡Dichas partículas habían rebotado en los átomos de oro de la lámina! No obstante, si el modelo de Thomson para la estructura del átomo era correcto, la carga positiva estaba uniformemente repartida en una esfera del tamaño del átomo. En esas condiciones, las fuerzas eléctricas repulsivas, ejercidas entre las partículas alfa y la carga positiva distribuida por el átomo, no serían lo suficientemente intensas y servirían solo para explicar una desviación ligera. Mucho menos podría imputarse el efecto a los electrones, con una masa aproximadamente 8 000 veces más pequeña que la partícula alfa. El resultado del experimento era tan insólito como si, en palabras del propio Rutherford, «se disparase un proyectil de 15 pulgadas a una lámina de papel tisú y rebotase hacia atrás».

Rutherford analizó los resultados y, en 1911, publicó sus conclusiones en un artículo titulado «La dispersión de partículas alfa y beta por la materia y la estructura del átomo». La explicación que ofreció fue sencilla pero revolucionaria. La intensidad de las fuerzas eléctricas necesaria para repeler las partículas alfa hacia atrás implicaba una distribución de carga muy diferente a la sugerida por Thomson: la carga positiva y casi toda la masa del átomo debían estar concentradas en una región espacial muy reducida del átomo, un núcleo masivo y cargado positivamente en torno al cual orbitaban los electrones, ligados a él por fuerzas eléctricas. Estas eran, en esencia, las premisas básicas del modelo atómico de Rutherford, que describía una nueva estructura atómica en consonancia con los sorprendentes resultados del experimento de Geiger-Marsden. El modelo alojaba la carga positiva del átomo en un núcleo que, como sabemos hoy, posee un radio 100 000 veces más pequeño que el propio átomo.

El significado de «tamaño» en el mundo microscópico del átomo y sus constituyentes subatómicos necesitará una posterior revisión a la luz de las leyes de la mecánica cuántica; no obstante, es oportuno detenerse ahora y reflexionar sobre las dimensiones sugeridas por el naciente modelo de Rutherford. Imaginemos, para asimilar las proporciones, que el átomo abarcara la esfera completa del planeta Tierra. En tal caso, ¡el núcleo sería una minúscula esferita de, aproximadamente, 64 m de radio! Los electrones orbitarían en torno a ese diminuto núcleo de algún modo, estableciendo las dimensiones atómicas. La materia es, según el modelo de Rutherford, vacío entre minúsculas partículas que generan intensos campos electromagnéticos en sus inmediaciones atómicas. Las mismas fuerzas electromagnéticas, de manera residual, explican las fuerzas interatómicas e intermoleculares, estableciendo las distancias promedio entre los átomos en las redes cristalinas o metálicas, por ejemplo, o el comportamiento de los fluidos. Vacío, una vez más, entre átomos o moléculas, donde toda estructura resulta de la acción de las fuerzas electromagnéticas generadas, en última instancia, por electrones y diminutos núcleos. La materia era, desde luego, discreta, como Demócrito había intuido.

El trabajo de Rutherford de 1911 había redefinido la estructura atómica, confinando la nube de carga positiva en un núcleo minúsculo, pero no había avanzado en el escrutinio de la naturaleza de dicha carga positiva. De hecho, el experimento de Geiger-Marsden ni siquiera permitía concluir que la carga del núcleo fuera positiva. Fueron experimentos posteriores, realizados entre 1913 y 1919 bombardeando con partículas alfa diferentes gases, como hidrógeno, nitrógeno y oxígeno, los que permitieron a Rutherford establecer que el núcleo estaba cargado positivamente. Y algo más: Rutherford descubrió que bombardeando átomos de hidrógeno con partículas alfa obtenía lo que parecía ser el núcleo de ese átomo, el átomo más ligero. De igual forma, al bombardear átomos de nitrógeno, también obtenía, como subproducto de las colisiones, el mismo núcleo de hidrógeno. De algún modo, las partículas alfa parecían arrancar al núcleo de nitrógeno un núcleo de hidrógeno. La acertada conclusión de Rutherford fue que el núcleo de hidrógeno, el más ligero de todos los núcleos, debía ser un elemento constituyente de las partículas alfa (núcleos de helio), del núcleo de nitrógeno y de cualquier otro núcleo en la naturaleza. El núcleo de hidrógeno era una partícula subatómica, con carga positiva e igual en magnitud a la del electrón, que debía formar parte de todos los núcleos. Rutherford la presentó al mundo, en 1920, y fue bautizada con el nombre de *protón*.

> Si tu experimento necesita estadística, deberías haber hecho un experimento mejor.
>
> **Ernest Rutherford**

El experimento de Rutherford de 1919, en el que bombardeó nitrógeno con partículas alfa, puede considerarse como la primera reacción nuclear inducida, no espontánea (como las que causan la radiactividad natural). Empleando una notación moderna, dicha reacción se escribiría como:

$$^{14}_{7}\mathrm{N} + ^{4}_{2}\mathrm{He} \rightarrow ^{17}_{8}\mathrm{O} + \mathrm{p}\,,$$

DESINTEGRACIONES NUCLEARES

Las reacciones nucleares conducen, en general, a una reorganización de las partículas subatómicas que componen el núcleo, del mismo modo que las reacciones químicas suponen una reorganización de los átomos que constituyen los compuestos reaccionantes. Pueden ser espontáneas o inducidas; en el primer caso son la causa de la radiactividad natural.

Radiación alfa

Los núcleos que se desintegran por radiación alfa se denominan emisores alfa, como el polonio-210:

$$^{210}_{84}\text{Po} \rightarrow {}^{206}_{82}\text{Pb} + {}^{4}_{2}\text{He}.$$

En toda ecuación nuclear se indica el número de protones de cada núcleo con un subíndice, y la suma de protones y neutrones con un superíndice. En la reacción anterior, puede observarse que el número de protones antes y después de la reacción es 84, y el de neutrones es $210-84=126$.

Radiación beta

Los núcleos que se desintegran por radiación beta se denominan emisores beta, como el carbono-14:

$$^{14}_{6}\text{C} \rightarrow {}^{14}_{7}\text{N} + e^{-} + \overline{\nu}_e.$$

En las reacciones beta, además de reorganizarse, las partículas subatómicas se transforman unas en otras. En el ejemplo anterior, el núcleo emite un electrón, e^{-}, transformando uno de sus neutrones en un protón. También se produce la emisión de una partícula, llamada neutrino, $\overline{\nu}_e$. El resultado es la conservación de la suma de neutrones y protones, 14 en este caso, antes y después de la reacción. También debe conservarse la carga eléctrica: la de seis protones, antes de la reacción, y la de siete protones menos la de un electrón, después. También puede emitirse un positrón, la antipartícula del electrón cargada positivamente, en cuyo caso un protón se transformaría en un neutrón.

Radiación gamma

Hay otras formas de radiactividad, como la radiación gamma, que implica la emisión de luz muy energética, o reacciones espontáneas, como la fisión nuclear, que suponen la división del núcleo en dos fracciones más pequeñas.

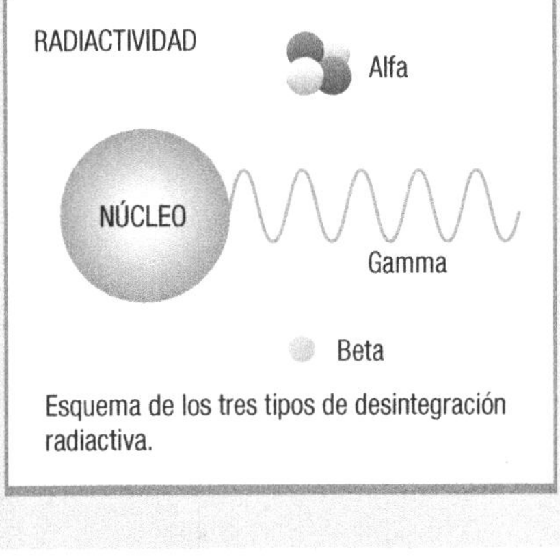

Esquema de los tres tipos de desintegración radiactiva.

donde p representa al protón y N, He y O son los símbolos químicos del nitrógeno, el helio y el oxígeno. El subíndice que acompaña a cada símbolo, denominado *número atómico*, representa el número de protones del núcleo: dos para el helio (o partícula alfa), siete para el nitrógeno y ocho para el oxígeno. ¿Qué representa el superíndice? Una vez más, Rutherford anticiparía la respuesta. El núcleo atómico estaba ocupado, también, por una segunda partícula. El genial neozelandés la bautizaría como *neutrón* y fue descubierto en 1932 por uno de sus colaboradores, James Chadwick. Ese segundo índice, denominado *número másico*, representa la suma de protones y neutrones. Chadwick recibió el premio Nobel de Física en 1935 por su descubrimiento; Rutherford había recibido el de Química en 1908, por sus trabajos sobre la desintegración nuclear.

En el corazón del núcleo

Las reacciones entre núcleos y la estructura de los mismos dependen de las fuerzas entre las partículas subnucleares que los componen, neutrones y protones. Estas fuerzas pueden describirse a partir de una nueva partícula, el pion, postulada por Hideki Yukawa en 1935.

El átomo de hidrógeno modelado por Rutherford constaba de un protón, alojado en una región atómica central o núcleo con un radio aproximado de una milbillonésima parte de un metro, y de un electrón que giraba en torno a ese único protón describiendo una órbita con un radio medio aproximado de una diez mil millonésima parte de un metro. El protón era unas 2 000 veces más pesado que el electrón, concentrándose el 99,95 % de la masa atómica, por tanto, en el núcleo. Protón y electrón poseían la misma carga eléctrica, positiva el protón y negativa el electrón. En consecuencia, la interacción eléctrica atractiva entre ambos, es decir, el campo electromagnético creado por ambas cargas, era el responsable de esa configuración orbital, a imagen y semejanza microscópica de la del sistema solar, gobernada por el campo gravitatorio. En el caso del átomo de helio, eran dos los electrones que orbitaban, y también dos los protones alojados en el núcleo. Sin embargo, la masa del núcleo de helio (la partícula alfa) era de unas cuatro veces la del protón, y los desajustes aumentaban al avanzar en la tabla periódica que ordena las especies químicas. Por ejemplo, el carbono que Rutherford había bombardeado con partículas alfa para liberar al protón debía contar con seis electrones orbitando y seis protones en el núcleo, pero su masa, y, por tanto, la de su núcleo, era aproximadamente igual a 12 veces la del protón.

Ese no era el único inconveniente que emergía de la estructura atómica derivada del modelo de Rutherford. El núcleo del átomo de carbono, con seis protones, o el del nitrógeno, con siete, seguían concentrando casi toda la masa y, sobre todo, la carga eléctrica positiva en una región con un diámetro unas 100 000 veces más pequeño que el propio átomo. ¿Por qué? La atracción eléctrica entre protones y electrones parecía responsable de mantener ligados a estos últimos, describiendo órbitas en torno al núcleo. No obstante, la repulsión eléctrica entre protones, todos cargados positivamente, no los dispersaba. Muy al contrario, fueran los dos del helio o los seis y siete del carbono y el nitrógeno, respectivamente, permanecían «apretados» en el núcleo. Recuperando la analogía del sistema solar, en un átomo del tamaño del planeta Tierra, los protones, empujados a separarse miles de kilómetros por acción de la repulsión eléctrica (de una intensidad equivalente a la atracción que capturaba a los electrones), se hallarían empero a escasos 60 metros los unos de los otros. ¿Cómo era posible? ¿Por qué las fuerzas eléctricas que parecían gobernar la estructura orbital atómica resultaban no ser efectivas en el núcleo?

Aunque la distribución de la carga eléctrica en el átomo era una evidencia empírica, que resultaba del experimento de Geiger-Marsden, desde el punto de vista dinámico el modelo de Rutherford parecía incompleto. Y aún peor, no solo el núcleo parecía ser eléctricamente inestable, también las órbitas electrónicas lo eran. La razón puede explicarse fácilmente como sigue. Una consecuencia inmediata de la unificación del campo electromagnético por Maxwell es que toda carga eléctrica que sigue una trayectoria acelerada tiene que emitir radiación electromagnética, es decir, luz (aunque no necesariamente en el rango visible del espectro). Cualquier trayectoria no rectilínea implica una aceleración, como sucede para una órbita cerrada (las fuerzas atractivas aceleran la partícula, cambiando permanentemente su dirección de movimiento). Por consiguiente, en virtud de las leyes del electromagnetismo, el electrón radiaría (y perdería) energía al girar en torno al núcleo, «cayendo» paulatinamente hacia él. La órbita de Rutherford no sería, pues, estable, y el átomo de hidrógeno tampoco lo sería. Ningún átomo podría serlo.

El propio Rutherford ofreció algunas claves para resolver el problema del confinamiento nuclear de los protones, siendo el neutrón que él mismo postuló una de las piezas que harían que el puzle encajara. Precisamente uno de los estudiantes y posterior colaborador de Ernest Rutherford, James Chadwick, acabaría demostrando la existencia de la nueva partícula subatómica, en 1932. Y sería también otro discípulo de Rutherford, el físico danés Niels Bohr, a quien acogió en Mánchester como estudiante posdoctoral en 1911, quien daría el primer paso hacia la resolución definitiva del problema de la estabilidad de las órbitas.

EL MUNDO CUÁNTICO

Rutherford había propuesto su modelo para la estructura atómica en 1911, a partir del análisis de los resultados del experimento de sus estudiantes Geiger y Marsden, corrigiendo así el trabajo previo de J.J. Thomson, quien había dirigido, a su vez, la investigación de doctorado de Rutherford. Precisamente en 1911, Niels Bohr visitaba a Rutherford en Mánchester y, de algún modo, recogía el testigo que este había tomado de Thomson en 1897, en Cambridge. Tan solo dos años después, en 1913, Bohr postularía el modelo atómico que lleva su nombre, corrigiendo y mejorando el de Rutherford y sentando, de una tacada, una de las bases de la llamada «vieja teoría cuántica».

Para entender adecuadamente el trabajo de Bohr de 1913, es necesario cambiar Mánchester por Berlín y remontarse a los últimos días del año 1900. Fue entonces cuando Max Planck presentó al mundo su hipótesis cuántica, iniciando (sin saberlo ni pretenderlo) una desconcertante y perturbadora revolución de nuestra comprensión de la realidad microscópica y, consecuentemente, del mundo subatómico que el modelo de Rutherford, y antes el de Thomson, perseguían describir. El nada revolucionario propósito de Planck había sido, no obstante, completar la descripción del equilibrio entre la radiación y la materia, usando para ello el paradigma de su época, el electromagnetismo, acabado de perfilar por Maxwell, y la termodinámica estadística de, entre otros, Ludwig Boltzmann. Ese era el objeto de describir la *radiación del cuerpo negro*, tarea que había sido esquiva a los físicos teóricos de finales del siglo XIX.

Un cuerpo negro, denominado así porque su superficie absorbería toda la radiación incidente, es un sistema físico que emite radiación térmica de manera ideal. En concreto, las características de esta radiación emitida dependerán únicamente de la temperatura y nunca de otras propiedades del cuerpo o de su naturaleza particular. Constituye, por tanto, un modelo físico idealizado que puede, sin embargo, ser reproducido experimentalmente con muy buena aproximación. Por otra parte, la radiación térmica es aquella que todo cuerpo emite como resultado de su agitación térmica, es decir, fruto del alboroto molecular que se mide con la temperatura y que conduce al movimiento acelerado de las partículas subatómicas, eléctricamente cargadas. El espectro de emisión del cuerpo negro, el modo en que la energía emitida se reparte entre las diferentes frecuencias de onda electromagnética, depende únicamente de la temperatura del cuerpo, y está íntimamente ligado a la manera en que la materia absorbe y emite radiación. Planck, para poder explicar los precisos resultados experimentales disponibles para el cuerpo negro, necesitó postular que la energía portada por cada frecuencia emitida era un múltiplo entero de una cantidad elemental proporcional a dicha frecuencia. Formulada matemáticamente, la ley de Planck se expresaba por medio de la famosa ecuación:

$$E = h\nu,$$

donde E representa la energía de la cantidad elemental asociada a la frecuencia, ν, y h es la llamada *constante de Planck*, que resultó ser una constante universal.

De la ley de Planck se deducía que el cuerpo negro radiaba energía en paquetes elementales o indivisibles. Para una frecuencia dada, existía una cantidad mínima de energía que podía ser transferida, y solo un múltiplo entero de esa cantidad, un número entero de paquetes elementales. Así, del mismo modo que Dalton, a partir de la ley de las proporciones múltiples, había inferido la discretización de la materia, Planck sugirió, con su explicación de la radiación del cuerpo negro, que la energía también se presentaba de manera discreta. En realidad, las conclusiones del trabajo inicial de Planck fueron bastante modestas, limitándose a aplicar su hipótesis cuántica a la radiación del cuerpo negro. Fue el trabajo de 1905 de Albert Einstein sobre el efecto fotoeléctrico, por el que sería galardonado con el premio Nobel de Física de 1921, el que definitivamente estableció el carácter universalmente discreto de la radiación electromagnética.

Heinrich Hertz había descubierto en 1886 que podía obtener una corriente eléctrica irradiando con luz la superficie limpia de un metal, pero solo cuando la frecuencia luminosa excedía un cierto valor umbral, que era característico de cada metal. Einstein atribuyó este fenómeno al carácter discreto de la radiación sugerido por la ley de Planck. Únicamente aquellos paquetes de luz con una energía mínima suficiente para arrancar los electrones de la banda de conducción propia del metal (aquellos que se han desligado de sus átomos respectivos y son compartidos por toda la estructura) podían contribuir a generar la corriente. Una energía mínima implicaba, pues, una frecuencia mínima, justificando así el efecto fotoeléctrico descrito por Hertz. De este modo, Einstein extendió la aplicación de la ley de Planck a toda forma de radiación electromagnética. Se llamó *cuantización* al fenómeno de discretización observado en la radiación y *cuanto* al paquete elemental de cuantización. La luz era y se propagaba como una onda electromagnética, pero transfería energía a la materia en forma de cuantos o corpúsculos que recibieron el nombre específico de *fotones*.

Regresemos ahora al trabajo de Bohr de 1913. Si la luz estaba cuantizada, argumentó Bohr, la cantidad de energía que poseía un electrón ligado al núcleo podía estarlo también. El razonamiento podría desarrollarse como sigue. Todo cuerpo en una

LAS ONDAS ELECTROMAGNÉTICAS

Newton, usando las propiedades de refracción de un prisma, había conseguido descomponer la luz blanca del sol en un espectro de colores. Identificó siete, los siete colores del arcoíris, pero en realidad los colores que obtuvo cambiaban gradualmente, y de modo continuo, desde el violeta hasta el rojo. Más tarde, sir William Herschel descubrió una forma de radiación no visible que también provenía del Sol y que, al refractarse, quedaba localizada en el espectro más allá del rojo: el infrarrojo. También más allá del violeta, el Sol emitía radiación, el ultravioleta. Los trabajos de James Clerk Maxwell y, posteriormente, de otros como Oliver Heaviside o Heinrich Hertz proporcionaron los fundamentos para entender qué eran tanto la luz visible como las otras formas de radiación que extendían el espectro más allá del visible. Del mismo modo que una piedra, al caer en el centro de un estanque, provoca olas que se propagan hacia fuera en todas direcciones, las soluciones de las ecuaciones del campo electromagnético permitían la propagación, como una onda, de las variaciones acopladas de los campos eléctrico y magnético: ondas electromagnéticas.

Frecuencias y longitudes de onda

Cualquier señal o perturbación del campo puede construirse como una superposición de múltiples ondas que oscilan periódicamente. La oscilación de estas ondas puede representarse mediante funciones trigonométricas (senos o cosenos) que muestran cómo varía la intensidad de los campos, alcanzando máximos y mínimos sucesivos (figura 1). La distancia entre dos máximos sucesivos se conoce como *longitud de onda* y el número de ondas que se emiten

FIG. 1

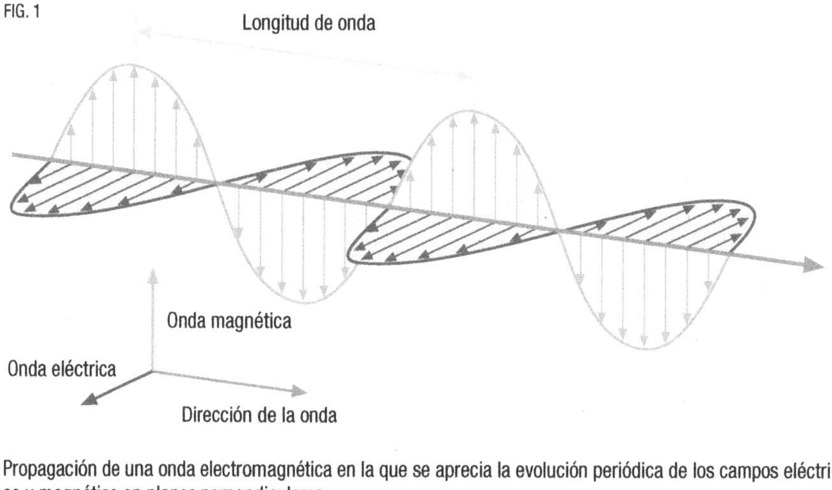

Propagación de una onda electromagnética en la que se aprecia la evolución periódica de los campos eléctrico y magnético en planos perpendiculares.

en un segundo se denomina *frecuencia*. El producto de ambas será igual a la velocidad de propagación de la onda, la velocidad de la luz para el caso de las ondas electromagnéticas que se propagan en el vacío. Cada color está caracterizado por una longitud de onda o frecuencia.

Espectros electromagnéticos

El espectro electromagnético (figura 2), en general, está formado por el conjunto de todas las infinitas frecuencias posibles, aunque se habla también, de manera particular, de *espectro de emisión* para referirse al conjunto de frecuencias emitidas por un cuerpo o sustancia. Los espectros de emisión pueden ser continuos, como el de la radiación térmica (luz del sol), o discretos, cuando se emite un conjunto numerable de frecuencias (lámparas de descarga en un gas, como el neón o el mercurio).

FIG. 2

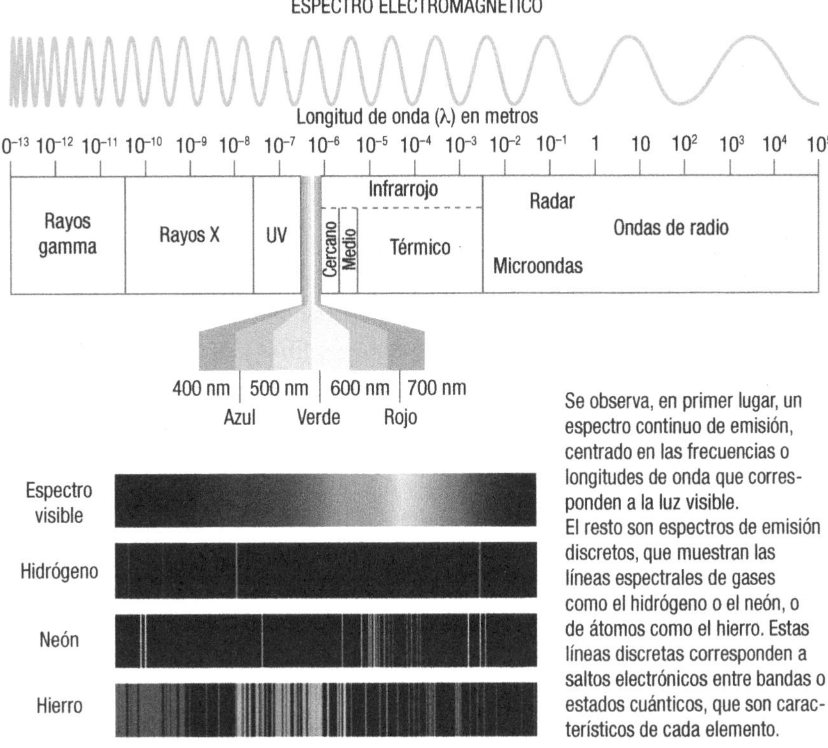

Se observa, en primer lugar, un espectro continuo de emisión, centrado en las frecuencias o longitudes de onda que corresponden a la luz visible.
El resto son espectros de emisión discretos, que muestran las líneas espectrales de gases como el hidrógeno o el neón, o de átomos como el hierro. Estas líneas discretas corresponden a saltos electrónicos entre bandas o estados cuánticos, que son característicos de cada elemento.

órbita, gobernada por las leyes clásicas de la gravedad o el electromagnetismo, mantiene constante una magnitud física denominada *momento angular*. El momento angular para una órbita circular, por ejemplo, se obtiene de multiplicar la velocidad del cuerpo, su masa y el radio de la órbita. Y posee, precisamente, las mismas unidades o dimensiones físicas que la constante de Planck. Así, podía resultar natural imponer la cuantización del momento angular de la órbita, estableciendo el carácter discreto de este. En particular, Bohr postuló que el momento angular solamente podía ser un múltiplo entero de la constante de Planck dividida por 2π (constante de Planck reducida). De ese modo, las órbitas posibles para el electrón ligado se reducían a un número discreto de ellas, denominadas *órbitas estacionarias*, y etiquetadas por dicho múltiplo entero, n, que recibió el nombre de *número cuántico principal*. La energía del electrón para cada órbita también podía escribirse como función del momento angular y, por tanto, del número cuántico principal, aumentando esta con el valor del número cuántico. Las energías discretas correspondientes a cada una de las órbitas permitidas pasaron a denominarse *niveles de energía*.

Además, Bohr postuló que el electrón solo podía cambiar de órbita cuando absorbía o emitía un fotón de energía adecuada, exactamente igual a la diferencia entre los niveles de partida y destino. Cuando el nivel de energía final era mayor que el inicial, el átomo absorbía el fotón, excitándose. Al revés, cuando el nivel final resultaba ser de menor energía, el átomo emitía el fotón, abandonando su excitación energética. De ese modo se explicaba que los espectros de emisión atómicos presentaran un número discreto de finas bandas, denominadas *líneas espectrales*, para ciertos valores de la frecuencia. Cuando los átomos de un gas eran irradiados, estos se excitaban al absorber únicamente los fotones adecuados. Posteriormente, cuando los átomos del gas recuperaban el estado anterior a la irradiación, solo se emitían fotones de la misma energía. En virtud de la ley de Planck, un fotón de una energía dada correspondía a una frecuencia particular, justificándose así la naturaleza discreta de los espectros atómicos observados.

En particular, el espectro atómico del hidrógeno era muy bien conocido experimentalmente y el modelo atómico de órbitas cuantizadas propuesto por Bohr podía describirlo con asombrosa precisión. Además, resolvía el problema de la estabilidad de los átomos. En el mundo macroscópico descrito por las ecuaciones de Maxwell, una partícula cargada describiendo una órbita cerrada debía radiar energía de manera continua; en cambio, en el mundo microscópico del electrón ligado al núcleo, aquel solamente podía «bajar» de un nivel de energía a otro de menor energía radiándose un fotón. Y así podía seguir, «cayendo» el electrón de un nivel a otro, hasta ocupar el de menor energía accesible, denominado *estado fundamental*. Una vez en su estado fundamental, el electrón ocuparía esta órbita de manera estacionaria. El átomo sería, pues, estable.

El éxito del modelo de Bohr probó que en el mundo microscópico regían leyes radicalmente nuevas, singularmente distintas de aquellas que dictaban la fenomenología del mundo macroscópico. Bohr, sin embargo, solo había completado un primer paso hacía la comprensión de esas nuevas leyes. En las postrimerías del primer cuarto del siglo pasado, el esfuerzo coral de una pléyade de sobresalientes físicos acabó el edificio de lo que hoy conocemos como mecánica cuántica. Louis de Broglie estableció en 1924 el carácter ondulatorio de la materia, que sirvió a Erwin Schrödinger para la construcción de su mecánica cuántica ondulatoria en 1926. Schrödinger derivó su famosa ecuación y la aplicó al átomo de hidrógeno, reobteniendo las condiciones de cuantización para los niveles de energía del átomo de Bohr (incluyendo sofisticaciones posteriores introducidas por Arnold Sommerfeld y otros, con objeto de explicar la emergente complejidad de los espectros atómicos). Previamente, Werner Heisenberg, Max Born y Pascual Jordan habían introducido en 1925 su propia mecánica matricial para describir la dinámica de los sistemas cuánticos. Ambas descripciones probaron ser equivalentes. En particular, Paul Dirac reinterpretó en 1926 las conocidas relaciones de indeterminación de Heisenberg, que ligaban variables dinámicas como la posición de una partícula y su cantidad de movimiento, como una extensión de la mecánica

EL MODELO ATÓMICO DE BOHR

Los electrones no pueden orbitar de manera estable en torno al núcleo, tal como había planteado Rutherford. Bohr, aplicando las ideas de Planck, propuso la cuantización del momento angular, L, del electrón en la órbita:

$$L = n\frac{h}{2\pi} = n\hbar,$$

FIG. 1

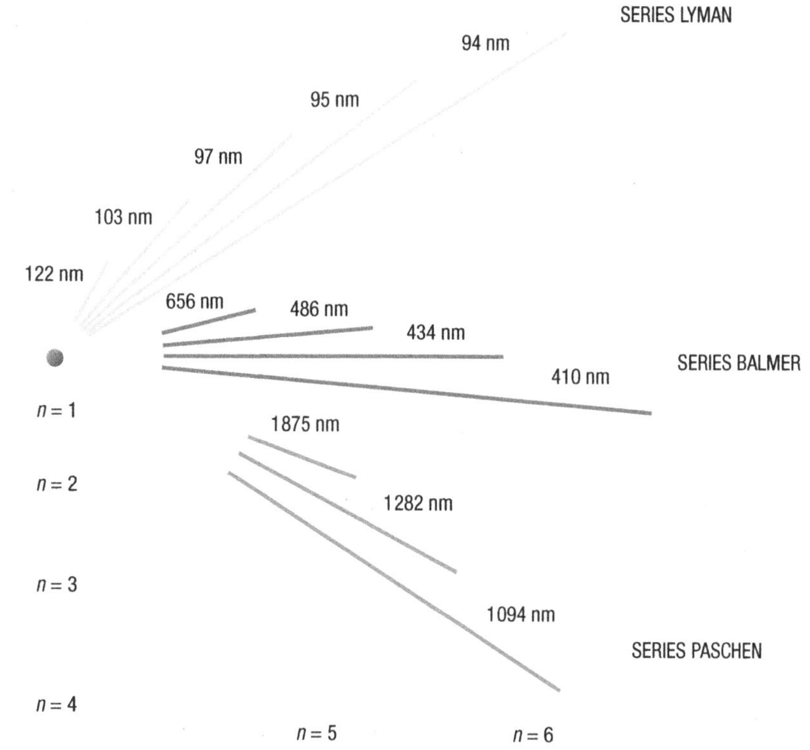

Representación de los niveles de energía en el modelo atómico de Bohr. Cuanto mayor es el número n para la órbita, mayor será la energía (menos negativa).

donde h es la constante de Planck, $\hbar$ es la constante de Planck reducida ($h/2\pi$) y n es el número cuántico principal. Así obtuvo que, para el átomo de hidrógeno, únicamente eran posibles un número discreto de órbitas estacionarias, cuyas energías respondían a la siguiente fórmula:

$$E_n = -\frac{1}{2}\frac{k^2 m_e e^4}{n^2\hbar^2},$$

donde m_e y e son, respectivamente, la masa y la carga del electrón, y k es la constante de la fuerza electrostática de Coulomb. El signo negativo de la energía expresa que el electrón está ligado al núcleo, y solo cuando está libre o no ligado tendrá energía nula.

Número cuántico y líneas espectrales

La transición del electrón desde una órbita de mayor a menor n provocará la emisión de un fotón cuya frecuencia dependerá de la diferencia de energía entre las órbitas, según la ecuación de Planck. El resultado será un espectro de emisión como el de la figura 1, en la que se representan, en una escala logarítmica, las longitudes de onda, $\lambda = c/v$, asociadas a las frecuencias para estas transiciones entre niveles. Las transiciones entre órbitas producirán líneas espectrales como las que se indican en la figura 2.

FIG. 2

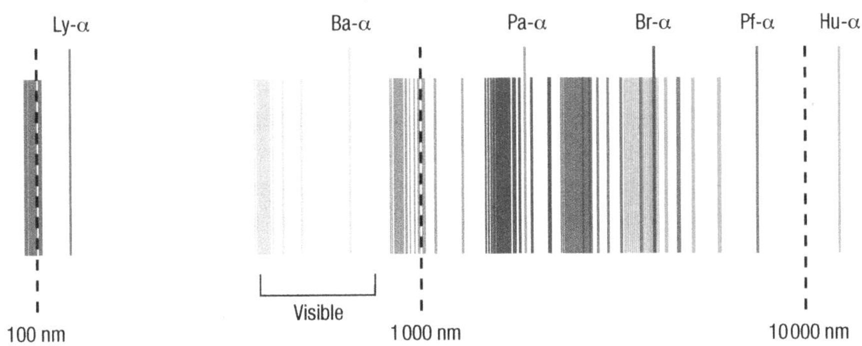

Primera línea espectral de las conocidas series de Lyman (Ly), Balmer (Ba), Paschen (Pa), Brackett (Br), Pfund (Pf) y Humphreys (Hu), que deben su nombre a sus descubridores.

clásica, reformulando de una manera más general y matemáticamente abstracta la mecánica cuántica. Otros, como John von Neumann, contribuyeron también decisivamente a esta formulación matemática, que persiste actualmente.

En su formulación final, la mecánica cuántica describe los sistemas físicos por medio de una *función de onda* que evoluciona en el tiempo siguiendo los dictados de la ecuación de Schrödinger. La función de onda es un ente matemático abstracto, una función que toma valor en cada punto del espacio y contiene toda la información del sistema. En particular, la posición de una partícula solo tiene sentido cuando se realiza un experimento de medida, siendo el cuadrado de la función de onda en cada punto la probabilidad de que la partícula sea localizada en dicho punto (figura 1). Del mismo modo, cualquier otra observación física resultará, con alguna probabilidad, de operar con la función de onda. La mecánica cuántica es intrínsecamente no determinista, siendo totalmente impredecible el resultado particular de una observación dada. Las leyes cuánticas proporcionan, únicamente, probabilidades para el resultado de cualquier medida. Por tanto, solo pueden establecer las frecuencias estadísticas de los resultados cuando la medida se repite un número de veces suficientemente elevado.

EL NÚCLEO, SUS DIMENSIONES Y SUS INQUILINOS

Las leyes clásicas resultaron ser una simple aproximación, válida únicamente bajo las condiciones de ese mundo macroscópico que parecían gobernar. Por ejemplo, cuando los momentos angulares eran mucho mayores que la constante de Planck. Dicha constante universal posee las mismas dimensiones que una magnitud física, denominada *acción*, fundamental para la evolución dinámica de los sistemas físicos. Dos magnitudes físicas cuyo producto posee dimensiones de una acción se dicen *conjugadas*, siendo estas las que componen cada una de las relaciones de indeterminación de Heisenberg, como la energía y el tiempo, o la cantidad de movimiento y la posición. La consecuencia de estas relaciones de indeterminación y, por tanto, de la cuantiza-

FIG. 1

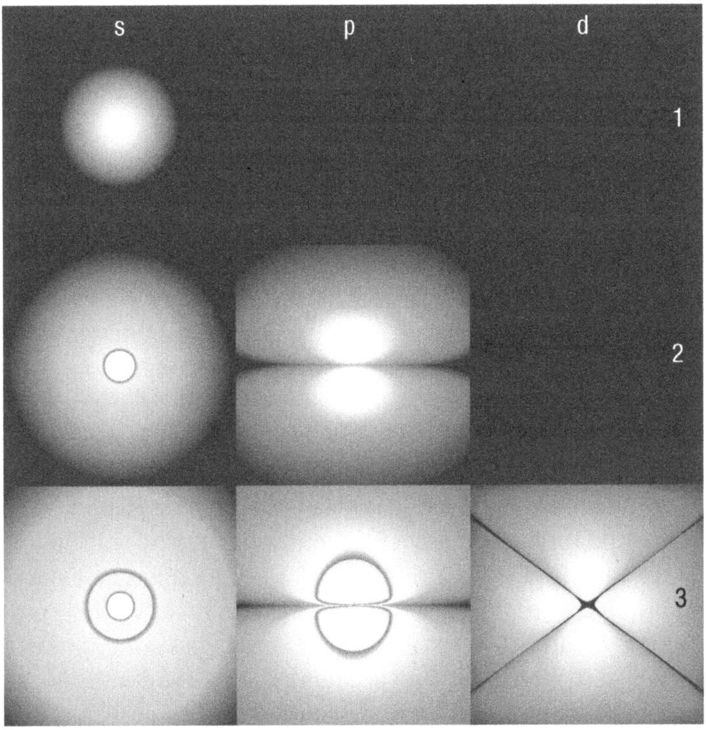

Representación espacial del cuadrado de la función de onda de un electrón en el átomo de hidrógeno, para diferentes números cuánticos, que nos proporciona un mapa de la probabilidad de encontrar al electrón. El número cuántico principal se etiqueta con la letra *n* y toma los valores 1, 2, 3 (filas). El número cuántico orbital lo hace con la letra *l* y toma los valores 0, 1, 2 (columnas); los números cuánticos orbitales *l* = 0, 1, 2 se designan como orbitales s, p, d, respectivamente. La probabilidad es menor cuanto más oscuro es el color.

ción tal como Dirac la interpretó, es que la precisión con la que es posible determinar dos magnitudes conjugadas está correlacionada, siendo el producto de las incertidumbres asociadas a cada una de ellas superior, en todos los casos y cualquiera que sea el proceso de medida, a la mitad de la constante de Plack reducida. En consecuencia, en un mundo en el que la constante de Planck adquiriese un valor nulo, las incertidumbres no estarían acotadas inferiormente, desapareciendo los efectos de la cuantización. Un mundo así se comportaría clásicamente, gobernado por leyes clásicas como las del electromagnetismo de Maxwell.

En el mundo macroscópico que experimentamos cada día, la constante de Planck es, en términos relativos, ridículamente pequeña (¡el momento angular de un cuerpo de un kilogramo de masa, describiendo una órbita circular de un metro de radio, con una velocidad de un metro por segundo, sería 663 millones de veces mayor que un cuatrillón de veces la constante de Planck!). Por ello, los efectos cuánticos macroscópicos son inapreciables. Del mismo modo, la radiación electromagnética parece emitirse o absorberse de manera continua, dado que las energías transferidas son abrumadoramente mayores que la de un solo fotón.

En el mundo subatómico, en cambio, la realidad física es bien distinta. El electrón en el átomo de hidrógeno de Bohr, en su estado fundamental, porta un momento angular elemental que es unas seis veces más pequeño que la constante de Planck. Y solo absorbiendo un fotón de una frecuencia particular podía saltar a un estado excitado, adquiriendo el doble, el triple o, en general, un múltiplo entero de ese momento angular. El subatómico es un mundo de estados discretos y saltos cuánticos, gobernados por la ecuación de Schrödinger. Un mundo de incertidumbres y probabilidades, en el que la indeterminación sobre posición y cantidad de movimiento invalida el concepto clásico de trayectoria.

Rutherford, con su artículo de 1911, había explicado el experimento de sus estudiantes Geiger y Marsden usando argumentos clásicos: partículas alfa siguiendo trayectorias, desviadas por el campo creado por una distribución de carga concentrada en el núcleo. La interpretación era necesariamente distinta bajo la óptica de las nuevas leyes cuánticas. Cada partícula alfa aproximándose a un núcleo era un experimento de medida, necesariamente impredecible. La mecánica cuántica solo establecía una probabilidad para la distancia entre la partícula alfa y los protones del núcleo y, por tanto, para la intensidad con la que la interacción entre la una y los otros desviaría la trayectoria de la primera. En el experimento de Geiger y Marsden todas las trayectorias eran posibles para cada partícula alfa concreta, proyectada contra un núcleo de oro, aunque con diferentes probabilidades. Precisamente, la mecánica cuántica trataba con dichas probabilidades, es decir, con las frecuencias de las trayectorias de dispersión que se obtenían al bombardear la lámina de oro con un haz de muchas partículas alfa. El recuento de partículas alfa dispersadas y las frecuencias obtenidas para cada ángulo de dispersión, justamente el resultado del experimento, eran el sujeto que la mecánica cuántica podía tratar. Y predecir. Así, el resultado del experimento dependía de la estructura del átomo también desde una perspectiva cuántica. Informaba de la probabilidad de encontrar un protón en una región dada del espacio, a una cierta distancia del centro de masa del átomo (es decir, el punto geométrico donde podría concentrarse toda la masa del átomo sin que cambiara la descripción dinámica del mismo como un todo). Del mismo modo, las soluciones de la ecuación de Schrödinger para el átomo de hidrógeno precisaban la probabilidad de encontrar al electrón a una determinada distancia del núcleo.

> Cuando el electrón abandona el átomo, cristaliza fuera de la neblina de Schrödinger como un genio emergiendo fuera de su botella.
>
> **Arthur Stanley Eddington**

Desde una perspectiva cuántica, antes de ser detectado, el electrón del átomo de hidrógeno no está localizado en ningún punto del espacio. Está deslocalizado y, con alguna probabilidad que viene dada por su función de onda, «vive» en todo el espacio. En su estado fundamental, 999 de cada 1 000 veces sería detectado en una esfera de radio igual a la tercera parte de una milmillonésima de metro. Técnicamente, diríamos que tiene una probabilidad de presencia integrada sobre dicha esfera superior al 99,9 %. Así se define, en mecánica cuántica, la extensión espacial de un átomo, en este caso el hidrógeno. Asimismo, la probabilidad de presencia de los protones para cualquier átomo se extiende, con parecida probabilidad, a una esfera con un radio 100 000 veces menor, definiendo el tamaño mecanocuántico del núcleo atómico. Por tanto, su escala de distancias características es, aproximadamente, una milbillonésima de metro, unidad que se conoce como *fermi*, en honor al físico italiano Enrico Fermi, al que nos referiremos más adelante.

El alumbramiento de una nueva disciplina, la física nuclear, cuyo objeto sería el estudio de esa diminuta región, de unos pocos fermis de radio, que concentraba prácticamente toda la masa y toda la carga positiva del átomo, había llegado de la mano de los trabajos de Rutherford, entre 1911 y 1919. En los años veinte del siglo pasado no se sabía mucho sobre un núcleo atómico que, desde luego, tenía que estar gobernado por las leyes cuánticas. Los protones, en el sentido mecanocuántico que hemos descrito, se alojaban en él. Pero no solos. Los desajustes numéricos entre los cocientes de masa y carga de los diferentes núcleos respecto al protón, que hemos señalado antes, ponían de manifiesto que el protón no podía ser el único inquilino del núcleo atómico. Lo mismo parecía inferirse de la existencia de diferentes variedades de núcleos para una única especia química, propuesta inicialmente por el radioquímico Frederick Soddy a partir de sus estudios de las cadenas de desintegración radiactiva en 1913, y confirmada posteriormente por los trabajos de Francis William Aston con su espectrógrafo de masas en 1919. Aston había desarrollado este instrumento con el fin de separar los átomos ionizados de un gas con diferentes masas, usando la desviación inducida en su trayectoria por un campo magnético, en proporción a la relación entre carga y masa (el principio era el mismo que había usado Thomson para medir la razón entre carga y masa del electrón). De ese modo, Aston pudo concluir que ciertos átomos de la misma especie química diferían en su masa; como el neón, que debía poseer dos tipos de núcleo, con masas iguales a 20 y 22 veces la del protón. Estas variedades de núcleo, por ocupar el mismo lugar en la tabla periódica de los elementos químicos, recibieron el nombre de *isótopos*.

La solución más sencilla para explicar la existencia de isótopos era aceptar que el núcleo también alojaba electrones. La idea parecía natural, dado que Rutheford había identificado un tipo de desintegración radiactiva, la desintegración beta, que implicaba la emisión de electrones por el núcleo. Así, el de neón podía contener 20 protones y 10 electrones, o 22 protones y 12 electrones.

En ambos casos, con una carga eléctrica positiva neta igual a 10 veces la carga del electrón, compensada por los 10 electrones exteriores al núcleo, que ocuparían estados cuánticos atómicos. Además, podía especularse con que los electrones, con su carga negativa, permitirían alguna configuración eléctricamente estable en el núcleo. Constituirían alguna suerte de «cemento» nuclear. El núcleo más común de carbono contendría, pues, 12 protones y 6 electrones; el de nitrógeno, 14 protones y 7 electrones.

Este modelo nuclear, sin embargo, se reveló incorrecto en 1929. La refutación resultó de la medición, con técnicas espectroscópicas, del *espín* nuclear de hidrógeno y nitrógeno. El espín es un momento angular intrínseco portado por todas las partículas subatómicas y que, frecuentemente, suele ilustrarse por medio de la rotación de la partícula respecto a su propio eje (aunque esta imagen puede resultar equívoca). Si bien retomaremos el concepto de espín más adelante, al emerger este de manera natural en la descripción relativista del electrón, en el contexto en el que lo abordamos ahora nos basta con saber que es una propiedad cuántica que se expresa por medio de un número cuántico, s, que toma valores enteros o semienteros (un número impar dividido por 2). En el caso del electrón, el número cuántico de espín es 1/2, y el del núcleo de hidrógeno, es decir, el protón, resultó ser también 1/2. El sistema formado por dos o más partículas con espín posee un espín total que resulta de una regla de suma cuántica. Esta regla nos dice que, para un número impar de partículas con espín semientero, el espín total es necesariamente semientero. Por tanto, el núcleo de nitrógeno formado por 14 protones y 7 electrones debía tener un espín total semientero. Sin embargo, los experimentos de Franco Rasetti de 1929 probaron inequívocamente que el nitrógeno tenía espín nuclear entero.

El núcleo no podía estar formado por protones y electrones. La solución correcta vino de la mano del descubrimiento de una nueva partícula. Rutherford y su estudiante James Chadwick habían especulado con la posibilidad de que el núcleo atómico alojara una partícula eléctricamente neutra que justificaría el resto de la masa nuclear y que, de algún modo, debería contribuir a la estabilización del núcleo. Finalmente, se descubrió una forma inusual de desintegración radiactiva que emitía radiación no ionizante (es decir, sin carga eléctrica) al bombardear el núcleo de berilio con partículas alfa. Irène y Frédéric Joliot-Curie interpretaron, erróneamente, que se trataba de radiación gamma, una tercera forma de emisión radiactiva que, sencillamente, correspondía a radiación electromagnética muy energética. James Chadwick, en 1932, realizó cuidadosas medidas experimentales que le permitieron concluir que se trataba, en cambio, de una partícula subnuclear hasta entonces desconocida, el neutrón.

El neutrón resultó ser una partícula de masa prácticamente equivalente a la del protón, eléctricamente neutra y con espín igual a 1/2. De ese modo, el nitrógeno poseía un núcleo con 7 protones y 7 neutrones, un total de 14 partículas subnucleares de espín 1/2 que se combinarían para generar un espín nuclear total entero, como había medido Rasetti. Dos isótopos cualesquiera de un elemento dado compartían el mismo número de protones y diferían tan solo en el número de neutrones que cada uno alojaba en su núcleo (la figura 2 muestra, como ejemplo, los tres isótopos del carbono). El puzle parecía completo, o casi.

FIG. 2

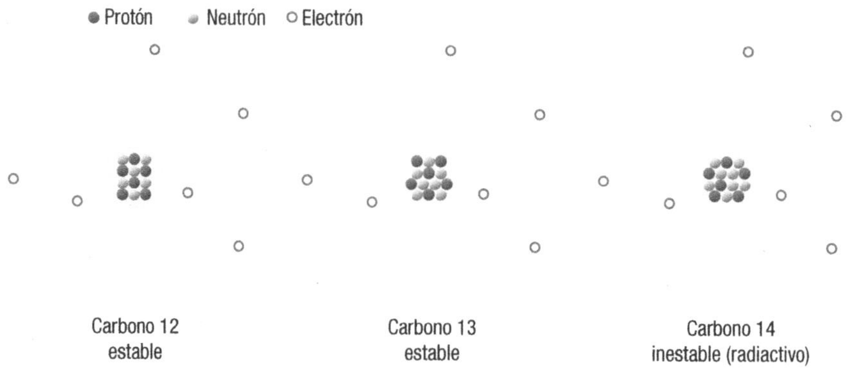

Esquema de los tres isótopos del carbono con su contenido nuclear de protones y neutrones.

EL CEMENTO NUCLEAR

Tres ladrillos elementales, protón, neutrón y electrón, bastaban para explicar la complejidad de la materia, a partir de los diferentes átomos que con ellos podían fabricarse. Los dos primeros formaban el diminuto núcleo atómico, y por ello recibieron el nombre genérico de *nucleones*. El tercero ocupaba, con alguna probabilidad dictada por su estado cuántico, regiones del espacio de una escala de longitud 100 000 veces mayor que el núcleo. Las fuerzas electromagnéticas ligaban a los electrones con el núcleo, pero ¿qué mantenía a protones y neutrones ligados y densamente «apretados» para constituir el diminuto núcleo atómico? Por descontado, la respuesta no estaba en el electromagnetismo, que solo contribuiría a alejar unos protones de otros. Alguna otra forma de interacción, no conocida, tenía que ser la responsable de la estructura nuclear del átomo. Y, por ende, esa fuerza o fuerzas desconocidas tenían también que servir para explicar los procesos de desintegración radiactiva o las reacciones nucleares que transmutaban unos núcleos en otros, alterando su composición y estructura.

Rutherford y Soddy habían identificado, en 1902, dos formas de desintegración radiactiva que implicaban transmutación atómica, a saber, las desintegraciones o decaimientos alfa y beta. Caracterizadas entonces por el poder de penetración e ionización de la radiación resultante, hoy sabemos que la primera de ellas opera por la emisión de partículas que resultan ser núcleos de helio-4, es decir, el conjunto formado por dos protones y dos neutrones ligados que, de alguna manera, se desgajan del núcleo original. En el segundo caso, como el propio Soddy sugirió en 1913, la desintegración transforma el átomo de la especie original en otro de un elemento vecino, de su misma fila de la tabla periódica. Es decir, el número de protones o número atómico se ve incrementado o reducido en una unidad (los elementos se ordenan en la tabla periódica en razón de su número atómico). Por tanto, la desintegración beta es el resultado de la conversión, en el corazón del núcleo, de un neutrón en un protón o viceversa. En el primer caso, la conservación de la carga eléctrica decreta que el núcleo emita un electrón y se conoce como desintegración beta negativa (por el signo de la carga de la partícula radiada). El segundo caso, conocido como desintegración beta positiva, corresponde a la emisión de una partícula denominada *positrón*, casi idéntica al electrón aunque cargada positivamente, de la que hablaremos más adelante.

En todos los casos anteriores, ciertos isótopos decaen de manera natural y espontánea, alterando el número y proporción de sus neutrones y protones, y emitiendo partículas cargadas que ionizan la materia sobre la que inciden (precisamente este poder ionizante y la energía de las partículas radiadas confieren a la radiactividad su carácter nocivo sobre los tejidos vivos). Estos isótopos son, pues, inestables como resultado de su particular combinación de nucleones y se denominan *radiactivos*. Pero, además, los núcleos estables también podían ser inducidos a una reorganización de los nucleones que los componen, como Rutherford demostró en su experimento pionero de 1919, al bombardear nitrógeno con partículas alfa. Por tanto, algunas combinaciones de nucleones son más estables que otras, en la medida en la que son el resultado final de reacciones nucleares, del mismo modo que los productos finales de toda reacción química exotérmica, que libera energía, son más estables que los reactivos.

En el curso de cualquier reacción nuclear, las combinaciones finales de nucleones, es decir, los núcleos resultantes, se estabilizan al encontrarse estos más ligados que antes de la reacción. «Más ligados» significa que se hallan en una configuración de menor energía, como ocurre cuando un satélite orbita a menor distancia del centro de gravedad que lo atrapa. Al contrario, distanciar el satélite del centro de gravedad implica vencer las fuerzas gravitatorias y, consecuentemente, realizar un trabajo o, lo que es equivalente, comunicar cierta energía al satélite, que este acumulará por medio del campo gravitatorio. De modo análogo, en el mundo cuántico el átomo de hidrógeno es estable cuando el electrón se encuentra en su estado fundamental o de mínima energía, es decir, cuando se halla más ligado. Y se excita absorbiendo fotones que «elevan» el electrón a niveles cuánticos de

EL MAPA DE LOS NÚCLEOS

Un núcleo es una combinación de protones y neutrones que puede representarse gráficamente en un diagrama de dos ejes, uno indicando el número de protones, P, y otro, el de neutrones, N. Cada núcleo ocupará un punto en el diagrama y el conjunto de núcleos, estables o inestables, que han sido identificados dibujan una banda en el diagrama que podemos ver en la figura. Este diagrama se conoce como *gráfico* o *mapa de los núcleos.* En el gráfico se observa que los núcleos estables se ordenan en una banda muy estrecha (señalada en negro) que se conoce como *valle de estabilidad.* También se indica, con diferentes tonos, el tipo de desintegración dominante. La gran mayoría de los núcleos situados por encima del valle de estabilidad decae a formas estables con menor número de protones por emisión beta positiva (cambiando un protón por un neutrón) o, los que contienen más nucleones, por emisión alfa. Solo los núcleos más alejados por encima del valle decaen por emisión de protones. Por debajo, la gran mayoría se desintegra por emisión beta negativa (cambiando un neutrón por un protón) hacia una forma estable con más protones, y solo unos pocos, muy alejados, emiten neutrones. Un puñado de núcleos situados en una región alejada de la estabilidad tanto en número de protones como de neutrones (como el uranio-236, con 92 protones y 144 neutrones) experimentan la llamada *fisión nuclear* y dan lugar a dos fragmentos más pequeños.

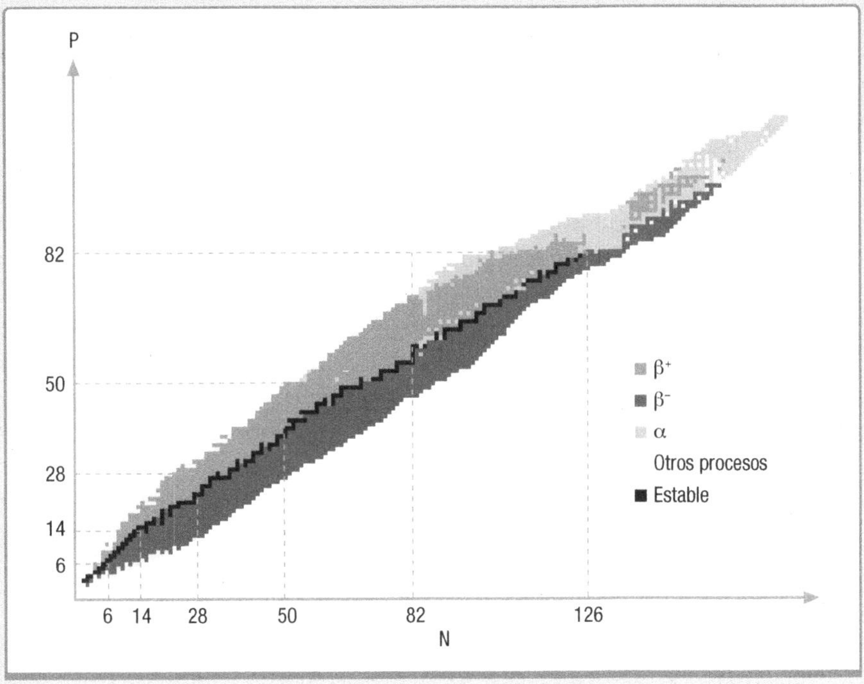

mayor energía, y menos ligados. En el núcleo, fuerzas de una naturaleza distinta, aunque igualmente atractivas, tienen que justificar que un puñado de nucleones sean más estables en el núcleo que alejados y aislados los unos de los otros. También tienen que justificar que el grado de estabilización dependa del número de nucleones y, dado que las desintegraciones beta mutan el neutrón en protón y viceversa, de la proporción entre protones y neutrones. Dichas fuerzas, el «cemento» responsable de la estructura del núcleo, fueron bautizadas simplemente como *fuerzas nucleares*.

No obstante, las desintegraciones alfa y beta parecían corresponder a procesos radicalmente diferentes. En las primeras, la partícula alfa portaba exactamente una energía igual a la diferencia entre las energías de los núcleos antes y después de la emisión, como dictaba el principio de conservación de la energía. En las últimas, en cambio, los electrones emitidos parecían poder portar energías dentro de un rango amplio y continuo, siempre inferior a la diferencia entre los núcleos inicial y final. Esta última propiedad de la desintegración beta parecía consagrar una violación del principio de conservación de la energía. Ello había conducido a Wolfgang Pauli a postular, en 1930, la existencia de una partícula eléctricamente neutra y muy ligera que, emitida simultáneamente al electrón, escapaba a la detección y se repartía con este la diferencia de energía entre los núcleos inicial y final. La variabilidad de este reparto de energía explicaba el rango continuo de emisión y rescataba el principio de conservación de la energía. Pauli acuñó el nombre de *neutrón* para tan fantasmagórica partícula, aunque el término fue finalmente destinado por Chadwick al también neutro aunque masivo compañero del protón en el núcleo. Enrico Fermi rebautizó la partícula de Pauli como *neutrino* y, en 1934, formuló una teoría para la desintegración beta basada en la conversión simultánea de un neutrón en tres partículas: protón, electrón y neutrino. Así, por ejemplo, cuando el carbono-14 (el isótopo de carbono con seis protones y ocho neutrones) se desintegraba, lo hacía porque uno de sus neutrones se transformaba, a su vez, como Fermi sugería. El resultado era un núcleo con siete protones y siete neutrones, es decir, nitrógeno-14, y la emisión del electrón (causante de la radiactividad beta que había sido caracterizada por Rutherford y Soddy) y del misterioso y esquivo neutrino postulado por Pauli.

Protón, neutrón y electrón poseían espín 1/2 y otro tanto podía inferirse, indirectamente, para el neutrino por un principio físico fundamental que exigía la conservación del momento angular en el proceso de desintegración. Las cuatro partículas pertenecían a una clase que, en honor a Fermi, recibe el nombre de *fermiones* y que, precisamente, se caracterizan por poseer espín semientero. En un lenguaje moderno, la teoría de Fermi imponía una *interacción efectiva a cuatro fermiones* para describir la fuerza nuclear que gobernaba la desintegración beta. El adjetivo *efectiva*, en este contexto, hace referencia al hecho de que la teoría, aun dando cuenta de los fenómenos físicos observables, lo hace de forma necesariamente aproximada, al trabajar a una escala en la que los procesos elementales subyacentes no se ponen de manifiesto. La fuerza recibió el nombre de *fuerza nuclear débil*, en razón al hecho de que las probabilidades de ocurrencia del decaimiento nuclear beta parecían sugerir una intensidad de interacción insuficiente para explicar la ligadura, por ejemplo, entre el protón y el neutrón que formaban el isótopo de hidrógeno-2 (deuterio).

La fuerza nuclear débil no modificaba, por tanto, el número de nucleones en un núcleo, tan solo corregía y optimizaba la proporción entre el número de sus protones y neutrones. No podía ser, tampoco, la fuerza atractiva que mantenía ligados los nucleones y estabilizaba el núcleo. Esta última fuerza, denominada fuerza nuclear fuerte, había de ser la que gobernaba la desintegración alfa y posibilitaba la fragmentación del núcleo en dos entidades más estables, un núcleo de helio-4 y el resto. Solo un año después de que Fermi formulara su teoría para la fuerza nuclear débil, en 1935, el físico japonés Hideki Yukawa hizo lo propio para la nuclear fuerte. Yukawa derivó un *potencial*, que lleva hoy su nombre, para describir la interacción entre dos nucleones.

Previamente introdujimos el concepto de campo de fuerzas, para el electromagnetismo. El potencial es también un campo, relacionado con el de fuerzas, pero que asocia a cada punto del espacio la energía por unidad de carga (la que crea el campo) que adquiriría una partícula al localizarse en dicho punto. Aquel puede, de hecho, derivarse de este. Todos estamos familiarizados, por ejemplo, con el potencial electrostático, del cual se obtiene el campo eléctrico, que empujará a una carga eléctrica positiva a desplazarse en la dirección y sentido para los que la tasa de decrecimiento del potencial sea máxima, es decir, en la dirección y sentido para los que la energía de la partícula cargada en el seno del campo disminuya más rápidamente. Una útil analogía, ilustrada en la figura 3, consiste en imaginar que el valor del potencial en cada punto de un plano corresponde a una cierta altura sobre un nivel de referencia, el nivel del mar, por ejemplo. Así, el potencial representa una superficie con un cierto relieve, y el campo de fuerzas apunta en cada punto en la dirección y sentido de máxima pendiente descendente, siendo la intensidad del campo igual, precisamente, a dicha pendiente. Un cuerpo con alguna masa, dejado libremente sobre tal superficie, nos indicaría en cada punto, con su trayectoria de caída libre, la dirección del campo de fuerzas, y su aceleración de caída nos proporcionaría la intensidad.

> La naturaleza no estaba satisfecha con una simple carga puntual, necesitaba una carga con espín.
>
> **Hideki Yukawa**

El potencial de Yukawa originaría la fuerza nuclear fuerte de un modo análogo a como el campo eléctrico se obtiene del potencial electrostático. Yukawa obtuvo su potencial como una aproximación en una teoría de campos. Los nucleones, sugirió, poseían una suerte de carga nuclear, de naturaleza distinta a la eléctrica, que generaba y sentía los efectos de un campo. Dicho campo, como el electromagnético, debía cuantizarse. Y, del mismo modo que el cuanto del campo electromagnético resultó ser el fotón, las excitaciones en el campo de Yukawa debían estar engendradas por un nuevo cuanto o partícula. La fuerza nuclear fuerte era portada o mediada por esa nueva partícula, de algún modo que solo puede entenderse correctamente en el marco de las teorías cuánticas de campos que abordaremos en el siguiente capítulo. La nueva partícula fue bautizada como mesón π y se la conoce hoy día por su nombre abreviado: *pion.*

FIG. 3

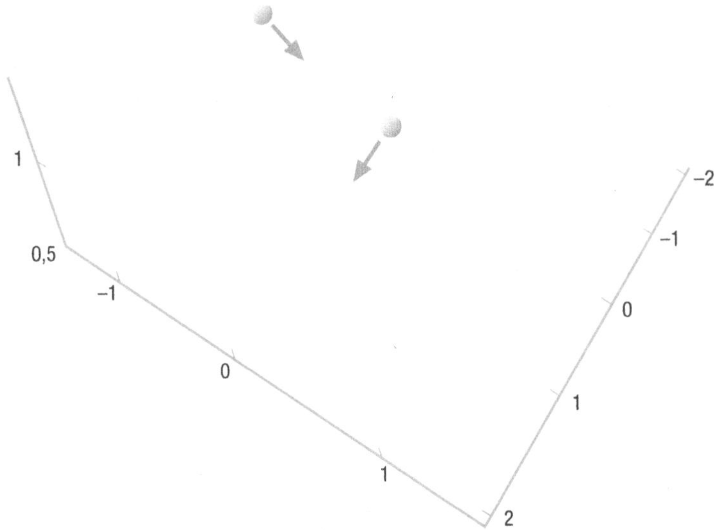

Representación de una superficie de potencial, donde la altura sobre el plano de referencia expresa el valor del potencial. El relieve o topografía de la superficie nos indica cómo varía el potencial y señala la dirección de los campos. Dos masas, como las representadas por las esferas, al moverse libremente (como señalan las flechas), nos indicarían la dirección de los campos.

Fotón y pion habían sido postulados como partículas portadoras de fuerzas o interacciones y, por ello, debían poseer espín entero (como entenderemos más adelante). De manera genérica, se denominó *bosones* a las partículas con espín entero. El fotón era un bosón de espín 1 y el pion, de espín 0. La otra gran diferencia era que el pion, al contrario que el fotón, debía poseer masa. Esta diferencia explica una diferencia crucial entre la fuerza nuclear fuerte y el electromagnetismo. La fuerza nuclear fuerte era la principal responsable de la estructura nuclear pero, fuera del núcleo, escapaba a toda detección. Al contrario, la interacción electromagnética era poco relevante en el seno del núcleo, pero regía los fenómenos físicos a escalas atómica y molecular. De ello debe inferirse que la fuerza nuclear fuerte es mucho más intensa que la electromagnética a una escala de distancias inferior al fermi, pero su intensidad decrece muy rápidamente y, en términos prácticos, resulta nula a una distancia de una o unas pocas decenas de fermis. Técnicamente, se dice que es *de corto alcance*. En cambio, la fuerza electromagnética es de largo (o infinito) alcance. El porqué reside, precisamente, en el valor de la masa para el bosón que porta cada fuerza. La razón puede entenderse, al menos cualitativamente, recurriendo al principio de incertidumbre.

Cuando una partícula ejerce una fuerza sobre otra, durante un cierto intervalo de tiempo, le comunica una cantidad de movimiento; justamente la misma que pierde, en virtud del principio de acción y reacción. Toda interacción dinámica entre dos cuerpos es, en esencia, una transferencia de cantidad de movimiento o momento de uno a otro (un ejemplo obvio es el de una colisión clásica). En una teoría cuántica de campos, como la versión cuántica del electromagnetismo, se reinterpreta la interacción a distancia entre, por ejemplo, dos electrones en los siguientes términos: uno de ellos emite un fotón, que se propaga hasta el otro, que lo absorbe. La emisión del fotón viola el principio de conservación de la energía. Ello se debe a que la cantidad de movimiento que se lleva el fotón emitido debe corresponder exactamente con la que pierde el electrón, quedando así determinadas las energías de electrón y fotón, después del proceso de emisión. La suma de estas energías no equivale, en ningún caso, a la energía del electrón antes de la emisión. Esta violación opera en términos clásicos pero no cuánticos, siempre que el producto de la energía portada por el fotón ΔE y el intervalo de tiempo Δt durante el que viaja entre los electrones se encuentre por debajo del límite fundamental proporcionado por el principio de indeterminación:

$$\Delta E \Delta t \leq \frac{\hbar}{2}.$$

El fotón es, en ese caso, sencillamente indetectable y se dice *virtual*, atribuyéndosele a él la violación explícita de la conservación de la energía. Un fotón virtual es, en esencia, un mecanismo para la transferencia de momento o cantidad de movimiento entre los electrones que interactúan. A mayor momento transferido, mayor intensidad en la interacción; pero también será mayor la energía del fotón virtual y, por tanto, menor el intervalo de tiempo que dicho fotón puede propagarse antes de ser absorbido. La máxima distancia que podrá recorrer el fotón se obtiene de multiplicar este intervalo por la velocidad a la que viaja el fotón, la velocidad de la luz. En resumen, cuanto mayor es la distancia entre los electrones, menor es la intensidad con la que interactúan, y viceversa. Nada sorprendente. No obstante, por lejanos que puedan hallarse los electrones entre sí, siempre sería posible reducir el momento transferido y la energía portada por el fotón virtual (bajando su frecuencia), hasta hacerla tan próxima a cero como fuera necesario a fin de que los electrones continuaran interactuando. En ese sentido, la interacción electromagnética es de alcance infinito.

El mismo mecanismo y la misma interpretación puede aplicarse a la fuerza nuclear fuerte mediada por el intercambio de piones virtuales entre nucleones (figura 4). En cambio, aun en

FIG. 4

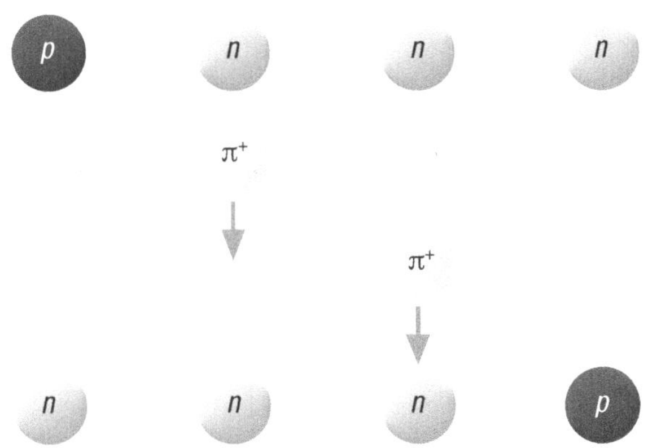

Secuencia que muestra cómo un protón y un neutrón interactúan intercambiándose un pion virtual. Si el pion lleva la misma carga que el protón, protón y neutrón intercambian sus papeles, conservándose la carga.

el caso de que el momento transferido por el pion fuese nulo, la teoría de la relatividad especial (que introduciremos, también, en el próximo capítulo) nos dice que su energía sería igual al producto de su masa por el cuadrado de la velocidad de la luz. A mayor masa, mayor energía y, por tanto, menor tiempo de propagación para el pion virtual y menor alcance. En consecuencia, dado que el alcance de la fuerza nuclear fuerte debía ser del orden del radio nuclear, era posible estimar la masa del pion. Así, Yukawa predijo una masa aproximadamente igual a la décima parte de la masa del protón.

De ese modo, en el primer lustro de la década de 1930, Chadwick había descubierto el neutrón, completando una primera descripción aceptable del núcleo, y Fermi y Yukawa habían formulado dos teorías (en el lenguaje moderno, efectivas) que servían para describir, respectivamente, las fuerzas nucleares débil y fuerte. Como consecuencia de estas formulaciones, dos nuevas partículas habían sido postuladas: el neutrino y el pion. La última fue descubierta experimentalmente por el equipo de Cecil Powell en 1947, a partir del escrutinio de la radiación cósmica atmosférica con técnicas fotográficas. Este descubrimiento le valió a Yukawa el premio Nobel de Física de 1949 y a Powell, el de 1950. El neutrino, por su lado, fue detectado por primera vez en 1956 en el experimento dirigido por Clyde Cowan y Frederick Reines, que sirvió a este último para recibir el premio Nobel de Física de 1995. No así a Cowan, que había fallecido en 1974.

Luz, materia y simetría

La formulación moderna de las interacciones elementales se basa en complejas abstracciones matemáticas que se apoyan en el álgebra, la simetría y la teoría de grupos. La teoría cuántica de campos que describe la interacción entre la luz y la materia fue la primera en desarrollarse. Las fuerzas nucleares fuerte y débil se acomodarían al mismo esquema.

La fuerza nuclear fuerte había sido descrita de manera efectiva por Yukawa, en 1935, a partir de la introducción de un campo cuyos cuantos corresponderían a una nueva partícula, el pion. Aunque no en el sentido moderno, la teoría de Yukawa podía considerarse como una teoría de campos cuántica (a las que nos referiremos, a partir de ahora, como TCC), una primera versión rudimentaria, al menos. Seguramente, en la misma medida en la que el modelo de Bohr merece el crédito de ser considerado el primer modelo cuántico del átomo o la primera descripción cuántica de la estructura de la materia.

Hoy, la física moderna establece que son cuatro las fuerzas fundamentales que, a nivel elemental, posibilitan la interacción entre los componentes últimos de la materia. Tres de ellas, el electromagnetismo y las fuerzas nucleares fuerte y débil, se ahorman perfectamente al marco de una TCC. A partir de ese andamiaje matemático común a las tres, fue posible su unificación en el denominado modelo estándar de la física de partículas. La cuantización de la cuarta, la gravedad, y su adaptación al marco de una TCC y del modelo estándar es un problema abierto aún y, desde luego, no exento de controversia. De las tres unificadas, el prototipo paradigmático de TCC es la conocida como electrodinámica cuántica (QED, por sus siglas en inglés) que, además, fue la primera interacción en ser derivada formalmente a partir de la exigencia de un tipo particular de simetría y de la aplicación de la teoría de grupos, como veremos más adelante. El patrón desarrollado para la derivación de la QED fue replicado con éxito en la formulación posterior de las interacciones débil y fuerte.

La QED es la versión cuantizada del electromagnetismo. Es decir, la TCC que describe la interacción entre partículas cargadas por medio de un campo, el electromagnético, cuyas excitaciones son los fotones, la luz. Es, por tanto, la teoría que describe cómo interactúa la materia con la luz, atendiendo a las extravagantes leyes cuánticas. Pero el electromagnetismo resultó estar en la base no solo de la revolucionaria introducción de la mecánica cuántica que serviría para describir el mundo microscópico, sino también de la radical reformulación de la cinemática galileana en los términos de la teoría de la relatividad especial, que Albert Einstein dio a conocer en 1905. Precisamente por ello, la QED tenía que acomodarse también a las leyes de esta última. Debemos, por tanto, volver a remontarnos a los albores del siglo pasado, con el objeto de entender la cinemática relativista y cómo esta se ha incorporado a la descripción de las interacciones fundamentales. En particular, de la interacción fuerte.

RELATIVIDAD, MASA Y ENERGÍA

La formulación de la relatividad especial, desarrollada por Albert Einstein en una serie de artículos que se iniciaron con su famoso trabajo de 1905 titulado «Sobre la electrodinámica de los cuerpos en movimiento», tenía como objeto fundamental hacer del electromagnetismo una teoría invariante bajo cambios de sistemas de referencia. Ahondemos sobre esta cuestión absolutamente esencial, sobre todo desde la perspectiva de la formulación moderna de las interacciones fundamentales.

Todo observador de la realidad física determina las magnitudes cinemáticas y establece las leyes físicas desde un sistema de referencia que le es propio. En esencia, ello significa que mide las distancias desde el punto espacial en el que se encuentra (o cualquier otro en reposo respecto a él) con su propia regla o aparato de medida, y calcula los tiempos con su propio reloj. De ese modo, con sus tiempos y sus distancias, puede obtener cualquier magnitud cinemática, como la velocidad o la aceleración de un cuerpo o una partícula. Igualmente, medirá magnitudes dinámicas como masas o fuerzas que, en última instancia, se derivarán en cada punto del espacio de algún campo de fuerzas. Las leyes físicas, como las que rigen el electromagnetismo, establecen relaciones entre estas magnitudes. Por ejemplo, las leyes de la dinámica de Newton relacionan la fuerza que actúa sobre un cuerpo con la aceleración que este adquiere y su masa. De hecho, la masa de un cuerpo se define como el cociente entre las intensidades de la fuerza aplicada y la aceleración resultante, expresando una suerte de resistencia del cuerpo al movimiento o *inercia*.

¿Dependen las variables cinemáticas del sistema de referencia? La respuesta es sí. Y es fácil entender el porqué. La física clásica aceptaba sin atisbo de discusión que las reglas y relojes para medir distancias e intervalos de tiempo eran universales (la distancia entre dos puntos dados, y fijados simultáneamente, era siempre la misma para todos los observadores, igual que el intervalo temporal entre dos sucesos determinados). En cambio, el sentido común y la experiencia cotidiana indicaban que la velocidad de un móvil (un cuerpo en movimiento) dependía, a todas luces, del sistema de referencia. Imaginemos una cinta transportadora, como las que son habituales en los aeropuertos. La velocidad de un individuo caminando sobre la cinta será una con respecto a un observador en reposo sobre la propia cinta, y otra distinta si la mide un observador apeado de ella, también en reposo. En el segundo caso hay que sumar a la primera velocidad la que lleva la cinta. El de la cinta es un caso particular de observadores que se acercan o se alejan entre sí con velocidad uniforme. A estos observadores, y a sus respectivos sistemas de referencia, se los conoce como *inerciales*. La conversión de magnitudes cinemáticas entre sistemas de referencia inerciales resultaba especialmente sencilla. Como en el ejemplo de la cinta, se conseguía con una simple adición de posiciones y velocidades. No obstante, posiciones y velocidades son magnitudes vectoriales, es decir, que se definen, además de por su valor numérico o módulo, por su dirección y sentido en el espacio geométrico. Por tanto, su suma debe ser también vectorial. El conjunto de reglas que permiten esta conversión entre sistemas inerciales se conoce como *transformaciones de Galileo*.

Por otra parte, a menos que podamos señalar alguna propiedad física de los sistemas de referencia que privilegie a unos respecto a otros, las leyes físicas deben ser las mismas para cualquier observador. Este es el caso para los sistemas de referencia inerciales, donde cada observador puede estimarse en reposo e imputar el movimiento al resto de observadores inerciales. Y todos tendrán razón. O ninguno tendrá menos razón que los demás. En consecuencia, las leyes físicas debían ser invariantes bajo las transformaciones de Galileo. Es la manera técnica de decir que se deben poder aplicar primero las transformaciones de Galileo para pasar sus magnitudes cinemáticas a otro sistema de referencia, y entonces aplicar las leyes físicas en ese nuevo sistema de referencia; o proceder al revés, aplicando las leyes primero y transformando después. El resultado debe ser indistinto. La física no puede depender del observador.

Las transformaciones de Galileo no modificaban la aceleración. Todos los observadores inerciales medían, por tanto, las mismas aceleraciones, y también medían las mismas fuerzas y masas. Las primeras, por resultar de campos que, a su vez, estaban ligados al espacio, y las segundas, por constituir propiedades intrínsecas de cada cuerpo o partícula. Por tanto, las leyes de la mecánica de Newton resultaban trivialmente invariantes bajo las transformaciones de Galileo. El problema, nada desdeñable, estribaba en que las leyes de Maxwell para el electromagnetismo no lo eran. Efectivamente, las fuerzas que se derivan del campo magnético dependen de la velocidad de la partícula cargada que siente el campo. Y, como dijimos, las velocidades sí se transforman en las conversiones entre sistemas inerciales. La solución a este problema postulada por los físicos anteriores a

Einstein consistió en definir un sistema de referencia privilegiado, asociado a un medio físico de propiedades muy singulares, denominado éter, que llenaba el espacio y en el que residía el campo electromagnético. Era, por tanto, la velocidad de la carga en relación con este medio la que era necesario emplear en las ecuaciones del electromagnetismo. Además, si el campo «vivía» en ese medio, también sus perturbaciones se propagarían por él. Las ondas electromagnéticas, por tanto, viajaban por el éter. El problema parecía quedar resuelto con la definición de un sistema de referencia absoluto, asociado al medio por el que viajaba la luz.

Sin embargo, el éter debía de tener propiedades casi milagrosas para posibilitar que una onda viajara de modo mecánico a la increíblemente alta velocidad de la luz (casi 300 000 km/s) y, al mismo tiempo, ofrecer una fricción casi inexistente al movimiento orbital de los planetas. Finalmente, cuidadosos experimentos que perseguían evidencias indirectas de la existencia del éter acabaron por descartarlo y, al mismo tiempo, probaron que la luz mantenía una velocidad constante, medida desde cualquier sistema de referencia inercial. La velocidad de la luz era una constante física universal, independiente del sistema de referencia y del observador.

Sir Arthur Conan Doyle puso en boca de su célebre detective Sherlock Holmes la siguiente sentencia: «Cuando se ha descartado todo lo imposible, la explicación que queda, por extraña que parezca, tiene que ser la solución». No consta que esta cita inspirara a Einstein pero, desde luego, puede aplicarse a su formulación de la relatividad especial, con toda la pertinencia del mundo. Puesto que el electromagnetismo de Maxwell parecía a prueba de toda refutación, Einstein modificó las reglas de transformación entre sistemas inerciales. Y lo hizo atendiendo a la evidencia experimental de una velocidad de la luz universalmente constante en todos los sistemas de referencia inerciales. El resultado fueron las conocidas como *transformaciones de Lorentz*. Estas no operaban, como las de Galileo, sobre los vectores que representaban la posición o la velocidad, como funciones de una variable, el tiempo, que discurría universal e independientemente de los sistemas de referencia. Las nuevas transformaciones, en cambio, actuaban simultáneamente sobre posición y tiempo, modificando la una a costa del otro, en función de la velocidad entre observadores. Los intervalos de tiempo resultaban ser diferentes al ser medidos por observadores diferentes. Y también las distancias. Los primeros se dilataban con la velocidad y las últimas se contraían. Los relojes y las reglas de medida perdían así su carácter universal.

> Desde que los matemáticos invadieron la teoría de la relatividad, ni yo mismo la entiendo.
>
> **Albert Einstein**

La física relativista no se desarrollaba en un espacio tridimensional habitado por vectores, sino en un espacio-tiempo de cuatro dimensiones en el que vivían *cuadrivectores*, vectores de cuatro componentes: las tres de un vector, como la posición o la cantidad de movimiento, y una magnitud escalar, como el tiempo o la energía. Las transformaciones de Lorentz actuaban de manera natural sobre estos cuadrivectores, incrementando unas componentes a costa de otras. Las leyes físicas tenían, pues, que reescribirse en términos de estas nuevas entidades. Las leyes de Maxwell, en particular, se adaptaban bien al nuevo lenguaje y, adecuadamente formuladas, resultaban claramente invariantes bajo las transformaciones de Lorentz. La relatividad especial llevó la unificación de los fenómenos electromagnéticos más lejos de lo que lo había hecho Maxwell con sus ecuaciones. Campo eléctrico y campo magnético formaban parte de una misma entidad sobre la que actuaban las transformaciones de Lorentz, transmutando parcial o totalmente el uno en el otro. Unos observadores medirían un campo eléctrico (o mayor campo eléctrico); otros, un campo magnético (o mayor campo magnético), pero las fuerzas y las aceleraciones finales conducirían siempre a la misma realidad física, independientemente de qué observador la escrutara.

Las ecuaciones dinámicas, es decir, las que relacionan fuerzas con aceleraciones y describen la evolución de los sistemas físicos con el tiempo, también tenían que ser reformuladas. Una de las principales consecuencias de dicha reformulación resultó ser la equivalencia relativista entre masa y energía que, de manera general, puede expresarse como sigue:

$$E = \sqrt{p^2c^2 + m^2c^4},$$

donde E es la energía de una partícula, m es su masa invariante o masa en reposo, p es la cantidad de movimiento y c es la velocidad de la luz. La masa en reposo es la extensión relativista del concepto de masa newtoniana, independiente del observador. En el caso concreto de una partícula en reposo, de la anterior ecuación se obtiene (basta con anular la cantidad de movimiento, por ser cero la velocidad) la popularmente conocida ecuación $E = mc^2$, indisolublemente ligada en el imaginario colectivo a Einstein y su teoría de la relatividad. De la dinámica relativista se infería, también, que la cantidad de movimiento de una partícula con masa en reposo no nula se hacía infinita cuando su velocidad se aproximaba a la velocidad de la luz. En consecuencia, solo las partículas con masa en reposo nula, como los fotones, podían alcanzar dicha velocidad. La velocidad de la luz era una constante universal con un profundo significado dinámico: nada podía propagarse a una velocidad superior.

La equivalencia entre masa y energía establecía, para una partícula o para un sistema de partículas (como un núcleo) en reposo, que su energía era directamente proporcional a su masa. Así, cuando los nucleones se juntaban para formar un determinado núcleo, estabilizado por las fuerzas nucleares, el resultado era una masa para el núcleo final inferior a la suma de las masas de sus nucleones constituyentes. La diferencia entre una y otra es lo que se conoce como *energía de ligadura* y mide la estabilidad del sistema nuclear, sobre todo cuando se expresa en proporción al número de nucleones constituyentes. Análogamente, en las reacciones nucleares, la masa o suma de las masas de los productos finales es también inferior a la del núcleo o núcleos reactivos. Por ejemplo, tras una serie de procesos, cuatro protones pueden acabar formando un núcleo de helio-4,

TRANSFORMACIONES DE LORENTZ Y DE GALILEO

Consideremos dos sistemas de referencia inerciales *R* y *R'*, que se definen por dos puntos de referencia y por un sistema de tres ejes de coordenadas, perpendiculares entre sí, ligados a dos puntos O y O', respectivamente. El punto O' se desplaza respecto al punto O con velocidad constante, *v*, como se indica en la figura. La posición de una partícula dinámica estará fijada por las tres coordenadas referidas a cada uno de los ejes, que denominaremos *x*, *y* y *z* para el sistema *R*, y *x'*, *y'* y *z'* para el sistema *R'*. La posición de la partícula depende de la variable tiempo, *t*, y por ello las coordenadas de la partícula dependen también de *t* en *R* o de *t'* en *R'*.

Transformaciones de Lorentz

Las coordenadas *x*, *y*, *z* son las tres componentes de un vector espacial, el vector posición. Las transformaciones de Lorentz que permiten transformar las coordenadas del sistema *R* en las del sistema *R'* operan, sin embargo, sobre un vector de cuatro componentes, denominado *cuadrivector*, que incluye también al tiempo. Dichas transformaciones pueden escribirse como:

$$\begin{pmatrix} ct' \\ x' \\ y' \\ z' \end{pmatrix} = \begin{pmatrix} \gamma & -\beta\gamma & 0 & 0 \\ -\beta\gamma & \gamma & 0 & 0 \\ 0 & 0 & 1 & 0 \\ 0 & 0 & 0 & 1 \end{pmatrix} \begin{pmatrix} ct \\ x \\ y \\ t \end{pmatrix} \Rightarrow \begin{matrix} t' = \gamma\left(t - \frac{\beta}{c}x\right) \\ x' = \gamma(x - \beta\, ct), \\ y' = y \\ z' = z \end{matrix}$$

donde $\beta = v/c$; $\gamma = 1\big/\sqrt{1-\beta^2}$; *c* es la velocidad de la luz y *v* es la velocidad con la que O' se desplaza respecto a O en la dirección del eje *x*. La ecuación a la izquierda emplea una notación matricial compacta que, desarrollada, se traduce en las cuatro ecuaciones de la derecha, que relacionan las componentes de la posición en *R'* con las de *R*, completando la transformación del cuadrivector.

El caso límite galileano

Las ecuaciones de la transformación ponen de manifiesto que el cambio de un sistema de referencia a otro mezcla las componentes espaciales y temporales: el instante *t'* para el evento, medido en *R'*, depende simultáneamente del instante *t* y la componente espacial *x*, medidas en *R*. El tiempo está dinámicamente ligado al espacio y no puede considerarse independiente del sistema de referencia. Si se considera el caso en el que $v/c \ll 1$ (la velocidad de un sistema de referencia respecto al otro es mucho menor que la velocidad de la luz), podemos aproximar por un caso límite en el que $\beta = 0$ y $\gamma = 1$. En ese caso, las transformaciones que resultan son:

$$t' = t,\ x' = x - vt,\ y' = y,\ z' = z;$$

que corresponden a las transformaciones de Galileo, y que muestran cómo el tiempo se desacopla del espacio y se hace independiente del sistema de referencia.

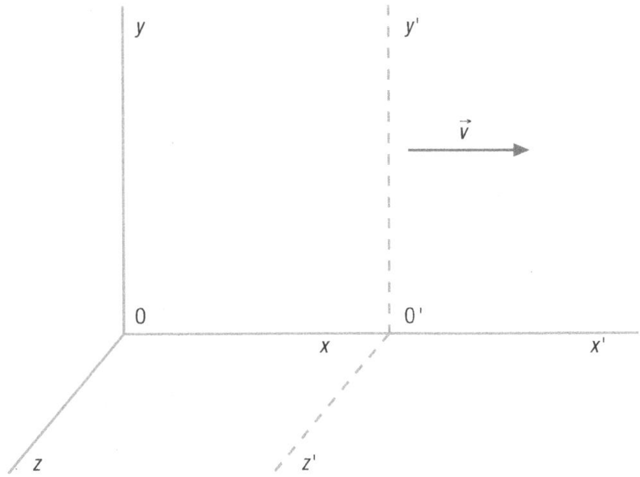

Dos sistemas de referencia son inerciales cuando uno se desplaza respecto del otro con velocidad constante *v*. Las posiciones que mide un observador en el sistema 0 se pueden relacionar con las que mide un observador en 0' mediante la transformación de Galileo.

Retrato de Galileo realizado por el pintor flamenco Justus Sustermans en 1636. A la derecha, monumento a Henrik A. Lorentz que se encuentra en un parque de Arnhem, su ciudad natal.

liberando además dos positrones y dos neutrinos. La masa de un protón, expresada en unidades adecuadas a su pequeñez, es igual a 938; la masa del núcleo de helio-4, en las mismas unidades, es igual a 3 727. Un sencillo cálculo aritmético nos dirá que el núcleo de helio-4 es 25 unidades más ligero que los cuatro protones iniciales. Las unidades a las que nos referimos, adecuadas para el mundo microscópico, se conocen como MeV/c^2 y representan una energía dividida por la velocidad de la luz al cuadrado. Dado que el defecto de masa que resulta de la estabilización del sistema nuclear se libera en forma de energía, en virtud de la ecuación de Einstein, la elección de estas unidades hace inmediata la conversión. De hecho, los físicos suelen usar energías para referirse a las masas de los núcleos y partículas subnucleares, haciendo implícita la división por la velocidad de la luz al cuadrado. La unidad de energía se llama *megaelectronvoltio* (MeV) y equivale a la que tendría un electrón sometido a una diferencia de potencial eléctrico de un millón de voltios. En particular, la mencionada reacción nuclear producirá 25 MeV en forma de radiación o de energía cinética de las partículas liberadas (las masas en reposo de los electrones o los neutrinos pueden obviarse). Dicha reacción, la fusión de cuatro protones para dar un núcleo de helio, es la fuente primaria de energía de nuestra estrella, el Sol, y el motor de la vida en la Tierra.

PARTÍCULAS, ANTIPARTÍCULAS Y CAMPOS

La mecánica cuántica y la relativista tenían que acomodarse la una a la otra para dar cuenta de la fenomenología del mundo microscópico. Así tenía que ser para, por ejemplo, la interacción de un electrón y un fotón, pero también para un electrón ligado por un potencial, como sucedería si este se hallara en las proximidades de un protón. Es decir, la ecuación de Schrödinger que describía los estados cuánticos del átomo o, en general, la evolución dinámica de cualquier sistema cuántico, debía ser corregida. Oskar Klein y Walter Gordon habían propuesto, ya en 1926, que la ecuación de onda que lleva hoy sus nombres describía

ESTABILIDAD NUCLEAR Y COMBUSTIBLE ESTELAR

La energía de ligadura por nucleón mide la estabilidad de cada núcleo. Los valores de máxima estabilidad se alcanzan en el entorno del hierro-56. En concreto, el núcleo más estable corresponde al níquel-62, indicando que un colectivo de 62 nucleones (28 protones y 34 neutrones) constituye el sistema nuclear más estable en la naturaleza. La fusión de núcleos más pequeños para alcanzar esta combinación, o aproximarse a ella, está energéticamente favorecida. El helio-4 es también una combinación muy estable, mucho más que sus vecinos en número de nucleones. Esa estabilidad permite entender que, en la desintegración alfa, los núcleos pierdan fragmentos equivalentes a helio-4. También explica que la fusión de hidrógeno en helio-4 sea el proceso que produce principalmente la energía estelar. Ningún otro proceso de fusión, que también se dan en ciertos estadios de la vida de las estrellas, libera tanta energía. La fisión de núcleos con un número alto de nucleones produce también fragmentos que se aproximan lo más posible a la región del hierro. Por ejemplo, el uranio-236 produce criptón-92 y bario-141, liberando además tres neutrones.

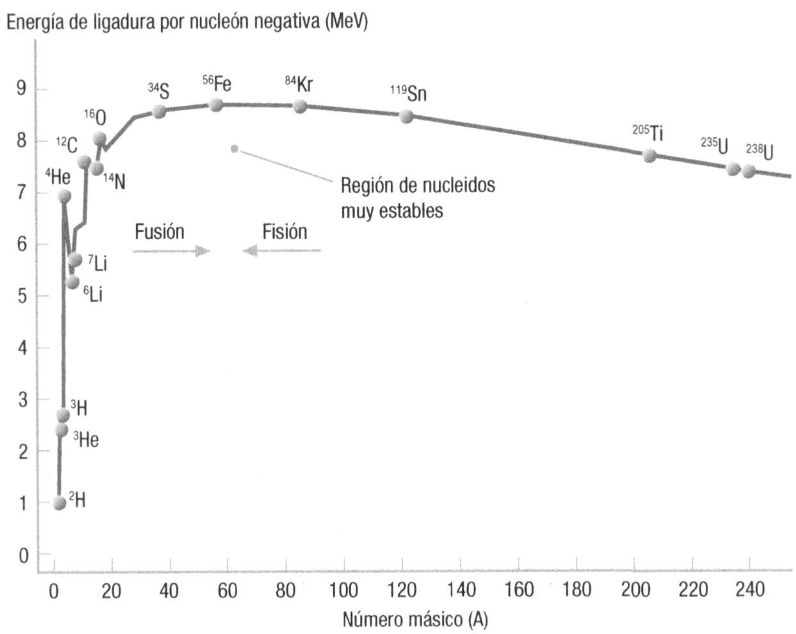

En la gráfica se representa el valor de la energía de ligadura en función del número de nucleones para el núcleo más estable con dicho número. Se incluyen también los valores de algunos núcleos relevantes.

la evolución cuántica de un electrón relativista. Planteaba, sin embargo, algunos problemas y fue descartada frente a la versión no relativista de Schrödinger. En particular, la ecuación de Klein-Gordon no admitía una interpretación probabilística equivalente a la de Schrödinger y, si bien la energía de la partícula estaba relacionada con su masa por medio de la ecuación de Einstein, nada le impedía ser negativa ni, lo que era más difícil aún de conciliar con los experimentos, ser infinitamente negativa. Esto último implicaba la ausencia de un estado fundamental o de mínima energía que parecía posibilitar que un electrón siempre pudiera «caer» de un nivel a otro más bajo en energía. Ni un electrón libre (en ausencia de fuerzas) resultaría ser dinámicamente estable, gobernado por la ecuación de Klein-Gordon.

El físico teórico británico Paul Adrien Maurice Dirac estableció, en 1928, la generalización correcta de la ecuación de Schrödinger que podía aplicarse a partículas relativistas de espín 1/2, como el electrón. La ecuación, que lleva su nombre, opera sobre una función de onda que posee cuatro componentes, dos con energía positiva y dos con negativa, que representan estados cuánticos en los que el espín apunta en la dirección del movimiento o en la opuesta. En la práctica, se define una propiedad cuántica denominada *helicidad* a partir de la proyección del espín sobre la cantidad de movimiento, que toma dos valores, positivo y negativo, en función de la orientación de uno respecto al otro (figura 1). Las cuatro componentes de la función de onda pueden considerarse como vectores de un espacio abstracto, diferente del espacio-tiempo físico, y reciben el nombre de *espinores*. De este modo, Dirac introducía el espín como una variable discreta adicional para caracterizar la función de onda, un grado de libertad más, necesario para satisfacer la ecuación relativista para la energía. El espín era, por tanto, una propiedad intrínseca de las partículas que se ponía naturalmente de manifiesto con su descripción relativista.

Sin embargo, como se deduce de lo anterior, la ecuación de Dirac adolecía, en principio, del mismo problema que la de Klein-Gordon respecto de los estados de energía negativa. Dirac tuvo entonces una genial intuición que le permitió interpretar correctamente el significado de estos estados. La idea de Dirac puede explicarse como sigue. El estado fundamental corresponde al nivel de menor energía que, en este caso, el electrón puede ocupar. El electrón es un fermión, una partícula con espín semientero, para las que Pauli había establecido su *principio de exclusión*, que decretaba que dos partículas no podían ocupar el mismo estado, con idénticos valores para todos sus números

FIG. 1

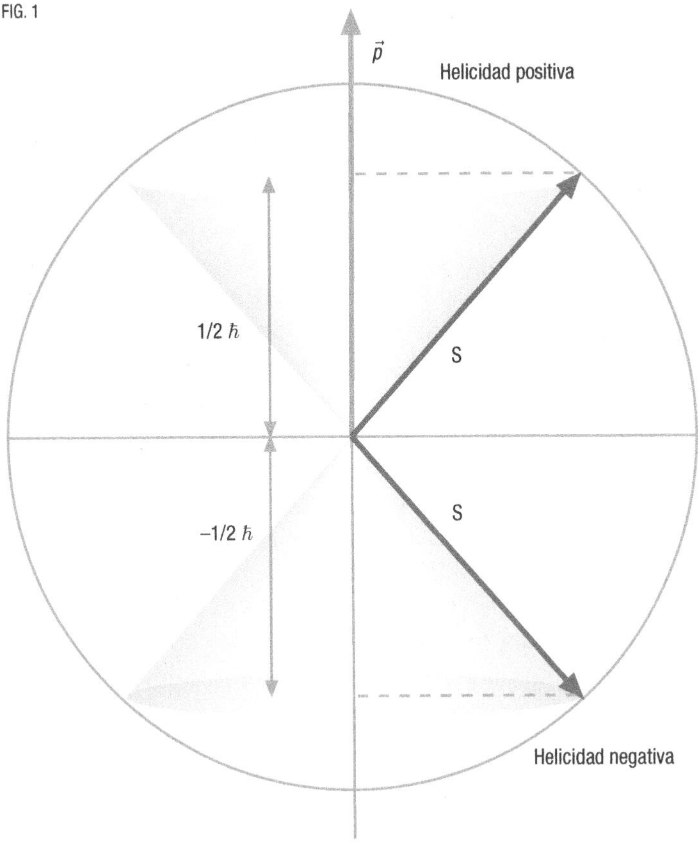

Las dos componentes de helicidad para un electrón, con espín 1/2, que corresponden a las dos proyecciones posibles para el espín sobre la dirección de movimiento, definida por el momento $\vec{p}$.

cuánticos. Entonces, si el estado fundamental de un electrón libre, propagándose en el vacío, debía tener energía positiva, ello debía significar que los estados de energía negativa eran inaccesibles. Y debían serlo, en virtud del principio de exclusión, porque estaban ya ocupados. De ese modo, Dirac identificó el vacío físico, al menos en lo que respecta a su teoría para los electrones, con un conjunto infinito de estados de energía negativa, ocupados todos, que pasó a conocerse como *mar de Dirac*. En la imagen de Dirac, el vacío era mucho más que «nada», poseía una estructura compleja y era infinitamente rico en partículas en alguna suerte de estado indetectable. Aunque en unos términos algo distintos, la intuición de Dirac sobre el vacío resultó ser esencialmente correcta desde la perspectiva de una TCC.

En ciencia uno intenta decir a la gente, de una manera en que todos lo puedan entender, algo que nunca nadie supo antes. En la poesía es exactamente lo contrario.

Paul A. Dirac

Pero continuemos con la imagen de Dirac. Este se percató de que, teóricamente al menos, era posible que alguno de los electrones del mar de Dirac absorbiera uno o más fotones, excitándose hasta alcanzar un nivel de energía positiva. En ese caso, el electrón excitado tendría que poder ser detectado como un simple electrón, sin ninguna rareza o anomalía propias, pero dejaría un «hueco» en el mar de Dirac que también debería poder detectarse. De hecho, el estado correspondiente al mar con un hueco poseía, respecto al mar lleno, un exceso de carga exactamente igual a la de un electrón y de signo opuesto y una diferencia de energía positiva. Por tanto, Dirac postuló que un hueco tenía que ser percibido como una partícula totalmente equivalente al electrón excepto por su carga, que sería la misma, pero positiva. Dirac la definió como la antipartícula del electrón y, finalmente, fue detectada en 1932 por Carl David Anderson y bautizada como *positrón*.

En resumen, en la imagen de Dirac, un electrón del mar podía absorber energía y subir a un estado de energía positiva, produciéndose una pareja partícula-hueco; es decir, podía crearse un par de partícula y antipartícula simplemente a partir de energía.

Al revés, si un electrón hallaba un hueco, podía ocuparlo liberando la diferencia neta de energía entre los niveles respectivos de partícula y hueco, es decir, partícula y antipartícula podían aniquilarse entre sí, produciendo energía. La equivalencia relativista entre masa y energía, una vez más, hacía posibles ambos fenómenos. Además, la ecuación de Dirac no se aplicaría únicamente al electrón, sino también a cualquier fermión de espín 1/2. Las consecuencias de la ecuación, los estados de energía negativa y su interpretación en términos de antipartículas debían, por tanto, extenderse a todos ellos. Cada una de las partículas subatómicas que se ensamblaban para sustentar la estructura atómica de la materia debía poseer su propia antipartícula. Así, después de haber propuesto su existencia teórica, el antiprotón fue descubierto experimentalmente en 1955, por Emilio Segrè y Owen Chamberlain, y el antineutrón, en 1956, por Bruce Cork. Dirac fue galardonado con el premio Nobel de Física en 1933, junto a Erwin Schrödinger, por sus logros teóricos en la descripción del mundo subatómico.

Sin embargo, a pesar de ser inspiradora y productiva, la idea del vacío de Dirac no podía ser fundamentalmente correcta. Adolecía de problemas difíciles de soslayar, como la carga negativa infinita que concedía al vacío. La verdadera naturaleza del vacío cuántico-relativista emergería con la expresión de la interacción en el marco de una teoría de campos apropiadamente cuantizada. Los conceptos clásicos de campo de fuerzas y de potencial han sido ya introducidos en capítulos anteriores. La idea original fue desarrollada por el físico británico Michael Faraday, en el segundo cuarto del siglo XIX, con el propósito de describir los fenómenos electromagnéticos evitando la apelación a las engorrosas fuerzas a distancia que Newton había necesitado para explicar tanto las órbitas planetarias como la caída de un cuerpo por la acción de la gravedad terrestre. Faraday había observado que las fuerzas magnéticas que atraían el polo norte de un imán hacia el polo sur de otro orientaban también las limaduras de hierro que se diseminaban en el espacio entre ambos imanes, forzándolas a depositarse a lo largo de líneas que unían ambos polos. Esta constatación le llevó concluir que las fuerzas magnéticas se extendían por el espacio alrededor de los imanes y, en general, dada la íntima relación entre los fenómenos eléctricos y magnéticos, alrededor de las corrientes eléctricas. De este modo, Faraday concibió que el espacio vacío alrededor de un conductor por el que circulaba una corriente, o alrededor de un imán, se llenaba de *líneas de campo*. Estas líneas, dibujadas por las limaduras de hierro entre los imanes (véase la imagen inferior de la página contigua), transportaban el campo de fuerzas a través del espacio. Faraday intuyó, también, que dicho transporte no podía ser instantáneo, sino que debía propagarse con alguna velocidad finita, necesitando algún tiempo. Maxwell recogió las ideas de Faraday, y de otros como André-Marie Ampère, formalizándolas matemáticamente en sus famosas cuatro ecuaciones que, de modo brillante y elegante, condensaban todo el electromagnetismo.

Las ecuaciones de Maxwell probaron que el campo electromagnético, visualizado a través de las líneas de campo de Faraday o expresado por una función matemática en todo el espacio, existía y propagaba cualquier perturbación a una velocidad finita, la velocidad de la luz. El campo mediaba la interacción entre cargas o corrientes eléctricas. Si una carga A sentía el campo creado por otra carga B, separadas una determinada distancia, A seguiría percibiendo el mismo campo aun cuando, por ejemplo, B fuera desplazada o suprimida, en tanto que el resultado de la alteración de B no se propagara hasta el punto ocupado por A. El campo estaba, pues, ligado al espacio, al vacío (aunque con anterioridad a Einstein, como hemos explicado, se argumentaba que el misterioso éter llenaba el vacío y transportaba el campo) y, de algún modo, residía por algún tiempo en él aunque las fuentes hubieran sido suprimidas. El campo electromagnético era mucho más que una simple entelequia o una herramienta práctica de visualización. Las cargas llenaban el vacío con los campos que creaban y que, a su vez, eran percibidos por otras cargas que sentían las fuerzas transportadas por el campo.

Esta visión clásica del campo de fuerzas fue completada por la mecánica cuántica. El campo electromagnético se propagaba, como Planck y Einstein habían probado, por medio de pa-

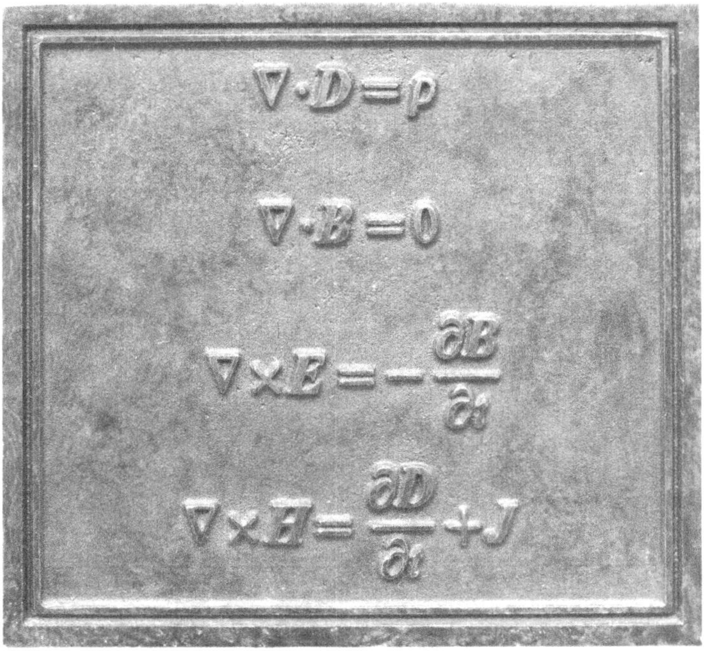

La placa de la izquierda, dedicada a James Clerk Maxwell, se encuentra en Edimburgo; en ella figuran sus célebres ecuaciones. Abajo, líneas de campo magnético para un imán, visualizadas por medio de limaduras de hierro.

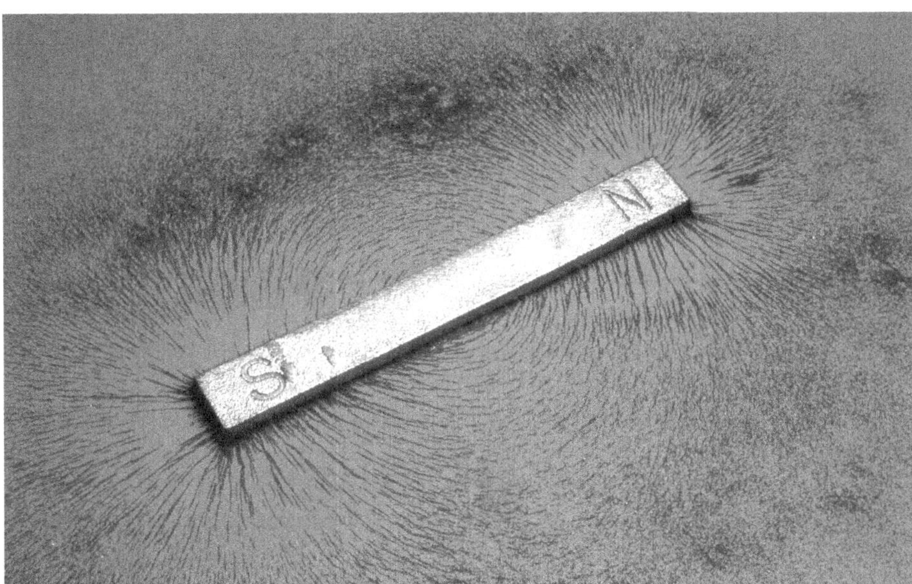

quetes discretos de energía, excitaciones del propio campo que transportaban una cantidad elemental de momento, los fotones. En última instancia, como hemos avanzado, la interacción se expresaba como un intercambio de momento entre partículas cargadas, por medio de estos fotones que transferían, cada uno, una cantidad elemental y que, colectivamente, portaban la interacción. Desde esta perspectiva, el campo electromagnético era el resultado de la superposición colectiva de todos los fotones posibles, con todas las frecuencias y energías posibles. Fotones que podían ser virtualmente emitidos y absorbidos por partículas con carga eléctrica, como ya hemos explicado, configurando la interacción electromagnética entre ellas. Fotones que llenaban el vacío, confiriéndole estructura y transportando la interacción. Pero la historia no acababa ahí. El fotón virtual, dependiendo de su energía, también podía producir una pareja formada por una partícula y su antipartícula, también virtuales, porque debían aniquilarse mutuamente para generar de nuevo el fotón virtual, que transferiría el momento elemental en el proceso de interacción, sin que ni este último ni la pareja pudieran ser nunca detectados. Y este fenómeno podía repetirse una y otra vez, hasta el infinito, de suerte que cualquier partícula cargada, un electrón por ejemplo, generaba a su alrededor una nube de partículas y antipartículas cargadas y de fotones virtuales. Dicha nube se extendería virtualmente hasta el infinito, dado que el fotón carece de masa, y ocuparía el vacío.

CARGAS ELÉCTRICAS, INFINITOS Y SIMETRÍAS

El vacío, como Dirac había intuido, poseía una estructura complicada que adquiría como resultado de las propias interacciones fundamentales entre partículas elementales. Antes hemos descrito el mecanismo de interacción que emerge de la cuantización del campo electromagnético. La teoría que describe dicha interacción se conoce como electrodinámina cuántica (QED, por sus siglas en inglés) y fue completada de forma independiente por Freeman Dyson, Sin-Itiro Tomonaga, Julian Schwinger y Richard Feynman, a finales de los años cuarenta. Los tres últimos compartieron el premio Nobel de Física de 1965 como reconocimiento a su contribución en el desarrollo de una teoría cuántica, consistente con la relatividad especial, para la electrodinámica. En lo que sigue describiremos brevemente los ingredientes básicos y los principales logros de dicha teoría.

Las fuerzas electromagnéticas, como las que mantienen la atracción entre el protón y el electrón que forman un átomo de hidrógeno, están mediadas por el campo electromagnético. Este, cuánticamente, es el resultado de la superposición de todas sus posibles excitaciones elementales o cuantos, también llamados fotones. El formalismo que permite expresar un campo como la superposición de sus cuantos fue propuesto originalmente por Dirac, con el propósito de describir la interacción entre radiación y materia. Este formalismo (a cuyo desarrollo contribuyeron, a lo largo de la década de los treinta, Wolfgang Pauli, Eugene Wigner o Werner Heisenberg, entre otros) transforma un campo clásico en uno cuántico y, por ello, suele recibir hoy el nombre de *segunda cuantización*. En él, los campos que median las interacciones son superposiciones de cuantos o partículas, pero también las partículas que sienten la interacción son cuantos o excitaciones de un campo (la información cuántica de toda partícula está codificada por un campo, su función de onda). Los primeros poseen espín entero, y corresponden a la radiación, las segundas tienen espín 1/2 y representan la materia. Así, la interacción entre la radiación y la materia se expresa formalmente como la interacción entre campos de una y otra naturaleza.

La dinámica de los campos clásicos, es decir, su evolución con el tiempo sometidos a cualesquiera interacciones, era un problema bien conocido y resuelto por la teoría clásica de campos. En el marco del formalismo denominado *lagrangiano*, que extendía la mecánica de Newton a sistemas físicos que podían representarse por campos (como los llamados medios continuos, verbigracia, los fluidos de los que hablamos en el primer capítulo), se debía proceder construyendo una cierta función de todos los campos involucrados en el problema. Dicha función, integrada sobre todo el espacio y el tiempo, resultaba ser igual a la acción asignada al sistema. Esta función de los campos se denomina *densidad lagrangiana* y contiene toda la información dinámica del sistema objeto de estudio. En el marco de una teoría cuántica de campos, solo había que completar este procedimiento aplicando el formalismo de segunda cuantización que transformaría los campos clásicos en cuánticos. Aunque «solo» no es sinónimo, de ningún modo, de «sencillamente» o «simplemente». De hecho, es tal el nivel de complejidad para la cuantización del electromagnetismo, que los físicos hubieron de proceder de manera aproximada. Veamos cuál era el origen de la complejidad y cuál fue la aproximación.

El campo creado por una partícula cargada, por ejemplo un electrón, en cualquier punto del espacio es, como se ha explicado antes, el resultado de la superposición de todos los fotones virtuales que, emitidos por ese electrón, pueden alcanzar dicho punto, donde podría ser absorbido por otro electrón, que sentiría el campo creado por el primero. Por tanto, la fuerza electromagnética entre dos electrones resultará de la suma de los efectos de todos esos fotones virtuales, emitidos por uno y absorbidos por el otro. Pero, además, el fotón virtual puede, en su camino, producir una pareja formada por un electrón y un positrón que, más adelante, se aniquilarían entre sí, recuperándose el fotón. También es posible que, antes de aniquilarse, el electrón y el positrón intercambien otro fotón. O que cualquiera de ellos emita y absorba un fotón. Y, de nuevo, cada fotón emitido puede dar lugar a parejas de electrones y positrones, y así sucesivamente. De hecho, cada una de las combinaciones constituye un proceso que, con una probabilidad calculable, contribuye al resultado final. En principio, es necesario considerar todas las infinitas combinaciones posibles y calcularlas. De ahí la enorme complejidad del problema. Afortunadamente, es posible establecer una cierta jerarquía en esta infinidad de contribuciones. Se pueden ordenar atendiendo a lo grande o pequeño que es su efecto, y ello gracias a que este efecto disminuye cada vez que un fotón es emitido o absorbido. La serie de contribuciones, ordenadas de mayor a menor efecto, constituye lo que se conoce como un *desarrollo en perturbaciones*. La aproximación consiste, precisamente, en considerar únicamente las contribuciones de mayor efecto, esperando que el efecto global de las infinitas restantes sea lo suficientemente pequeño como para no tener que ocuparse de ellas.

En realidad, la probabilidad de emisión o absorción de un fotón virtual por un electrón depende de la intensidad de la interacción electromagnética, de la intensidad con la que la materia y la radiación se *acoplan*. Esta intensidad se expresa por una cantidad que recibe el nombre de *constante de acoplamiento electromagnética* o *constante de estructura fina*, que se representa con la letra griega α, y que es una cantidad sin dimensiones físicas, un simple valor numérico sin unidades. Por ello, cuando se evalúa una contribución del desarrollo en perturbaciones, habrá un factor α por cada dos emisiones o absorciones de un fotón (el número total siempre será par, dado que todo fotón virtual emitido tiene que ser también absorbido). Así, las mayores contribuciones a la fuerza electromagnética entre dos partículas elementales cargadas cuentan con una emisión y una absorción y serán proporcionales a α; las que siguen contarán con dos emisiones y dos absorciones y serán proporcionales a α^2; las siguientes, a α^3, y así hasta el infinito. El valor de la constante de acoplamiento (aunque, como veremos más adelante, no es realmente constante) resulta ser muy pequeño: aproximadamente 1/137, justificando, por tanto, que sea posible obtener buenos resultados aun cuando solo se consideren las contribuciones proporcionales a α, técnicamente denominadas *de primer orden*.

> De las partículas virtuales conocemos la existencia porque podemos medir sus efectos indirectos.
>
> **Stephen Hawking**

No obstante, hay una objeción a todo lo anterior. Una objeción que, de hecho, se puso ya de manifiesto a finales de los años treinta, cuando los cálculos de Felix Bloch, Arnold Nordsieck y Victor Weisskopf pusieron de manifiesto que en el desarrollo en perturbaciones de cualquier proceso de interacción electromagnética, solo las contribuciones de primer orden eran finitas. Si se evaluaban contribuciones proporcionales a potencias de α supe-

DIAGRAMAS DE FEYNMAN

Richard Feynman desarrolló una técnica diagramática muy potente e intuitiva con el objeto de representar y calcular cada una de las *contribuciones perturbativas* para un proceso físico. Su uso se ha extendido y generalizado hasta el punto de convertirse en una herramienta, y casi un lenguaje, de uso común en el ámbito de la física de partículas. Una vez representadas las contribuciones por diagramas, ciertas reglas, llamadas reglas de Feynman, permiten calcular matemáticamente su valor.

FIG. 1

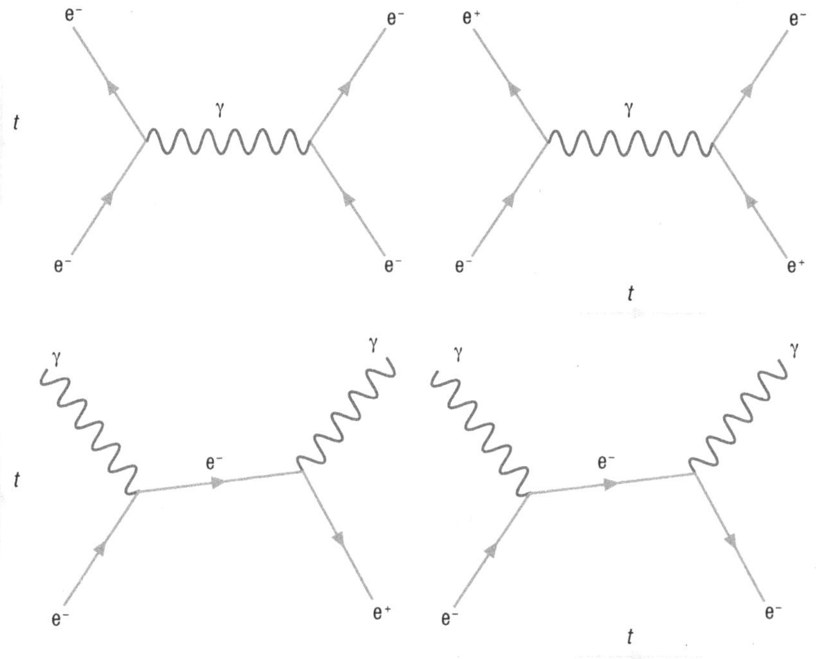

El diagrama superior izquierdo muestra dos electrones que interactúan por medio de un fotón virtual. A la derecha, modificando la flecha del tiempo, el diagrama se lee como la aniquilación de un electrón y un positrón, generándose un fotón que, a su vez, produce un nuevo par de electrón y positrón. El diagrama inferior derecho representa la dispersión de un electrón por un fotón, que aquí es luz real y no virtual: el electrón absorbe el fotón y se «virtualiza» (se conserva el momento pero no la energía), para emitirlo posteriormente. A la izquierda, el cambio de la flecha del tiempo transforma el proceso en una aniquilación de un electrón por un positrón, con la emisión de dos fotones reales (necesarios los dos para la conservación del momento y la energía).

Cuestión de orden

La técnica diagramática de Feynman permite obtener y representar contribuciones de cualquier orden. En la figura 1, por ejemplo, se representan las contribuciones de primer orden a la probabilidad de ocurrencia de cuatro procesos. La flecha de color gris claro indica el eje y el sentido del flujo de tiempo, es decir la dirección en la que deben leerse los diagramas. El eje perpendicular debe entenderse como espacial. Las líneas rectas indican la propagación de un fermión, con una flecha para el flujo del momento. Si la flecha del fermión apunta en el mismo sentido que la flecha del tiempo (entendiendo por ello que ambas flechas forman un ángulo siempre menor que 90°), representará una partícula. Si, por el contrario, apunta en un sentido diferente, se tratará de una antipartícula. La línea ondulada representa un fotón. La intersección de una línea fermiónica con un fotón es un vértice que representa el proceso de absorción o emisión de una partícula virtual, es decir, en esencia, representa la interacción. Las líneas externas son partículas reales, que pueden detectarse, y las internas son virtuales, es decir, se trata de partículas que nunca se pueden registrar en un detector. En la figura 2 se muestra una contribución con cuatro vértices, es decir de orden α^2.

FIG. 2

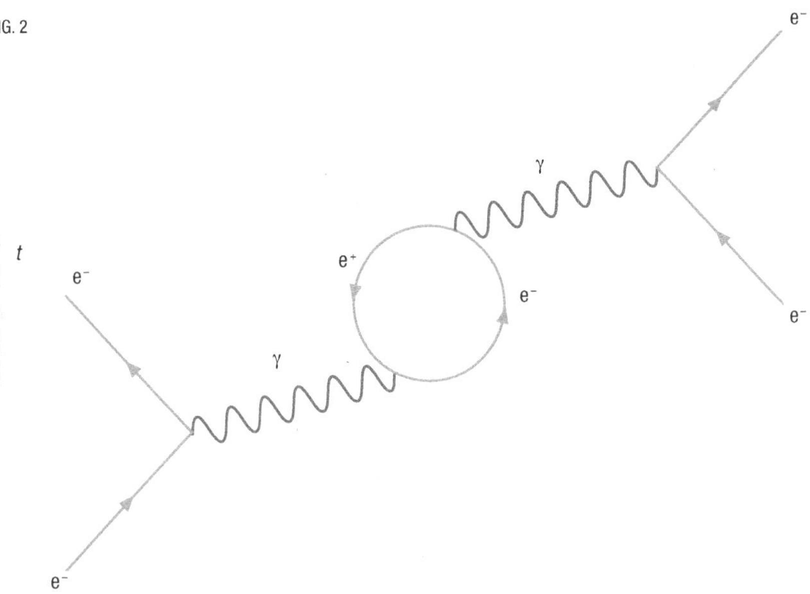

La figura muestra una contribución de orden α^2 (con cuatro vértices) en la que el fotón virtual produce un electrón y un positrón que se aniquilan para dar, de nuevo, otro fotón virtual.

riores aparecían otros factores que la hacían infinita. Y ocurría así para todas las potencias de α distintas de 1, también llamadas *órdenes* del desarrollo en perturbaciones. El resultado desconcertó a los físicos. Si aceptaban, como dictaba la mecánica cuántica, que la fuerza entre cargas era portada por las excitaciones elementales del campo, y también admitían que un fotón podía generar una pareja formada por una partícula y su antipartícula, como se infería de imponer la relatividad especial, la teoría resultante producía resultados absurdos: predecía siempre fuerzas infinitas. ¿Era posible que la mecánica cuántica y la relatividad especial se revelaran incompatibles?

El primer paso para la solución al rompecabezas emergió de la intuición de Hans Bethe, que calculó, en 1947, el efecto de los fotones virtuales que pueblan el vacío sobre el electrón del átomo de hidrógeno. Encontró una ligera diferencia dependiendo de que la probabilidad de localizar al electrón, fijada por su estado cuántico, fuera la misma en todas direcciones o no (estableciendo un símil clásico, según la órbita, circular o elíptica, que siguiera el electrón). Esta ligera diferencia había sido medida por Willis Lamb y su estudiante Robert Retherford usando sofisticadas técnicas espectroscópicas, y se conoce hoy como *corrimiento Lamb*. Aunque imperfecto (su descripción del problema no era totalmente compatible con la relatividad especial), el cálculo de Bethe coincidía con las medidas experimentales. Sin embargo, para soslayar el problema de los infinitos, Bethe recurrió a una brillante artimaña: cuando encontraba una contribución infinita, la incorporaba a la definición de la carga o la masa del electrón, cuyos valores, incluidas todas estas contribuciones, eran constantes fundamentales que debían medirse experimentalmente. Así pues, las propiedades del electrón, en la realidad física accesible a la experiencia, se obtenían de la suma de todas las contribuciones infinitas al simple proceso de propagación del mismo o al de su interacción con otra partícula por medio de la emisión de un fotón. De ese modo, fruto de esta redefinición de las propiedades físicas del electrón, podían sustraerse todos los infinitos que emergían en el cálculo de la probabilidad para cualquier proceso físico y en cualquier orden del desarrollo en perturbaciones, quedando solo las contribuciones finitas.

La formulación cuántica de la interacción electromagnética totalmente compatible con la relatividad especial fue desarrollada por Dyson, Schwinger, Feynman y Tomonaga. En el electromagnetismo de Maxwell, los mismos campos electromagnéticos podían derivarse de un conjunto infinito de potenciales relacionados entre sí por una suerte de transformaciones que se dio en llamar *transformaciones gauge*. Ilustremos la idea con un ejemplo sencillo. Como ya se comentó, el campo eléctrico se obtiene a partir de las variaciones del potencial eléctrico, pero aquel no depende del valor absoluto de este ni del origen de potencial (punto o región del espacio en el que su valor es cero), que suele definirse para fijar dicho valor absoluto. Por tanto, el campo eléctrico permanecerá inalterado por un cambio arbitrario del origen de potencial. Del mismo modo, los campos y las fuerzas electromagnéticas serán los mismos aun cuando los potenciales puedan ser modificados de manera continua siguiendo ciertas reglas de transformación. Esto es lo que los matemáticos llaman una *simetría*. Una pelota lisa y perfectamente esférica es *simétrica bajo rotaciones* porque el estado en que queda al efectuar sobre ella un giro con cualquier ángulo respecto a cualquier eje que pase por su centro es idéntico al de partida. Si perdemos de vista la pelota mientras rota, la apariencia de la pelota en su estado final no nos servirá para saber cuánto y cómo ha rotado. Una simetría expresa, por tanto, una invariancia frente a algún tipo de transformación. Así, las ecuaciones de Maxwell eran invariantes frente a transformaciones gauge o respetaban una simetría gauge. También eran invariantes frente a las transformaciones de Lorentz (es decir, consistentes con la relatividad especial) o respetaban la simetría de Lorentz. Los trabajos llevados a cabo por los mencionados autores entre 1946 y 1950 probaron que exigien-

No hemos encontrado nada equivocado en la teoría de la electrodinámica cuántica. Por tanto, yo diría que es la joya de la física.

RICHARD P. FEYNMAN

do estas dos simetrías para los campos fermiónicos, que representan la materia, y para los bosónicos, que representan la radiación, se obtenía la densidad lagrangiana de la electrodinámica. Esta podía cuantizarse como hemos explicado y, precisamente gracias a estas simetrías, podía aplicarse sistemáticamente y sin ninguna ambigüedad el procedimiento sugerido por Bethe. Procedimiento, conocido como *renormalización*, que juega un papel esencial en toda TCC, y por medio del cual la definición de parámetros físicos, como la masa o la carga del electrón, absorben los infinitos de la teoría que el desarrollo en perturbaciones pone de manifiesto.

Siguiendo este esquema, la electrodinámica cuántica emergió como una teoría cuántica de los campos relativistas que describen la materia, la radiación y sus interacciones, inducidas por la carga eléctrica. Y se convirtió, además, en el modelo para la formulación de otras interacciones fundamentales entre partículas elementales, como las nucleares. El refinamiento alcanzado hoy en el uso de esta teoría es tal que, por ejemplo, puede calcularse el corrimiento Lamb con una precisión superior a una parte en un millón, obteniéndose un resultado que concuerda magníficamente con las medidas experimentales, y pueden calcularse también otras cantidades incluso con mayor precisión e igual conformidad con los experimentos.

La fauna subnuclear y la vía óctuple

El pion postulado por Yukawa fue la primera de muchas otras nuevas partículas subnucleares, descubiertas en los años cincuenta del siglo XX, y que constituyeron una fauna inextricable. La aplicación de la teoría de grupos y de la simetría como principio organizador permitió ordenarlas y puso de manifiesto su estructura subyacente.

En la década de los cuarenta, la comprensión de la estructura última de la materia que habían adquirido los físicos les llevaba a postular la existencia de cuatro tipos de ladrillos elementales. Tres de ellos, protón, neutrón y electrón, habían sido descubiertos experimentalmente; el cuarto, el neutrino, era una partícula esquiva que había sido propuesta por Pauli para justificar la naturaleza singular de las desintegraciones nucleares débiles (figura 1) y no sería descubierta hasta 1956. Las cuatro partículas eran fermiones, poseían espín 1/2, y por ello se suponía que eran constituyentes elementales de la materia. Obedecían al principio de exclusión de Pauli y, al formar estados ligados multifermiónicos, cada uno adoptaba un número cuántico diferente, haciendo posible la ocupación de niveles cuánticos que era característica de la materia. Protón y neutrón sentían la fuerza nuclear fuerte y formaban estados ligados que originaban el núcleo atómico. No así el electrón y el neutrino. El electrón se ligaba al núcleo —por medio de las fuerzas electromagnéticas que sentía en proporción a su carga eléctrica, al igual que el protón— formando átomos. El neutrino, sin carga eléctrica, solo interaccionaba con las otras tres partículas por medio de las fuerzas nucleares débiles.

FIG. 1

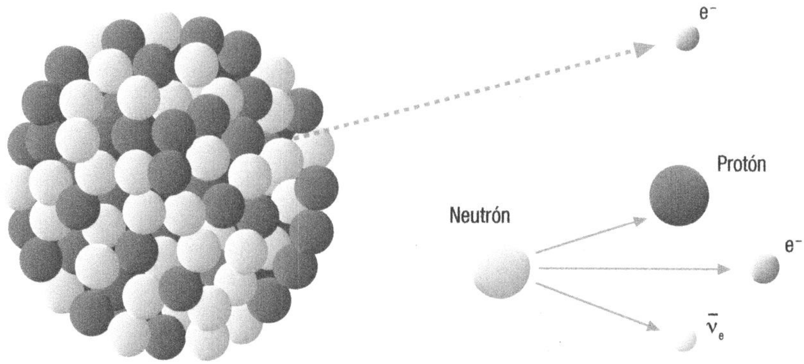

Radiación beta negativa de un núcleo y la reacción de desintegración del neutrón que la origina.

En cuanto al «cemento» de la materia, las interacciones fundamentales, la electrodinámica cuántica había emergido, al final de la década, como la teoría cuántica de campos relativistas para el electromagnetismo. En esta, se explicaban las fuerzas entre cargas como resultado del intercambio de fotones, los cuantos del campo electromagnético. Previamente, en 1935, Yukawa había postulado la existencia de un campo que se acoplaba a los campos fermiónicos del protón y el neutrón, para explicar así la fuerza nuclear fuerte. Los cuantos de ese campo eran los piones, que fueron detectados experimentalmente en 1947. Pion y fotón eran bosones, con espín nulo el primero y espín 1 el segundo, mediadores, respectivamente, de las fuerzas nuclear fuerte y electromagnética.

En esencia, bosones y fermiones diferían, por su espín entero o semientero, a causa de una simetría cuántica: la función de onda que describía un estado de múltiples fermiones únicamente debía cambiar de signo cuando dos de ellos eran permutados; si el sistema estaba formado por bosones, la función de onda no cambiaba. Ilustremos con un ejemplo sencillo esta propiedad de los sistemas cuánticos. Consideremos dos fermiones, que designaremos como 1 y 2, y que pueden ocupar dos niveles cuánticos posibles, con funciones de onda monoparticulares (que describen el estado de una sola partícula), φ_A y φ_B(fi). La función de onda para el sistema de dos fermiones, atendiendo a la simetría bajo permutación, debería escribirse como:

$$\varphi_A(1)\,\varphi_B(2) - \varphi_A(2)\,\varphi_B(1),$$

combinación que, como puede comprobarse inmediatamente, cambia de signo bajo el intercambio de las partículas 1 y 2. En el caso de bosones, la combinación sería:

$$\varphi_A(1)\,\varphi_B(2) + \varphi_A(2)\,\varphi_B(1).$$

Se dice que la función de onda es antisimétrica frente a permutaciones para los fermiones y simétrica para los bosones.

En el caso de que dos fermiones ocuparan el mismo estado, con los mismos números cuánticos, su permutación conduciría a un sistema idéntico al anterior a la permuta, aunque descrito por una función de onda con signo opuesto al inicial. Por tanto, la función de onda del sistema tiene que ser igual a su opuesta, en cuyo caso solo puede ser idénticamente nula, no correspondiendo a ningún estado físico. Este fenómeno queda claramente ilustrado por el anterior ejemplo, donde la función de onda para los dos fermiones resultará ser nula si A y B son el mismo estado. Por esa razón, en los sistemas con múltiples fermiones, cada uno de ellos debía distinguirse de los demás en algún número cuántico. Así se explicaba el principio de exclusión de Pauli para los fermiones.

Recapitulando, toda la materia que compone nuestro universo parecía obtenerse por combinación de fermiones de tres tipos; un cuarto tipo intervenía en las reacciones dominadas por las fuerzas débiles. Se ligaban fundamentalmente por la acción de dos fuerzas, la electromagnética, mediada por fotones, y la nuclear fuerte, mediada por piones. ¿Eso era todo?

LA FAUNA SUBNUCLEAR

El minucioso examen de la radiación cósmica que bombardea continuamente la Tierra desde el espacio exterior había permitido a Cecil Powell, en 1947, identificar una partícula de propiedades parecidas a las del pion de Yukawa. Pero el pion no llegó solo. En el mismo año, y de nuevo a partir de sucesos producidos por los rayos cósmicos, George Dixon Rochester y Clifford Charles Butler descubrieron una partícula similar al pion pero más pesada que él, lo suficiente como para desintegrarse en dos o, incluso, tres piones. Y, antes incluso, en 1936, otra partícula se unió a la fiesta sin invitación, cuando Carl David Anderson y Seth Neddermeyer descubrieron, una vez más analizando la radiación cósmica, una partícula con la misma carga negativa del electrón pero unas 200 veces más pesada. Partícula que, sin embargo, resultó ser un fermión y no sentir la fuerza nuclear fuerte, de modo que no encajaba como candidata a ser la sugerida por Yukawa. La primera recibió el nombre de mesón K o *kaón*, y esta última, el de mesón μ (mu) o *muon*. En realidad, acabarían apareciendo cuatro kaones: K^+, con carga positiva igual a la del protón, y su antipartícula K^-, y el kaón neutro K^0 y su antipartícula $\bar{K}^0$. Del mismo modo, también aparecerían tres piones, π^+ y su antipartícula π^-, cargados positiva y negativamente, y el pion neutro π^0, que resultó ser su propia antipartícula. En general, todas las partículas serán neutras o poseerán un múltiplo entero de la unidad de carga elemental (la del electrón o la del protón), con el signo indicado por el superíndice. El nombre genérico de *mesón* había sido acuñado para referirse a partículas con una masa intermedia entre el electrón y el protón que, como había sugerido Yukawa, eran portadoras de la interacción fuerte. Piones y kaones pertenecían a esta categoría. El muon, en cambio, no. Era una réplica del electrón, aunque mucho más masivo, y también poseía una antipartícula que replicaba al positrón.

Así, el panorama que la física de partículas ofrecía al inicio de la década de 1950 era aún sencillo. La paleta de ingredientes elementales seguía siendo singularmente simple. Solo tres fermiones se combinaban para producir más de un centenar de especies químicas, aunque la existencia del muon, la copia masiva del electrón, resultaba algo inquietante. Otro tanto podía decirse de la proliferación de mesones aparecidos del escrutinio de los rayos cósmicos. ¿Por qué esa variedad de mesones? Todos ellos con espín 0 y distinguiéndose por su carga eléctrica o su masa. Todos inestables, viviendo antes de desintegrarse brevísimos intervalos de tiempo, que podían variar entre unas pocas cienmillonésimas de segundo, en el caso de los piones cargados, y poco menos de unas cientrillonésimas de segundo, como el pion neutro.

> ¿Quién ha pedido *eso*?
>
> **Isidor I. Rabi ante el descubrimiento del muon**

Sin embargo, conforme la década avanzaba, la inquietud daría paso al desconcierto, al tiempo que la sencillez del panorama se desvanecía. El escrutinio de los rayos cósmicos continuó deparando descubrimientos de más mesones, como las partículas η (eta) y η', algunos con espín entero igual a 1, como el mesón ρ (rho). Pero lo que resultó más inesperado fue que, como fruto de experimentos de dispersión de piones por nucleones, apareció también un nuevo grupo de fermiones con espín 3/2 y una masa aproximadamente un 25% mayor que la de los nucleones: las partículas Δ (delta), de las que se hallarían cuatro, a saber, Δ^{++}, Δ^{+}, Δ^{0} y Δ^{-}, que se distinguían por su carga eléctrica, indicada, como en el caso de los piones o los kaones, por el superíndice. Igualmente inestables, vivían un lapso de tiempo aún más corto que los piones neutros, casi cien cuatrillonésimas de segundo. Y, al desintegrarse, de nuevo dejaban tras de sí un pion y un nucleón. Una observación que cabía hacerse en este punto es que, si como resultado de la colisión de un protón y un pion el resultado era una partícula Δ o, al revés, esta última podía «romperse» en un protón y un pion, entonces la partícula Δ quizá no fuera elemental. Pero ¿y el protón? ¿Era el protón una partícula elemental?

Los físicos de partículas perseveraron en sus experimentos de dispersión. La relatividad especial había mostrado que, de algún modo, la energía y la masa eran interconvertibles. Las partículas se desintegraban produciendo otras partículas y, en muchos casos, también fotones, es decir, radiación. La energía de las partículas finales, calculada con la ecuación de Einstein, que tenía en cuenta su masa y la energía cinética asociada a su cantidad de movimiento, tenía que ser igual a la de la partícula inicial. Lo mismo ocurría con las partículas antes y después de una colisión. Para producir partículas más y más masivas y, por tanto, muy energéticas, era necesario elevar la energía de los proyectiles, acelerándolos para incrementar su cantidad de movimiento. A mayor velocidad, mayor energía disponible para producir una nueva partícula más masiva como resultado de colisiones. De ese modo, los físicos experimentales de partículas continuaron descubriendo más y más fermiones con mayor masa que los nucleones. Todos ellos, incluidos el protón y el neutrón, recibieron el nombre genérico de *bariones*, para distinguirlos del electrón, el muon y el neutrino, mucho más ligeros y que pasaron a conocerse como *leptones*. Además de por su masa, los últimos diferían claramente de los primeros por su insensibilidad a la fuerza nuclear fuerte. Las partículas que sí la sentían, bariones y mesones, se agruparon en una nueva familia y recibieron el nombre genérico de *hadrones*. Se había pasado de la sencillez elemental de década de 1940 a un verdadero galimatías de nuevas y variadas partículas que, en los cincuenta, empezaban a conformar una sopa indescifrable de letras griegas.

Prefiero tener preguntas que no pueden ser respondidas a respuestas que no pueden ser preguntadas.

Richard P. Feynman

ORDEN Y EXTRAÑEZA

Si el hallazgo de las partículas Δ podía considerarse como inesperado, «extraño» era el adjetivo apropiado para calificar la aparición de otro nuevo conjunto de bariones, también en la década

LOS RAYOS CÓSMICOS

Los rayos cósmicos están provocados por núcleos desnudos de electrones y extremadamente energéticos (desde 1 000 hasta 1 000 billones de MeV) que, permanentemente, bombardean la Tierra desde el espacio. El origen de esos núcleos es aún incierto. Se piensa que el núcleo activo de la galaxia o estrellas masivas en su fase de supernova pueden ser sus principales fuentes, externas al sistema solar.

Reacciones en cascada

Los núcleos energéticos (el 99 % son protones y partículas alfa) constituyen el rayo cósmico primario que colisiona con núcleos atmosféricos, principalmente oxígeno y nitrógeno. Fruto de estas colisiones, y de la energía transportada por el rayo primario, se produce una cascada de nuevas partículas que constituyen los rayos cósmicos secundarios. Entre ellas hay muones y neutrinos o fotones, productos de la desintegración de los piones cargados o neutros, y una cascada de hadrones producidos por la cadena de colisiones sucesivas con núcleos atmosféricos a partir del rayo primario. Muchas de estas partículas alcanzan la superficie de la Tierra.

Esquema de la cascada de reacciones que originan los rayos cósmicos secundarios.

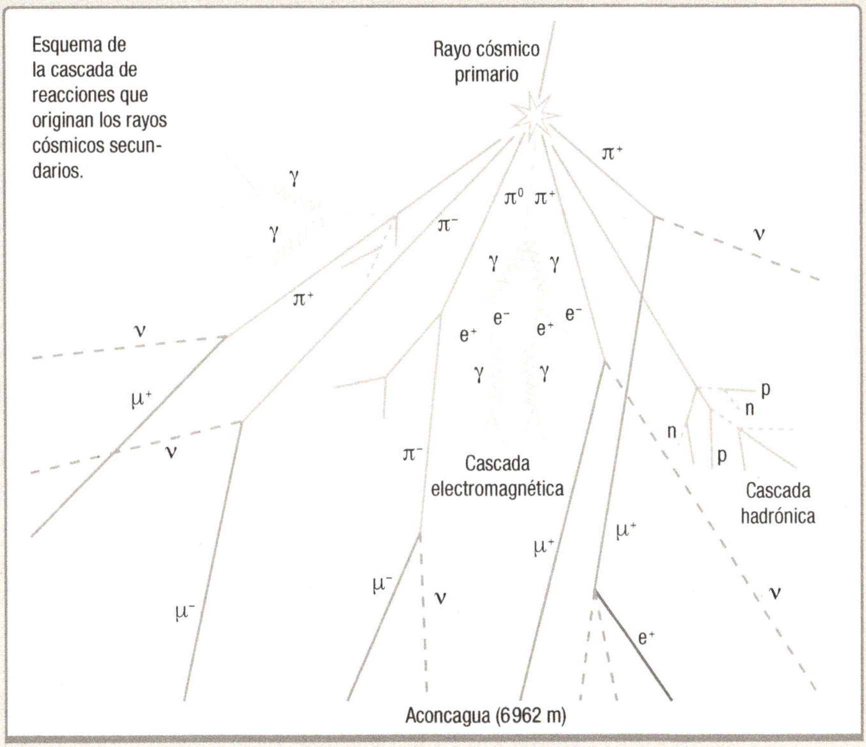

de 1950. Estas partículas siguieron siendo bautizadas con letras griegas, como las Σ^+, Σ^0, Σ^-, Ξ^-, Ξ^0 o Λ (sigma, xi y lambda), cuya masa excedía la de los nucleones entre un 20% y un 30% y que, como estos, poseían espín 1/2. Aparecerían también otros bariones con espín 3/2, más pesados que las partículas Δ e igualmente extraños. ¿En qué consistía su «extrañeza»? Para entender el comportamiento anómalo de estas partículas extrañas, debemos saber un poco más de todas ellas. De sus propiedades y de cómo se desintegran.

Empecemos por los nucleones. El protón es solo levemente más ligero que el neutrón. Sus masas difieren en poco más de un uno por mil. Son prácticamente iguales. Tal semejanza no puede ser casual. En la década de 1930, poco después del descubrimiento del neutrón, Werner Heisenberg interpretó esta semejanza en términos de simetría. Sugirió que, dado que protón y neutrón eran casi idénticos (salvo por su carga eléctrica) y sentían la fuerza nuclear fuerte, esta última debía ser invariante frente a la transformación consistente en permutar protones y neutrones. En términos más técnicos, diríamos que las partículas tienen una propiedad o número cuántico análogo al espín, que pasó a denominarse *isospín*, cuyas dos componentes o proyecciones correspondían al protón y al neutrón. Transformaciones que operaban en el espacio abstracto de isospín (análogo al espacio espinorial o de espín del que hablamos en el capítulo anterior) podían transmutar unas componentes en las otras, y la interacción fuerte era invariante bajo dichas transformaciones. Esta simetría recibió el nombre de *simetría de isospín*.

Las transformaciones de simetría de isospín tienen una estructura bien conocida y estudiada por una rama de la matemática denominada teoría de grupos. Forman un *grupo de Lie*. Nos contentaremos aquí con citar su nombre e indicar simplemente que la teoría de grupos proporciona una potente herramienta para el estudio y clasificación de las partículas en conjuntos de estados o componentes conectados por transformaciones de simetría, que suelen denominarse genéricamente *multipletes*. Y retengamos, como idea esencial, que el origen de esta simetría está en el hecho de que las partículas que forman estos multipletes se comportan de manera idéntica en lo que respecta a la interacción nuclear fuerte. Podemos intercambiarlas sin que ninguna de las consecuencias de esta interacción se vea alterada. Si la fuerza nuclear fuerte fuera la única de la naturaleza, el mundo sería exactamente igual antes y después del intercambio. Y si la simetría de isospín fuera exacta, es decir, respetada por todas las fuerzas de la naturaleza, todas las partículas de un multiplete tendrían exactamente la misma masa.

El número de componentes de un multiplete depende del valor del número cuántico de isospín, que representaremos como I. Al igual que en el caso del espín, el isospín puede visualizarse como un vector que admite solo algunas posibles proyecciones sobre un eje. En general, el número de valores posibles para la proyección va desde $-I$ hasta I, de uno en uno. Cada posible valor caracterizará una de las componentes del multiplete. Así, para $I = 1/2$, existirán dos proyecciones posibles, con valores $+1/2$ y $-1/2$, y dos componentes. Para $I = 1$, las tres componentes posibles corresponden a las proyecciones -1, 0 y 1. Y así sucesivamente. Siguiendo este esquema, las partículas con masa próxima podían agruparse y ser ordenadas en multipletes de diferente isospín. El protón y el neutrón formarían un multiplete de isospín $I = 1/2$, al igual que Ξ^- y Ξ^0. Las tres Σ formarían un multiplete para $I = 1$, y las cuatro Δ uno de $I = 3/2$. El mismo esquema podía aplicarse a todos los hadrones, como puede verse en las siguientes tablas, que ilustran los multipletes para diferentes valores de isospín.

LOS OCHO MESONES CON ESPÍN 0 MÁS LIGEROS				
Mesón (espín = 0)	**Isospín (*I*)**	**Extrañeza (*S*)**	**Carga (e)**	**Masa (MeV)**
π^+, π^-, π^0	1	0	+1, −1, 0	139,7; 139,7; 135,0
η	0	0	0	547,9
K^+, K^0	1/2	1	+1, 0	493,7; 497,6
$K^-, \bar{K}^0$	1/2	−1	−1, 0	493,7; 497,6

LOS OCHO BARIONES CON ESPÍN 1/2 MÁS LIGEROS				
Barión (espín = 1/2)	**Isospín (*I*)**	**Extrañeza (*S*)**	**Carga (e)**	**Masa (MeV)**
p, n	1/2	0	+1, 0	938,3; 939,6
Λ^0	0	−1	0	1 115,7
$\Sigma^+, \Sigma^-, \Sigma^0$	1	−1	+1, −1, 0	1 189,4; 1 197,5; 1 192,6
Ξ^-, Ξ^0	1/2	−2	−1, 0	1 321,7; 1 314,9

LOS DIEZ BARIONES CON ESPÍN 3/2 MÁS LIGEROS				
Barión (espín = 3/2)	**Isospín (*I*)**	**Extrañeza (*S*)**	**Carga (e)**	**Masa (MeV)**
$\Delta^{++}, \Delta^+, \Delta^0, \Delta^-$	3/2	0	+2, +1, 0, −1	1 232
$\Sigma^{*+}, \Sigma^{*0}, \Sigma^{*-}$	1	−1	+1, 0, −1	1 382,8; 1 383,3; 1 387,2
Ξ^{*-}, Ξ^{*0}	1/2	−2	−1, 0	1 535,0; 1 531,8
Ω^-	0	−3	−1	1 672,5

Todos los hadrones, salvo el protón, son inestables y se desintegran en intervalos de tiempo muy breves, que dependen de la naturaleza de su reacción de desintegración. Estas reacciones son un caso particular de reacciones entre partículas. En todas ellas debe conservarse tanto la energía como la carga eléctrica. Por ejemplo:

$$\pi^+ \rightarrow \mu^+ + \nu,$$

donde el pion cargado positivamente se desintegraba en un antimuón (también con carga positiva) y un neutrino, del mismo modo que el neutrón decaía en un protón, un electrón y un antineutrino (la antipartícula del neutrino):

$$n \rightarrow p + e + \bar{\nu}.$$

Esta última reacción estaba en la base de las desintegraciones nucleares débiles que, en década de 1930, había descrito Fermi, después de que Pauli sugiriera la existencia del neutrino como un elemento esencial en este tipo de desintegraciones. Igualmente, la desintegración del pion cargado era el resultado de interacciones débiles, como resultaba patente por la emisión de un neutrino. Ello explicaba por qué el pion vivía un tiempo relativamente largo, unas pocas cienmillonésimas de segundo, en comparación con las trillonésimas o cuatrillonésimas de segundo de otras partículas, como las Δ. Estas, por ejemplo, se desintegraban del siguiente modo:

$$\Delta^- \rightarrow n + \pi^-,$$

por la acción de la fuerza nuclear fuerte, mucho más intensa que la débil. La probabilidad de ocurrencia de un proceso de desintegración crece con la intensidad de la fuerza que lo gobierna, siendo el tiempo necesario, en promedio, para dicha desintegración inversamente proporcional a la probabilidad. Así, el tiempo de vida de las partículas que decaen vía interacción fuerte es muchísimo más corto que el de aquellas cuyo único canal de desintegración se debe la fuerza nuclear débil.

Además de la energía, la cantidad de movimiento y la carga eléctrica, se conservaba también el número de bariones y leptones antes y después de la reacción. De hecho, técnicamente, se define la conservación de una propiedad denominada *número bariónico*, que se calcula asignando un 1 por cada barión, un –1 por cada antibarión y un 0 para el resto de partículas. Lo mismo se aplica para el *número leptónico*. Por ejemplo, en la desintegración del pion cargado, cuya reacción hemos ilustrado antes, la partícula inicial es un mesón, con números bariónico y leptónico iguales a 0, y se desintegra en un antimuón y un neutrino, cuyos números bariónicos son ambos 0 y los leptónicos son, respectivamente, –1 y 1, sumando también 0. En el caso de la desintegración del neutrón, también explicada antes, el número bariónico es 1 antes y después de la reacción, y el leptónico es 0. Y lo mismo ocurre para la desintegración de la partícula Δ. En el primer caso, la masa del pion es unas ocho veces menor que la del barión más ligero (el protón), haciendo imposible un canal de desintegración espontáneo que implique producción de bariones. Por ello, al producirse únicamente leptones en el estado final, el decaimiento no puede ser gobernado por la interacción fuerte (que no afecta a los leptones). En los otros dos ejemplos, la conservación del número bariónico exige el decaimiento de un barión en otro barión más ligero: el neutrón en un protón y la partícula Δ, en un neutrón.

¿De qué depende que una desintegración esté gobernada por la fuerza nuclear fuerte o débil? Dentro del mismo multiplete, la desintegración de unas partículas en otras estaría prohibida por la simetría de isospín, de ser esta exacta. Y no se producirá vía interacción fuerte, por respetar esta la mencionada simetría. En cambio, las interacciones débiles la rompen y, precisamente por ello, el neutrón decae en un protón, bajo la acción de la fuerza nuclear débil. El neutrón invierte en desintegrarse, en promedio, unos 886 segundos. La razón de un tiempo tan extremadamente largo, comparado con las cienmillonésimas de segundo del pion cargado, está en la pequeñísima diferencia de masa entre el neutrón y el protón. A mayor diferencia de masas entre el estado inicial y final, más rápido será el decaimiento, aunque, en ambos casos, estén gobernados por la fuerza nuclear débil. El barión Δ, en cambio, no pertenece al mismo multiplete que el neutrón y nada impide que pueda decaer en él, vía interacción fuerte, con una vida más de un billón de veces más corta que la del pion. ¿Y los bariones extraños Σ, Λ o Ξ? Su rareza radica precisamente en que, aun no perteneciendo al multiplete de los nucleones, solo decaían a neutrones o protones en tiempos de desintegración compatibles con la interacción débil. Por ejemplo, la Σ^- se desintegraba en neutrones y piones, pero lo hacía en un tiempo cien billones de veces mayor que la Δ^-. Lo mismo ocurría con la Λ, cuya vida media era del mismo rango que la del pion cargado, que decaía débilmente. ¿Por qué?

La respuesta correcta a este enigma la dieron, independientemente, Murray Gell-Mann y Kazuhiko Nishijima, quienes propusieron la existencia de un nuevo número cuántico que debía combinarse con el isospín y que, como los números bariónicos y leptónicos, debía conservarse en las interacciones fuertes. Denominaron *extrañeza* a este número cuántico y emplearon la letra S para representarlo. Básicamente, asignaron un valor $S=0$ para todos los bariones que podían decaer en nucleones vía interacción fuerte y dieron distintos valores enteros a todas las partículas extrañas, en función de cómo se producían y se desintegraban (véanse las tablas de las págs. 103-104). Por ejemplo, dado que la siguiente reacción:

$$\pi^- + p \rightarrow K^+ + \Sigma^-$$

producía partículas extrañas en las colisiones a altas energías de piones y protones vía interacción fuerte, se asignó el valor $S=1$ a K^+ y $S=-1$ a Σ^-, de suerte que la extrañeza resultara nula antes y después de la reacción. De modo análogo, se asignó la extrañeza para el resto de hadrones.

Dentro de este esquema, la conservación del número cuántico S en los procesos gobernados por la interacción fuerte, prohibía la desintegración de los bariones Σ (con $S=-1$) en nucleones (con $S=0$) y convertía al barión extraño más ligero, la Λ, en una partícula que únicamente podía desintegrarse vía interacción débil, como los piones cargados. Con la introducción de la extrañeza se daba cuenta de toda la fenomenología observada en las reacciones con partículas extrañas.

«TRES QUARKS PARA MUSTER MARK»

La simetría de isospín había permitido agrupar los hadrones en multipletes, ordenados por la proyección del isospín. La introducción del número cuántico de extrañeza sugirió, de manera inmediata, que debía ser posible generalizar este esquema y ordenar los hadrones dentro de multipletes mayores que incorporaran el nuevo número cuántico. Para ello, fue necesario emplear de nuevo la teoría de grupos, definiendo nuevas transformaciones de simetría que generaran esos nuevos multipletes que pudieran acomodar un número mayor de hadrones. El primer problema consistía en identificar estos grupos mayores de hadrones, todos ellos con masas suficientemente parecidas. En el caso del isospín, las masas variaban muy poco para las partículas de cada multiplete. Por ejemplo, las cuatro Δ tenían una masa de 1232 MeV, y el rango de masas de las tres Σ iba de 1189 a 1197 MeV. Sin embargo, no resultaba igual de fácil integrar los multipletes, a su vez, en estructuras mayores, dada la dispersión de sus masas.

Finalmente, hacia 1960, Gell-Mann y el físico israelí Yuval Ne'eman resolvieron el puzle. Combinando adecuadamente los número cuánticos de extrañeza y de isospín y usando las técnicas de la teoría de grupos, acomodaron todos los hadrones descubiertos hasta la fecha en los multipletes asociados a un grupo de Lie que se representa como SU(3). En particular, uno de esos multipletes cuenta con ocho elementos y recibe el nombre de *octete.* De acuerdo con Gell-Mann y Ne'eman, se alojaron en un octete todos los bariones conocidos con espín 1/2, a saber, los dos nucleones, las tres Σ, las dos Ξ y la Λ, con un rango de masas que iba desde los 938 MeV del protón a los 1321 MeV de la Ξ^-. Análogamente, los mesones entonces conocidos también se ordenaban en un octete y un singlete (un único estado al que no afectan las transformaciones de simetría). El octete y el número ocho desempeñaron un papel tan relevante en la resolución del puzle hadrónico, con la ayuda de la teoría de grupos y del grupo SU(3), que los físicos de partículas bautizaron esta sistematización como «vía óctuple», en referencia al camino budista de ocho virtudes para la elevación desde el sufrimiento a la perfección del nirvana.

Más allá del octete, las partículas Δ se integraban, junto con otros cinco bariones de espín 3/2, en un multiplete de diez elementos, denominado decuplete. Nueve bariones de diez. Faltaba uno. Armados con la teoría de grupos y con el principio ordenador que emergía del grupo SU (3), los físicos pudieron predecir las propiedades del barión que aún no habían podido detectar. Si la teoría de Gell-Mann y Ne'eman era correcta, el último barión del decuplete tenía que existir en la naturaleza con espín 3/2, una extrañeza $S = -3$ y una masa aproximada de 1 670 MeV. Los laboratorios experimentales de todo el mundo iniciaron, a principios de la década de los sesenta, una frenética carrera por hallar la pieza que faltaba y que confirmaría la validez de la vía óctuple para la racionalización del mundo de los hadrones. En 1964, los físicos estadounidenses del Brookhaven National Laboratory de Long Island (Nueva York) cobraron la codiciada pieza. Sus detectores de partículas identificaron un barión de 1 672 MeV que reunía todos los requisitos: la partícula Ω^-.

Si fuera capaz de recordar el nombre de todas estas partículas habría sido botánico.

ENRICO FERMI

Las transformaciones de simetría que conforman el grupo SU(3) establecían los multipletes en los que encajaban, como un guante en una mano, los hadrones descubiertos y por descubrir. Sin embargo, la dispersión de las masas de las partículas acomodadas en cada multiplete era mayor que para el caso del isospín. Por ejemplo, el rango de variación de las masas para los octetes bariónico y mesónico era de unos 400 MeV. De esto debía deducirse que la simetría SU(3) estaba lejos de ser exacta en la naturaleza. Tampoco la simetría de isospín era exacta, pero la aproximación era más burda en el caso de SU(3). Pero ¿en qué consistían esas transformaciones de simetría en la naturaleza?

Recordemos que las transformaciones de simetría de isospín, cuyo grupo de Lie se representa como SU(2), habían tenido su origen en la idea de Heisenberg, a principios de década de 1930, de que la fuerza nuclear fuerte podía ser invariante frente al intercambio de neutrones y protones. Aplicando esa idea, todos los hadrones parecían ordenarse en multipletes dictados por transformaciones del mismo tipo, es decir, que implicaban el intercambio de dos elementos de naturaleza distinta. Pero ¿por qué? ¿Cuál era la razón profunda de la existencia de esta simetría que parecía ordenar los hadrones? De manera abstracta, podía pensarse que los multipletes de isospín podrían ser el resultado de que los hadrones poseyeran algún tipo de estructura interna que fuera invariante, o aproximadamente invariante, frente al intercambio de dos entidades que los conformaban. Ahondemos más en esta idea.

¿Qué propiedades físicas tendrían que tener estas entidades constituyentes de los hadrones? En principio, debían tener espín 1/2 para, de ese modo, poder generar por composición estructuras de espín 0 o 1, como los mesones conocidos, y espín 1/2 o 3/2, como los bariones. Precisamente, las reglas de composición de espines dictan que un sistema compuesto por dos espines iguales a 1/2 (mesones) puede tener un espín total igual a la diferencia, $1/2-1/2=0$, o a la suma $1/2+1/2=1$. En el caso de tres espines iguales a 1/2 (bariones), la composición de dos de ellos nos dejaría con espines 0 o 1 que, a su vez compuestos con el tercero, proporcionarían un espín total igual a 1/2 (que resultaría de $0+1/2$ y de $1-1/2$) o 3/2 (de $1+1/2$). Debían contar además con número bariónico, para constituir bariones, y alguna carga eléctrica, por la naturaleza cargada de muchos hadrones. Consideremos, por tanto, dos unidades elementales que llamaremos u y d, y sus respectivas antipartículas, $\bar{u}$ y $\bar{d}$, con carga y números cuánticos opuestos. Centrémonos ahora en adivinar la posible estructura de los mesones. Dado que su número bariónico debe ser 0, las cuatro combinaciones posibles más sencillas son: $u\bar{d}$, $\bar{u}d$, $u\bar{u}$ y $d\bar{d}$. Es decir, los mesones resultarían ser alguna suerte de molécula formada por una de estas entidades y una de sus antipartículas. Si asignamos la combinación $u\bar{d}$ al pion π^+, $\bar{u}d$ encajará como el pion π^-, antipartícula del anterior. Y el pion neutro, π^0, y la también neutra partícula η pueden obtenerse a partir de las combinaciones neutras $u\bar{u}$ y $d\bar{d}$. Si la naturaleza es simétrica bajo el intercambio de estas dos entidades, la masa de las cuatro partículas será la misma, y así ocurre de modo aproximado. Los cuatro mesones que hemos caracterizado poseen espín 0, como resultado de que los espines de cada una de las dos entidades que la forman apuntan en direcciones opuestas y se cancelan. Las mismas combinaciones pueden darse con los dos espines apuntando en la misma dirección, en cuyo caso obtendríamos otros cuatro mesones con espín 1. Efectivamente, esos cuatro mesones existen: ρ^+, ρ^0, ρ^- y ω (omega), con masas que varían entre 775 y 783 MeV. El hecho de que estos cuatro mesones sean

LA ESTABILIDAD DEL PROTÓN

Los dos bariones más ligeros, el protón y el neutrón, poseen masas casi idénticas debido a la simetría SU(2) de sabor. Como puede verse en la figura, el contenido en quarks del protón es uud y el del neutrón es udd. Desde el punto de vista de la interacción fuerte, sustituir el quark u por un quark d no tiene ningún efecto que pueda alterar la masa del sistema. Existe una ligera violación explícita de la simetría SU(2) asociada a la diferencia de masas del quark u y d, aproximadamente 2 MeV para el primero y 5 para el segundo. En términos de carga eléctrica, dadas las cargas 2/3 de u y −1/3 de d, en unidades de la carga elemental, el neutrón es un sistema neutro (2/3 − 1/3 − 1/3 = 0) y el protón posee una carga neta positiva igual a 1 (2/3 + 2/3 − 1/3 = 1). La consecuencia de ello es que la distribución de carga para el protón es más inestable que la del neutrón (las cargas del mismo signo se repelen eléctricamente) y, en consecuencia, la contribución electromagnética a la masa del protón será mayor que para el neutrón. Ambos efectos producirían un protón más masivo que el neutrón. Sin embargo, la fuerza débil los compensa.

Un afortunado y delicado balance

El equilibrio entre las intensidades de la fuerza débil y electromagnética es tal que el neutrón es solo levemente más masivo que el protón, 939,6 frente a 938,3 MeV. Pero esa pequeña diferencia es crucial. El protón es una partícula estable y el neutrón, ligeramente inestable, puede estabilizarse en el colectivo de nucleones que forman un núcleo. Con una fuerza débil algo menos intensa, el protón sería más masivo e inestable y el universo estaría únicamente compuesto por neutrones. Con una fuerza débil algo más intensa, la diferencia de masas entre protón y neutrón crecería y cuatro protones serían más estables que un núcleo de helio, en cuyo caso la reacción de fusión nuclear, que es la fuente de la energía de las estrellas, no podría producirse. El universo sería muy diferente de como es.

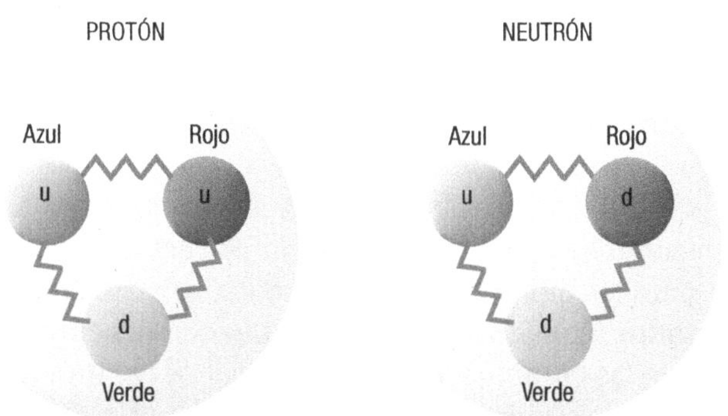

Contenido en quarks del protón y del neutrón.

más masivos que los cuatro de espín 0 refuerza la idea de una estructura interna para los mesones, tal como la hemos descrito, al ser un sistema de dos espines opuestos más estable que uno con dos espines alineados. De hecho, dado un sistema con dos espines opuestos, sería necesario invertir una cierta cantidad de energía para «voltear» uno de ellos y pasar a un sistema con dos espines alineados. Dicha cantidad de energía explicaría el exceso de masa de los mesones de espín 1 respecto a los de espín 0.

Debemos notar que la carga eléctrica de u y $\bar{d}$ (opuesta a la de d) suman la unidad elemental de carga, es decir, la carga positiva del protón. Por tanto, estas entidades elementales deberían portar una fracción de la carga elemental. ¿Cuál? Veamos cómo obtener los bariones a partir de nuestras nuevas entidades elementales. Para fabricar combinaciones con espín 1/2 o 3/2, como los bariones, necesitamos al menos tres de estas entidades, de modo que su número bariónico debería ser 1/3. Las combinaciones más sencillas que podemos construir con ellas son: uuu, uud, udd y ddd. Con los tres espines alineados, el espín total será 3/2 y las cuatro combinaciones deben corresponderse con las cuatro partículas Δ, cuyas masas serán iguales, una vez más, por la simetría de intercambio entre u y d. La combinación uuu debe corresponderse con la partícula Δ^{++}, permitiéndonos asignar a u una carga igual a 2/3 de la unidad elemental, de suerte que la carga total sea: $2/3+2/3+2/3=2$. Análogamente, identificando ddd con la Δ^{-}, necesitaremos para d una carga negativa igual a 1/3 de la unidad elemental, obteniéndose: $-1/3+(-1/3)+(-1/3)=-1$. Así, udd producirá un mesón con carga neutra: $2/3+(-1/3)+(-1/3)=0$, que corresponderá a la Δ^{0}. Y uud, a la Δ^{+}, cuya carga resultaría de: $2/3+2/3+(-1/3)=1$. Estas asignaciones de carga también resultan ser compatibles con la estructura previamente sugerida para los piones, como puede comprobarse fácilmente. De hecho, todos los hadrones con $S=0$ pueden describirse perfectamente con las combinaciones adecuadas de u y d y sus antipartículas.

¿Y los hadrones extraños? La simetría SU(3) que permite su organización en multipletes sugiere la necesidad de una tercera unidad elemental, que llamaremos s, y que podría intercambiarse con u y d sin cambiar el modo en el que la interacción fuerte se manifiesta en la naturaleza. Las distintas combinaciones de u, d y s permitirán describir la estructura elemental de todos los hadrones acomodados en los octetes y el decuplete que hemos introducido al dictado de las transformaciones de simetría (figuras 2 y 3). Sírvanos como ejemplo que los kaones cargados K^- y K^+ resultarían de las combinaciones us y $\bar{s}$u, y el kaón neutro K^0, de $\bar{s}$d. La nueva unidad elemental s poseería una carga negativa igual a 1/3 de la unidad elemental, como d, y una extrañeza $S=-1$. En realidad, bajo este esquema de constituyentes subhadrónicos, los hadrones extraños lo serían por incorporar a s en su estructura. La partícula Ω^-, predicha y finalmente descubierta por los físicos experimentales de Brookhaven, estaría compuesta por sss, y de ahí su extrañeza $S=-3$. Dado que los hadrones extraños son más pesados que los no extraños, cabría imaginar que s es también más pesado que u y d. Así, aunque la interacción

FIG. 2

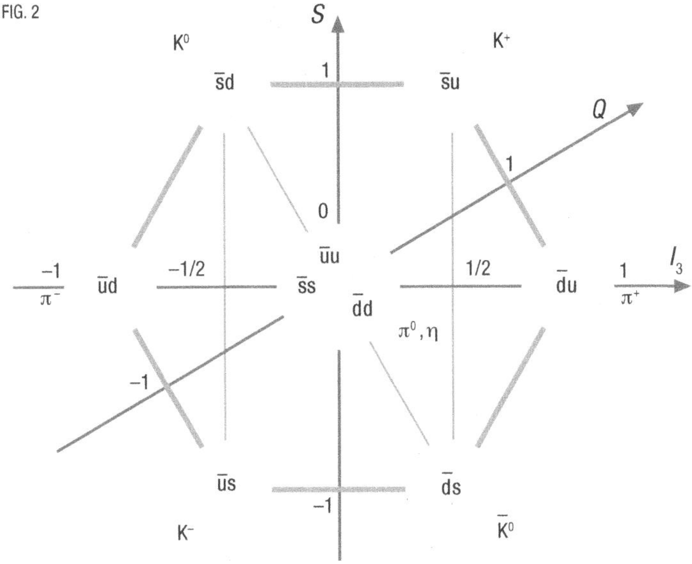

Los ocho mesones más ligeros (véase la tabla de la pág. 103) y su contenido en quarks, ordenados en el octete de SU(3), usando la extrañeza (eje vertical), el isospín (eje horizontal) y la carga (eje oblicuo).

FIG. 3

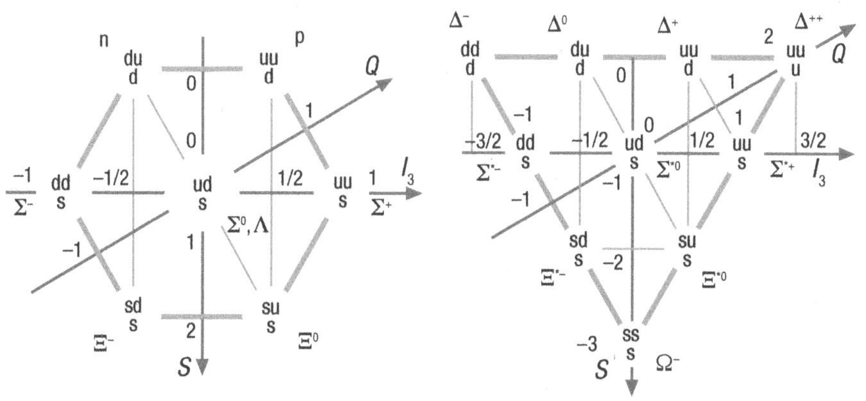

Bariones más ligeros con espín 1/2 y espín 3/2 (véanse las tablas de la pág. 104) y su contenido en quarks, ordenados en el octete y decuplete de SU(3).

fuerte fuera exactamente invariante frente a las sustituciones de u, d y s, la mayor masa de este último contribuiría a la dispersión de masas en los multipletes de SU(3).

Inspirándose en las ideas que acabamos de relatar brevemente, Murray Gell-Mann y George Zweig, de forma independiente, postularon en 1964 la existencia de los constituyentes subhadrónicos cuyas propiedades acabamos de describir. Gell-Mann bautizó a estos componentes elementales de los hadrones con el nombre de *quarks*, y nombró sus tres diferentes tipos o especies como arriba, abajo y extraño (en inglés, *up*, *down* y *strange*). El nombre de *quark* fue inicialmente una pronunciación sin ortografía definida, con la que Gell-Mann se refería a sus «criaturas», hasta que él mismo tomó prestada dicha ortografía de una críptica cita de James Joyce en su libro *Finnegans Wake*: *«Three quarks for Muster Mark» (Tres quarks para Muster Mark)*.

Del mismo modo que la ordenación de los elementos químicos en la tabla periódica de Mendeléyev, en la segunda mitad del siglo XIX, había sido el reflejo de la estructura interna del átomo que, posteriormente, Thomson y Rutherford comenzaron a desvelar, la organización de la desconcertante fauna de hadrones, surgida en la década de 1950, por medio de los multipletes de las transformaciones de simetría de SU(3) era la reminiscencia de la estructura interna de los hadrones. El protón y el neutrón, entre ellos, resultaron no ser partículas elementales, sino compuestas de otras unidades más elementales: los quarks.

Color, libertad y confinamiento

Los protones y los neutrones están constituidos por unidades elementales que fueron bautizadas como quarks. Son los quarks los que sienten la fuerza fuerte, portada por gluones, que mantiene los núcleos ligados y, aunque no pueden ser vistos, constituyen el sustrato elemental de la realidad visible.

La década de 1960 había revolucionado, una vez más, la comprensión de la estructura última de la materia desde el ámbito de la física moderna. Los componentes elementales de la materia eran, por un lado, los leptones, partículas muy ligeras que solo sentían la fuerza nuclear débil y, en el caso de portar carga, también la interacción electromagnética; por otro, los quarks, misteriosas unidades elementales que portaban fracciones de la carga del electrón y que eran los verdaderos responsables de la fuerza nuclear fuerte. Los hadrones eran partículas no elementales, constituidas por dos o tres quarks, denominadas mesones y bariones, respectivamente. En el caso de los mesones, se trataba de estructuras inestables que, en el mejor de los casos, vivían poco más de una cienmillonésima de segundo, aunque, según la teoría de Yukawa, parecían desempeñar un papel relevante en el modo en que el campo cuántico ligado a la fuerza nuclear fuerte llenaba el espacio, portando y propagando la interacción que permitía que unos bariones se ligaran a otros. Los bariones formaban una familia de fermiones cuyos dos componentes más ligeros eran el protón y el neutrón. Si bien solo el protón aislado es estable (hasta donde sabemos), están tan próximos en masa que un colectivo de protones y neutrones puede formar un núcleo estable. El exceso de masa de un neutrón respecto a un protón se compensa, en los núcleos, por la contribución a la masa del núcleo que resulta de la repulsión eléctrica entre protones. La ilustración más sencilla de este fenómeno la proporciona el hidrógeno-2 o deuterio, isótopo estable compuesto por un protón y un neutrón, cuando la repulsión eléctrica impide que dos protones formen un sistema nuclear ligado. Núcleos y electrones constituyen, a su vez, los átomos que se repiten para construir la materia de la que está hecho el universo que vemos.

No obstante, si los protones y los neutrones, y todos los hadrones, estaban formados por quarks, ¿por qué aún no habían sido detectados? En las colisiones de hadrones a altas energías, estos se rompían y sus quarks constituyentes se reorganizaban. Por ejemplo, en la reacción de dispersión del mesón π^- (cuya estructura interna revela la presencia de una pareja de quarks $d\bar{u}$) por protones (constituidos por un trío de quarks uud), un resultado posible es la producción de Σ^- (con tres quarks dds) y K^+ (con una nueva pareja de quarks $u\bar{s}$). Dicha reacción podría interpretarse como sigue: la colisión rompe el protón y el pion, liberando un quark u y dos quarks d; un quark u y su antiquark $\bar{u}$ se aniquilan entre sí, de tal modo que la energía liberada, incluyendo la originada por la velocidad de colisión de los hadrones, produce una pareja de quark y antiquark, s y $\bar{s}$; y, finalmente, los quarks se reorganizan para constituir un barión Σ^- y un mesón K^+. La primera enseñanza que puede extraerse de este análisis cualitativo de la reacción es que el número de quarks de cada especie se conserva, antes y después de la reacción. Se conserva, al menos, cuando la fuerza nuclear fuerte gobierna la reacción (en los procesos gobernados por la fuerza débil, como veremos, algún quark cambia de especie). Sin embargo, podemos interrogarnos sobre un punto crucial: si la colisión parece liberar los quarks, ¿por qué todos se recombinan en nuevos hadrones? ¿Por qué ninguno resulta despedido como un fragmento de la colisión y es detectado como una partícula aislada? Para intentar responder a esta pregunta necesitamos saber más sobre las fuerzas que mantienen los quarks ligados en un hadrón.

EL SABOR DE LOS QUARKS

En la década de 1930, Yukawa había propuesto una teoría que describía de manera efectiva la fuerza nuclear fuerte entre nucleones, y Fermi había hecho lo propio con la fuerza nuclear débil al formular su teoría para la desintegración débil. En ambos casos, se trata de teorías efectivas que, a pesar de su éxito fenomenológico, no describen de manera fundamental la interacción. En el caso de la desintegración débil, el mecanismo propuesto por Fermi explicaba el proceso por el cual un neutrón decaía en un protón, emitiendo un electrón y un antineutrino, o por el cual un protón emitía un positrón y un neutrino, transformándose en un neutrón. De uno u otro modo, el núcleo aumentaría o disminuiría su número atómico en una unidad, como correspondía a la desintegración débil. En términos de quarks, el proceso consiste en:

$$d \rightarrow u + e^- + \bar{\nu}_e,$$

donde un quark de la especie d se transforma en quark de la especie u y emite un electrón y un antineutrino; o en:

$$u \rightarrow d + e^+ + \nu_e,$$

donde el quark pasa de la especie u a la especie d y emite un positrón y un neutrino, conservándose en ambos casos la carga eléctrica y los números bariónico y leptónico. De ese modo, la estructura udd (neutrón) pasa a uud (protón), o viceversa. La desintegración del kaón cargado, $K^-(u\bar{s})$, en un antimuón y un neutrino también era un proceso débil, cuya tranformación subyacente era:

$$\bar{s} \rightarrow \bar{u} + \mu^+ + \nu_\mu,$$

y la ulterior aniquilación del antiquark $\bar{u}$ y el quark u del kaón. La fuerza nuclear débil, por tanto, implicaba un cambio en la especie de quark, violando explícitamente la simetría de isospín, o la extendida SU(3) propuesta por Gell-Mann y Ne'eman. Los físicos de partículas se pusieron de acuerdo en emplear el término *sabor* para referirse a cada una de las especies de quarks, y la simetría de intercambio de especies, usada para organizar los hadrones en multipletes e inspiradora del modelo de quarks, pasó a conocerse como *simetría de sabor*. En 1964, cuando Zweig y Gell-Man propusieron el modelo de quarks, el número de especies era tres, a saber, arriba (u), abajo (d) y extraño (s). Sin embargo, tres sabores se revelaron insuficientes en un mundo en el que tenían cabida un electrón y un muon. Pronto entenderemos la razón.

En primer lugar, si nos fijamos en las reacciones anteriores, se ha usado una notación diferente para el neutrino que acompaña al muon en el cambio de sabor de $\bar{s}$ y para el que es emitido con el electrón en el cambio de sabor de d. La razón es que no son la misma partícula. No hay un solo neutrino. Hay un neutrino del electrón y un neutrino del muon, y son cuatro, por tanto, los leptones: el electrón y su neutrino, y el muon y su neutrino.

En la segunda mitad de la década de 1960, Sheldon Glashow, Abdus Salam y Steven Weinberg extendieron las ideas que habían llevado a la formulación de la electrodinámica cuántica (QED) para desarrollar una teoría que unificaba las interacciones débiles y electromagnéticas. La formulación de la QED se había basado en la constatación de que las transformaciones gauge propias del electromagnetismo podían escribirse bajo la forma de transformaciones de simetría para los campos, cuya

Arriba, fotografía aérea del CERN en la que se observa el perímetro del acelerador LHC y los detectores ALICE, ATLAS, CMS y LHCb. Abajo, Steven Weinberg (izquierda) y Sheldon Glashow (derecha) se felicitan por el premio Nobel de Física de 1979.

estructura se correspondía con un grupo de Lie, representado como U(1). Bajo esa formulación, emergía una teoría cuántica de campos renormalizable (donde los infinitos se trataban apropiadamente) que reproducía los experimentos con una inusitada precisión. Glashow, Salam y Weinberg descubrieron que podían generalizar el esquema, imponiendo transformaciones de simetría que poseían la estructura de un grupo de Lie más grande, el mismo SU(2) del que hablamos en el capítulo anterior, incorporando los fenómenos asociados a la fuerza nuclear débil. La formulación matemática es muy técnica y compleja, pero el resultado final es una fuerza débil que puede describirse a partir de la interacción de un quark con un leptón, por medio del intercambio de tres nuevos bosones portadores de la interacción: W^+, W^- y Z^0. Los dos primeros, cargados eléctricamente, y el tercero, neutro, como indican los superíndices.

Al hombre le fascina la simetría. Nos gusta ver simetrías en la naturaleza.

RICHARD P. FEYNMAN

Veamos un ejemplo. Consideremos un quark de la especie u y un electrón. El primero emite un bosón W^+ que es absorbido por el segundo, siguiendo el mismo mecanismo cuántico que hemos detallado en el caso de la interacción electromagnética entre particulas cargadas, vía intercambio de fotones. ¿Cuál es el resultado de la emisión y absorción del bosón W^+? El quark u, con carga eléctrica +2/3, en unidades de la carga elemental, pierde la carga +1 del bosón emitido y se transforma en un quark de la especie d, con carga −1/3. Por su parte, el electrón absorbe la carga +1 del bosón y se transforma en el leptón neutro de su misma especie: el neutrino del electrón. En resumen, un quark u y un electrón «se sienten» por medio del campo cuántico de la fuerza débil, portado por un bosón W^+, interaccionan y se transforman, respectivamente, en un quark d y un neutrino del electrón. También es posible considerar que el quark u se transforma en el quark d, emitiendo un bosón W^+ que produce, a su vez, un positrón y un neutrino. El positrón se lleva la carga del bosón y el neutrino conserva el número leptónico. Tal es el proceso elemental, en la teoría de Glashow,

Salam y Weinberg, que explica la conversión de un protón en un neutrón de un núcleo en una desintegración beta positiva (figura 1). Este tipo de procesos, en los que el bosón mediador de la interacción porta carga, se llaman *de corriente cargada*. El bosón Z^0, en cambio, posibilita la interacción de leptones neutros con quarks, sin que cambien ni el sabor ni la carga. Los procesos mediados por el Z^0 se llaman *de corriente neutra* y constituyen una predicción genuina de la teoría. Finalmente fueron descubiertos en 1973 por la colaboración Gargamelle en el CERN (siglas en francés de la Organización Europea para la Investigación Nuclear) de Ginebra.

FIG. 1

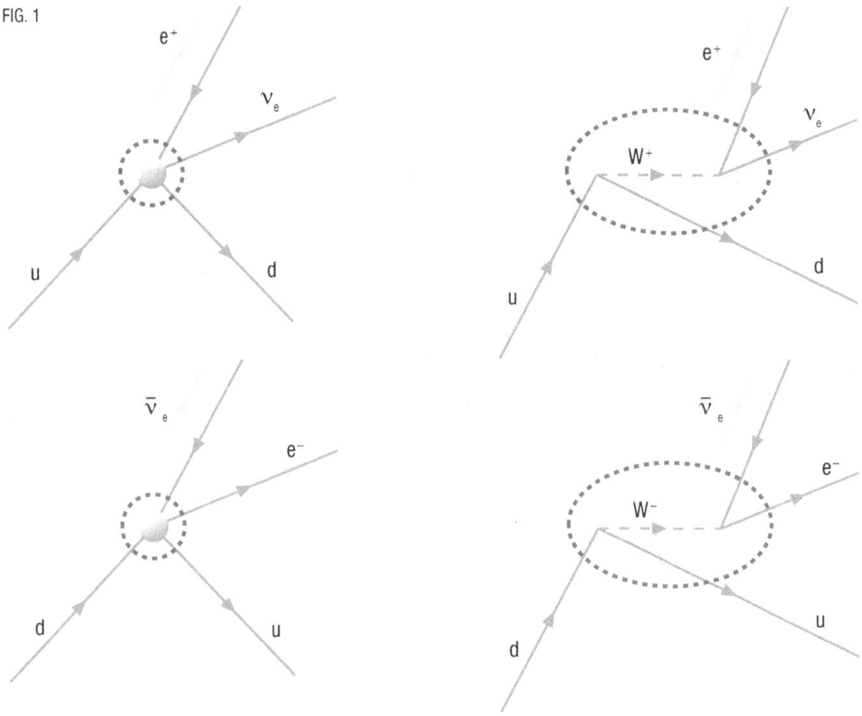

A la izquierda, diagramas que representan la interacción propuesta por Fermi para las desintegraciones débiles beta positiva (arriba) y beta negativa (abajo); a la derecha, los diagramas representan los procesos elementales mediados por bosones que subyacen a estas desintegraciones.

La simetría que está en la base de la teoría unificadora de las interacciones débiles y el electromagnetismo, denominada *de isospín débil*, conduce a que las verdaderas unidades elementales, los quarks y los leptones, se organicen en multipletes de dos elementos, llamados dobletes. Los quarks u y d forman un doblete y el electrón y su neutrino forman otro. Solo esos dos dobletes contienen todos los ingredientes básicos de la materia estable que conocemos en nuestro universo. Quarks u y d para formar protones y neutrones que, a su vez, forman núcleos; electrones que rodean los núcleos, y neutrinos que resultan de las desintegraciones débiles que estabilizan los núcleos. Existía, sin embargo, un segundo doblete de leptones formado por el muon y su neutrino. Este segundo doblete constituye alguna suerte de réplica del primero, pero con masas mayores. Y existía también, en la década de 1960, un sabor adicional de quark, s, que parecía desubicado. Más pesado que los quarks u y d, podría constituir uno de los componentes de un segundo doblete de quarks que completara la réplica de los que formaban la materia estable. Así lo pensaban los físicos a finales de los años sesenta, si bien fueron finalmente Sheldon Glashow, John Iliopoulos y Luciano Maiani los que, en 1970, justificaron la existencia de un cuarto sabor como la causa por la que los kaones neutros no se desintegraban en muones y antimuones, por mediación de dos bosones, W^+ y W^-. La figura 2 ilustra la naturaleza del proceso que posibilitaría este tipo de desintegraciones. Dicho proceso puede interpretarse como la transformación simultánea de los dos quarks del K^0 ($\bar{s}$d), el $\bar{s}$ en un $\bar{u}$ emitiendo un W^+ y el d en un u emitiendo un W^-; los quarks u y $\bar{u}$ se aniquilarían entre sí y los bosones W^+ y W^- generarían una pareja de antimuón y neutrino, el primero, y una pareja de muon y antineutrino, el segundo. En este último paso, los neutrinos tendrán carácter virtual y deben también aniquilarse entre sí, emergiendo únicamente una pareja detectable de muones. Nada prohíbe, en principio, este proceso, si bien ya había quedado experimentalmente excluido en la década de los sesenta. En realidad, como sugirieron Glashow, Iliopoulos y Maiani, el proceso está suprimido por la existencia de un cuarto sabor de quark, que se combinaría con el sabor u en la transfor-

FIG. 2

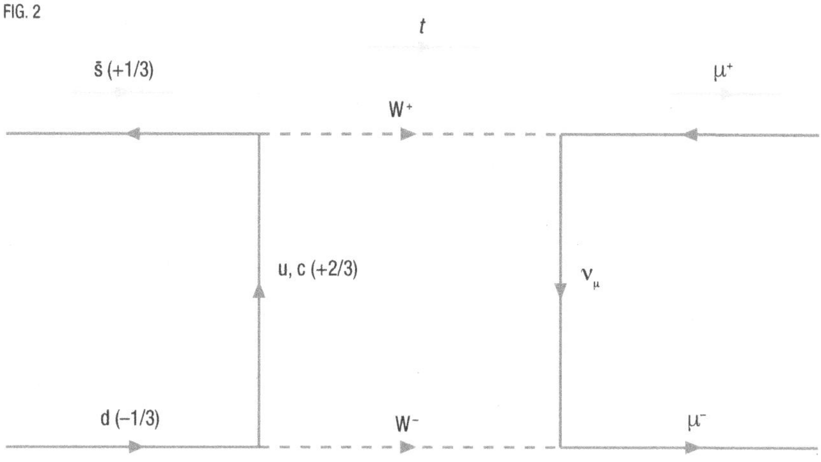

Diagrama de Feynman que representa un proceso en el que un kaón neutro (s̄d, a la izquierda) se desintegra en muones (a la derecha), vía interacción débil. Realmente son dos procesos, uno con el quark u y otro con el quark c, que se mezclan y explican la supresión de la desintegración. Entre paréntesis se indica la carga de la especie de quark.

mación de los quarks s̄ y d, vía interacción débil. Los detalles del porqué de esta supresión son muy técnicos y complejos pero, en esencia, se produciría si el cuarto sabor de quark fuera mucho más pesado que el u.

Este cuarto sabor de quark recibió el nombre de *encanto*, y el *quark encantado*, representado por c, debía ligarse y formar mesones y bariones con los otros sabores y con otros quarks encantados. En 1974, los laboratorios de Brookhaven en Nueva York y el Laboratorio de Aceleradores SLAC en California, anunciaron el descubrimiento de una nueva partícula, un mesón cuya estructura resultó ser c$\bar{c}$ y que los primeros nombraron J y los segundos Ψ (psi). Hoy, se conoce como J/Ψ, la primera partícula con encanto detectada por el ser humano.

Los físicos llamaron *generación* a cada pareja formada por un doblete de quarks y uno de leptones. La primera generación, constituyente de la materia estable, formada por los quarks u y d,

EL BOSÓN DE HIGGS

La teoría de Glashow, Salam y Weinberg unifica el electromagnetismo y la interacción débil, y fruto de esa unificación, los tres bosones débiles y el fotón tienen un origen común. Sin entrar en detalles, la simetría impuesta predice cuatro bosones sin masa, con espín 1 o escalares (espín 0).

Ruptura espontánea de simetría

El conocido mecanismo de Brout-Englert-Higgs rompe espontáneamente la simetría original y explica las masas de los bosones portadores de la fuerza nuclear débil. Según este mecanismo, los cuatro bosones que originalmente emergerían de la teoría unificada se acoplan al campo de Higgs, un campo bosónico escalar o de espín 0. El resultado es que los dos bosones cargados, W^+ y W^-, inicialmente de masa nula, adquieren una masa tal que solo pueden ser mediadores de una interacción de muy corto alcance. Los dos bosones neutros originales dan lugar a dos combinaciones distintas. Una de ellas es el fotón, que no se acopla al campo de Higgs y permanece sin masa, mediando, por tanto, en una interacción de largo alcance; la otra combinación corresponde al bosón Z^0, que adquiere masa y origina los procesos de corriente neutra. La excitación cuántica elemental del campo de Higgs se detecta como una partícula, conocida como bosón de Higgs. El 14 de marzo de 2013, el CERN confirmaba que la partícula anunciada un año antes y producida por el acelerador LHC *(Large Hadron Collider)* era consistente con el bosón de Higgs.

Peter Higgs, uno de los teóricos que predijo la existencia del bosón que lleva su nombre, posa junto a uno de los detectores del LHC, donde se acabó descubriendo la citada partícula.

el electrón y su neutrino; la segunda generación, por los quarks c y s, el muon y su neutrino. Hoy sabemos que hay una tercera formada por los quarks cima *(top)* y fondo *(bottom)*, y un leptón nombrado leptón τ (tau) y su neutrino. El leptón τ es una réplica idéntica al muon o al electrón, aunque mucho más masiva que estos. Otro tanto ocurre, por ejemplo con el quark cima y los quarks c y u. Los físicos no están de acuerdo en el porqué de estas réplicas o de su número pero, hasta donde se sabe, la naturaleza ha producido tres generaciones de quarks y leptones.

EL COLOR DE LOS QUARKS

La interacción propuesta por Yukawa pretendía explicar cómo los nucleones permanecían ligados entre sí en el núcleo. La vía óctuple y el modelo de quarks puso de manifiesto, en la década de 1960, que la pregunta elemental no era cómo se ligan los nucleones, sino cómo lo hacen los quarks en el hadrón. Las fuerzas entre nucleones no eran sino el resultado efectivo de la acción colectiva de una interacción más fundamental entre los constituyentes elementales de los hadrones, del mismo modo que las fuerzas intermoleculares se derivan de las fuerzas de naturaleza eléctrica que mantienen unido el átomo. La interacción fuerte, en realidad, actuaba entre quarks. Pero ¿qué era y cómo actuaba esta interacción?

Centremos nuestra atención primero en la partícula Δ^{++}. Como ya dijimos, se trata de un barión de espín 3/2 con una estructura uuu, en la que el espín de todos los quarks apunta en la misma dirección. Una combinación de tres quarks con los mismos números cuánticos que quedará igual si se permutan dos cualesquiera de ellos. Es decir, una combinación simétrica excluida para fermiones por el principio de exclusión de Pauli. Los quarks son fermiones, ¿significa la existencia misma de la Δ^{++} que no se comportan como deben? El problema ya fue planteado en 1964 por Oscar Greenberg, quien propuso una posible solución que implicaba la existencia de algún número cuántico oculto. Muy poco después, Moo-Young Han y

Yoichiro Nambu sugirieron que la conservación de ese número cuántico estaba asociada a una nueva simetría que organizaba a los quarks en tripletes, respecto a las nuevas transformaciones, permitiendo construir funciones de onda antisimétricas, como el principio de Pauli decretaba. Finalmente, fueron Harald Fritzsch y Murray Gell-Mann, en 1970, los que dieron su forma definitiva al concepto actual de una simetría adicional basada en un nuevo número cuántico. Fritzsch y Gell-Mann llamaron *color* a este nuevo número cuántico y, siguiendo la sugerencia previa de Nambu y Han, propusieron que el color era la fuente del campo cuántico de la fuerza fuerte. El color era, por tanto, una carga como la eléctrica o la de isospín débil y, según el esquema de Fritzsch y Gell-Mann, era independiente de ellas. Los diferentes campos no interferían los unos con los otros.

Las transformaciones de esta nueva simetría de color tenían también la estructura de un grupo de Lie, como las asociadas al campo que unificaba electromagnetismo y fuerza débil (también llamado electrodébil). Dado que la primera teoría cuántica de las interacciones basada en transformaciones de simetría, la QED, había sido sugerida por las transformaciones gauge del electromagnetismo, se dio el nombre genérico de *transformaciones gauge* a aquellas que estaban en el origen de las interacciones fundamentales. Y se llamó *teorías gauge* a las basadas en estas transformaciones de simetría. En el caso de la teoría del color para la interacción fuerte, el grupo de Lie de las transformaciones era SU(3), el mismo que había servido para la vía óctuple y el modelo de quarks. Sin embargo, en aquel caso, la simetría de sabor era una simetría aproximada, por cuanto mezclaba sabores de quarks pertenecientes a dobletes de diferentes generaciones, u, d y s, a escalas de energía y masa muy diferentes. En el caso del color, la simetría se basaba en la existencia y conservación de tres tipos o especies de carga que, por convención, se denominaron rojo, azul y verde. Esta simetría era exacta en la naturaleza y originaba una fuerza fundamental, como la conservación de la carga eléctrica estaba en el origen del electromagnetismo. Cada uno de los quarks debía poseer una carga determinada de color. Eran entidades «coloreadas». De ese modo, era posible construir una configuración antisimétrica de tres quarks u con espines alineados (figura 3) que correspondería a la partícula Δ^{++}.

La teoría cuántica de campos para la interacción fuerte basada en las transformaciones SU(3) de color se conoce como *cromodinámica cuántica* (QCD, por sus siglas en inglés). Igual que sucedía con la teoría de Glashow, Salam y Weinberg, sus detalles son muy técnicos y complejos. Como entonces, nos contentaremos con indicar que el resultado es una interacción mediada por nuevos bosones, ocho en este caso, que se ordenan en un octete. Estos nuevos bosones fueron bautizados como *gluones* (del inglés *glue*, «pegamento»). Los gluones se acoplan a los quarks, es decir, pueden ser emitidos o absorbidos por estos, y dicho acoplamiento es mucho más complicado que el de los fotones con las partículas con carga eléctrica. La emisión de un fotón no comportaba ningún cambio en la naturaleza de la carga de la partícula. Un electrón seguía siendo un electrón, con su misma carga elemental negativa, cuando emitía el fotón virtual que portaría la cantidad de movimiento intercambiada con un segundo electrón. Este segundo electrón tampoco veía alterada su carga, o ninguna otra de sus propiedades esenciales, cuando absorbía el fotón virtual. Los bosones $W^{+/-}$, en cambio, aumentaban o disminuían la carga

FIG. 3

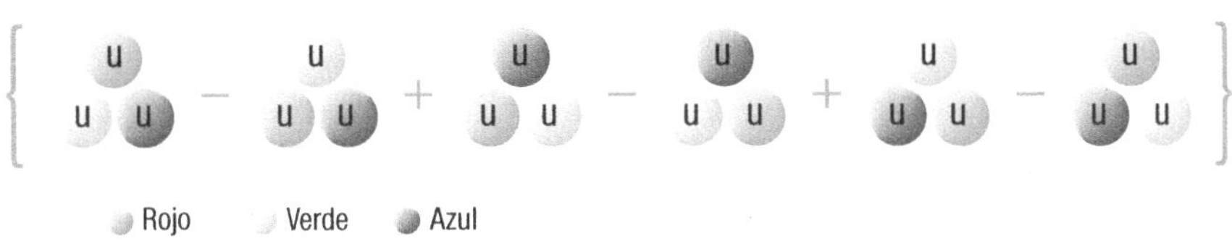

Representación esquemática de la función de onda del barión Δ^{++}, formado por tres quarks u. La alternancia de signos garantiza que, si se intercambian dos quarks en todos los sumandos, la función de onda es igual a ella misma cambiada de signo, como corresponde a la función de onda antisimétrica para un fermión. Si suprimimos el color, la función de onda es nula, al ser idénticos todos los términos y cancelarse estos por los signos.

eléctrica en una unidad elemental, generando los procesos de corriente cargada de los que ya hemos hablado. Los gluones, por su parte, no interfieren con la carga eléctrica pero pueden modificar la de color. Pueden transportar la carga de color de unos quarks a otros, cambiándoles el color. Los gluones, de hecho, son los generadores de las transformaciones de simetría, que consisten en cambios de color en los estados sobre los que operan.

Consideremos, por ejemplo, un quark rojo y otro azul. El quark rojo puede emitir un gluon que «se lleva» el color rojo y que «trae» el color azul, pasando a ser un quark azul. Ese gluon se propagará hasta el quark azul que, al absorberlo, dejará de ser azul y adquirirá el color rojo (figura 4). Se dice que el gluon porta una carga rojo-antiazul. Un *anticolor* suprime un color dado y la emisión de un anticolor consiste en la anulación de dicha supresión, es decir, en la adquisición de dicho color. Así pues, hay nueve posibles conversiones de color que podemos expresar como sigue:

rojo-antiazul: azul → rojo
rojo-antiverde: verde → rojo
azul-antirrojo: rojo → azul
azul-antiverde: verde → azul
verde-antirrojo: rojo → verde
verde-antiazul: azul → verde
rojo-antirrojo: rojo → rojo
azul-antiazul: azul → azul
verde-antiverde: verde → verde

Sin embargo, las tres últimas conversiones neutras pueden sumarse para dar un estado rojo-antirrojo + azul-antiazul + verde-antiverde. Esta combinación no se vería modificada por una permutación de colores, constituyendo el tipo de estado invariante bajo transformaciones de simetría que, en el capítulo anterior, denominamos singlete. El estado singlete es, pues, una combinación de las tres últimas conversiones de color que, de hecho, puede eliminarse suprimiendo una de ellas. Así, las ocho

FIG. 4

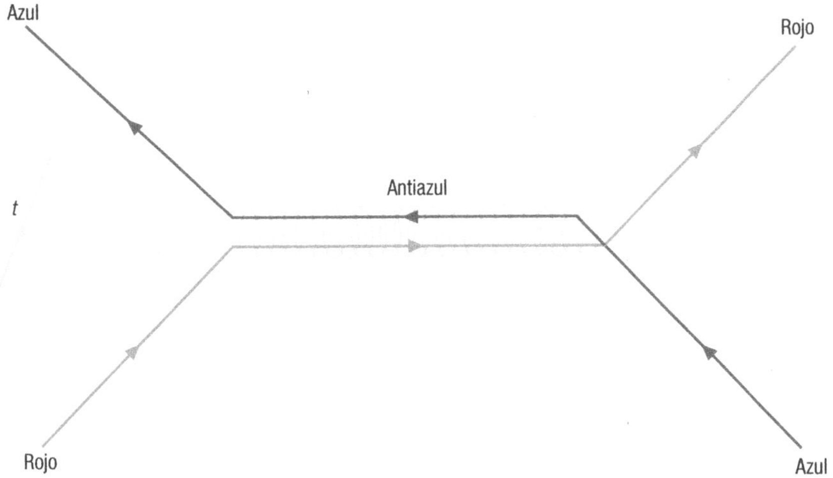

Diagrama que representa el proceso en el que un quark rojo emite un gluon rojo-antiazul, cambiando su carga de color a azul, y el gluon es absorbido por un quark azul, que cambia a rojo.

conversiones restantes, y cualquier combinación que de ellas pueda resultar, formarán estados no invariantes bajo permutaciones de color. Estos ocho estados conforman un octete y se corresponden con los ocho gluones de la teoría. Los ocho bosones que portarán la interacción fuerte entre quarks y que los mantendrán ligados formando hadrones.

¿Por qué hadrones formados por dos quarks (mesones) o tres (bariones)? En el marco de la QCD, la respuesta es sencilla. Son las combinaciones más simples que permiten «configuraciones blancas» o no coloreadas, invariantes bajo permutaciones de color. Tres quarks, cada uno de ellos con un color distinto, forman un estado de color blanco. Dos quarks (un quark y un antiquark) en el estado singlete formado por las tres combinaciones neutras de color y anticolor, que hemos destacado antes, también constituyen un estado no coloreado. Esta última configuración es la de los mesones. La primera corresponde a los bariones. En resumen, los hadrones son simplemente estados singlete, desde

FIG. 5

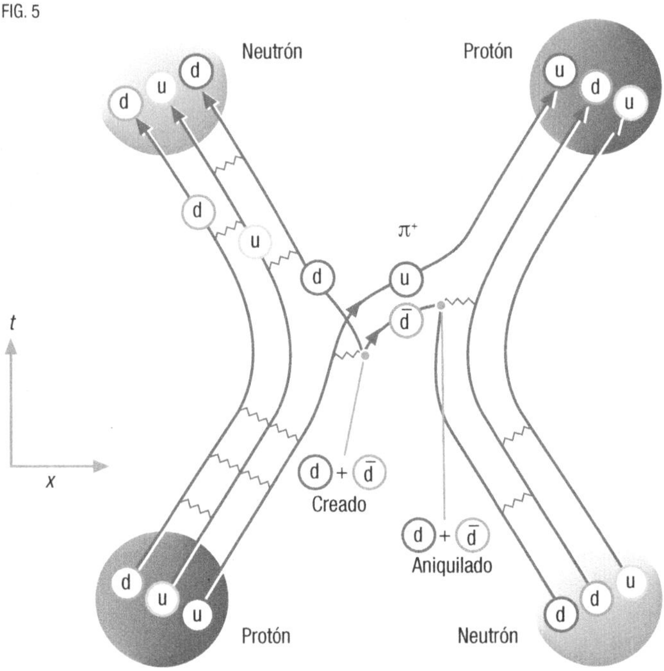

La interacción propuesta por Yukawa puede reinterpretarse en términos de quarks: se crea un par d y d̄; el d̄ se lleva un quark u del protón, formando el pion virtual, y el d forma un neutrón con los restantes u y d; el pion virtual lleva el quark d̄ hasta el neutrón inicial, donde se aniquila con el d y se forma un protón.

el punto de vista de la simetría SU(3) de color que está en la base de la teoría de la interacción fuerte. En la figura 5 se muestra la interacción de Yukawa interpretada en términos de quarks, que se agrupan en mesones y bariones sin color.

LIBERTAD EN LAS DISTANCIAS CORTAS

La QCD respondía a la pregunta de por qué los hadrones se presentaban como estados ligados de dos y tres quarks postulando que los estados físicos observables en la naturaleza debían ser no coloreados, singletes de la simetría de color. Así se resolvía también el enigma de por qué no se había detectado nunca un quark aislado, ni tampoco se había medido una fracción de la carga eléctrica elemental que pudiera corresponder a algo diferente de los estados hadrónicos conocidos. Pero debía existir alguna causa fundamental que justificara dicho postulado, una causa que emanara de la propia teoría y de las propiedades que de esta se derivan para la interacción. Antes de abordar esta cuestión esencial, existe otro interrogante más urgente: si los quarks no se presentan aislados, ¿es posible entonces probar, de manera directa, su existencia como unidades elementales constituyentes de los hadrones?

La respuesta es afirmativa. Aunque confinados en el interior de un hadrón, los quarks se pueden «ver». Precisamente con el propósito de «mirar» en el interior de un protón y escudriñar su estructura interna, se diseñó el acelerador lineal que da nombre al SLAC de Stanford (California), el mismo en el que se observó la partícula J/Ψ en 1974. La idea era, de algún modo, repetir el experimento de Geiger-Marsden que, a principios del siglo pasado, llevó a Rutherford a proponer la existencia del núcleo atómico. En dicho experimento, con el objeto de indagar en la estructura del átomo, se había hecho incidir un haz de partículas alfa sobre un blanco formado por átomos de oro. Para explorar el interior del protón, en cambio, era más apropiado usar electrones como proyectiles. Los electrones son, hasta donde se sabe, partículas elementales y no sienten la interacción fuerte. Por tanto, suficientemente acelerados, penetrarían en las entrañas del protón y serían dispersados según su configuración interna de carga eléctrica. Así, la distribución de electrones dispersados reflejaría la distribución de cargas en el interior del protón.

En mecánica cuántica, la resolución espacial de un experimento de dispersión, es decir, la mínima distancia que puede discernirse con precisión, viene dada por la longitud de onda asociada al haz de partículas incidentes, que resulta ser la constante de Planck dividida por la cantidad de movimiento de estas. En realidad, un experimento de dispersión no es muy distinto

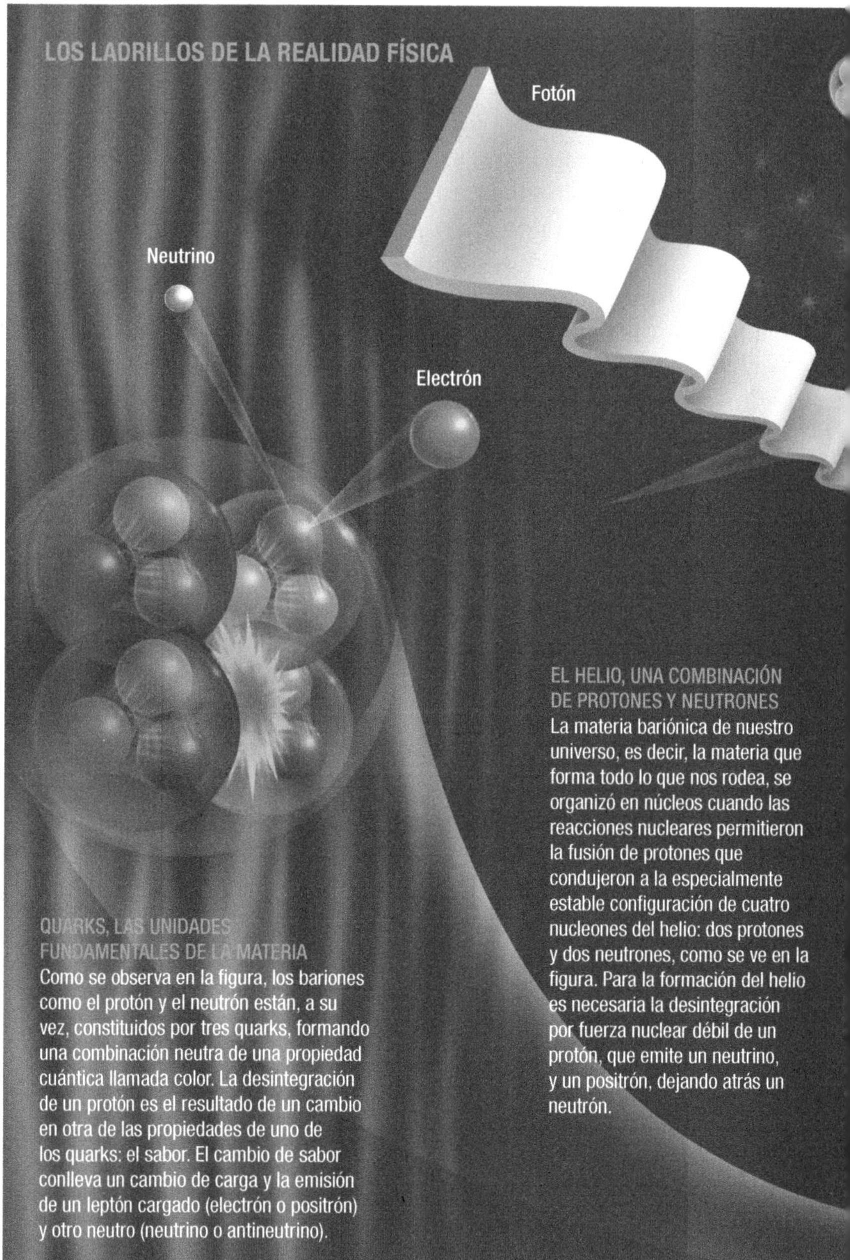

QUARKS, LAS UNIDADES FUNDAMENTALES DE LA MATERIA

Como se observa en la figura, los bariones como el protón y el neutrón están, a su vez, constituidos por tres quarks, formando una combinación neutra de una propiedad cuántica llamada color. La desintegración de un protón es el resultado de un cambio en otra de las propiedades de uno de los quarks: el sabor. El cambio de sabor conlleva un cambio de carga y la emisión de un leptón cargado (electrón o positrón) y otro neutro (neutrino o antineutrino).

EL HELIO, UNA COMBINACIÓN DE PROTONES Y NEUTRONES

La materia bariónica de nuestro universo, es decir, la materia que forma todo lo que nos rodea, se organizó en núcleos cuando las reacciones nucleares permitieron la fusión de protones que condujeron a la especialmente estable configuración de cuatro nucleones del helio: dos protones y dos neutrones, como se ve en la figura. Para la formación del helio es necesaria la desintegración por fuerza nuclear débil de un protón, que emite un neutrino, y un positrón, dejando atrás un neutrón.

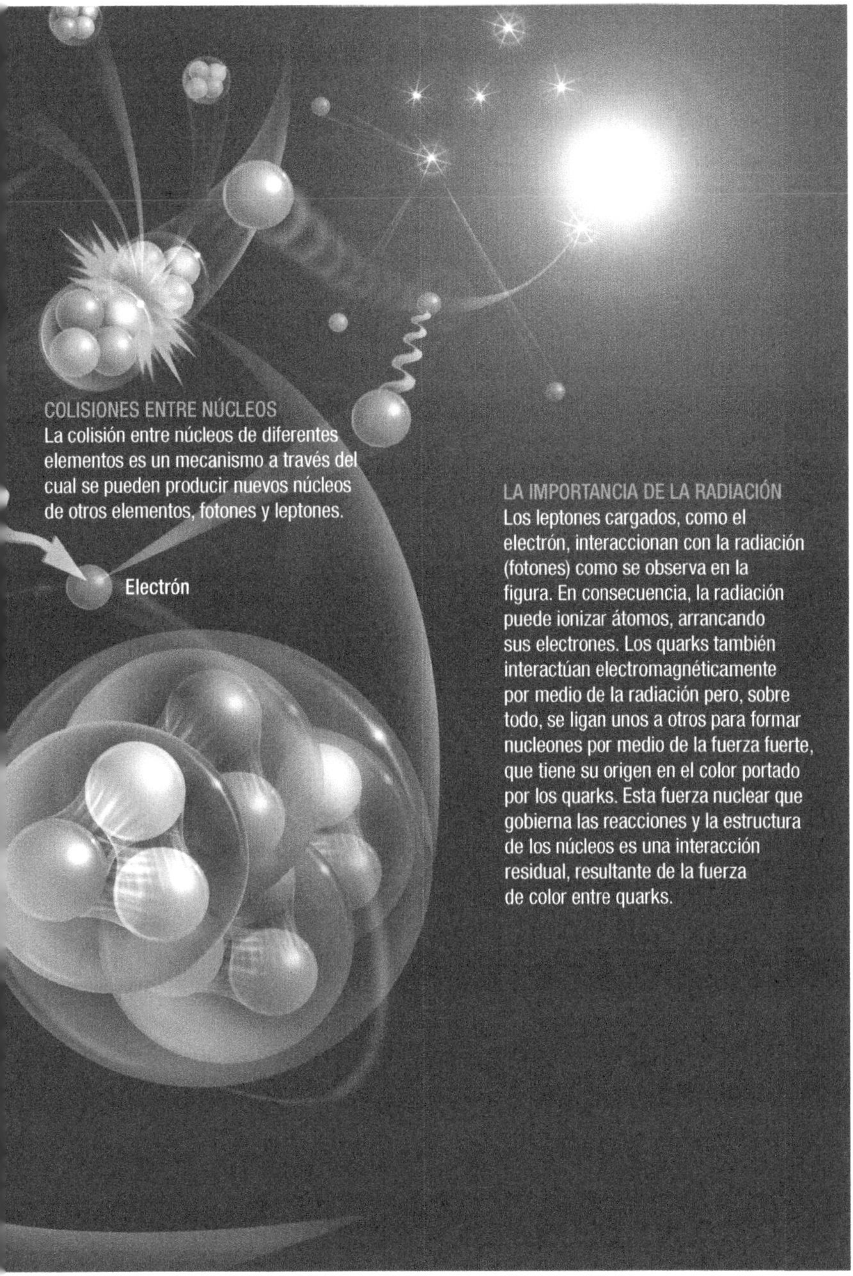
COLISIONES ENTRE NÚCLEOS
La colisión entre núcleos de diferentes elementos es un mecanismo a través del cual se pueden producir nuevos núcleos de otros elementos, fotones y leptones.
Electrón
LA IMPORTANCIA DE LA RADIACIÓN
Los leptones cargados, como el electrón, interaccionan con la radiación (fotones) como se observa en la figura. En consecuencia, la radiación puede ionizar átomos, arrancando sus electrones. Los quarks también interactúan electromagnéticamente por medio de la radiación pero, sobre todo, se ligan unos a otros para formar nucleones por medio de la fuerza fuerte, que tiene su origen en el color portado por los quarks. Esta fuerza nuclear que gobierna las reacciones y la estructura de los núcleos es una interacción residual, resultante de la fuerza de color entre quarks.

de la sencilla experiencia cotidiana de ver. En esta última, los fotones proyectados por una lámpara, por ejemplo, son reflejados por la superficie de la hoja del libro, diferenciándose las regiones donde hay tinta de aquellas donde no hay; después, son recogidos por nuestro ojo y la información que proporcionan es procesada por nuestro cerebro, que, en última instancia, lee. Si queremos «ver» en el interior de un protón, necesitamos longitudes de onda más pequeñas que su tamaño medio (recuérdese lo que dijimos sobre el concepto de tamaño en mecánica cuántica, a propósito del átomo), más pequeñas cuanto mayor sea la definición con la que queramos ver. Se requieren, por tanto, longitudes de onda del orden de décimas o centésimas de fermi. Por eso, es más apropiado usar electrones acelerados a gran velocidad en lugar de fotones. Cambiaremos la lámpara por un acelerador de partículas como el del SLAC, nuestro ojo por sofisticados detectores que percibirán los electrones dispersados, y un sistema electrónico e informático de procesamiento y tratamiento de señales desempeñará el papel de nuestro sistema nervioso y nuestro cerebro. Así, con electrones acelerados en el SLAC a energías de 20 000 MeV fue posible asomarse al interior del protón y, a principios de la década de 1960, discernir cómo se distribuía la carga eléctrica en su interior.

Los resultados del SLAC fueron bastante concluyentes. Los electrones eran frecuentemente dispersados hacia atrás, con ángulos muy grandes respecto a la dirección del haz incidente. Como en el experimento de Geiger-Marsden, ello indicaba que la carga estaba concentrada en regiones muy reducidas, y no distribuida uniformemente en el interior del protón, como dictaba el modelo de quarks. Fruto, además, de cuidadosas medidas y minuciosas comparaciones usando diferentes blancos, pudo establecerse la carga eléctrica acumulada en dichas regiones. El resultado fue un rotundo éxito para las predicciones del modelo de quarks: las cargas eran 2/3 y −1/3, en unidades de la carga elemental. También fue posible determinar qué fracción de la cantidad de movimiento total del protón era portada por cada uno de los quarks. Sumadas las contribuciones de cada uno, los quarks llevaban aproximadamente el 50% de la cantidad total. El 50% restante correspondía a otros «constituyentes» de los que ya hemos hablado y que, por no tener carga eléctrica, permanecían invisibles a los electrones: los gluones.

Para escrutar el interior de un hadrón también era posible usar otro tipo de proyectil: el neutrino. Los quarks interaccionaban a través de la fuerza débil con los neutrinos, dispersándolos también, como a los electrones. Además, en los procesos de corriente cargada, el resultado de la interacción era un electrón o un muon que podía detectarse con relativa facilidad. Los neutrinos solo interaccionaban débilmente, no sentían ni la fuerza eléctrica ni la fuerte y solo muy raramente sufrían dispersión por nucleones. Si era posible detectar esas dispersiones de neutrinos por un nucleón y estudiarlas cuidadosamente, la información obtenida sería muy valiosa. Tal fue el propósito de la construcción de Gargamelle en el CERN, una gran cámara diseñada para la detección del rastro dejado por la dispersión de un neutrino por un núcleo. Este detector dio nombre a la colaboración que descubrió experimentalmente los procesos de corriente neutra.

Si una teoría es bella, al final resulta útil.

Murray Gell-Mann

La información combinada obtenida de los experimentos de dispersión de neutrinos y electrones por nucleones dejó una imagen muy clara y precisa del interior de estos últimos. Estaban compuestos por quarks, como Gell-Mann y Zweig habían propuesto. Pero estos quarks se comportaban como partículas que, sorprendentemente, no formaban parte de ninguna estructura. Cuando un electrón o un neutrino y un quark interaccionaban, en el interior de un nucleón, con un intercambio suficientemente alto de momento, el quark parecía no sentir la fuerza ejercida por los otros quarks. La dispersión resultaba puramente elástica, lo que quiere decir que toda la energía se invertía en cambiar el momento del quark afectado, permaneciendo los otros quarks como meros espectadores. Los quarks se comportaban como partículas libres, aislados los unos de los otros, dentro del dominio espacial del nucleón. Este fenómeno se conoce como *libertad asintótica*.

LA CÁMARA DE BURBUJAS GARGAMELLE

El carácter elusivo de los neutrinos, leptones eléctricamente neutros que solo sienten la fuerza débil, condujo al diseño de Gargamelle, que operó con éxito en el CERN entre 1970 y 1979. Gargamelle era una cámara de burbujas de dimensiones gigantescas para la época. De ahí que su nombre aludiera a una giganta, la madre de Gargantúa en la novela de François Rabelais *Gargantúa y Pantagruel*.

Estelas de partículas

Una cámara de burbujas es, en esencia, un tanque lleno de un líquido (normalmente hidrógeno o freón líquido) sometido a una cierta presión y cerca de su punto de ebullición. Periódicamente, se reduce la presión del tanque y, como resultado, al bajar el punto de ebullición con la presión, empiezan a formarse burbujas microscópicas de gas en el seno del líquido. Estas burbujas se forman preferentemente en las regiones donde el paso de una partícula cargada ioniza el medio, dejando una traza similar a la estela de un reactor en el cielo, que puede fotografiarse mostrando la trayectoria de la partícula. Electroimanes dispuestos alrededor del tanque generan un campo magnético que desviará la trayectoria en función de la relación entre la carga y la masa de la partícula, permitiendo su identificación. La cámara de burbujas fue inventada por Donald Glaser, que recibió por ello el premio Nobel de Física en 1960.

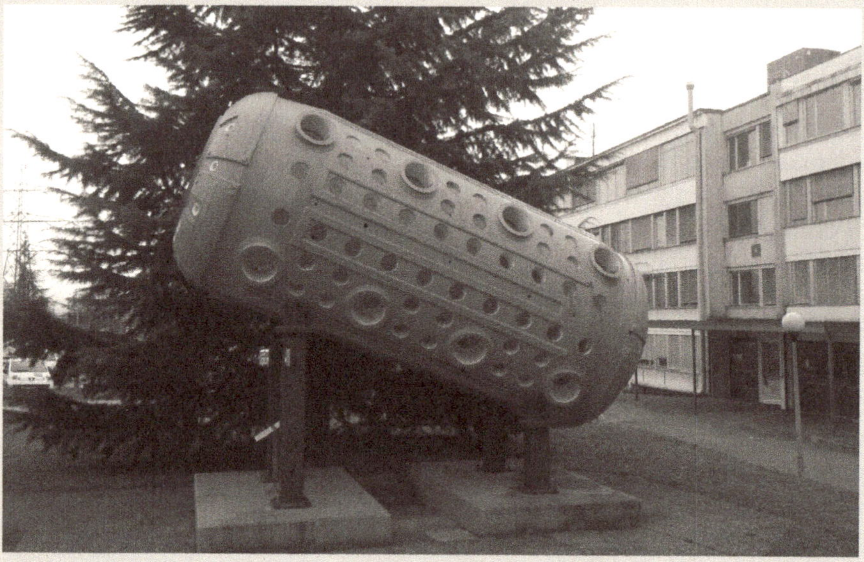

Cámara de burbujas Gargamelle expuesta en el jardín de Microcosmos, el museo del CERN. En la fotografía se pueden apreciar sus dimensiones.

El siguiente símil puede ayudarnos a entender el fenómeno. Imaginemos tres bolas de billar en una mesa, de colores rojo, verde y azul. Una bola blanca puede, en principio, ser golpeada con el taco y colisionar de manera perfectamente elástica con cualquiera de las otras tres. Ahora, consideremos que las tres bolas de color están ligadas unas a otras por muelles, en cuyo caso parte de la energía transferida durante la colisión se invertirá en deformar los muelles y el proceso no sería elástico. Las bolas de color jugarían el papel de los quarks y los muelles representarían la ligadura ejercida por los gluones que, en principio, es tan intensa que los quarks no pueden separarse los unos de los otros, en ningún caso, más allá del diámetro medio de un nucleón. Siguiendo con el símil del billar, el único modo de que la colisión con la bola blanca, que representaría al electrón, resulte elástica sería que los muelles permanecieran relajados, sin ejercer fuerza alguna, cuando las bolas se hallaran muy próximas unas respecto de otras, a las distancias típicas que las situarían dentro de la región que representaría el nucleón. En cambio, cuando la separación aumenta, los muelles deberían tensarse y ejercer una atracción intensa que impediría que las distancias excedieran las típicas del nucleón. ¿Es este el comportamiento que la QCD decreta para la interacción por intercambio de gluones?

LA PRISIÓN DE LOS QUARKS

La fuerza fuerte entre quarks mediada por ocho clases distintas de gluones, que transportan la carga de color tal como dicta la QCD, presenta, efectivamente, un comportamiento muy diferente a la fuerza electromagnética entre esos mismos quarks, mediada por fotones de una única naturaleza. La razón de esa diferencia se halla en una propiedad que distingue crucialmente a los gluones y a los fotones. Estos últimos transportan el momento intercambiado durante la interacción electromagnética entre partículas cargadas, pero ellos mismos son bosones eléctricamente neutros, que no sienten la interacción y, por tanto, no interactúan con otros fotones. Los gluones, en cambio, transportan momento y color, sienten pues la fuerza fuerte e interactúan también los unos con los otros. El origen profundo de este comportamiento dispar es de carácter muy abstracto y técnico, radica en las diferencias entre las transformaciones de simetría asociadas a la conservación de una única carga eléctrica y de tres cargas distintas de color.

Para entender las consecuencias del carácter coloreado de los gluones, recordemos que las interacciones pueblan el vacío de excitaciones cuánticas virtuales y le confieren una estructura compleja. Como explicamos a propósito del campo electromagnético, una partícula cargada está rodeada de los fotones virtuales que emite y absorbe, los mismos fotones virtuales que propagan el campo y llevan la interacción a través del espacio. Estos, a su vez, dan lugar a pares de electrones y positrones (o de quarks y antiquarks) que generan una nube de partículas virtuales cargadas. Esta nube se extiende alrededor de cada partícula cargada, en el caso de la carga eléctrica, hasta el infinito a causa del alcance de las fuerzas electromagnéticas. De manera recursiva, cada partícula generada emite y absorbe fotones e interactúa con las demás, dando lugar a la complicada estructura del vacío que exigía el mecanismo de renormalización para el tratamiento adecuado de la teoría y la obtención de predicciones precisas y fiables. En realidad, la idea que subyace al mecanismo de renormalización es que la verdadera partícula física contiene también la nube de partículas virtuales que la rodea y, precisamente por ello, sus propiedades físicas medibles, como la masa o la carga, se refieren a ese conjunto que incluye las contribuciones infinitas, que fueron identificadas por primera vez por Felix Bloch, Arnold Nordsieck y Victor Weisskopf.

Si bien la nube de partículas virtuales posee, en su conjunto, una carga eléctrica neutra, porque estas se producen por parejas con cargas opuestas (la interacción conserva la carga), cada una de esas partículas virtuales cargadas sentirá el campo creado por la partícula que genera la nube. De ese modo, las distribuciones espaciales de carga eléctrica positiva y negativa no coincidirán exactamente, produciendo un efecto de superposición no nulo sobre el campo total que percibirá un observador. Pensemos en un electrón. Los fotones virtuales que lo acompañan generarán parejas de electrones y positrones; los electrones serán repelidos y los positrones atraídos eléctricamente, de suerte que los primeros estarán siempre un poco más alejados del electrón físico que los últimos. Así, la carga positiva de la nube virtual estará más cerca del electrón, contribuyendo a amortiguar el efecto total del campo creado por este. El fenómeno es completamente análogo a otro clásico bien conocido que se produce cuando una carga eléctrica se rodea de un medio dieléctrico, es decir, de una sustancia material formada por moléculas cuyas cargas positivas y negativas pueden separarse lo suficiente, sin llegar a liberarse o romper la molécula. Cuando esto ocurre, el campo creado por la carga separa las cargas del medio que, a su vez, generan un campo inducido que se opone al primero, reduciendo su intensidad. Se dice que la carga polariza el medio (figura 6). Fruto de esta analogía, y del hecho de que las partículas virtuales que vehiculan el efecto son consustanciales al vacío cuántico, el fenómeno se conoce como *polarización del vacío*.

FIG. 6

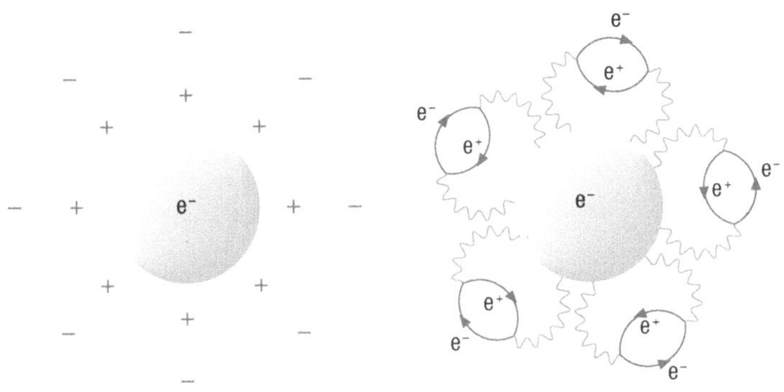

Representación esquemática del fenómeno de polarización de un medio dieléctrico por una carga (izquierda). Las moléculas polarizadas que forman el medio se orientan según el campo creado por la carga libre y la rodean de la carga de polarización que apantalla el campo. La polarización del vacío en QED (derecha) es un fenómeno análogo en el que las parejas de electrones y positrones virtuales desempeñan el papel de las moléculas polarizadas del dieléctrico.

LA SIMETRÍA QUIRAL Y LA MASA DEL UNIVERSO

Los quarks u y d resultaron tener masas muy pequeñas, de unos 2 y 5 MeV, respectivamente. De ser exactamente nulas sus masas, la teoría de las interacciones que describiría un mundo con solo esos dos quarks tendría una simetría muy especial, que recibe el nombre de *simetría quiral.* En la naturaleza, la quiralidad es la propiedad que nos dice si nos referimos a un sistema o a su imagen especular. Por ejemplo, la estructura espacial de algunos azúcares o proteínas presenta dos variantes con diferente quiralidad (en la figura 1 se representan las variantes levógira, L, y dextrógira, D, de un aminoácido, siendo cada una de ellas la imagen especular de la otra). En física, la quiralidad de las partículas se define de manera muy matemática y abstracta, pero, en el caso de partículas sin masa, equivale a las dos posibles orientaciones de su momento respecto a su espín. La simetría quiral implicaría que los dos quarks se comportan exactamente de la misma forma, cualquiera que sea su quiralidad.

La masa de los nucleones

Sabemos, sin embargo, que nuestro mundo, básicamente formado por esos dos quarks, no respeta la simetría quiral. La razón de ello no está en la pequeña masa de u y d, sino en la ruptura espontánea de esa simetría. De manera análoga al modo en que algunos sistemas pueden magnetizarse por orientación espontánea de sus dominios magnéticos microscópicos, la naturaleza selecciona una quiralidad. El mecanismo por el cual se establece esta selección está relacionado con la teoría de la interacción fuerte que se describe en este capítulo. El resultado es que los nucleones, formados por los quarks u y d, adquieren una masa de aproximadamente 1 000 MeV, 100 veces mayor que sus quarks constituyentes. Las interacciones originadas por la fuerza fuerte provocan que un quark inicialmente sin masa adquiera una igual a la tercera parte de un nucleón, aproximadamente. Pero, además, la pequeña masa de los quarks u y d genera una ruptura explícita de la simetría en la teoría misma que permite explicar la masa adquirida por los piones. De no haberse producido dicha ruptura explícita de la simetría quiral, las masas de los piones hubieran sido exactamente nulas. Y, en cualquier caso, al ser la ruptura muy débil, sus masas resultan ser bastante menores, casi cuatro veces, que el resto de mesones que completan con ellos el octete.

La distribución de materia en el universo

En el universo, la materia y la energía oscuras, conocidas únicamente por sus efectos gravitatorios y antigravitatorios, constituyen un 96 % del total de la masa del universo (figura 2). Si se obvia el 0,3 % de neutrinos y los electrones, 2000 veces más ligeros que los nucleones, el 4 % restante, que corresponde a la masa de las estrellas, los planetas y el gas interestelar, está formado por quarks u y d. El 99 % de esa masa no proviene del mecanismo de Higgs, se explica únicamente por la ruptura espontánea de la simetría quiral. Yoichiro Nambu fue galardonado con el premio Nobel de Física en 2008, en reconocimiento a sus trabajos en pos de la comprensión de este fenómeno.

FIG. 1

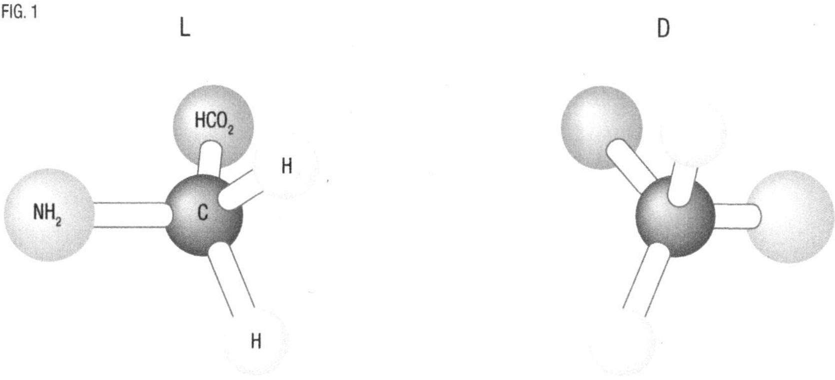

Las dos variantes quirales, L y D, del aminoácido glicina.

FIG. 2

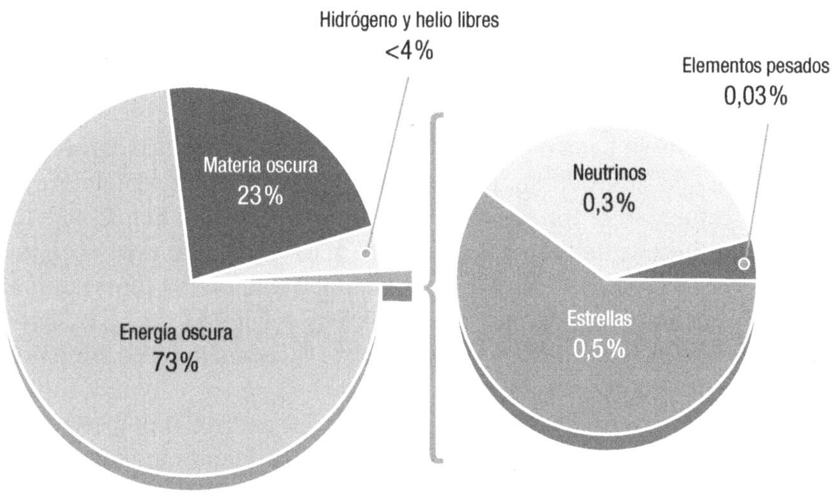

Diagrama que muestra las distintas naturalezas, teóricamente comprendidas o no, en las que se presenta la materia en nuestro universo.

La interacción electromagnética contribuye a la polarización del vacío y esta genera un efecto de «apantallamiento» de la propia interacción. Dicho apantallamiento será mayor cuanto más vacío polarizado separe a observador y carga, es decir, cuanto mayor sea la distancia a la que se mida el campo. La carga física, la que se mide experimentalmente y que incluye los efectos de la nube virtual, se reducirá cuando nos alejamos de ella, al debilitarse los efectos del campo que crea. El acoplamiento electromagnético entre un fermión cargado y un fotón depende de la carga física de aquel (es, de hecho, proporcional al cuadrado de la carga). Por tanto, no será una cantidad constante y, en cambio, se reducirá con la distancia a la que es percibido el campo creado por la carga, es decir, se reducirá cuando el momento transportado por el fotón disminuya, para llevar el campo más y más lejos.

También la interacción fuerte contribuye a la polarización del vacío, pero el efecto resultante es el opuesto. La polarización reforzará la interacción. Veamos por qué. Un quark producirá gluones virtuales que, además de parejas de quark y antiquark, generarán a su vez más gluones virtuales, debido a que los gluones, portadores de carga de color, pueden dispersar otros gluones o producir parejas de ellos (figura 7). Así, el vacío entre dos quarks físicos se llena de quarks virtuales, que amortiguan la fuerza con la que interactúan, pero también, y sobre todo, de gluones que refuerzan el transporte de color entre esos quarks. El efecto de refuerzo gluónico domina sobre el de apantallamiento originado por los quarks virtuales, y el campo de la fuerza fuerte aumenta cuando nos alejamos del quark físico que lo crea. A la inversa, cuando nos acercamos más y más al quark físico el campo tiende a desvanecerse. Así, cuando los quarks se aproximan lo suficiente unos a otros, dejan de sentir sus respectivos campos de color y se comportan como lo harían libres de la interacción fuerte. De este modo que acabamos de describir, David Gross, David Politzer y Frank Wilczek demostraron, en 1973, que la teoría cuántica basada en la simetría de color explicaba la libertad asintótica observada para los quarks en el interior del hadrón. Y por ello, en 2004, fueron galardonados con el premio Nobel de Física.

FIG. 7

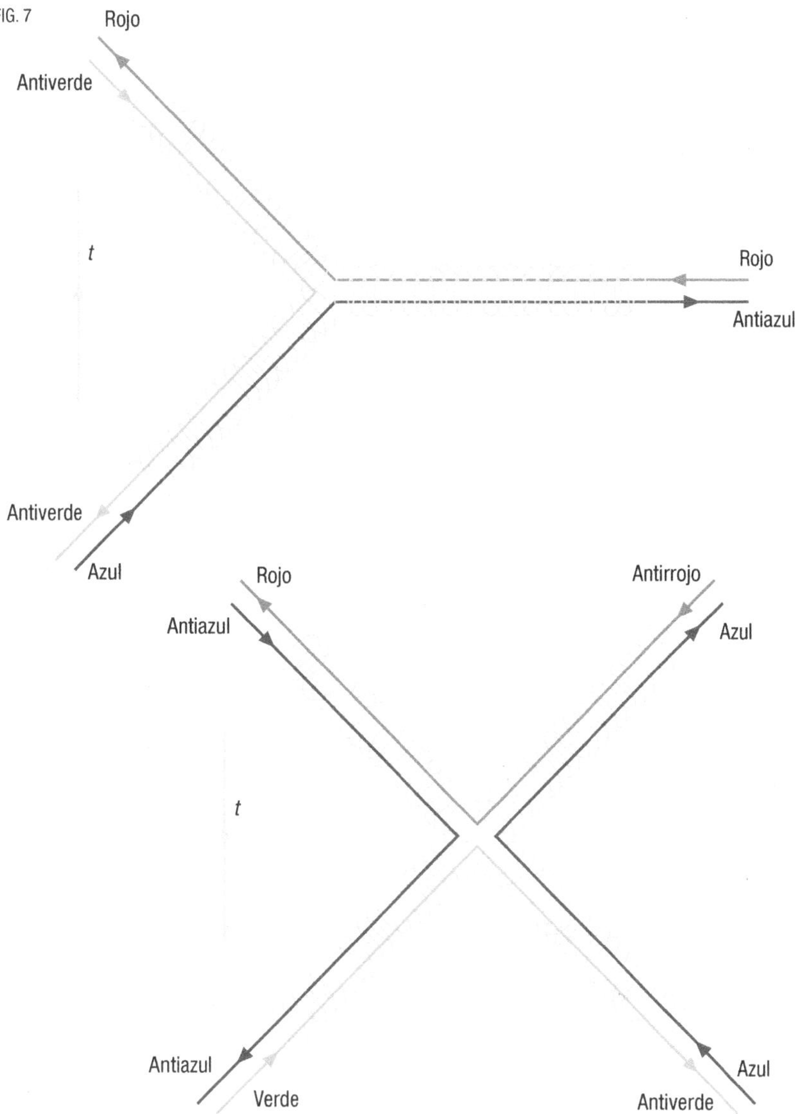

Diagramas que representan el acoplamiento de dos gluones a un tercero (izquierda) y la dispersión de un gluon por otro (derecha). La continuidad de las líneas que muestran el flujo del color garantiza que la carga de color se conserva en el tiempo.

TÉCNICAS NO PERTURBATIVAS EN CROMODINÁMICA CUÁNTICA

La necesidad de superar el enfoque perturbativo, tan fructífero para la QED como inapropiado para el tratamiento de QCD en el régimen de distancias y energías en el que se produce el fenómeno del confinamiento, ha llevado a los físicos de partículas a aplicar y desarrollar otras técnicas, generalmente denominadas *no perturbativas*. Citemos algunas de ellas.

QCD en retículo: potencial estático confinante

Esta técnica fue introducida por Kenneth Wilson en 1975. En ella se tratan todos los efectos cuánticos de una sola vez, aunque a costa de simular el espacio-tiempo físico como una malla o retículo, formado por un número discreto de puntos, con objeto de poder calcular observables. De este modo Wilson demostró, por ejemplo, que el potencial de interacción entre un quark y un antiquark, cuando todos los sabores son muy pesados, crece de manera proporcional a la distancia que los separa. Ello corresponde a las líneas de campo de color, paralelas y concentradas en el tubo que se observa en la figura 1.

FIG. 1

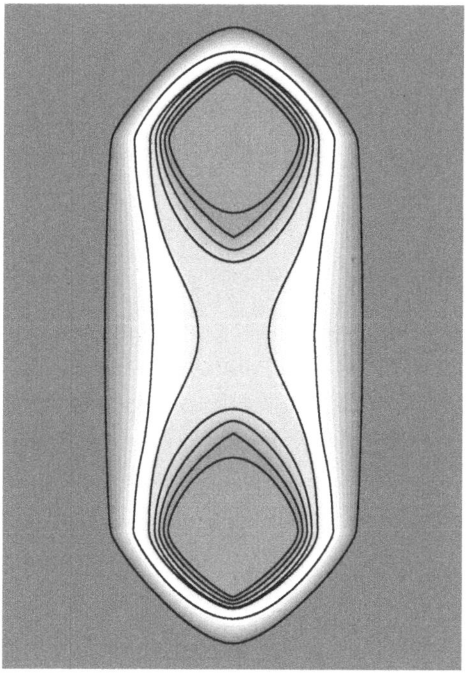

Representación del aumento del potencial de interacción entre un quark y un antiquark infinitamente pesados. El tono representa la intensidad del campo y las curvas negras indican los tubos de flujo de color. Los resultados corresponden a un cálculo de QCD en retículo.

Ecuaciones de Dyson-Schwinger: la ruptura espontánea de la simetría

Otras técnicas se basan en incluir, de algún modo, series infinitas de efectos cuánticos. Un ejemplo paradigmático lo proporcionan las soluciones de las llamadas *ecuaciones de Dyson-Schwinger*, introducidas por Freeman Dyson y Julian Schwinger a principios de la década de 1950. Usando esta técnica, se ha podido probar que, en efecto, la interacción fuerte puede originar el mecanismo de ruptura espontánea de la simetría quiral que explica el 99 % de la masa visible del universo (figura 2).

FIG. 2

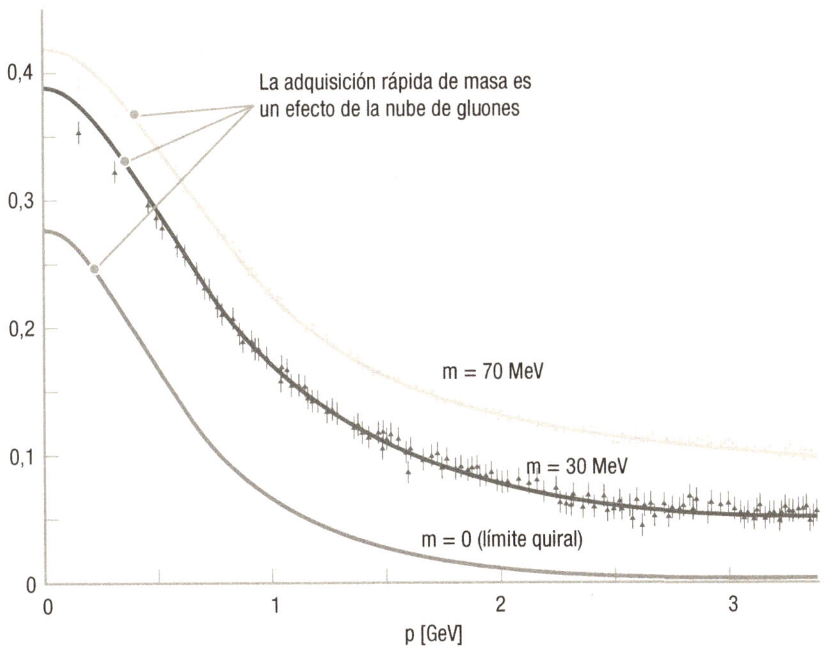

En esta figura, reproducida originalmente en un artículo técnico (con resultados obtenidos por M.S. Bhagwat, M.A. Pichowsky, C.D. Roberts y P.C. Tandy en 2003), se muestra cómo un quark aislado puede tener masa nula (en la región derecha del eje de abscisas que representa el momento p, cuando el quark solo puede percibir a otros quarks que están muy cerca de él, con los que no interactúa por la libertad asintótica) y aproximadamente 300 MeV cuando, debido a su nube de gluones virtuales, puede interactuar con otros quarks situados a distancias del rango del fermi (región izquierda), a las cuales los quarks se confinan en un hadrón. El eje de ordenadas representa la masa del quark, M(p), que depende del momento como resultado de la polarización del vacío.

El vacío de QCD

También se han desarrollado técnicas que buscan incluir contribuciones no perturbativas en el cálculo de observables a través del vacío que incorpora los efectos cuánticos de la interacción fuerte, explotando también la estructura perturbativa de la teoría (reglas de suma) o simetrías aproximadas como la simetría quiral (teoría de perturbaciones quiral). El uso de soluciones particulares de la teoría clásica, como los llamados *instantones*, contribuye a describir la complejidad de este vacío y permite tratar también fenómenos intrínsecamente no perturbativos.

Lo que ocurre cuando los quarks constituyentes de un hadrón se alejan unos de otros no está, aún hoy, del todo claro. La experiencia nos dice que, en la naturaleza, los quarks forman estados no coloreados que llamamos hadrones y nunca se presentan libres o en estados coloreados. Viven, por tanto, ligados a otros quarks a los que, sin embargo, no perciben a muy pequeñas distancias. Cuando las distancias entre ellos aumentan, un mecanismo se desencadena e impide que se liberen. Este mecanismo recibe el nombre de *confinamiento*. Su naturaleza está determinada por la nube de partículas virtuales que rodea a cada quark y propaga el campo de la fuerza fuerte que liga a los quarks que constituyen el hadrón. Recordemos que esta nube, eléctricamente neutra, debe portar el 50% del momento total del hadrón que los experimentos de dispersión de electrones por nucleones echaban en falta.

Los detalles del mecanismo son muy difíciles de precisar y, aún hoy, siguen sin conocerse. Ello es debido, en gran medida, a que el esquema de cálculo que sirvió para realizar increíblemente precisas predicciones en el marco de la QED no es aplicable aquí. Ese esquema se basaba en el estudio de los efectos cuánticos ordenados en una serie jerarquizada por la importancia de sus contribuciones. Explicado de manera sencilla, los efectos cuánticos en QED eran más pequeños cuantos más fotones virtuales se intercambiaban, haciendo posible el enfoque perturbativo. Como se recordará, la razón radicaba en la pequeñez del acoplamiento entre materia y radiación, entre fotones y fermiones cargados. En QCD, el acoplamiento entre fermiones coloreados y gluones no es siempre pequeño. Lo es para momentos transferidos muy grandes, es decir, para interacciones a muy corta distancia (libertad asintótica). Pero no lo es para distancias de interacción del rango del fermi o mayores. Los efectos cuánticos debidos al intercambio de múltiples gluones y quarks virtuales pueden ser, en ese caso, tan importantes como los ocasionados por el intercambio de un solo gluon.

Desde los años setenta del siglo pasado y hasta la actualidad, se han aplicado y desarrollado otras técnicas de cálculo que puedan superar las limitaciones del enfoque perturbativo para la

QCD. Usando dichas técnicas, aunque no exista aún una prueba detallada y definitiva del mecanismo de confinamiento en QCD, los físicos de partículas han adquirido el sólido convencimiento de que la teoría cuántica de campos basada en la simetría de color es la teoría correcta para describir la fuerza fuerte que liga a unos quarks con otros.

Una imagen que se obtiene para el fenómeno del confinamiento puede ilustrarse bien con el símil de un muelle o de una cinta elástica, que se tensan e incrementan su fuerza recuperadora. Como hemos explicado, el transporte de color se ve reforzado por los gluones virtuales y su interacción con más gluones. Cuando alejamos, por ejemplo, el quark y el antiquark que forman un mesón, se generarán más y más gluones virtuales que polarizarán el vacío y que transportarán más y más color, intensificando la atracción. Las líneas de campo electromagnético, que introdujera Faraday, se dispersan cuando dos cargas opuestas se distancian; en cambio, las de la fuerza fuerte se concentran más y más, agrupándose en una distribución en forma de tubo que suele representarse por la llamada *cuerda hadrónica*. Cuanto más separados se hallen quark y antiquark, más energía costará seguir separándolos. A distancias no mayores que el diámetro medio de un hadrón, la energía acumulada será suficiente para crear una nueva pareja de quark y antiquark que rompe la cuerda hadrónica en dos y forma dos nuevos mesones a partir del primero (figura 8). Comunicando la energía suficiente a los quarks que forman un mesón, puede crearse todo un chorro (en inglés, *jet*) de ellos, como de hecho se observa en las colisiones de partículas a altas energías.

De este modo, hemos alcanzado la etapa final, momentáneamente al menos, del viaje emprendido por los filósofos helénicos que concibieron un mundo complejo basado en unos pocos elementos sencillos. El alumno del Liceo de la Atenas clásica habría creído que la materia se estructuraba a partir de combinaciones, en distintas proporciones, de cuatro elementos básicos. Hoy sabemos que la realidad compleja que nos rodea se deriva de tres parejas de quarks y otras tres parejas formadas, cada una, por un leptón neutro y uno cargado. Todas estas partículas elementa-

FIG. 8

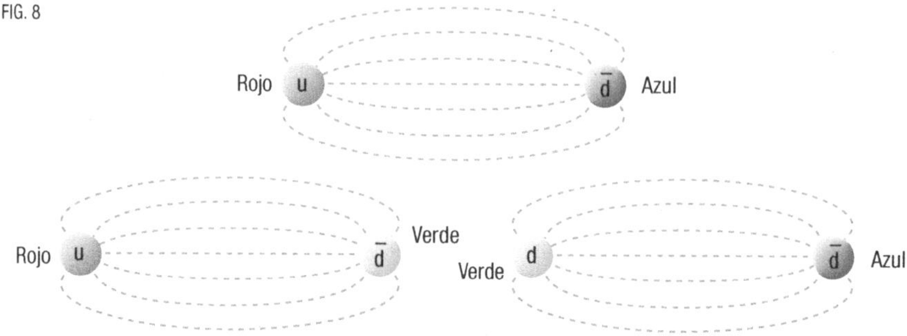

Líneas de campo en forma de tubo para un π^+ ($u\bar{d}$). Si se comunica suficiente energía para separar los quarks, puede crearse una pareja de quarks d y $\bar{d}$ que rompen el tubo de líneas en dos y dan lugar a otro π^+ y un nuevo mesón neutro.

FIG. 9

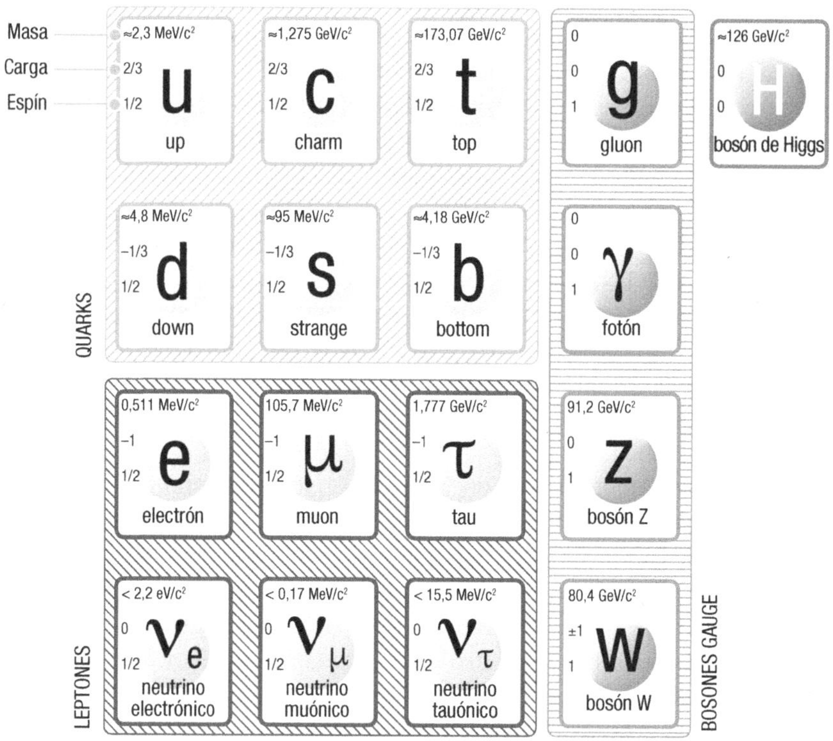

les (figura 9) interactúan por medio de la fuerza débil, intercambiando tres tipos de bosones, W^+, W^- y Z^0, o, si poseen carga, por medio de la fuerza electromagnética, intercambiando fotones. Solo los quarks interaccionan entre sí a través de la fuerza fuerte, intercambiando gluones. Fruto de la acción de la fuerza fuerte, los quarks se presentan únicamente en forma de combinaciones de dos y tres quarks, los hadrones. De todos los hadrones, solo dos, formados por la pareja de quarks más ligera, se hallan en la naturaleza de forma estable: protón y neutrón. Con estos se obtienen todos los núcleos, estables e inestables, que podemos encontrar, y junto con el leptón cargado más ligero, el electrón, se forman todos los átomos neutros que subyacen a la materia que nos rodea y de la que nosotros mismos estamos hechos.

EL BOSÓN DE HIGGS

LOS SECRETOS DE LA PARTÍCULA DIVINA

Introducción

Nuestro viaje comienza en el interior de una botella de metal, pintada de rojo, situada en las afueras de la ciudad de Ginebra, en algún punto muy próximo a la frontera franco-suiza. Su contenido no podría resultar más vulgar a primera vista. Literalmente: consiste en hidrógeno gaseoso. Es el elemento químico más sencillo y abundante del universo. El más ligero también. Inodoro, insípido, invisible... A pesar de su carácter anodino, los átomos de hidrógeno que rebotan frenéticamente en el interior de esta botella están a punto de recrear, en un microteatro infinitesimal, los primeros instantes del universo.

Los preparativos se inician en una pequeña cámara, donde un campo eléctrico los despoja de sus electrones. Así, cada átomo de hidrógeno queda reducido a su mínima expresión, el núcleo atómico más simple: un protón. Su carga eléctrica positiva los hace sensibles a la fuerza electromagnética, que los someterá a los dictados del acelerador de partículas más potente del planeta. El Gran Colisionador de Hadrones (LHC) parece construido a golpe de hipérboles y bajo el lema olímpico *citius, altius, fortius*: «más rápido, más alto, más fuerte». Puesto en pie, como una rueda de carro, su diámetro de más de ocho kilómetros se alzaría hasta la cumbre del Everest. De esta máquina superlativa se ha dicho con razón que es la más compleja que han construido los seres humanos y que sirve al experimento más difícil ensayado sobre la Tierra. O, mejor dicho, bajo su superficie, ya que sus detectores y gran parte de sus instalaciones se alojan en cavernas subterráneas, tan vastas que en ellas podrían acomodarse las naves y torres de una catedral gótica. A pesar de sus dimensiones, no hay nada tosco en el LHC, una herramienta hipersensible, que acusa el influjo de la Luna o la sacudida de un terremoto en las antípodas. Se trata de una sonda diseñada para escrutar el espacio con una resolución de una milmillonésima de milmillonésima de metro, una escala a la que un grano de arena se antojaría del grosor de la Vía Láctea.

El anillo del LHC alberga dos conductos circulares dispuestos en paralelo. Los protones penetran en ellos dividiéndose en dos haces y los recorren en sentidos opuestos. Allí rozan la velocidad de la luz y completan más de once mil vueltas en un segundo. Un protón que escapase del acelerador llegaría hasta Júpiter en poco más de media hora (un avión comercial invertiría casi un siglo en hacer el mismo trayecto). El destino de los haces que recorren el anillo es una colisión frontal. En el momento de chocar, los protones experimentan un atisbo de cómo era el universo una billonésima de segundo después del Big Bang. A una temperatura de diez mil billones de grados, los quarks y gluones disfrutan de una efímera libertad, antes de que la interacción fuerte los confine de nuevo dentro de partículas más complejas, como el protón o el neutrón. Joseph Incandela, portavoz de uno de los experimentos del LHC, compara la hazaña de lograr un blanco en el acelerador con «disparar dos agujas de punto desde extremos opuestos del Atlántico y lograr que choquen a mitad de camino». ¿Cuál es el propósito de esta formidable exhibición de virtuosismo tecnológico?

Se puede considerar el LHC como la versión moderna del crisol de los alquimistas. En sus entrañas, la relatividad y la mecánica cuántica facilitan transmutaciones que, por comparación, hacen que la legendaria conversión del plomo en oro parezca un juego de niños. A partir de la energía que la colisión entre protones focaliza en un punto, quizá acuñe partículas de materia oscura, o partículas supersimétricas, o quizá ponga de manifiesto nuevas interacciones fundamentales o exponga dimensiones ocultas. O quizá no se concrete ninguna de estas posibilidades y afloren fenómenos imprevistos, que desafíen nuestra comprensión de los estratos más profundos de la naturaleza.

Antes de internarse en *terra ignota*, el primer cometido del LHC fue confirmar una predicción hecha hace más de medio siglo: la existencia de una partícula singular, distinta a todas las demás conocidas. La entrevió por primera vez el físico británico Peter Higgs en 1964. Poco podía imaginar que las ecuaciones que apuntaba entonces en hojas sueltas de papel, o en la superficie de una pizarra, conjurarían una partícula hipotética que, décadas después, desataría una cacería experimental en la que se implicarían millares de físicos e ingenieros. Tom Siegfried, antiguo redactor jefe de la revista *Science News*, resumía así su importancia: «Durante más de tres décadas, el Higgs ha supuesto para los físicos lo mismo que el Santo Grial para el rey Arturo, la fuente de la eterna juventud para Ponce de León o Moby Dick para el capitán Ahab. Ha sido una obsesión, una fijación, el apego a una idea de cuya verdad no dudaba casi ningún experto».

Existen dos tipos de experimentos revolucionarios, los que demuestran teorías en las que casi nadie cree y los que refutan verdades que la mayoría daba por sentadas. «Si no se observa nada», opinaba John Ellis, uno de los popes de la física de altas energías, «en cierto sentido, querrá decir que los teóricos nos hemos pasado los últimos treinta y cinco años soltando chorradas». Stephen Hawking apostó cien dólares a que no se descubriría la partícula de Higgs. A su juicio, la física sería mucho más interesante sin ella. ¿Lograrían atraparla los detectores del LHC? ¿Sería un mito inalcanzable o una tangible, aunque elusiva, ballena blanca?

El llamado mecanismo de Higgs se introdujo a mediados de la década de 1960 por razones técnicas, para reparar una avería en el modelo estándar, un sofisticado entramado teórico que explica con un detalle asombroso el comportamiento de tres de las cuatro fuerzas fundamentales de la naturaleza, el electromagnetismo, la interacción débil y la interacción fuerte. La primera piedra del modelo se colocó poco después de concluida la Segunda Guerra Mundial. Ironías del destino, fue obra de dos estadounidenses y un japonés: Richard Feynman, Julian Schwinger y Sin-Itiro Tomonaga. De manera independiente, concibieron la electrodinámica cuántica (EDC), que describe con un lenguaje cuántico y relativista las interacciones entre la luz y cualquier partícula con carga eléctrica. Richard Feynman la denominó «la joya de la física» por la precisión casi sobrenatural de sus predicciones.

Los físicos teóricos intentaron repetir su rotundo éxito. Para ello diseccionaron la EDC y creyeron identificar el secreto de su mecánica en un grupo de simetrías matemáticas, que parecían dictar la forma de sus ecuaciones. Al trasplantar el mismo principio de diseño a las enigmáticas fuerzas que gobernaban el núcleo de los átomos, obtuvieron teorías elegantes y sugestivas, pero que se despegaban por completo de la realidad. Las ecuaciones dibujaban un universo utópico, donde todas las partículas elementales carecían de masa, como los fotones, y viajaban a la velocidad de la luz. El mundo material, tal como lo conocemos, con su jerarquía estructural de átomos, moléculas, cristales o células, resultaba inviable. No existía ningún soporte sobre el que se asentara la vida.

El mecanismo de Higgs se proyectó como una extensión del modelo estándar, que anclaba la teoría a la realidad observada. Al introducir una nueva partícula (en realidad, como veremos, un nuevo campo cuántico), se subvertían las reglas del juego y emergían las partículas masivas conocidas. La mayoría de los físicos aceptó lo evidente: el mecanismo funcionaba sobre el papel, pero algunos lo tacharon de mero artificio matemático, porque no parecía derivarse de la lógica interna del modelo estándar. Para zanjar la cuestión, tanto los partidarios como los detractores de la idea se sometieron al dictamen de la naturaleza, que debía pronunciarse a través de experimentos. Si el mecanismo operaba de verdad en el ámbito subatómico, tenía que dejar un rastro: la partícula de Higgs.

A mediados de la década de 1980, después de una espectacular sucesión de hitos experimentales que coronaron al modelo estándar como el oráculo que nunca se equivocaba, el Higgs entró en la agenda de los mayores aceleradores del mundo. Tanto el LEP del CERN como el Tevatrón del Fermilab estadounidense se apuntaron a la caza mayor del Higgs. La partícula eludió con tenacidad todas las batidas organizadas durante más de una década. De existir, había que invertir más energía para materializarla. En diciembre de 1994 el Consejo del CERN dio luz verde a la construcción del LHC. Una obra faraónica sin el respaldo autoritario de ningún faraón, puesta en pie gracias a la cooperación internacional de setenta países y al esfuerzo de diez mil ingenieros y científicos.

El esperado anuncio se produjo por fin el 4 de julio de 2012: después de más de mil billones de colisiones, el LHC había registrado la actividad de una partícula desconocida. Dentro del grado de precisión alcanzado, resultaba indistinguible del Higgs del modelo estándar. El júbilo que desbordó el auditorio del CERN pronto se contagió al resto de la comunidad de físicos. Fuera de este exclusivo círculo de iniciados, los curiosos se hallaron en la situación de quien, paseando por la calle, se siente atraído por la música, las luces y las risas de una fiesta y, al querer unirse a la diversión, tropieza con un portero que le corta el paso de malos modos. En este caso, la barrera es conceptual. Con el paso del tiempo, la física teórica se ha ido remontando hasta alturas cada vez más enrarecidas. De la teoría de la relatividad se dijo en su día, sin ningún fundamento, que solo podían entenderla tres personas en el mundo. La mecánica cuántica redujo ese número drásticamente a cero. Al menos, si definimos «entender» un fenómeno como interpretarlo estableciendo equivalencias con experiencias de la vida cotidiana.

Se han urdido toda clase de analogías para explicar al común de los mortales qué demonios es el campo de Higgs. Todas ellas encierran un innegable elemento de verdad y, al mismo tiempo, son absolutamente falsas. La culpa no la tienen las analogías, sino los hilos conceptuales que arman el modelo estándar: los campos cuánticos. Cuando los físicos hablan de partículas, como un electrón o un bosón de Higgs, en realidad se refieren a fenómenos que acontecen en el seno de los campos. Estas criaturas físico-matemáticas son hijas de la relatividad especial y de la mecánica cuántica y su naturaleza híbrida desafía cualquier poder de visualización. Con todo, en su origen los campos no mostraban un rostro tan hermético. En el primer capítulo del libro partiremos de los campos clásicos, mucho más intuitivos, para luego forzar a cámara lenta su metamorfosis cuántica. En el segundo, contaremos cómo, una vez cuantizados, tomaron la física teórica al asalto, durante la revolución de la EDC. El curso inesperado que siguieron los esfuerzos por extender su exitoso modelo al resto de fuerzas fundamentales nos conducirá a un callejón sin salida. Momento en el que el campo de Higgs hará acto de presencia.

En el tercer capítulo nos detendremos en el mecanismo de Higgs, que no tiene las mismas implicaciones para las partículas elementales que para la materia ordinaria. La mayor parte de nuestra masa no se debe al Higgs, sino al pandemónium energético que reina en el interior de neutrones y protones. Dedicaremos el cuarto capítulo a examinar por qué los físicos creen en este microcosmos tan ajeno y desconcertante, dominado por campos cuánticos, que han concebido no por capricho sino por necesidad, después de descartar alternativas mucho más agradables a la intuición. La historia del campo de Higgs es la historia del modelo estándar y esta teoría se ha escrito tanto en las pizarras como en los laboratorios; en particular, en los aceleradores de partículas. Trataremos de comprender qué es exactamente lo que han querido buscar (o refutar) los físicos experimentales, cómo lo han hecho y qué han averiguado.

Sin duda, el LHC ha cumplido las expectativas depositadas en él. Ha encontrado lo que se esperaba que encontrase. ¿Hallará lo inesperado? Poco después del anuncio del 4 de julio, uno de los arquitectos del modelo estándar, Steven Weinberg, expresaba una cierta inquietud acerca del futuro: «Tuve una pesadilla en la que el CERN descubría el Higgs y después nada más. Por satisfactorio que resulte descubrir la partícula de Higgs, no proporciona ninguna pista acerca de cómo ir más allá del modelo estándar». El punto de llegada se ha convertido en un nuevo punto de partida. La exploración está lejos de concluir.

Campos cuánticos

Los campos cuánticos son los hilos que conforman el tejido del modelo estándar, una teoría que abarca la mayoría de los fenómenos conocidos. El modelo estándar supone la última etapa de una búsqueda obstinada. A lo largo del camino, los científicos se han visto obligados a abandonar todas sus intuiciones acerca de la estructura última de la materia.

¿Qué leyes ordenan los fenómenos que observamos en la naturaleza? ¿De qué se compone la materia? ¿De qué modo ejercen su influencia unos cuerpos sobre otros? El punto de partida para responder a estas preguntas está en la información que recibimos a través de los sentidos, sin ayuda de aparatos que extiendan su alcance. Al procesar nuestras impresiones, descubrimos que la naturaleza no se asemeja a un reloj transparente, que expone su mecanismo a la mirada de los curiosos. Vemos caer una gota de lluvia o una roca que rueda pendiente abajo, pero no resulta en absoluto evidente identificar a los responsables de su movimiento. Para abordar el problema, no queda más remedio que añadir a las observaciones una pizca de especulación, más o menos afortunada, más o menos fantasiosa, sobre cómo son y cómo funcionan los engranajes ocultos de la naturaleza.

Para Aristóteles los objetos caen porque buscan su lugar natural: el centro de la Tierra. La misma superficie del suelo, donde se asientan, levanta una barrera que les impide llegar a su destino. Si horadásemos un túnel, seguirían cayendo hasta alcanzarlo. Cuando arrojamos una piedra hacia lo alto, la forzamos a alejarse más todavía del centro, pero esta injerencia pronto agota su empuje y se impone la tendencia natural que la devuelve al suelo. En la trayectoria de un proyectil, Aristóteles no apreciaba una parábola, sino dos líneas rectas: una diagonal ascendente, impuesta al cuerpo, interrumpida por una vertical, espontánea, descendente. Estos errores de apreciación no son raros en él. Aristóteles sostenía que la boca de las mujeres encierra menos dientes que la de los hombres. Inexactitudes al margen, su descripción ya combina observaciones con la presunción de una mecánica oculta. Desde los tiempos del Estagirita se puede decir que los científicos han seguido contemplando caer las mismas piedras, pero han entrevisto engranajes muy diversos, de creciente sofisticación, detrás de su movimiento.

El juego de interpretar los fenómenos experimentó un progreso sustancial cuando el ingrediente especulativo se fundó en la lógica matemática y en una observación rigurosa. No obstante, las matemáticas moran en un ámbito abstracto y antes de ejercer de oráculos en el mundo real necesitan encarnarse en un modelo físico. El impulso que recibió la ciencia en el siglo XVII permitió sustituir la tendencia natural de Aristóteles por argumentos más elaborados. La experiencia cotidiana enseña cómo los cuerpos se afectan unos a otros mediante una vía nada metafísica: el contacto directo. Una brizna de polen se ve forzada a trazar un círculo en un remolino de viento. Una pelota vuela de una esquina a otra del campo de juego a base de sucesivos golpes. Parecía razonable que los modelos físicos se animaran con estos mecanismos tan familiares. Así prosperaron los intentos de reducir la gravedad a la acción de un fluido invisible, cuyas corrientes y remolinos arrastraban los planetas, o al bombardeo de un enjambre de partículas diminutas, que los desviaban de sus trayectorias cerrándolas en órbitas. En ambos casos se recurría a un agente invisible, pero corpóreo, es decir, constituido por materia, aunque esta fuera de una naturaleza tan exótica como se quisiera.

Admitir que cada elemento de materia influye en su entorno por contacto, implica que los cambios operan de manera gradual, se comunican en cadena, de un punto del espacio a otro contiguo, como el impulso que recorre una hilera de fichas de dominó. La última no conoce la caída de la primera hasta que pasa un cierto tiempo. No existe transmisión instantánea. Contra todo pronóstico, esta línea de ataque tan prometedora no produjo ningún modelo matemático que reprodujera con éxito los fenómenos observados y, mucho menos, que revelase otros desconocidos.

Newton dio un vuelco a la situación con su estudio de la gravedad. Para empezar, dejó el espacio entre los cuerpos celestes vacío, borrando cualquier atisbo de materia, ya fueran fluidos o partículas. En su lugar postuló una tendencia natural de atracción que obedecía a una sofisticada maquinaria matemática que él mismo inventó, el cálculo diferencial. Decretó que dos cuerpos cualesquiera se atraían en razón directa al producto de sus masas y en razón inversa al cuadrado de la distancia que los separa. El principio no se podía enunciar con mayor claridad. Su concisión matemática funcionaba como la chistera de un mago, de la que se extraía una constelación casi inagotable de fenómenos. Al insertar esta ley de gravitación universal en sus leyes de la dinámica, se obtenían ecuaciones de las que surgía la línea recta de un fardo que cae al suelo, la parábola de una bola de cañón o las elipses que Kepler había identificado en la órbita de los planetas. En la ley de gravitación, el adjetivo «universal» no era un adorno pomposo. Realmente su jurisdicción no conocía límites.

El poeta satírico Alexander Pope escribió: «La naturaleza y sus leyes se ocultaban en la oscuridad de la noche/Dios dijo: "Que Newton sea" y se hizo la luz». Este fulgor proyectaba, sin embargo, una sombra incómoda. En el mismo corazón de la ley de gravitación latía un artificio, la acción a distancia. Newton había erradicado los mediadores materiales. Los cuerpos se atraían porque sí, obedeciendo a un decreto inmanente que desprendía un sospechoso tufo aristotélico. De acuerdo con Newton, la súbita desaparición del Sol sacaría a la Tierra de su órbita de inmediato (figura 1). Ninguna cadena de transmisores salvaría progresivamente la distancia de ciento cincuenta millones de kilómetros que los separa. La catástrofe se notificaría al instante. Y no solo a la Tierra, la desaparición del Sol afectaría simultáneamente a todas las masas del universo, aun las más remotas.

La acción a distancia repugnaba a muchos científicos, que sentían que el enfoque de los mediadores materiales tenía que haber funcionado mejor. La naturaleza parecía rechazar una teoría basada en el sentido común, para sancionar otra con connotaciones mágicas, por mucho que lanzara sus poderosos hechizos en un lenguaje matemático impecable. Newton perdía en el porqué, pero ganaba en el cómo. Aunque no era amigo de examinar en público la debilidad de sus argumentos, en privado compartía la desconfianza del resto de los científicos: «Resulta inconcebible que la materia bruta inanimada deba, sin la mediación de algo más que no sea material, operar sobre o afectar a otra materia sin contacto recíproco [...]».

Muchos investigadores confiaban en que la razón se hallara en algún punto intermedio. Tenía que resultar viable algún modelo material capaz de transferir la influencia gravitatoria de un cuerpo a otro, del Sol a la Tierra, o de la Tierra a la hoja que se desprende de un árbol, y del que emergiera la ley de la inversa del cuadrado de la distancia. El propio Newton participó del empeño, pero todas las tentativas fracasaron. En bretes semejantes, los científicos suelen hacer gala de un pragmatismo sin complejos. Aunque la acción a distancia de Newton desagradaba a los espíritus con inclinaciones filosóficas, describía con precisión asombrosa el comportamiento de la naturaleza. Su juego de herramientas matemáticas permitía montar un sinfín de aplicaciones. Todavía sirve a los ingenieros para enviar una sonda espacial a Saturno sin errar el tiro. Las preguntas incómodas se guardaron en la trastienda y los científicos se dedicaron a disfrutar de una capacidad de predicción sin precedentes.

El éxito con la gravedad marcó la senda a seguir en la disección matemática de otros fenómenos físicos, como la interacción electromagnética. Esta es mucho más intensa que la gravitatoria, lo que favoreció un programa experimental más exhaustivo. Uno no puede jugar a eliminar un planeta, o a desplazarlo de su órbita, a duplicar su masa, o dividirla por la mitad. Sin embargo, en el laboratorio se pueden ensayar infinitas configuraciones de pilas, corrientes, condensadores e imanes y tomar nota de lo que sucede.

FIG. 1

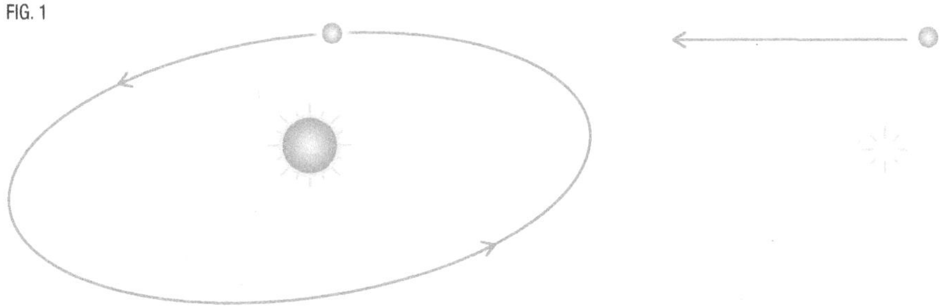

La ausencia del Sol, según las leyes newtonianas, produciría un impacto inmediato en la trayectoria de la Tierra. El planeta se saldría por la tangente: de recorrer una elipse pasaría a trazar una línea recta.

Una de las personas que consagró más horas al estudio de los fenómenos electromagnéticos fue el inglés Michael Faraday. Su origen humilde le privó de una educación formal en matemáticas, un accidente afortunado para la historia de la ciencia, porque, como efecto rebote, estimuló una intuición física fuera de lo común que resultaría providencial. Faraday se sentía perdido en las selvas de ecuaciones, cada vez más enmarañadas, que estaban elaborando matemáticos superdotados, como los franceses Siméon-Denis Poisson y André-Marie Ampère, en un esfuerzo ímprobo de organizar la rica fenomenología del electromagnetismo bajo leyes newtonianas. Las cargas eléctricas no solo se atraen, como las masas, también se repelen, y cuando se ponen en movimiento desencadenan fuerzas mucho más intrincadas que las gravitatorias. Tras una vida de trabajo en el laboratorio, Faraday había adquirido un instinto muy poderoso sobre el comportamiento de la electricidad y el magnetismo. Su olfato le permitió entrever una descripción mucho más sencilla de los mismos fenómenos que estaban tratando de desentrañar otros científicos como Ampère o Poisson.

Cuando uno sostiene dos imanes y los aproxima, advierte la fuerza con la que se atraen o repelen. El impulso que tira de los dedos produce una impresión casi sobrenatural, como la tenacidad de la aguja imantada que nunca se aparta del norte. No es de extrañar que las brújulas fascinasen a Einstein a los seis años. Es lo más parecido a un objeto mágico que un niño puede experimentar sin fraude. El magnetismo parece invocar la acción a distancia. ¿Qué mediador material podría intervenir si no entre dos imanes para provocar efectos tan opuestos como una intensa atracción o repulsión, solo con invertir la orientación de los polos? Además, el magnetismo extiende su influencia a través de los cuerpos. Traspasa la madera, el agua o una hoja de papel. ¿Qué fluido o corriente de partículas podría superar esas barreras?

Ciertamente el electromagnetismo no habita en el limbo de la gravedad newtoniana. Al espolvorear un puñado de limaduras de hierro alrededor de los imanes, surgen dibujos, las partículas de metal se animan para componer arcos entre los polos, que se buscan o rechazan. Si cambiamos la dirección de los imanes, las limaduras responden modificando sus configuraciones. En ausencia de imanes, las líneas se desvanecen y las limaduras se distribuyen al azar. Fenómenos análogos se ponen de manifiesto en torno a las corrientes eléctricas. En la vecindad de un imán, o de una carga en movimiento, ocurre algo, las propiedades del espacio se someten a una misteriosa tensión.

Faraday interpretó las figuras que componen las limaduras de hierro como una radiografía que revelaba una nueva especie de engranajes ocultos: los *campos*. Como alternativa a la acción a distancia y a los mediadores materiales, pronto se convertirían en la apuesta más sólida para dilucidar el mecanismo de las interacciones fundamentales.

CAMPOS CLÁSICOS

A la hora de construir un campo, basta con asignar un atributo matemático a cada punto del espacio. La elección más elemental es un número. La temperatura ofrece un buen ejemplo. Con la ayuda de un termómetro, podemos medir los grados en cual-

FIG. 2

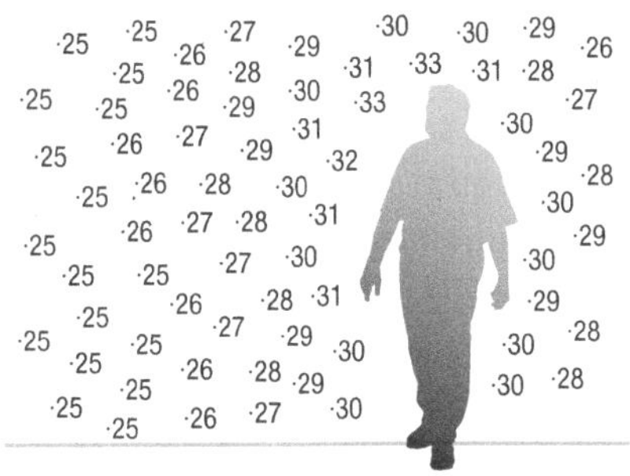

FIG. 3

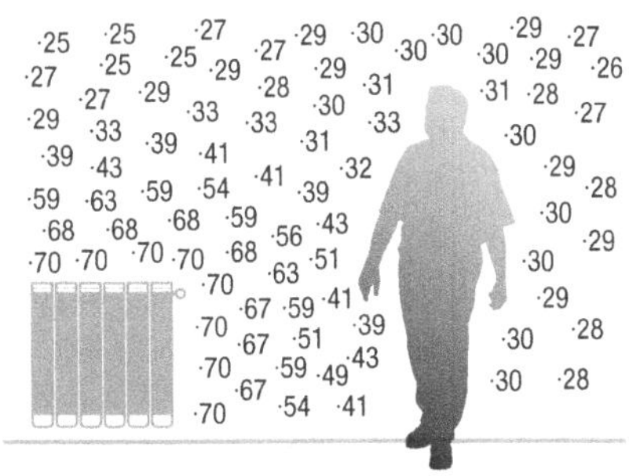

Campo escalar de temperaturas en el interior de una habitación (izquierda). En presencia de una fuente de calor, cambian los valores del campo (derecha).

quier punto de una habitación. El conjunto de todas las medidas despliega un campo de temperaturas (figura 2). Esta clase de campo recibe el nombre de *escalar*.

Si encendemos una estufa, las zonas más alejadas no acusarán su presencia de inmediato. Los números del campo (los valores de la temperatura) irán mudando gradualmente, a medida que las moléculas del aire caliente, más veloces, comuniquen parte de su energía cinética a las más lentas (más frías) mediante colisiones (figura 3). El campo de temperaturas se comporta, por tanto, como una entidad dinámica, capaz de evolucionar con el paso del tiempo.

Se pueden concebir campos que asignen atributos matemáticos más complejos que un simple número, como una intensidad y una dirección. En este caso, a cada punto del espacio se le adjudica una flecha. Su longitud refleja una intensidad y admite cualquier orientación, entre 0° y 360°. De este modo se puede dibujar un mapa de viento, que presente las medidas de un anemómetro. Aquí, el campo cambia en dos puntos donde el aire circule en la misma dirección y sentido, pero con diferentes velocidades; o en dos puntos donde sople con la misma fuerza, pero en distintas direcciones; o, en fin, donde no coincidan ni la dirección ni la fuerza. Este tipo de campos se llaman *vectoriales* y asocian a cada punto del espacio tres números, que determinan la orientación y la intensidad de una magnitud física.

En el entramado de flechas se adivinan líneas que recuerdan las configuraciones de las limaduras de hierro en torno a un imán o a una corriente eléctrica. De hecho, los campos vectoriales parecen creados a propósito para describir fenómenos electromagnéticos. Veamos cómo. Si introducimos un grano de polen en un campo de viento, la longitud y la dirección de la flecha en cada punto nos indican hacia dónde se moverá la pequeña partícula si la soltamos allí. La figura 4 ilustra cómo el mismo grano seguirá direcciones diferentes según se sitúe en P o en Q. En la primera ubicación arrancará, además, con menos velocidad que en la segunda.

El campo no define del todo la fuerza que va a experimentar el grano, porque también hay que tener en cuenta la masa de la partícula. Una ligera acusará más el impulso del viento que otra más pesada. De forma análoga, podemos determinar qué ocurrirá con una carga eléctrica, situada en una región del espacio, en función del valor que tenga allí un campo vectorial, el llamado *campo electromagnético*. Su estructura es algo más compleja que la de un campo de viento, ya que asigna dos flechas a cada punto: una, $\vec{E}$, corresponde al campo eléctrico y la otra, $\vec{B}$, al campo magnético. La figura 5 muestra una de las situaciones más sencillas, en dos dimensiones, y solo con el concurso del campo eléctrico. Como en el caso del viento, la carga seguirá trayectorias diferentes según se sitúe en P o en Q. El valor del campo no especifica por completo la fuerza que soporta, depende también de la magnitud de la propia carga, el equivalente a la masa del grano de polen a merced de una corriente de aire.

El aspecto más relevante de este nuevo modo de interpretar las interacciones es que la carga responde solo al valor del campo allí donde se ubique. En este sentido, se trata de una interacción local. No interviene ninguna acción a distancia, porque a la carga le resulta indiferente el estado del resto del universo. Solo se ve afectada por la disposición del campo en los lugares que va transitando. Si una corriente eléctrica se pone en marcha a un metro de distancia, no advertirá de inmediato su presencia.

FIG. 4

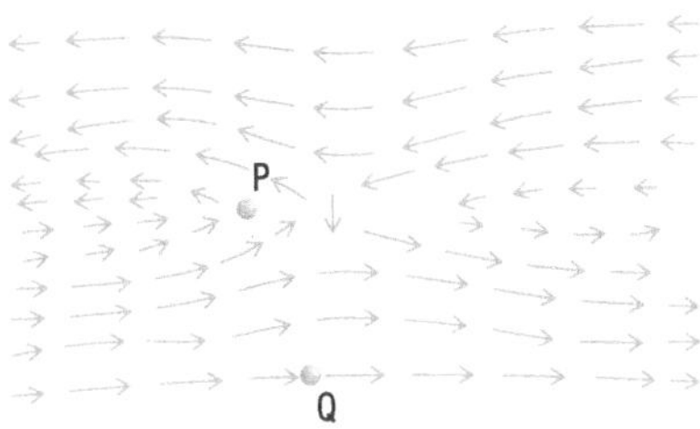

FIG. 5

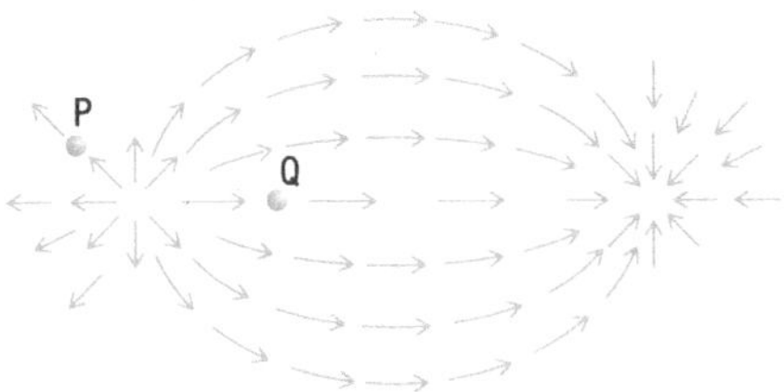

FIG. 6

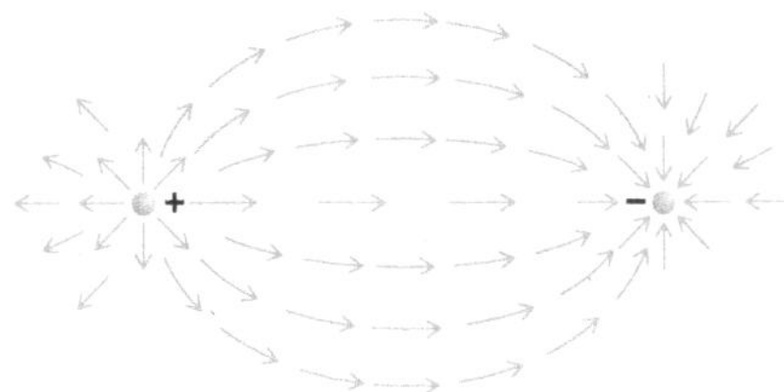

Ahora bien, ¿a qué obedece la geografía del campo que la carga va percibiendo a medida que lo recorre? ¿Por qué las flechas exhiben ciertas longitudes y orientaciones y no otras? El campo es una creación colectiva de todas las cargas, imanes y corrientes del universo. En el ejemplo anterior, el campo eléctrico lo generan dos cargas, una positiva y otra negativa (figura 6).

La tercera carga que introducimos trastocará esta configuración de flechas. Sin embargo, no dará a conocer su intromisión de inmediato a sus compañeras. Las flechas van modificando su longitud y su orientación en una onda expansiva, que parte de la nueva carga y que progresa de un punto a otro, con velocidad finita. Las cargas y el campo mantienen un diálogo sin interrupciones. Las cargas crean y alteran el paisaje del campo con su actividad, al tiempo que acusan la estructura del campo allí por donde pasan. Podemos recurrir a la analogía del mar, donde un pez siente las perturbaciones que provocan en el agua los demás animales. Esta información condiciona sus desplazamientos, pero estos también trastornan el estado del líquido, advirtiendo a los demás de su presencia y, por tanto, condicionando, a su vez, sus movimientos. Las perturbaciones que genera cada animal se propagan en la masa de agua con velocidad finita, lo que provoca retardos en la información. Cuando un pez percibe un temblor, hace tiempo que se extinguió su causa.

El escocés James Clerk Maxwell plasmó la intuición de Faraday en un formidable despliegue de veinte ecuaciones. Otro gran autodidacta, de orígenes tan humildes como los de Faraday, Oliver Heaviside, las depuró y las redujo a un juego de cuatro expresiones, mucho más compacto y elegante que las que se habían ensayado hasta entonces sin recurrir a los campos. Exhibían además un alcance mucho mayor, ya que no sumaban hallazgos aislados, sino que cubrían todo el abanico de fenómenos eléctricos y magnéticos. En las fórmulas, los campos, abstractos, robaban el protagonismo a las bobinas, los generadores o los imanes que los científicos manipulaban en el laboratorio. Las ecuaciones permitían calcular las propiedades de las flechas $\vec{E}$ y $\vec{B}$ y su evolución a partir de cualquier configuración imaginable de cargas y corrientes, reproduciendo cualquier efecto que se hubiera observado. Y también algunos que no se conocían aún.

Como todas las grandes ecuaciones de la física, las de Maxwell escondían sorpresas que ni siquiera su creador había anticipado. Al profundizar en ellas, ponían de manifiesto que la propagación de cualquier cambio en el seno del campo electromagnético obedecía a una ecuación de ondas, como la que determina el avance de una ola en la superficie de un estanque. También proporcionaban la velocidad de propagación de la perturbación, que coincidía con la que Léon Foucault había medido para un rayo luminoso. Maxwell había identificado, del modo más inesperado, al mensajero que mantiene al día al campo electromagnético: la luz. Allí donde se presenta viene a informar de que el campo ha cambiado en algún otro lugar.

Llegados a este punto, se hacía inevitable preguntarse acerca de la realidad del campo electromagnético. Los campos de temperatura o de viento se justifican aplicando una lupa y descubriendo que cada número o cada flecha se deriva de las colisiones de infinidad de moléculas de aire contra un termómetro o un

> Ante los numerosos casos de fuerzas que actúan a distancia, el filósofo [...] no debe conformarse en absoluto con los hechos y [...] debe dirigir su atención a explicar cómo las fuerzas se transmiten a través del espacio.
>
> **MICHAEL FARADAY**

anemómetro. Los números y las flechas responden a la actividad de un medio material subyacente. ¿Ocurre lo mismo con el campo electromagnético? En el vacío, la temperatura (al menos como concepto clásico) y el viento desaparecen. Son dos campos que en ausencia de materia se desvanecen. Faraday ya había observado, por el contrario, que: «un imán situado en el vacío más perfecto que se pueda producir [...], actúa sobre una aguja igual que si estuviera rodeado de aire, agua o cristal [...]». El campo magnético de la Tierra tampoco se esfuma en el vacío relativo del espacio, donde la luz se propaga sin problemas. Luego el campo no surge de un soporte de materia ordinaria. ¿Refleja la actividad de partículas de materia extraordinaria?

Faraday pudo aceptar con cierta despreocupación que el campo electromagnético era una condición del propio espacio, al margen de la materia que pudiera contener. La revelación de que la luz era una onda electromagnética comprometía más a Maxwell. Todas las ecuaciones de onda conocidas hasta la fecha describían perturbaciones que se propagaban en un medio físico, ya fuera el sonido en el aire, una ola en el mar, un seísmo en la corteza terrestre o una vibración en una cuerda.

Igual que había pasado con la gravedad, se intentó concebir algún tipo de medio material que sirviera de andamio, pero todas las estructuras que dictaba la imaginación la realidad se encargaba de desbaratarlas en los experimentos. Las ecuaciones se revelaban más fuertes, o más fundamentales, que los modelos mecánicos que se esforzaban en justificarlas. El pragmatismo de los científicos se impuso una segunda vez. Se quedaron con las ecuaciones, con el cómo, que de nuevo abría un horizonte ilimitado de aplicaciones, que servían para inventar radios, radares y telégrafos, y dejaron aparcado el porqué. Las ecuaciones de Maxwell se arman con materiales heterogéneos. Unos son tangibles (cargas, imanes, corrientes); otros, incorpóreos (los cam-

Aurora polar en Saturno. Este espectacular fenómeno pone de manifiesto la existencia de un campo vectorial: el campo magnético del planeta. Las auroras se producen cuando las partículas cargadas del viento solar son captadas y redirigidas por este campo, haciéndolas colisionar contra las moléculas de gas de las capas superiores de la atmósfera. Los choques generan destellos de radiación electromagnética.

pos). Esta disimilitud abría una brecha que teorías posteriores harían más profunda.

Las ecuaciones de Maxwell marcaron un hito equiparable al de la ley de gravitación universal de Newton. En la descripción clásica del electromagnetismo los papeles se reparten entre las cargas eléctricas, puntuales (que en movimiento dan lugar a corrientes), y los campos. Los imanes se pueden considerar formados por corrientes microscópicas, una idea que ya sugirió Ampère, aunque para desvelar su verdadera identidad hubo que recurrir a la relatividad especial y a la mecánica cuántica. Las cargas generan colectivamente un campo dinámico, que también las afecta, y que se actualiza gracias a las ondas de luz que lo recorren. Esta luz, radiación electromagnética, transporta energía. Una carga eléctrica acelerada emite luz y pierde energía; una carga que se topa con una onda luminosa, gana energía y se acelera. Este intercambio constituye la base de las telecomunicaciones. La carga de una antena emisora oscila a un ritmo determinado, provocando un efecto dominó en las flechas del campo electromagnético, que van cambiando a lo largo del espacio que media hasta la carga de una antena receptora.

Los actores que interpretan estos fenómenos son idealizaciones de conceptos cotidianos. Las cargas son partículas, proyectiles indestructibles, tan diminutos como se quiera; la luz se compone de ondas, olas que rizan un mar inmaterial. Aunque exija un esfuerzo notable de imaginación, si somos capaces de aceptar la existencia de unas ondas que no precisan de medio alguno para propagarse, la acción a distancia se ha erradicado de la escena. Todas las interacciones se producen localmente entre el campo y las cargas.

El drama del electromagnetismo clásico giraba en torno a dos antagonistas. Uno representaba la mínima dispersión, concentrado en un solo punto; el otro, la extensión sin límites. Ondas y partículas se complementaban permitiendo una visualización de los fenómenos físicos a escala microscópica. ¿Habían hallado los científicos por fin los engranajes ocultos que dan cuerda a la naturaleza? Esta estampa de un cúmulo de puntos eléctricos inmersos en una marejada de luz tenía los días contados. Ninguna otra vendría a sustituirla. Con el advenimiento de la mecánica cuántica, las imágenes del mundo subatómico quedarían proscritas para siempre.

UN CURSO ACELERADO DE MECÁNICA CUÁNTICA

El desarrollo de la termodinámica y su interpretación en términos estadísticos dio el espaldarazo definitivo a la vieja hipótesis atómica. Los físicos del XIX fueron capaces de elaborar un modelo matemático que reproducía con fidelidad el comportamiento de los gases ideales, partiendo de átomos o moléculas que se relacionaban entre sí y con el resto del mundo a través del mecanismo de interacción más sencillo: colisiones elásticas. En este caso el análisis estadístico de un gas hipotético, integrado por trillones de partículas indivisibles, que redistribuían sin cesar su energía mediante choques, permitía deducir las relaciones entre el volumen, la presión o la temperatura de los gases, que se habían registrado en el laboratorio.

El electromagnetismo amplió el catálogo de propiedades que cabía atribuir a las partículas elementales: además de masa podían presentar carga eléctrica. Cundió la convicción de que se podía construir una imagen más precisa de la naturaleza, que abarcase más fenómenos, aplicando el tratamiento estadístico al nuevo modelo de interacción, la electromagnética, mucho más sofisticado que el de las colisiones. Sin embargo, al poco de inaugurar esta obra ambiciosa, el edificio se vino aparatosamente abajo. Una materia constituida por una enorme asamblea de partículas cargadas, que intercambiasen energía de acuerdo con las leyes de Maxwell (absorbiendo y emitiendo ondas de luz), daba pie a efectos absurdos. Sin ir más lejos, quien osara abrir la puerta de un horno caliente sufriría una avalancha de radiación de altísima frecuencia que lo fulminaría al instante.

La solución siguió la vía de numerosas revoluciones científicas: su radicalismo se atemperó adoptando el disfraz de un truco matemático que facilitaba los cálculos o permitía obtener un resultado acorde con el experimento. Así se coló de rondón en su día la revolución copernicana. Como en el caso del heliocentrismo, la eficacia de la nueva hipótesis no obedecía a ningún truco, sino a que contenía más elementos de verdad que los dictados del sentido común. Aquí el ardid consistía en suponer que, en sus relaciones, las cargas de los átomos (los electrones) no podían intercambiar cualquier cantidad de energía electromagnética. Solo podían absorberla o emitirla en dosis determinadas o «cuantos», múltiplos de una cantidad mínima: $h \cdot \nu$, donde h era una constante y ν, la frecuencia de la radiación. Al imponer esta limitación, en apariencia arbitraria, al intercambio de energía entre los átomos, las curvas de radiación que determinaban las ecuaciones coincidían con exquisita precisión con las gráficas que se obtenían en los laboratorios. Irónicamente, el destino quiso que el primer portavoz de la revolución cuántica fuera Max Planck, un físico disciplinado y conservador que, aun en 1882, sostenía: «A pesar de los innumerables éxitos que la teoría atómica ha venido cosechando hasta ahora, antes o después tendremos que abandonarla en favor de la suposición de una materia continua».

Durante siglos, la discontinuidad de la energía había pasado desapercibida porque el valor de h es sumamente pequeño: $6{,}62 \cdot 10^{-34}$ J s (donde 1 J es la energía necesaria para aumentar un grado la temperatura de un gramo de aire). En otras palabras, el troceado resulta tan fino que hay que descender a escalas atómicas para advertirlo. Es como la línea de un lápiz, que solo observada al microscopio revela la naturaleza intermitente del trazo. Durante el resto de su vida, Planck defendió que la energía se fragmentaba únicamente en los procesos de intercambio, como sucede con el agua cuando se vende embotellada. Entendía la parcelación como algo coyuntural, que no comprometía la esencia continua de la energía. La hipótesis de la cuantización fue asumida con más entusiasmo por Albert Einstein, que comprendió que las ondas de Maxwell, vistas muy de cerca, se rompían en paquetes de energía. El verdadero carácter de la radiación electromagnética era corpuscular. La luz estaba integrada por partículas, los fotones, cuyo comportamiento colectivo producía la impresión de ondas electromagnéticas. Igual que una multitud de espigas mecidas por el viento transmite la sensación de un oleaje, un número abrumador, pero finito, de fotones remedaba las olas de un mar luminoso.

La cuantización dio sentido a un número creciente de fenómenos, como el efecto fotoeléctrico o el espectro luminoso que emitían los átomos de hidrógeno. A pesar de ello, muchos científicos no se sentían con ánimos de celebrarlo. En el microcosmos, los intérpretes del electromagnetismo clásico parecían entregarse a toda clase de excentricidades. Al tiempo que las ondas se rompían en partículas, las partículas se desparramaban en extraños comportamientos ondulatorios. En una serie de experimentos audaces, montados a ambos lados del Atlántico, Clinton Davisson y Lester Germer, en Estados Unidos, y Alexander Reid y George Thomson, en Gran Bretaña, demostraron que los electrones se portaban como ondas al atravesar un cristal de níquel o una película de metal ultrafina.

El austriaco Erwin Schrödinger hizo un último conato de salvar los muebles de la física tradicional. En un golpe de genio, urdió una ecuación de ondas donde la fragmentación de la energía surgía de un entorno familiar. Se inspiró en una de las ecuaciones diferenciales más antiguas, que describe la forma que adopta la cuerda de un instrumento musical después de que se ha pulsado. La naturaleza continua de la cuerda genera la secuencia discontinua de las notas musicales, múltiplos de un tono fundamental. Schrödinger aplicó la misma plantilla matemática a la dinámica de un sencillo átomo de hidrógeno y las soluciones de su ecuación no dibujaron una gradación continua de energías, sino los saltos de nivel de una escalera. La diferencia de altura entre los peldaños producía los paquetes de energía, o fotones, que registraban los espectroscopios.

Planck aplaudió esta restauración de la continuidad, pero pronto le arruinaron la fiesta. Examinada con más atención, la analogía musical era una trampa en toda regla. En una guitarra, la función continua es la cuerda. ¿Y en la ecuación de Schrödinger? Se trataba de una enigmática función Ψ, que nadie, ni siquiera el padre de la criatura, sabía identificar. ¿Qué magnitud física representaba? Schrödinger creyó reconocer en ella al propio electrón, aunque algo transfigurado. En lugar de consi-

CÓMO SE ROMPE LA ENERGÍA

En 1887, Heinrich Hertz determinó que cuando la radiación ultravioleta incide sobre una lámina metálica se liberan electrones. En aquel momento la imagen que se tenía de la luz se ajustaba al modelo clásico de Maxwell. Dentro de ese marco conceptual, el efecto que había descubierto Hertz respondía a una sencilla razón: las ondas luminosas agitaban los electrones hasta arrancarlos de los átomos. La intuición dictaba entonces que aumentar la intensidad o la frecuencia de la luz los haría saltar con más brío. Es fácil verlo recurriendo a la manida analogía de las ondas en un estanque. Se puede hacer que un corcho que flota en el agua adquiera más energía de dos maneras: generando ondas más altas (es decir, de mayor intensidad) o más frecuentes. Cinco años después, el físico húngaro Philipp Lenard (que fue ayudante de Hertz) echó por tierra esta explicación. Midió la velocidad de los electrones que escapan del metal y observó que aumenta con la frecuencia de la luz incidente, pero no con su intensidad. No había modo de obligar a una onda clásica a producir ese resultado. Einstein explicó el misterio al fragmentarla

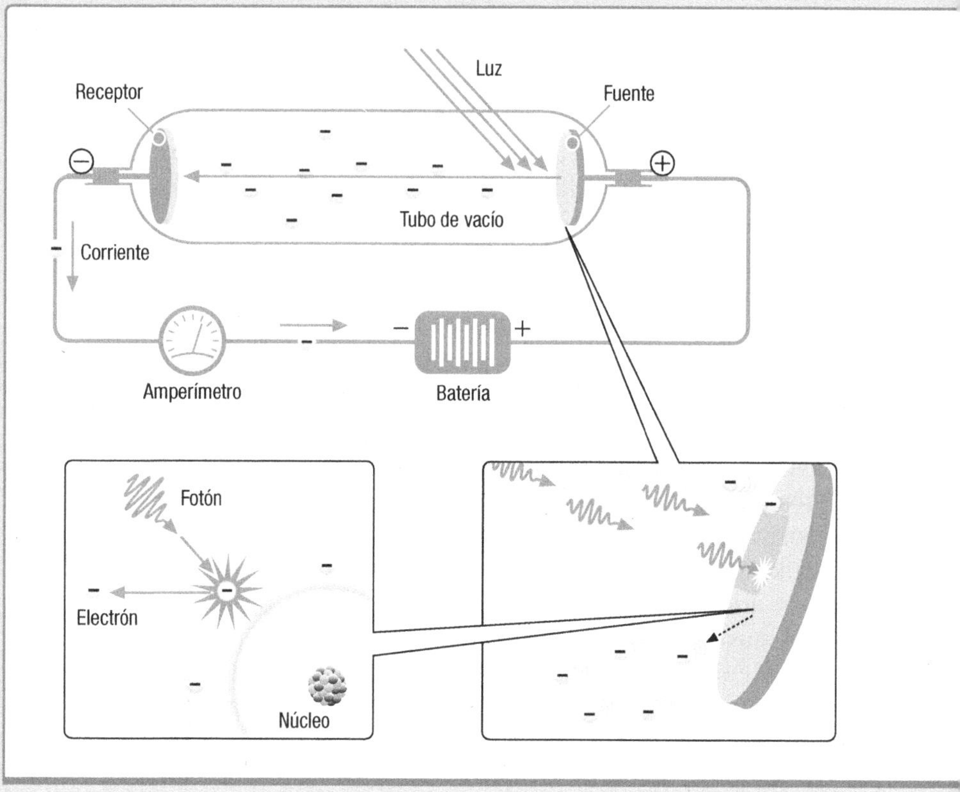

en infinidad de cuantos. De acuerdo con la receta de Planck, la energía que transporta cada cuanto es proporcional a su frecuencia ($E=h\nu$). Al incrementar esa frecuencia, se envían contra el metal balas de luz más energéticas, que ceden más energía a los electrones. Un aumento en la intensidad de la fuente luminosa se traduce, sin embargo, en un mayor número de cuantos de la misma frecuencia y, por tanto, de la misma energía. Al incidir contra la placa, generan más electrones, pero con la misma velocidad. El efecto fotoeléctrico es una manifestación de cómo se desmenuza en cuantos el campo electromagnético y proporciona un método para medir la constante de Planck. Al ir variando la frecuencia de la luz, varía la energía con la que salen despedidos los electrones. Al representar en una gráfica las medidas de ambas magnitudes se perfila una recta, cuya pendiente es la constante de Planck. Así determinó su valor Robert Millikan en una serie de experimentos con los que, irónicamente, pretendía refutar la explicación de Einstein, convencido de que la luz era una onda continua.

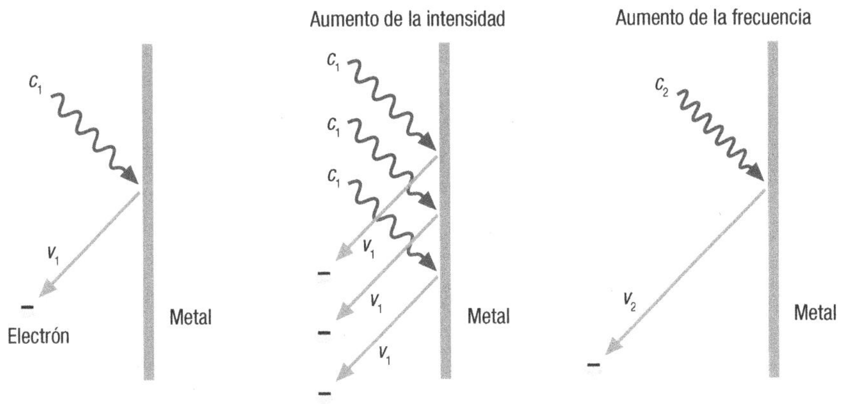

La velocidad de los electrones no depende de la intensidad de la luz, solo de la frecuencia

En el experimento de Lenard (figura de la izquierda), el receptor, con carga negativa, tiende a repeler los electrones que la luz libera en la fuente. Mientras la batería mantenga un voltaje bajo, muchos electrones serán capaces de vencer esta repulsión y alcanzar la placa negativa, modificando la corriente. A medida que se aumenta el voltaje, merma el número de partículas que llega al receptor. Justo en el momento en que no lo hace ninguna, se ha superado la energía máxima con la que salen disparadas de la fuente para una frecuencia dada. El sistema permite medir así dicha velocidad. Lenard comprobó que no dependía de la intensidad de la luz, pero sí de su frecuencia. En la fuente (figura de arriba), cada cuanto c_1, con frecuencia ν_1, desprende un electrón con velocidad v_1. Los cuantos c_2, con frecuencia superior, ν_2, liberan electrones con mayor velocidad, v_2.

derarlo como una partícula, que concentraba la carga eléctrica en un solo punto, supuso que la esparcía en una región del espacio. Cuando el átomo de hidrógeno absorbía o emitía fotones, Ψ alteraba su forma, redistribuyendo la carga en configuraciones diferentes. Por desgracia, ningún experimento logró retratar al electrón en su estado desparramado. O se presentaba como una carga puntual o no asomaba en los detectores.

Un físico de Breslau, Max Born, propuso una solución al jeroglífico interpretando Ψ en clave estadística. Por medio de una operación matemática sencilla, la transformó en otra función, $|\Psi|^2$, que asignaba a cada punto del espacio la probabilidad de localizar en él al electrón de un átomo de hidrógeno (figura 7). Aunque un valor elevado de $|\Psi|^2$ indicaba una probabilidad alta de encontrar la partícula, esta podía hallarse también en un lugar remoto, donde la probabilidad fuera ínfima, pero no nula. El electrón mantenía su identidad corpuscular, pero una niebla estadística lo desdibujaba.

Los físicos acababan de cruzar al otro lado del espejo. Hasta entonces sus ecuaciones fundamentales habían sido deterministas, es decir, podían seguir los pasos de cualquier molécula o átomo con precisión absoluta, al menos en teoría. La estadística entraba en escena como un factor secundario, para manejar trillones de partículas definidas con perfecta nitidez sobre el papel. La imprecisión no se consideraba esencial, era fruto de la incapacidad humana para procesar cantidades ingentes de información. Born invirtió el paradigma. En la ecuación de Schrödinger la piedra angular, Ψ, es una criatura estadística. Las propiedades del electrón, como su estado energético, su velocidad o su posición, figuran como elementos accesorios en el formalismo matemático y se extraen de la función de onda. La teoría gira en torno a Ψ, un fichero de información. Como tal no habita en el espacio real. Muestra la misma corporeidad que las probabilidades de que a una persona le toque la lotería.

Al asociar un número a cada punto del espacio, Ψ reúne los requisitos necesarios para que lo consideremos un campo, si bien es cierto que uno muy distinto a, pongamos por caso, un campo de temperaturas. No existe el termómetro capaz de ir

FIG. 7

La función $|\Psi|^2$ asigna a cada punto del espacio un número, *P*, la probabilidad de localizar en él al electrón del átomo de hidrógeno.

registrando valores sucesivos de Ψ. La función de onda exhibe un abanico de promesas. El físico, al interactuar con el mundo subatómico con sus aparatos, concreta una sola de ellas. Newton, después de conocer la posición y velocidad de un planeta, podía cerrar los ojos y predecir su posición dentro de un segundo, de un mes, de un año... Ningún físico puede repetir esa hazaña con un electrón. Tampoco trabaja completamente a ciegas. Si repite el mismo experimento muchas veces, será incapaz de anticipar el desenlace de una medida concreta, pero la suma de los resultados se ajustará con exactitud al vaticinio estadístico de Ψ. No hay que olvidar que la materia está integrada por cantidades astronómicas de partículas cuánticas. El mundo de apariencia newtoniana que habitamos emerge de promedios bien definidos.

Igual que los valores de la temperatura varían en una habitación cuando se abre una ventana o se enciende una estufa, los valores de la probabilidad evolucionan siguiendo los dictados de la ecuación de Schrödinger, que tiene en cuenta el entorno del átomo de hidrógeno. Pero Ψ se desenvuelve fuera del espacio físico del átomo, igual que las probabilidades de ganar en la lotería cambian en un ámbito abstracto, ajeno a la administración donde compramos más o menos billetes. Para crear un formalismo matemático que diera cuenta de la naturaleza fragmentada que se había observado en los experimentos, la mecánica cuántica tuvo que fundarse sobre unos cimientos estadísticos. ¿Se puede construir otra teoría con una estructura determinista y de cuya complejidad emerjan las mismas probabilidades? Einstein, Planck o Schrödinger estaban convencidos de que esa era la senda a seguir. La mayoría de los físicos que vinieron después han sostenido lo contrario.

La mecánica cuántica trastoca estratos muy profundos de la física para blindar la esencia estadística de Ψ o, lo que es lo mismo, la incertidumbre inherente a nuestro conocimiento a escala subatómica. Por ejemplo, al medir la posición de una partícula, no podemos volver a localizarla inmediatamente después. De lo contrario, seríamos capaces de tejer un hilo de continuidad en las posiciones, una trayectoria. Recuperaríamos entonces la certeza de Newton y sabríamos dónde esperar al electrón dentro de un segundo, o de un nanosegundo, o de un femtosegundo. Este retorno al escenario clásico haría que Ψ se desvaneciera como un fantasma a plena luz del día.

Una partícula clásica queda definida por su posición x y su momento lineal p (en esencia, el producto de su masa por su velocidad). La posición la ubica en un instante y el momento nos permite conocer hacia dónde se dirige a continuación, conecta su posición actual con la siguiente. En cuanto perdamos información de una de las dos variables, dónde está la partícula y cuál es su destino inmediato, la imprecisión en torno a su paradero crecerá hasta que terminemos por extraviarla. Para mantener al electrón en la clandestinidad, por tanto, nada mejor que limitar el conocimiento de su posición y su momento. Werner Heisenberg consumó la tarea en su célebre principio de incertidumbre:

$$\Delta x \cdot \Delta p \geq \frac{h}{4\pi}.$$

El símbolo Δ denota el grado de indeterminación en las medidas de x y p. Al escribir: $\Delta x = 0$, se da a entender que la posición x se ha establecido con exactitud. La expresión $\Delta x = 1$ mm señala, empero, que entre la posición real y el valor medido puede existir cierta discrepancia, milímetro arriba, milímetro abajo. El principio de incertidumbre relaciona, así, dos imprecisiones. Jugando con la fórmula de Heisenberg, se comprueba que un conocimiento exacto de x acarrea una ignorancia absoluta de p, y viceversa, luego no se puede definir una trayectoria clásica.

Por supuesto, Heisenberg no introdujo esta restricción para proteger artificiosamente el conocimiento estadístico que proporciona Ψ. Llegó a su principio de incertidumbre porque ningún esquema clásico daba sentido a los fenómenos que se advertían en el laboratorio. Buscó un formalismo matemático que llevara en su ADN la incapacidad manifiesta de cualquier dispositivo experimental para determinar valores continuos de la energía o la posición. Un argumento de escala ofrece una justificación intuitiva de la imprecisión cuántica. El observador clásico se considera un agente neutro, que no contamina los fenómenos que estudia. Una sonda que cartografía el fondo del océano interactúa con él, pero sus acciones no provocan alteraciones significativas sobre el terreno. La sonda se vuelve insignificante frente a la inmensidad del suelo marino, lo que le permite apreciar los pequeños detalles de su relieve. A nivel subatómico, por el contrario, la sonda y el objeto que pretende examinar presentan dimensiones equiparables. Para resolver la posición de un fotón o un electrón hay que recurrir a otras partículas, como los fotones y los electrones. Existe un grado de indeterminación insoslayable, inherente al proceso mismo de observar, debido a que la sonda y aquello que mide son entidades cuánticas que se afectan profundamente. Llevando la analogía al extremo, sería como sondear el suelo marino analizando los efectos de una sucesión de bombas atómicas.

Una de las primeras objeciones que tuvo que vencer Heisenberg fue que, en el momento de enunciar su principio, ya se había inventado la cámara de niebla. Este dispositivo consiste en un recipiente lleno de un cierto vapor, que se lleva a un equilibrio inestable, de modo que una pequeña alteración en sus condiciones desencadene un cambio de estado. Una partícula cargada que lo atraviese va arrancando, a su paso, electrones a las moléculas del aire. Los iones que se forman actúan como núcleos donde el vapor se condensa, de suerte que en la cámara se materializa un rosario de gotitas: el rastro de una partícula. Por tanto, muchos científicos estaban convencidos de que ya habían visto las trayectorias que pretendía condenar el principio de incertidumbre. Heisenberg señaló que eran víctimas de una ilusión. En la cámara de niebla se condensaba un número finito de gotitas, no una línea continua (formada por un número infinito de gotas). Se podían considerar como esas constelaciones de puntos numerados que, al unirlos con el trazo de un lápiz, completan un dibujo. Los físicos obtenían en el laboratorio puntos, valores sueltos de la posición, perfectamente cuánticos, que su imaginación enlazaba componiendo trayectorias. ¿Existía algún experimento capaz de registrar una línea verdaderamente continua para la partícula? Nadie logró superar el desafío.

La función de onda puede evolucionar de modo que, con el paso del tiempo, vaya asignando a puntos distintos la localización más probable de una partícula (figura 8).

La probabilidad de detectar el electrón es máxima en los puntos donde $|\Psi|^2$ vale 0,8. La función de onda atribuye este máximo a p_1, p_2 y p_3, en tres momentos sucesivos: t_1, t_2 y t_3. El catálogo de posibilidades que despliega en los tres instantes puede concretarse perfectamente en los tres registros de una cámara de niebla, como se muestra en el extremo derecho de la figura 8, donde cabe «entrever» el paso de una partícula. No debemos perder de vista, sin embargo, que estamos sumidos en la incertidumbre cuántica. En cada uno de los tiempos, t_1, t_2 y t_3, existe la posibilidad de que el electrón no se materialice en la posición más probable, sino en otras que también contempla la función de onda. Podría medirse también en un punto donde $|\Psi|^2$ valga 0,01, fuera de la trayectoria imaginada.

La mecánica cuántica ahonda la brecha que había abierto el electromagnetismo de Maxwell. A un lado se sitúa el formalismo de la teoría, donde habitan las funciones de onda, campos abstractos que controlan la información, y al otro lado se ubican los observables, es decir, las magnitudes que se pueden medir en un experimento, como la energía, la posición o la velocidad. Unas entidades matemáticas, llamadas operadores, se encargan de extraer la información que almacena Ψ y ofrecer valores de los observables, pero estos valores no son continuos. La continuidad se reserva para la intangible función de onda.

FIG. 8

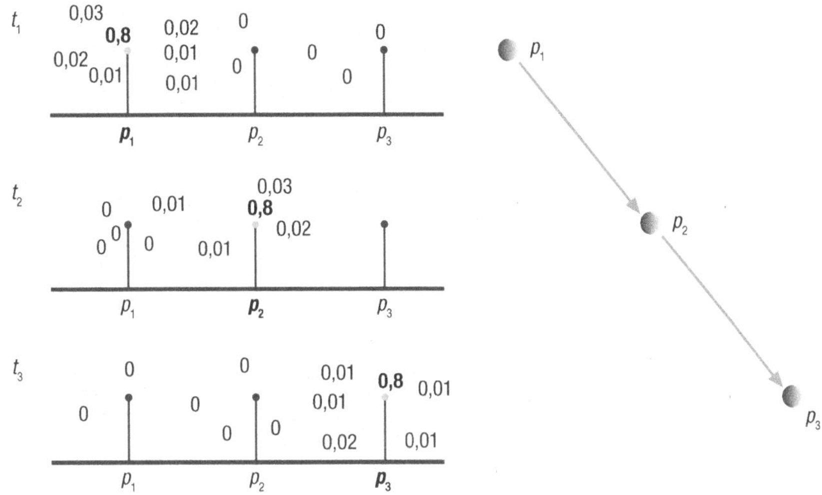

La imagen de la izquierda representa valores de $|\Psi|^2$ en una región determinada del espacio, en tres instantes sucesivos t_1, t_2 y t_3. A la derecha, tres gotas se materializan en esas posiciones, en una cámara de niebla.

Los físicos buscaron una interpretación cuántica de cuantos fenómenos les salían al paso. A medida que aumentaba su capacidad para explorar regiones del espacio cada vez más pequeñas, se abrían nuevos frentes. Entre otras cosas, gracias al estudio de la radiactividad, que proporcionó sondas muy energéticas, con un elevado grado de resolución (como los rayos X y los rayos gamma). La escena experimental mutaba a una velocidad de vértigo. Los teóricos se encontraron enarbolando la bandera de una revolución que corría el peligro de caducar si no incorporaba pronto a su ideario la otra gran conmoción del momento: la relatividad especial.

CAMPOS CUÁNTICOS RELATIVISTAS

Si quería ganar el certificado de aptitud relativista, la mecánica cuántica había de someterse a una serie añadida de requisitos. Por ejemplo, sus ecuaciones tenían que conservar la misma forma frente a un observador en reposo y frente a otro que se moviese con velocidad constante. La relatividad, además, había fusionado el espacio con el tiempo, originando una entidad superior: el espacio-tiempo. Para integrarse en el nuevo escenario, las fórmulas cuánticas debían tratar de forma simétrica al tiempo y a las coordenadas espaciales. La ecuación de Schrödinger no cumplía ninguna de estas condiciones. La primera reforma la emprendió el matemático británico Paul Adrien Maurice Dirac, en 1928, con un resultado inesperado. Obtuvo una ecuación relativista con soluciones que correspondían a un nuevo tipo de partícula, el positrón. Sobre el papel, se comportaba como una réplica exacta del electrón, salvo en su carga eléctrica, que en este caso era positiva. ¿Se trataba de una mera excentricidad matemática? Cuatro años después, el estadounidense Carl David Anderson atrapó quince positrones en los rayos cósmicos que azotaban el cielo de California. Más adelante se descubrirían hermanas gemelas de todas las partículas elementales, con alguna propiedad, como la carga, invertida. Son las antipartículas. Su existencia abría la posibilidad de una sencilla mutación de materia en energía, gracias a la famosa relación de Einstein: $E = mc^2$. Nada impedía que un positrón y un electrón, al chocar, se transformasen en fotones. Y viceversa. En ambos procesos cuadraba el balance de la energía y de las cargas eléctricas. Los fotones son neutros y la carga positiva del positrón cancela la negativa del electrón. Una de las leyes no escritas de la mecánica cuántica establece que si algo es posible dentro del marco de la teoría, sucede. En efecto, se comprobó que estos procesos ocurrían de continuo en la periferia de la Tierra, en las lluvias de partículas que desatan los rayos cósmicos cuando impactan contra las moléculas de la atmósfera.

La mecánica cuántica se había internado en territorio desconocido a base de tanteos. Había partido de la física clásica, sometiéndola a una cirugía drástica en ocasiones, pero sin dejar de utilizarla como referencia. Los físicos obtenían vislumbres de una teoría radicalmente distinta, pero las novedades no llegaban a organizarse en un sistema coherente y autónomo. Urgía crear otro

A la física, tal como la conocemos, le quedan seis meses de vida.

Comentario de Max Born, en 1928, tras conocer la ecuación de Dirac

marco conceptual, de raíz, con mimbres nuevos que sustituyeran a las ondas y las partículas, y que dialogasen entre sí dando lugar a los fenómenos observados. Los requisitos cuánticos y relativistas acotaban el terreno de juego, pero no apuntaban a una solución evidente. La nueva teoría debía incorporar los postulados relativistas, asimilar al tiempo con las tres coordenadas espaciales y respetar el límite de la velocidad de la luz. También debía asumir la incertidumbre cuántica, la mutabilidad de la energía ($E = mc^2$) y su discontinuidad, la posibilidad de crear y aniquilar partículas, la esencia estadística de Ψ... La línea de ataque más fructífera desembocó en la teoría cuántica de campos relativista.

Un campo cuántico no atribuye un número a cada punto del espacio, como los valores de la temperatura o la presión, ni una flecha, que refleje la magnitud y la dirección del viento o de un campo magnético (figura 9).

Lo que asigna a cada punto del espacio es un número infinito de números, una función. Esta función, aunque difiere de la enigmática ψ dc Schrödinger, mantiene vivo su espíritu. Se trata de una función estadística que ofrece información sobre la probabilidad de que el campo posea en un punto y momento dados una energía determinada. Da el mismo trato a las coordenadas espaciales que a la temporal, así que tiene los papeles en regla para residir en el espacio-tiempo relativista.

Cada punto del espacio-tiempo cuenta con una distribución de probabilidades propia, como se muestra en la figura 10 para p_1, p_2 y p_3, en un tiempo dado t. En el eje horizontal de cada distribución solo se representan cinco valores de la energía, pero su rango se extiende hasta el infinito. El campo es cuántico por dos razones. En primer lugar, la energía no puede adoptar cualquier valor, debe restringirse a los múltiplos de una cantidad fundamental... como en la radiación de Planck. En segundo lugar, la bruma cuántica emborrona el aspecto del campo. En ningún momento podemos fijar una distribución de números (valores de la energía) que lo defina punto a punto, como sucede en un campo clásico de temperaturas. No podemos afirmar que en p_1 E valga 1, que en p_2 valga 5 o que en p_3 valga 2, sino únicamente que son los valores más probables. También existe una probabilidad nada despreciable de que, al hacer una medida en p_1, se obtenga un 4, un 5 o un 2. Lo mismo sucede en p_2 o en p_3. En cada punto conviven fantasmalmente infinidad de posibilidades, que no se materializan hasta que no se lleva a cabo una medida. Es como si se superpusieran infinitos campos clásicos, mostrándose más nítidos los más probables, pero emborronados por la intrusión de infinitas alternativas. Hasta que medimos, debemos considerar que cada punto del campo está en una superposición de estados energéticos. Si creásemos cien copias idénticas del campo y midiésemos al mismo tiempo, en todas ellas, su energía en el punto p_1, la mayoría de las veces se obtendría un 1, pero surgirían también otros valores, y en ningún caso se podría anticipar con certeza el resultado de una medida particular.

Las distribuciones de probabilidades evolucionan con el tiempo. O mejor dicho, como cabe esperar en un contexto relativista, las distribuciones cambian de un punto a otro del espacio-tiempo, definidos por tres coordenadas espaciales y una temporal. Dos momentos distintos corresponden a dos puntos distintos (figura 11).

La situación física condiciona cómo varían las distribuciones a lo largo del espacio-tiempo, de acuerdo con las restricciones que dictan las ecuaciones de la teoría.

No se permite ninguna experiencia directa del campo, ya que se compone de un entramado de funciones estadísticas. La única manera de que se manifieste es interactuar con él a través de un instrumento de medida, integrado, a su vez, por campos cuánticos. El diálogo se establece entregando o recibiendo energía. Este intercambio siempre se efectúa localmente en forma de paquetes, que es lo que «percibimos» como partículas. De todos modos, no se comportan como partículas muy maxwellianas, que digamos. Si el campo gana un paquete de energía lo incorpora a su estructura global, aunque la transferencia se lleve a cabo en un solo punto. La impresión que recibimos de la actividad energética del campo, en su conjunto, está cuantizada y es la de una asamblea de partículas cuyo número fluctúa, según se crean o se destruyen.

FIG. 9

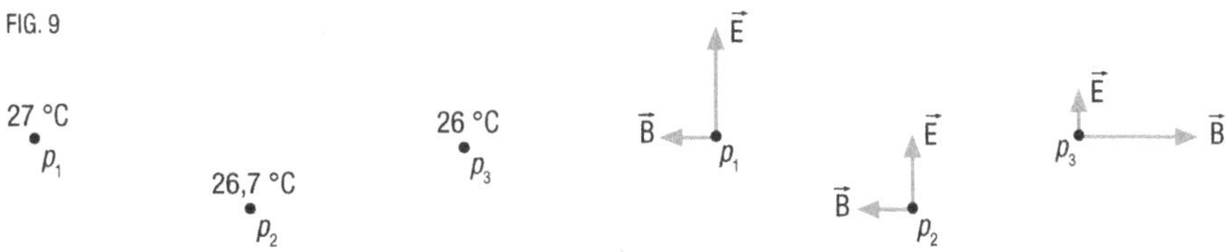

Dos ejemplos de campos clásicos, uno escalar (campo de temperaturas, a la izquierda) y otro vectorial (campo electromagnético).

FIG. 10

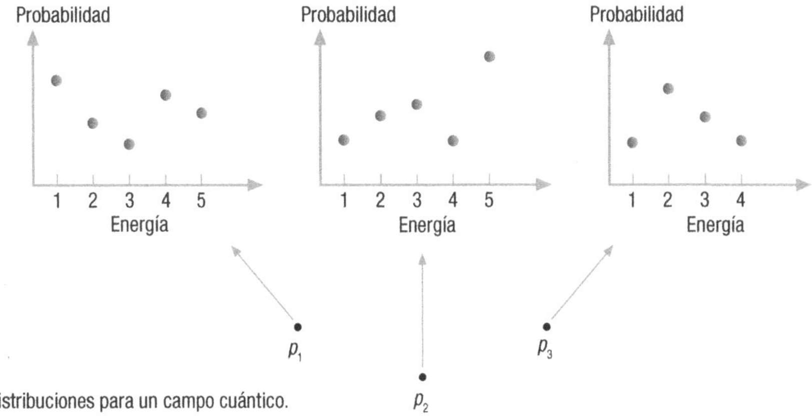

Distribuciones para un campo cuántico.

FIG. 11

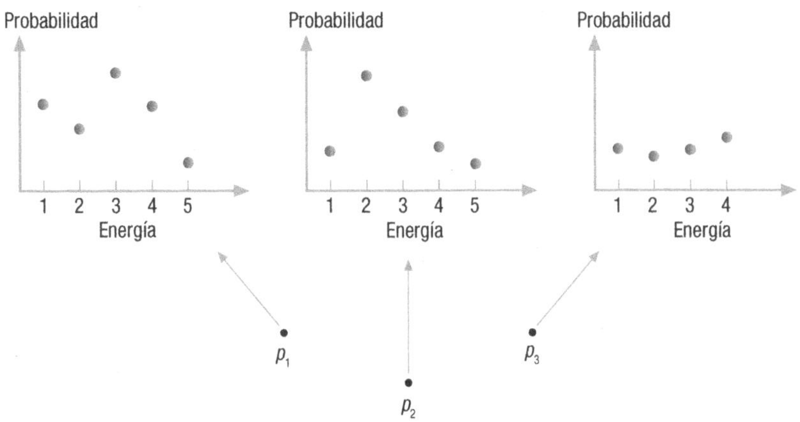

Distribuciones para el mismo campo cuántico, en otro instante.

Para formar una imagen aproximada de cómo emerge una partícula de las perturbaciones energéticas que animan el campo, recordemos que este despliega una función de probabilidades en cada punto del espacio-tiempo (figura 12).

La imagen recoge la distribución de probabilidad para nueve puntos del espacio-tiempo. La probabilidad de que el campo contenga un cuanto de energía se hace máxima en las distribuciones marcadas con un fondo de color. Si se organiza esta información en una secuencia temporal, el cuanto parece saltar del punto (p_1, t_1) al (p_2, t_2), y, de este, al (p_3, t_3). Un detector que interactúe débilmente con las perturbaciones del campo, como una cámara de niebla, puede acusar los picos transitorios de energía en los tres puntos y entrever el paso de una partícula. No debemos perder de vista, sin embargo, que estamos sumidos en la incertidumbre cuántica. En cada uno de los puntos (p_1, t_1), (p_2, t_2) y (p_3, t_3) existe la posibilidad de que el campo no se halle en el estado energético más probable, sino en otros que también contempla la distribución. Podría darse, incluso, el estado de más baja energía, sin actividad detectable. No hay definida una trayectoria, por tanto. No hay continuidad, aunque sintamos la tentación, como ya advirtió Heisenberg, de trazar una línea que una los puntos. En palabras de Julian Schwinger, uno de los fundadores de la teoría cuántica de campos:

> Una partícula es algo cohesionado. Sabemos que tenemos una partícula cuando la misma cosa permanece con el paso del tiempo. El mero lenguaje de partículas implica fenómenos que presentan una continuidad a lo largo del espacio y el tiempo. Pero si realizas medidas solo en instantes separados, ¿cómo sabes que existe una partícula? Los experimentos solo alcanzan a sondear el campo burdamente [...] contemplan regiones extensas en largos periodos de tiempo.

La bruma cuántica frustra todo intento de generar una serie continua de valores para cualquier magnitud física observable, como el momento o la energía. La continuidad solo impera en el espacio abstracto de las funciones estadísticas. Los observables

FIG. 12

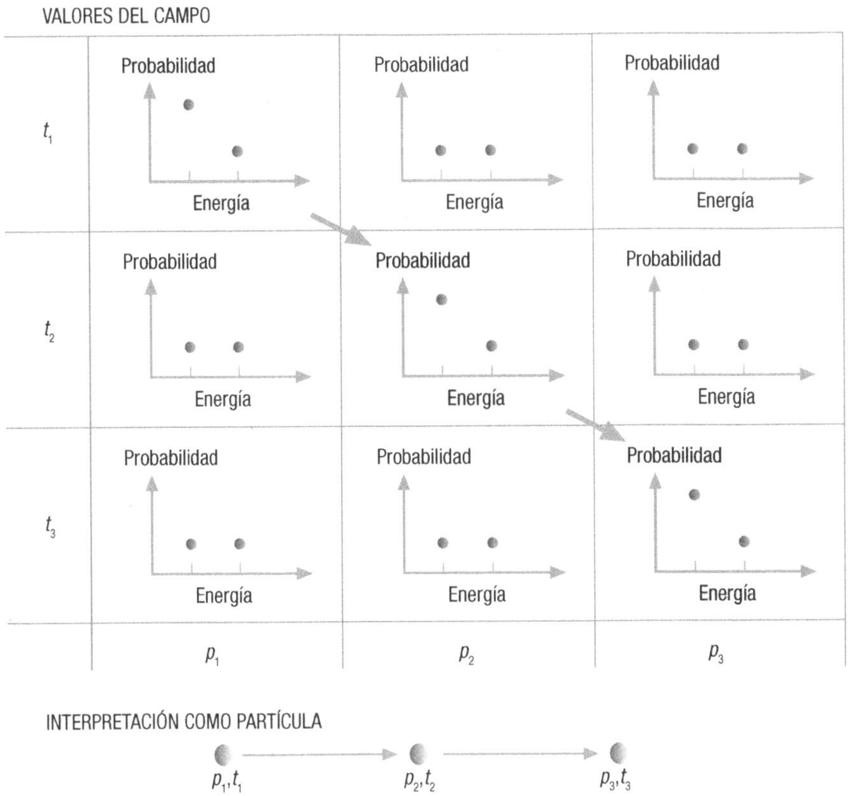

que se extraen a partir de ellas aparecen siempre troceados y no reúnen los estrictos requisitos exigidos para definir una partícula. Lo que no quiere decir que en su seno no acontezcan fenómenos que, *grosso modo*, contemplados a una escala de espacios y tiempos convenientemente grande, no se puedan interpretar en términos de diminutos proyectiles y sus interacciones. Aun así, no todas las vicisitudes del campo se pueden reducir a partículas (a no ser que demos de sí el concepto hasta lo que se denomina una «partícula virtual»).

El campo, como la función de onda, protege su naturaleza estadística y mantiene una relación algo esquizofrénica con los *voyeurs*. El hecho de que en cada punto se puedan medir al mismo tiempo valores muy diversos de la energía parece introducir una libertad que viola uno de los principios sagrados de la física: la conservación de la energía. Heisenberg creó una segunda relación de incertidumbre, que liga la precisión en el valor que se mide de la energía y el tiempo que se invierte en realizar dicha medida:

$$\Delta E \cdot \Delta t \geq \frac{h}{4\pi}.$$

Una medida de la energía cuya determinación lleve bastante tiempo (un intervalo Δt grande) ofrece un valor promedio. La inversión de tiempo se ve recompensada con un dato sólido, ya que la incertidumbre, ΔE, será muy pequeña. Esta clase de medidas proporciona una visión estable del campo, donde el principio de conservación se cumple. Por el contrario, si aspiramos a un registro casi instantáneo y reducimos la duración de la medida de forma drástica (Δt mínimo), llevará aparejada una enorme imprecisión (ΔE máximo). Ahora la energía del campo, E, podrá adoptar casi cualquier valor. Nos encontramos con que, si pretendemos examinar un volumen de espacio a intervalos muy cortos de tiempo, no podemos estar seguros de cuánta energía contiene. Ello no implica que posea una cierta cantidad y nosotros seamos incapaces de precisarla. Desde la perspectiva de Heisenberg, la realidad física se limita a los observables. El campo está en una superposición fantasmal de estados energéticos que cubre todo el rango de la incertidumbre. El principio de conservación de la energía solo rige allí donde haya testigos capaces de verificar su cumplimiento. Donde no los hay, acaba su jurisdicción. De todos modos, la actividad sumergida del campo no pasa del todo desapercibida, porque las perturbaciones energéticas que podemos medir e identificar con partículas interactúan con los flujos fantasmales de energía que ampara la incertidumbre, y afectan al valor de las magnitudes que se miden.

En toda esta discusión, al referirnos a intervalos de tiempo y de energía, los términos «grande» y «pequeño» se entienden en relación con h. Un nanosegundo (0,000000001 segundos) ofrece un margen de tiempo dilatadísimo para sondear el campo y establecer un valor de la energía sujeto a una incertidumbre mínima, del orden de $5{,}3 \cdot 10^{-26}$ J.

Recurramos a una analogía para clarificar las ideas. A una distancia de un par de metros, un retrato impresionista nos produce una ilusión de continuidad: las manchas de color se extienden en sutiles gradaciones. Al acercarnos, sin embargo, percibimos que el cuadro se rompe en pequeñas pinceladas, cuantos de pintura, que contemplados muy de cerca parecen distribuidos al azar. Imaginemos ahora que las pinceladas no permanecen en su sitio, tal como las dispuso el pintor. Para nuestro estupor, fluctúan, modificando sus posiciones y colores, generando patrones impredecibles, pero de modo que a dos metros de distancia siguen componiendo el mismo retrato. Aquí nos aproximamos al espíritu de un campo cuántico. En cada punto del lienzo podemos encontrar, en un instante dado, cualquier color, pero mientras en promedio dominen (como los más probables) los tonos rosas en las manos, o los azules en el vestido, a un par de metros de distancia seguiremos apreciando la misma pintura. Podemos ver (medir) los cuantos de color, las partículas, pero no las funciones estadísticas que dictan los colores en cada punto y en cada momento.

Para que la imagen sea más exacta, la acción de acercarnos al lienzo o alejarnos de él afecta a las pinceladas. Cuanto más de cerca examinamos el lienzo más furiosamente fluctúan los pigmentos, adoptando colores que jamás esperaríamos encontrar en ciertas zonas del cuadro. En lo que considerábamos una monótona extensión de piel pálida pueden brotar, de improviso, pinceladas azules, moradas o incluso negras. Recuperamos la impresión de uniformidad en cuanto nos alejamos. Aunque las funciones estadísticas que gobiernan los pigmentos pueden mostrar cualquier color en un punto dado, en promedio componen el retrato. De modo parecido, promediando las fluctuaciones energéticas del campo, surgen las partículas.

Esta analogía ilustra que el carácter estadístico del campo no lo reduce a un sustrato caótico. A fin de cuentas, la realidad que experimentamos cada día emerge de él. La arquitectura de los núcleos atómicos y de los propios átomos se sustenta en los promedios de su entramado de probabilidades. Los científicos no han desterrado la noción de partícula de su vocabulario porque refleja bien el resultado de las interacciones con los campos en infinidad de situaciones, cuando no se escrutan espacios mínimos durante brevísimos intervalos de tiempo. Las perturbaciones energéticas, en promedio, se propagan como paquetes razonablemente definidos, capaces de colisionar o de desviarse igual que diminutos proyectiles. Cuando Joseph J. Thomson descubrió el electrón, en 1897, estaba estudiando un fenómeno, como muchos físicos experimentales harían después, que cabía interpretar a la perfección en términos de partículas. La partícula es una noción operativa. No resulta muy práctico trabajar con campos cuánticos a la hora de diseñar un tubo de rayos catódicos o un microscopio electrónico.

Campos entrelazados

Si un campo cuántico plantea un duro desafío de visualización, el modelo estándar multiplica el envite al convocar, no a uno solo, sino a una plétora de ellos. Igual que el electromagnetismo clásico asigna a cada punto del espacio dos flechas (dos campos, uno eléctrico y otro magnético), en el universo de la relatividad cuántica se asignan juegos completos de funciones estadísticas diferentes a cada punto del espacio-tiempo. ¿Cuántas especies de campos coexisten? Los físicos han identificado más de una veintena. Hay un campo de electrones y otro de fotones, uno para cada tipo de quark y de neutrino, y así sucesivamente. En los capítulos siguientes, levantaremos su registro completo y trazaremos con más detalle el mapa de sus relaciones.

Todos estos campos conviven a lo ancho y largo del espacio-tiempo. La energía está fluyendo constantemente de unos a otros, manifestándose en una riqueza exuberante de fenóme-

> La tensión en la membrana, pero sin la membrana.
>
> **Analogía de Steven Weinberg para un campo cuántico**

nos. Las distribuciones estadísticas de cada campo acusan las variaciones energéticas que se producen en los demás, provocando, a su vez, cambios en ellos. No todos los campos se comunican entre sí y tampoco lo hacen del mismo modo. Unos son sensibles a la mayoría, como los campos de bosones electrodébiles; otros, como los de gluones, llevan una vida más retirada. Podemos admitir una división entre campos de materia (donde se situarían los campos de electrones y los de quarks) y campos mediadores (como los de fotones y gluones). Los primeros son responsables del mundo material, mientras que los segundos lo son de las interacciones. Los ingredientes básicos de las teorías cuánticas de campos no se dividen en categorías excluyentes, como partículas y ondas. Solo existen campos, aunque se presenten en dos variedades, cuyas peculiaridades ocasionan las diferencias que apreciamos entre la luz y la materia. Examinaremos más a fondo esta disparidad en el tercer capítulo.

Por el momento nos limitamos a señalar que, sin el concurso de los campos mediadores, la energía quedaría confinada en cada campo de materia. Un campo de electrones, por ejemplo, no puede intercambiar energía directamente con un campo de quarks. Ha de pasar antes a través de un campo de fotones o de bosones electrodébiles. Muchos fenómenos en los campos de materia, que se interpretan como interacciones entre sus partículas (la repulsión o atracción entre cargas eléctricas, sin ir más lejos) obedecen a intercambios con los campos mediadores.

La mayoría de las veces estas transacciones se realizan a hurtadillas. No siempre se pueden detectar directamente las perturbaciones energéticas que tienen lugar en los campos mediadores cuando estos sirven de meros intermediarios. La energía suele circular amparándose en la incertidumbre de Heisenberg y no se demora.

La imagen a) de la figura 13 representa el estado de dos campos: uno material, de electrones, y otro mediador, de fotones. En el primero se propagan dos perturbaciones energéticas, que se identifican con dos electrones. La energía no se halla tan bien definida como se muestra en el dibujo. En realidad, se destacan dos puntos, en dos momentos, allí donde la probabilidad de detectar una excitación del campo es máxima. En b) se observa cómo las perturbaciones en el campo de electrones repercuten en el de fotones, haciendo aflorar en él una efímera perturbación. Esta perturbación no se puede medir con ningún aparato.

En c) la perturbación del campo de fotones reverbera de vuelta en el campo de electrones. El diálogo entre campos ha afectado a las respectivas distribuciones de probabilidad y, en promedio, interpretamos que las perturbaciones en el campo de electrones han cambiado su dirección de propagación. Podemos describir el mismo fenómeno a bulto, con menos detalle, diciendo que dos electrones se aproximan y desvían sus trayectorias debido a la repulsión eléctrica. El campo de fotones ha oficiado la interacción.

Los dibujos ofrecen aproximaciones muy crudas. La energía está resonando constantemente de un campo a otro. Hasta un electrón que viaja en solitario provoca sin cesar reverberaciones en otros campos, que, a su vez, le repercuten. En este caso, un dispositivo experimental puede registrar parte de la actividad que se desarrolla en el campo de electrones. Aunque en esos momentos, en promedio, no haya energía en el campo de fotones o, pongamos por caso, en el de quarks, en realidad estos campos también están rebullendo de actividad, pero esta se desarrolla en lapsos de tiempo brevísimos, que la incertidumbre nos impide detectar. No obstante, sus efectos fantasmales se acusan de modo indirecto, porque influyen en las perturbaciones estables del campo, a las que sí podemos seguir la pista. Existe, por ejemplo, un escalón de energía en el átomo de hidrógeno, extremadamente pequeño, que Willis Lamb y Robert Retherford registraron en 1947, que la teoría solo genera si en sus ecuaciones se incorpora el tráfico intangible entre el campo de fotones y el de electrones.

El campo de fotones no solo actúa subrepticiamente, también desarrolla su propia actividad estable, interpretable en forma de partículas de luz que se pueden detectar.

FIG. 13

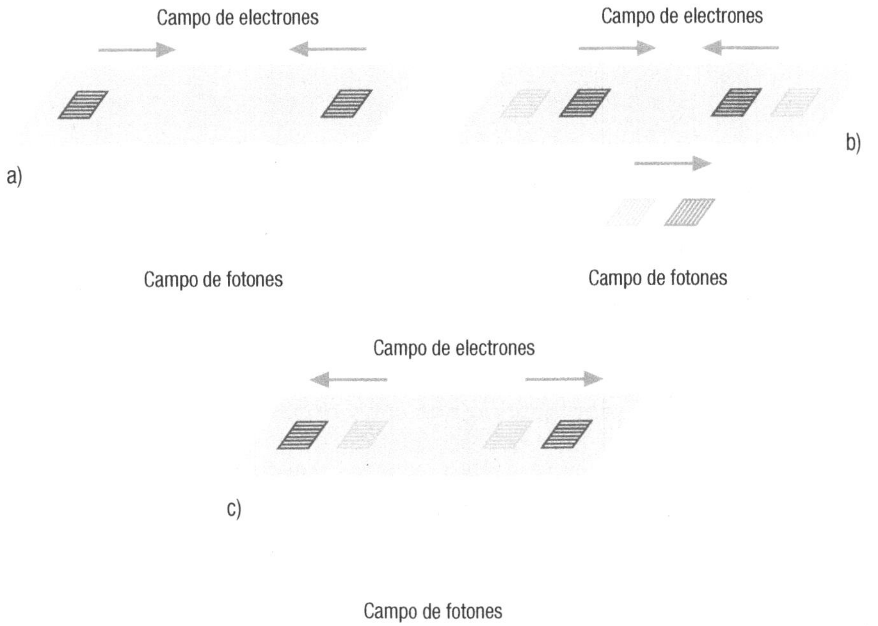

Cuando se adjudica a los campos la categoría de entidades fundamentales, resuelven con naturalidad cuestiones tan profundas que suelen pasar desapercibidas. ¿Por qué todos los electrones, por ejemplo, son idénticos? ¿Qué troquel cósmico los fabrica sin un solo error de acuñación? ¿Por qué tienen exactamente la misma masa en reposo de $9{,}10938291 \cdot 10^{-31}$ kg y la misma carga de $1{,}602176565 \cdot 10^{-19}$ C? Al considerarlos como cuantos de la actividad energética de un campo, la respuesta se hace evidente. El campo de electrones despliega la misma escalera energética en cada punto del universo: los saltos entre sus peldaños generan siempre el mismo tipo de cuantos. Los campos también explican las asombrosas metamorfosis que experimentan las partículas. Cuando un positrón y un electrón se encuentran, ejecutan un sorprendente truco de magia, transformándose en dos fotones. ¿Adónde van a parar los primeros

FIG. 14

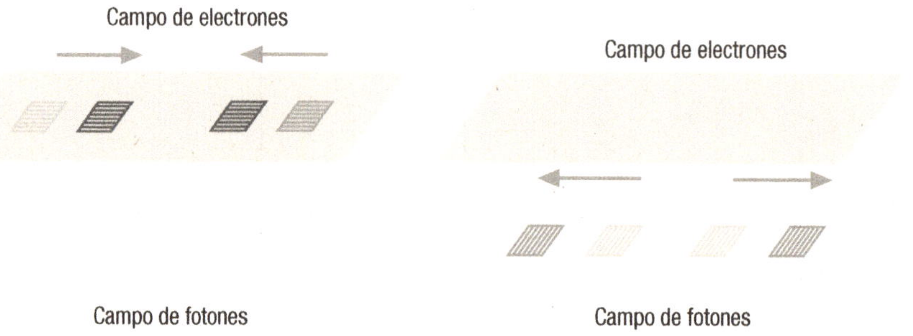

y de dónde surgen los segundos? Los electrones que se emiten en una desintegración nuclear, ¿se hallaban emboscados en el interior del núcleo? Las incógnitas desaparecen si tras estos fenómenos descubrimos una serie de excitaciones energéticas que reverberan de un campo a otro, adoptando el rostro de partículas diferentes. Si la energía, en promedio, permanece en un campo, la partícula persiste. Si se transfiere a otro campo, se destruye y otra se crea en su lugar. Los campos no se crean ni desaparecen, permanecen como la única realidad subyacente.

La figura 14 representa la aniquilación de un electrón y un positrón (el segundo, sombreado), que da lugar a dos fotones. En esta interacción, la perturbación en el campo fotónico sí es estable y se registra en los experimentos. De nuevo, la representación resulta muy esquemática. Las direcciones del par electrón-positrón y de los fotones, por ejemplo, en general no coinciden.

No todos los campos mediadores o de materia presentan las mismas características. Sus intrincadas relaciones explican la fusión termonuclear de las estrellas, el reflejo de la luz en un espejo, las ondas de radio, la fotosíntesis, los rayos X, la mayoría de los procesos biológicos, la radiactividad... El modelo estándar se ha definido como una teoría de casi todo y, ciertamente, ha superado una cantidad abrumadora de pruebas experimentales. En el debe de la teoría figura la incómoda ausencia de la gravedad. En gran medida obedece a que el modelo estándar describe el mundo microscópico, donde los efectos gravitatorios se pierden entre el ruido, mucho más intenso, del resto de interacciones.

Una crítica más sutil, estética si se quiere, censura que su delicada construcción no sea del todo autónoma. Sus ecuaciones fundamentales, por sí solas, no bastan para fabricar átomos ni moléculas. Todas las partículas elementales que alumbra carecen de masa y viajan a la velocidad de la luz. Para reproducir nuestro universo, precisa la colaboración de un campo singular, llamado a romper una profunda simetría que anida en el corazón del modelo estándar. Se trata de un campo que se conecta a casi todos los demás (si no a todos) e impone un orden nuevo, del que deriva todo el andamiaje de la materia que conocemos. Ese campo de la discordia es el campo de Higgs.

El campo de Higgs entra en escena

La primera teoría cuántica de campos fue una reconstrucción del electromagnetismo. Su éxito extraordinario motivó los esfuerzos por repetir la operación con el resto de interacciones fundamentales. Sin embargo, las fuerzas nucleares exhibían un comportamiento en apariencia muy alejado del electromagnetismo. El ajuste requirió un toque de prestidigitación matemática que tendría profundas implicaciones físicas: la introducción del campo de Higgs.

Las pistas cruciales que guiaron la construcción del modelo estándar se hallaban ya en la física de Newton. Igual que en el clásico de la literatura policial, *La carta robada*, de Edgar Allan Poe, lo que más se buscaba había estado desde el principio a la vista de todos, en las ecuaciones que los físicos venían manipulando desde el siglo XVIII. Como en el relato de Poe, hizo falta una clarividencia excepcional para apreciar lo que se escondía bajo lo evidente.

Si los aviones se diseñan atendiendo a los principios de la aerodinámica, las leyes de la física parecen obedecer a principios de simetría. Para un físico o un matemático el término «simétrico» se aplica a aquello que se mantiene inmutable cuando todo lo demás cambia a su alrededor. En el caso de la física, son sus ecuaciones las que se someten a una determinada transformación matemática que mantiene intacta su estructura.

Contemplada bajo la perspectiva adecuada, la física clásica se sostiene sobre cuatro simetrías fundamentales. Experimentamos un atisbo de la primera, la simetría de traslación espacial, cuando recorremos una carretera recta, flanqueada por campos de cultivo iguales. Si la pista de asfalto extendiera su monotonía hasta el infinito, como en una pesadilla, la experiencia sería perfecta. La transformación aquí radicaría en desplazar todo el terreno una distancia arbitraria hacia delante o hacia atrás, en la dirección que define el eje de la carretera, como si fuera una colosal alfombra que deslizamos de un tirón. Aunque el movimiento afecta al paisaje en su conjunto, no modifica la situación del vehículo. El conductor, enfrentado al mismo horizonte dividido en dos por la misma carretera, y encajonado entre los mismos campos, no dispone de referencias para concluir si ha sufrido o no un desplazamiento.

Se puede practicar el mismo ejercicio de tirar de la alfombra bajo los pies de las ecuaciones de la física clásica. Imaginemos a Newton en 1665, en la granja familiar de Lincolnshire, donde ha acudido a refugiarse de la epidemia de peste que asola la ciudad de Londres. Allí concibe una serie de experimentos con el propósito de establecer sus célebres leyes de la dinámica. En un momento dado, se dedica a arrojar proyectiles —piedras, por ejemplo— para determinar cómo se curva su trayectoria bajo los efectos de la gravedad terrestre. Un alienígena que realizara experimentos semejantes en el planeta Arcturus de la galaxia Andrómeda, deduciría las mismas leyes de la física que Newton. O lo que es lo mismo, si desplazamos todo el espacio en la dirección de la recta imaginaria que conecta Lincolnshire con la galaxia Andrómeda, para trasladar a Newton con sus proyectiles hasta Arcturus, allí deduciría los mismos principios físicos que en Inglaterra. Este hecho intuitivo se refleja en la estructura matemática de las leyes de la dinámica. Si se someten a la operación equivalente a un desplazamiento de todo el espacio (el tirón de la alfombra), cambia la ubicación del punto de referencia a partir del cual se miden todas las distancias, pero la forma de las ecuaciones no varía.

La segunda simetría atañe a las rotaciones. Un desierto perfectamente llano, sin dunas ni palmeras a la vista que sirvan de referencia, ofrece a los cuatro vientos el mismo panorama desolador. Un mecanismo que girase todo el desierto, como si fuera la plataforma de un gigantesco tiovivo, alrededor de un observador que permanece inmóvil, mudaría todo el paisaje sin introducir en él cambio alguno. En Lincolnshire, Newton puede llevar a cabo sus experimentos sin preocuparse de en qué dirección arroja la piedra cuya trayectoria pretende investigar. A un nivel fundamental, las leyes de la dinámica son indiferentes a la orientación e ignoran las rotaciones.

El tiempo es el protagonista de la tercera simetría, que a veces se cuela, como un espejismo, en nuestra vida cotidiana. A menudo tenemos la impresión de que los días se repiten, de que si viajáramos en el tiempo a un martes de la semana pasada o a un jueves de dentro de dos meses, acabaríamos en el mismo atasco, en la misma reunión de trabajo o en la misma celebración familiar. La simetría bajo traslación temporal impone esa ilusión a las ecuaciones con un rigor implacable. Las traslada a lo largo del tiempo, hacia el futuro o hacia el pasado, y no se inmutan. En el terreno de la física, la simetría temporal implica que sus leyes no evolucionan. Las fuerzas dependen de la masa, de la velocidad o de las distancias en la misma proporción ahora que hace millones de años.

En su *Diálogo sobre los dos sistemas máximos del mundo*, Galileo apuntó el cuarto pilar simétrico de la física clásica: el principio de relatividad. La vida cotidiana nos sirve, de nuevo, una sencilla analogía. Cuando permanecemos sentados en el vagón de un tren que aguarda su salida en la estación y arranca a nuestro lado otro convoy, experimentamos la ilusión de que es nuestro propio tren el que se ha puesto en marcha. El principio de Galileo sostiene que si el cristal de las ventanillas se volviera opaco, no sabríamos determinar si el tren circula con velocidad constante por una vía recta o continúa aparcado en el andén. En lo que se refiere al movimiento, las leyes físicas son como nuestro estómago: solo detectan aceleraciones: el arranque, un frenazo, la toma de una curva, el traqueteo... Cualquier experimento mecánico producirá el mismo resultado en el interior de un vagón que se desliza con velocidad constante sobre los rieles de una perfecta vía recta que en otro que está en reposo. La transformación de Galileo recuerda un poco a la traslación espacial, pero en lugar de dar un tirón a la alfombra, la deja moviéndose con una velocidad fija.

Conviene precisar que las simetrías que estamos considerando residen en las leyes, no en las entidades físicas que gobiernan. Es decir, la trayectoria azarosa de los trenes, de las piedras o de los planetas ostenta una manifiesta asimetría. Distinguimos entre pasado y futuro, entre oriente y septentrión, entre un polígono industrial y una selva de Borneo. Nuestro peregrinar por el espacio y el tiempo redunda en una constante y accidentada constatación de que las cosas cambian. Podemos apreciar la distinción en el marco familiar de la gravitación universal de Newton. Sobre el papel, esta ley exhibe una inmaculada simetría esférica. Para comprobarlo, basta imaginar una colosal esfera virtual que rodeara al Sol. Un planeta, como la Tierra, cuyo centro se fuera desplazando a lo largo de la superficie de la esfera sentiría la misma atracción gravitatoria en todos sus puntos. La fuerza solo varía si modificamos la masa de la estrella o del planeta, o si aumentamos o disminuimos el radio de la esfera imaginaria, es decir, si alejamos o acercamos el planeta a la estrella. La ley de Newton hace gala de una olímpica indiferencia hacia cómo se oriente la Tierra.

Si la simetría de la ley se trasladara al pie de la letra a la trayectoria de los planetas, estos dibujarían círculos perfectos alrededor del Sol, tal como soñaron los griegos y los astrónomos medievales, con sus astros incrustados en esferas celestes. Sin embargo, describen elipses, cuyo achatamiento rompe la simetría esférica, definiendo una dirección en el espacio. La simetría de la ley subyace en que, en principio, la elipse podría orientarse en cualquier dirección. Al final, esta queda definida por la influencia gravitatoria del resto de masas del universo.

Aunque durante un tiempo los físicos no prestaron demasiada atención a las simetrías de sus ecuaciones, apreciaron de inmediato la importancia de los principios de conservación. A lo largo del siglo XVII, antes incluso del advenimiento de Newton, se bosquejaban ya versiones del principio de conservación de la energía y del momento lineal. El momento angular no tardó en incorporarse al ilustre panteón de magnitudes físicas conservadas. Recordemos que el momento lineal se define como el producto de la masa de un cuerpo por su velocidad. El momento angular requiere una definición más técnica, en la que intervienen el propio momento lineal del cuerpo y su distancia a un eje de giro.

Los principios de conservación aúnan la utilidad con el misterio. Son una promesa que hace la naturaleza y que hasta ahora nunca ha roto. Con frecuencia, la complejidad de los fenómenos pone a prueba la capacidad de análisis de los científicos. Los principios de conservación acuden en su ayuda. Desafían el caos aparente, señalando pautas y regularidades, que se articulan en leyes. Estas, a su vez, permiten realizar predicciones exactas. Si somos capaces de identificar un sistema aislado, compuesto por moléculas de gas, los cuerpos celestes del sistema solar o una colección de núcleos radiactivos, por abstrusa que sea la razón de sus fenómenos, podremos desentrañar su comportamiento confiando en que la energía total y los momentos totales se conservarán.

Los principios de conservación no solo imperan en el dominio clásico. Siguen siendo las herramientas básicas con las que extraer información de los procesos naturales en los territorios más salvajes, cuánticos y relativistas. El matemático francés Poincaré, en su célebre ensayo *La ciencia y la hipótesis*, señaló que la verdadera razón de ser de una magnitud como la energía es precisamente su constancia: «Sean cuales sean las nuevas nociones que adquiramos sobre el mundo en virtud de futuros experimentos, tenemos la certeza de que allí habrá algo que permanecerá constante, y a lo que podremos llamar *energía*».

En los albores del siglo XX, por tanto, los principios de conservación gozaban de la más alta estima, mientras que las simetrías se mantenían en un discreto segundo plano, como propiedades sensatas de las leyes que se habían descubierto. Parecía lógico que estas no cambiaran con el paso del tiempo, o según el lugar donde las buscara el científico, o en función de la dirección en la que este decidiera orientar su dispositivo experimental. Este buen comportamiento, de puro razonable, casi se daba por sentado, sin ulteriores consideraciones. Entre 1905 y 1915, Albert Einstein desencadenó dos seísmos que alteraron por completo el *statu quo*. El primero lo provocó por sí mismo, del segundo, solo cabe atribuirle una responsabilidad indirecta.

En 1905 una de las revistas científicas más reputadas, *Annalen der Physik*, publicó entre sus páginas el artículo «Sobre la electrodinámica de los cuerpos en movimiento». En él, Einstein establecía las líneas maestras de la relatividad especial y derrocaba para siempre las nociones intuitivas sobre el espacio, el tiempo y la simultaneidad. A pesar de sus profundas implicaciones, desde el punto de vista de las simetrías, lo único que hizo fue retocar el principio de relatividad de Galileo. A los experimentos que deben producir el mismo resultado en un vehículo que se desplaza con velocidad constante y en otro en reposo, añadió la medida de la velocidad de la luz. La operación ponía de manifiesto que una pequeña modificación en una simetría podía desatar una revolución conceptual. En atención a su fundamento simétrico, no es de extrañar que Einstein juzgara más apropiado llamar a su teoría «de los invariantes» que «de la relatividad».

La verdadera vindicación de las simetrías la llevó a cabo una década después la algebrista alemana Emmy Noether, mientras participaba en la depuración formal de la teoría de la relatividad general que estaba acometiendo un equipo de matemáticos de la Universidad de Gotinga. Quizá Noether no pisara nunca un laboratorio, pero identificó los cimientos sobre los que descansaba toda la fábrica de conocimiento que los físicos venían levantando desde hacía siglos. En esencia, destapó la conexión entre simetrías y principios de conservación. En un teorema (dos en realidad) demostró que si las ecuaciones fundamentales que describen un sistema físico exhiben la simetría de traslación espacial, en él se conserva el momento lineal; si permanecen inalteradas bajo rotaciones, se conserva el momento angular; y si no evolucionan con el tiempo, se conserva la energía. Los principios de conservación, por tanto, no son más que consecuencias de las simetrías.

El teorema de Noether, como Jano, el dios de la mitología romana, muestra dos rostros, uno de ellos contempla el pasado, mientras el otro dirige su mirada al porvenir. Por un lado, enseña la mecánica de las viejas leyes. Por otro, explica cómo colocar las vigas maestras de las teorías futuras. En ese sentido se puede utilizar casi como un programa de diseño, para esbozar

> Solo se exagera un poco al decir que la física es el estudio de la simetría.
>
> **Philip Warren Anderson, premio Nobel de Física en 1977**

con su ayuda otros universos, cuyos pilares simétricos sostienen físicas alternativas, pero coherentes. El teorema no depende de unas ecuaciones fundamentales en particular, luego se extiende a la construcción de infinidad de teorías. El vínculo entre las simetrías y la regularidad que los principios de conservación señalan en los fenómenos parece revelar una de las verdades más profundas de la naturaleza.

Las simetrías clásicas afectan a un escenario, el espacio-tiempo, de cuatro dimensiones, que rotan o desplazan. Noether contempló no solo la mutación del escenario, sino también la de los actores que lo ocupan. Los intérpretes del drama cuántico y relativista son los campos cuánticos. ¿Admiten transformaciones que dejen intactas las ecuaciones fundamentales? La exploración de nuevas simetrías proporcionó claves de diseño a un nivel todavía más profundo y ofreció la respuesta a una pregunta casi tan vieja como la curiosidad humana: ¿de qué modo ejercen su influencia unos cuerpos sobre otros?

LA FÓRMULA SECRETA DE LA EDC

La electrodinámica cuántica (EDC) dilató el horizonte respecto a lo que cabe esperar del acuerdo entre las predicciones de una teoría y los valores que se acaban midiendo en un laboratorio. Al cotejar los números que el teórico escribía en una pizarra con los que el experimental extraía de sus aparatos, los dedos recorrían las cifras decimales, dictando una coincidencia tras otra. Uno de los padres de la EDC, Richard Feynman, lo ilustró con una analogía sugestiva: «Si midieras la distancia entre Nueva York y Los Ángeles con la misma precisión, sería exacta hasta el grosor de un cabello». Semejante proeza le ganó, con merecimiento, el apelativo de teoría más precisa en la historia de la ciencia.

En la física, como en otras actividades más mundanas, resulta aventurado apostar por el éxito. Cuando este llega por sorpresa, se intentan identificar sus causas, con la esperanza de poder repetirlo. Los teóricos sometieron a la EDC a una minuciosa disección y después de un examen a conciencia resultó que sí, que, después de todo, su éxito obedecía a una fórmula. Su ingrediente secreto era una nueva especie de simetría.

Las ecuaciones fundamentales de la EDC ligan dos campos cuánticos, el campo de electrones y el campo de fotones, y describen cómo fluctúa la energía de uno a otro. Sus cuantos son partículas de luz y de materia que interactúan, dando pie a los fenómenos del electromagnetismo. Para mayor claridad, vamos a despejar un poco el escenario y comenzar solo con un campo de electrones. Nos trasladamos, por tanto, a un universo distinto del nuestro, en el que no existen fotones. Al no disponer de ningún campo mediador, las excitaciones del campo de electrones no dialogan entre sí. Las partículas no se atraen ni se repelen. Las ecuaciones de un universo semejante, con todo, se parecen bastante a las del nuestro. Exhiben las simetrías clásicas, así que en él también se conservan la energía, el momento lineal y el momento angular.

Cuando se examina la estructura de la teoría, se advierte en ella una curiosa flexibilidad. El campo de electrones admite diversas encarnaciones y todas ellas cumplen las ecuaciones fundamentales. Es decir, cabe ejecutar ciertas modificaciones en el objeto matemático que representa al campo sin que se alteren las predicciones que proyecta sobre los fenómenos. En el capítulo anterior vimos que una barrera separa el ámbito abstracto, donde habitan las funciones estadísticas del campo, del mundo tangible, caracterizado por magnitudes como la velocidad o la posición que se registran en los experimentos. Pues bien, al otro lado de la frontera, en el terreno matemático donde se cocinan las probabilidades, los campos muestran una cierta ambigüedad. Si se someten a una determinada cirugía matemática, se convierten en un campo nuevo, tan válido como el anterior. Al cruzar la barrera hacia el mundo físico, da igual hacerlo de la mano del campo original o del campo modificado. Ambos obedecen las mismas ecuaciones y ofrecen las mismas predicciones sobre el valor de las magnitudes observables. Esta versatilidad no se reduce a una

FIG. 1

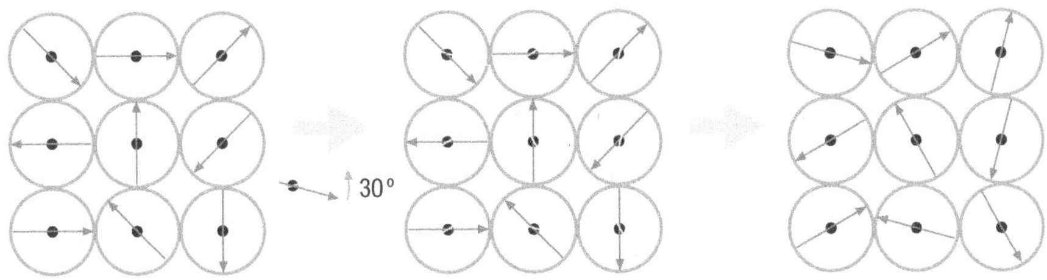

Al girar el mismo ángulo (30°), la posición relativa de las veletas no cambia. Si nos fijamos en la que ocupa la posición central, por ejemplo, se comprueba que las flechas que apuntaban en direcciones paralelas o perpendiculares a ella lo siguen haciendo después de la transformación.

pareja de campos. Existen infinitas encarnaciones del campo y todas ellas se relacionan entre sí mediante una sencilla operación de transformación, que nos permite pasar de una a otra.

Se puede visualizar la holgura que disfrutamos a la hora de definir el campo asignándole una especie de veleta abstracta en cada punto del espacio-tiempo (figura 1). Cuando una veleta gira un ángulo cualquiera, modifica el valor del campo en ese punto. La operación que deja intactas las leyes de nuestro peculiar universo consiste en girar todas las veletas el mismo ángulo (pongamos que 30°). No importa en qué dirección apuntasen al principio, todas se desvían 30°. Desde el punto de vista de una veleta cualquiera, sus compañeras siguen apuntando en la misma dirección, porque todas rotan al unísono el mismo ángulo. Las orientaciones relativas se mantienen.

La mudanza del valor del campo en todos los puntos del espacio-tiempo, fruto del giro simultáneo de todas sus veletas, produce un nuevo campo, que constituye una representación tan legítima como la anterior y que satisface las mismas ecuaciones fundamentales. Para pasar de una representación a otra basta con girar las veletas, en un sentido u otro, 30°. Por supuesto, da igual la elección del ángulo. Si este se aumenta gradualmente a partir de cero, se van generando de forma ordenada las infinitas representaciones del campo.

La figura 2 ilustra la situación del campo de electrones, que identificamos con la letra φ, antes y después de sufrir una transformación, en tres puntos del espacio-tiempo. En las gráficas se muestran tres distribuciones de probabilidad para los diversos estados de energía; debajo, la correspondiente orientación de las veletas. Un giro de 30° convierte φ en φ'. Se observa cómo las distribuciones de probabilidad (cuya validez se puede contrastar mediante un experimento) no acusan el cambio.

Este universo cuántico, poblado por electrones solitarios, que no se comunican entre sí, cuenta con una forma de cambiar todo para que nada cambie que no existía en la física newtoniana: el giro de las veletas. Con toda su novedad, no hay duda de que se trata de una simetría, que nos permite acudir al teorema de Noether para exigirle a cambio una cantidad conservada. El teorema nos la entrega, es la carga eléctrica. Que esta se conserva nos lo podría haber dicho Benjamin Franklin a mediados del siglo XVIII, pero ahora hemos descubierto por qué lo hace.

La nueva simetría se diferencia de las que ya conocíamos en que responde a una redundancia en la descripción matemática de los fenómenos: infinitos campos describen la misma física. Es decir, proporcionan la misma distribución de probabilidades para cada estado de la energía, que es la información que se puede contrastar experimentalmente. Los campos, como tales, no son observables, son construcciones matemáticas. No existe ningún experimento que identifique una de sus representaciones y descarte las demás. En las simetrías clásicas, las operaciones que rotan o desplazan el espacio-tiempo no se ejecutan en un ámbito abstracto, aunque se describan matemáticamente, sino en el mundo real. Si nos mudamos de un punto a otro o dejamos que transcurra el tiempo, advertimos las mismas leyes físicas. Las ecuaciones donde se manifiestan las simetrías relacionan magnitudes medibles, como la aceleración o la energía, mientras que las ecuaciones donde se manifiesta la nueva simetría manejan campos cuánticos, que no se pueden observar.

La multiplicidad de campos legítimos no se puede tachar de mera curiosidad, porque genera la conservación de la carga eléctrica, principio que se verifica cada día en cualquier laboratorio

FIG. 2

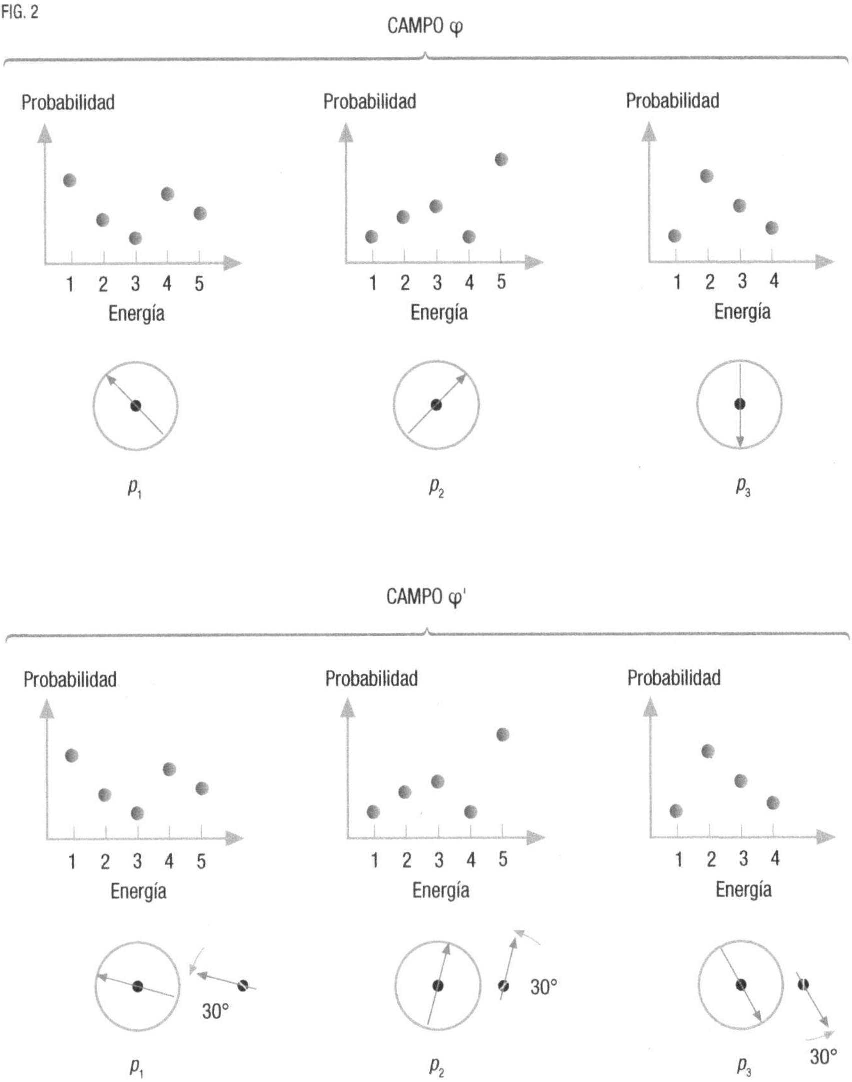

Las predicciones observables de φ y φ' (las probabilidades de cada valor de la energía en los puntos p_1, p_2 y p_3) no cambian con el giro de las veletas.

del universo de los electrones solitarios. En la jerga científica, las simetrías que delatan una redundancia en la descripción matemática de una teoría se conocen con el nombre de *simetrías gauge*. La naturaleza parece sentir una particular predilección por ellas. Las transformaciones que las ponen de manifiesto se llaman *transformaciones gauge*.

¿Qué sucede si se trastocan las veletas del campo de electrones, pero modificando el ángulo de giro de un punto a otro del espacio-tiempo? Se gira una veleta, pongamos que 30°, pero la siguiente 31°, la que está a continuación 32°... La transformación ya no se aplica de forma global (afectando por igual a todas las veletas), sino local (cada una recibe un trato distinto). Ahora, cualquier veleta advierte que sus vecinas han cambiado de orientación. Ya no se mantienen las posiciones relativas. Esta intervención más radical rompe la simetría. El reajuste local deforma el campo en cada punto en un grado distinto y la ecuación fundamental que rige su evolución se distorsiona, lo que afecta a su descripción de los fenómenos.

La figura 3 muestra cómo φ y φ' despliegan distintas distribuciones de probabilidades para los mismos puntos p_1, p_2 y p_3. La transformación local ha modificado la posición relativa de sus veletas.

La pérdida de la simetría cierra las puertas al teorema de Noether y la carga eléctrica deja de conservarse.

Al inspeccionar la ecuación que dicta la evolución del campo después de que un viento revoltoso siembre el caos entre sus veletas, descubrimos dos clases de términos. Unos se pueden agrupar en una ecuación con la misma forma que la que teníamos antes de la transformación local. Esta es la parte simétrica de la ecuación transformada. Por desgracia, se ha producido otra serie de términos basura, que antes no estaban, y que son los responsables de arruinar la simetría. Estos términos basura no se generan en la transformación global. Existe un mecanismo para eliminarlos y restablecer la simetría: introducir en la ecuación fundamental de la teoría un segundo campo. Este nuevo campo, al sufrir la transformación local, también generará dos clases de términos: términos simétricos y términos basura.

FIG. 3

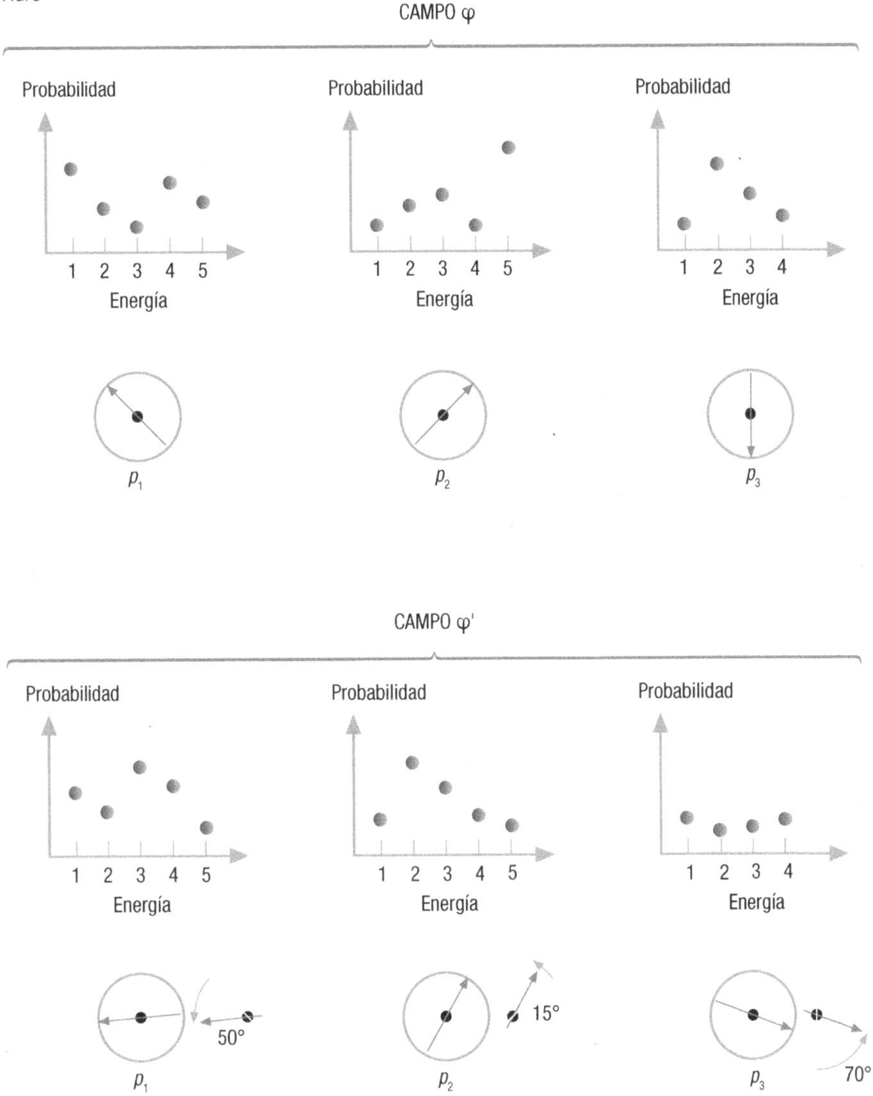

Las predicciones observables de φ y φ' (las probabilidades de cada valor de la energía en p_1, p_2 y p_3) cambian con la transformación local, que asigna ángulos distintos a cada punto.

El truco consiste en diseñar el nuevo campo con absoluta alevosía, de modo que sus términos basura cancelen exactamente los términos basura del campo de electrones.

El segundo campo goza de una libertad de representación semejante a la del campo de electrones. También admite infinitas encarnaciones que no producen efectos físicos observables. Se trata de aprovechar esa libertad de elección para cancelar los términos basura que genera la transformación local en el campo de electrones. Para lograrlo, debe comunicarse con él. Si interactúan, una metamorfosis en el campo nuevo (etiquetémoslo como A) tendrá repercusiones en el campo de electrones (que identificaremos, igual que antes, con la letra φ). Hay que conseguir que la transformación gauge en A afecte a φ de manera que compense la diferencia de rotación entre una veleta y las que la rodean. Es como si una operación desviase la veleta que corona una torre y la otra girase el suelo en el que se apoya la propia torre. Ambas operaciones afectan la orientación de la veleta y la segunda puede corregir cualquier efecto indeseado que introduzca la primera (figura 4).

Veámoslo mejor a través de un ejemplo. La transformación gauge local en φ gira en ángulos diversos las veletas del campo de electrones. Pongamos que en dos puntos, p_1 y p_2, las rota 50° y 15°. Nuestro objetivo es diseñar un campo A que, al transformarse, afecte a φ girando los soportes de las dos veletas, −20° y 15°. La suma de ambas transformaciones producirá un giro neto en cada una de 30° (figuras 5 y 6), como hacía la transformación global. La labor concertada de los dos campos preserva la simetría frente a una transformación más exigente, local.

Tratemos de interpretar todo el proceso desde una perspectiva más física. La transformación local trastorna las predicciones observables del campo de electrones. ¿Qué otra acción podría causar un efecto semejante? La influencia de un segundo campo. ¿Y cómo se relacionan los campos? Intercambiando energía. Como hemos permitido que φ y A interactúen, los electrones pueden emitir o absorber cuantos de A. Los cuantos de A, a su vez, producen pares electrón-positrón. Cada campo tiene así la potestad de modificar la distribución energética del otro. Cabe

FIG. 4

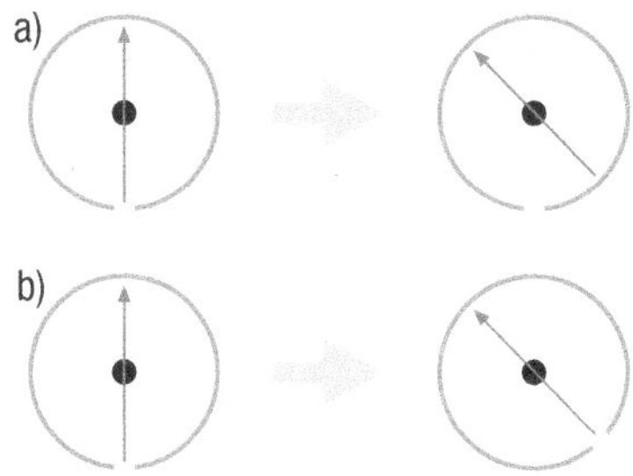

Podemos orientar la veleta mediante dos operaciones independientes. En a) es el viento el que produce el movimiento; en b), un giro del soporte. Este último se ilustra mediante una pequeña muesca en el círculo del soporte.
En a) no se desplaza (el soporte no se mueve) y en b) sí.

FIG. 5

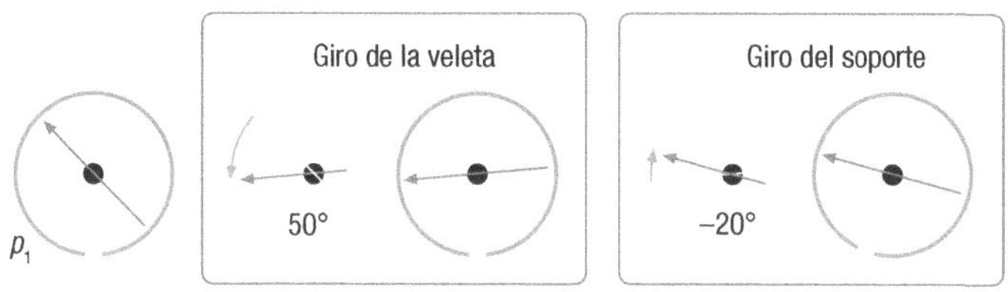

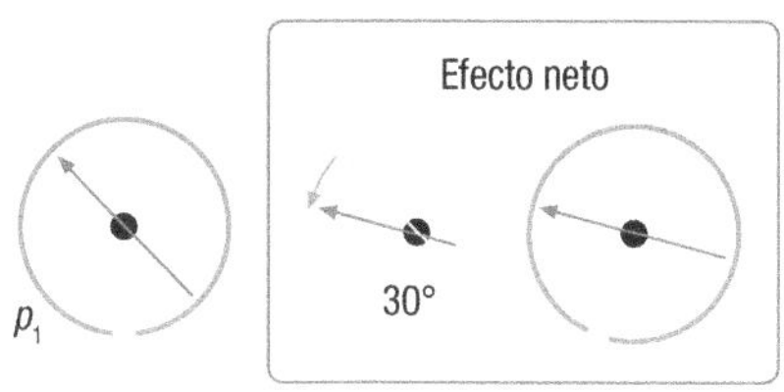

El giro de –20° del soporte «corrige» el exceso en el giro de 50°, produciendo una rotación neta de 30°.

FIG. 6

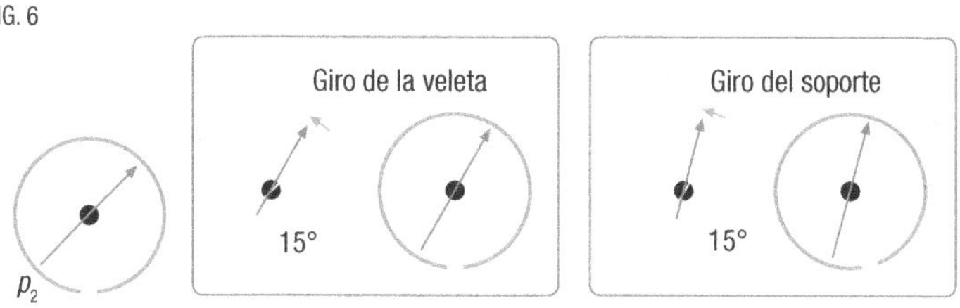

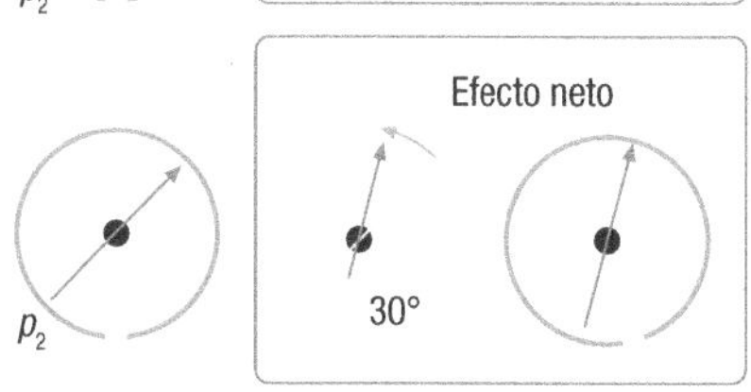

El giro de 15° del soporte «corrige» el defecto en el giro de 15°, produciendo una rotación neta de 30°.

coordinar las interacciones para que contrarresten los efectos de la transformación gauge, que altera las probabilidades en A (que repercuten en φ) y las probabilidades en φ (que repercuten en A).

La estrategia, para que funcione, exige una absoluta compenetración entre campos, de modo que la basura de A neutralice exactamente la basura de φ en todos los puntos del espacio-tiempo. A debe ser sensible a cómo la transformación gauge local modifica la orientación de las veletas de un punto a otro, para compensar las diferencias mediante rotaciones de los soportes que mantengan las orientaciones relativas. Todas estas maniobras se ejecutan en el terreno matemático. ¿Qué clase de partículas produce A? ¿Qué aspecto tiene el nuevo universo donde los electrones han roto su aislamiento gracias a la mediación de un nuevo campo? Después de hacer unos cuantos cálculos, se comprueba que el nuevo universo *es nuestro universo*, al menos en su vertiente electromagnética. La cuantización de A genera fotones. La acción coordinada de φ y A da pie a todos los fenómenos del electromagnetismo. Por supuesto, al recomponer la simetría, se recupera la conservación de la carga eléctrica. Asegurar la invariancia gauge local del campo de electrones impone un nuevo campo que lo reequilibre, el campo electromagnético. Para que las ecuaciones exhiban simetría gauge local hay que introducir una interacción. En palabras del físico Sheldon Lee Glashow, si quisiéramos poner el Antiguo Testamento al día, habría que modificar el primer capítulo del Génesis y donde se lee: «Hágase la luz», escribir: «Hágase una simetría gauge».

Entre los requisitos que debe cumplir *A* para llevar a cabo su labor de limpieza en las ecuaciones, figura que sus cuantos tengan masa nula y que, por tanto, se desplacen a la velocidad de la luz. Si los fotones presentaran una fracción de masa, por mínima que fuera, se rompería la simetría local.

Las transformaciones gauge amplían las funciones del programa de diseño del teorema de Noether. Este indicaba cómo han de ser las ecuaciones fundamentales de una teoría para dotarla de magnitudes conservadas, como la energía o el momento. Las simetrías gauge nos enseñan a introducir interacciones entre campos. Explican de dónde proceden la luz o el magnetismo. Y también por qué son como son. La exigencia de una absoluta compenetración con los campos de materia, define casi todas las propiedades de los campos mediadores. Igual que una sola hebra de ADN permite reconstruir la doble hélice, los campos de materia generan potencialmente la estructura de la interacción si somos capaces de identificar la simetría adecuada, es decir, la operación de transformación de los campos que deja intactas las ecuaciones fundamentales de la teoría.

Pasado el primer tercio del siglo XX, los físicos buscaban desesperadamente reglas para diseñar teorías cuánticas de campos. Los fenómenos nucleares se agazapaban en el interior casi inaccesible de los átomos. Para resolver la imagen subatómica se necesitaban sondas muy precisas, con energías fuera del alcance tecnológico de la época. Los datos experimentales eran escasos e incompletos. Los físicos avanzaban a ciegas. La promesa del enfoque gauge consistía en que, si los principios constructivos de la EDC ordenaban también las interacciones nucleares, quizá se podrían salvar las lagunas experimentales con la asistencia de una guía teórica. Si se reconocían los campos de materia implicados y se descubría la simetría gauge adecuada, las matemáticas revelarían la forma de los campos mediadores nucleares. Sobre el papel, parecía una estrategia prometedora. En la práctica resultó una tarea ímproba, muy alejada de un calco literal del modelo electromagnético.

LOS MISTERIOS DEL NÚCLEO

Las dos interacciones fundamentales que la física clásica supo identificar con claridad fueron la gravedad y el electromagnetismo. Ya en los anaqueles de la Biblioteca Real de Alejandría se acumulaban tratados sobre la luz. Los fenómenos ópticos se fueron desvelando en tanteos sucesivos. Primero fue la geometría de los rayos reflejados en los espejos de griegos y árabes; luego se estudió su refracción al cruzar las lentes de los artesanos holandeses; la propia naturaleza de los rayos se justificó mediante teorías ondulatorias y corpusculares, que fueron superadas por los campos electromagnéticos... La EDC culminó una investigación que llevaba siglos en marcha y que acumuló un riquísimo acervo experimental. Con toda su sofisticación, la EDC no desmiente las teorías que la precedieron. Las amplía hasta la escala subatómica, pero de lejos dibuja la misma geografía. Los campos cuánticos, en una primera aproximación, se comportan como los campos continuos de Maxwell. De estos se desprenden sin esfuerzo los rayos luminosos de la óptica geométrica.

El átomo encuentra en el electromagnetismo a su gran embajador. La mayoría de sus relaciones con el entorno se establecen a través de la incesante actividad de sus electrones más externos y de los fotones que estos emiten y absorben. Sin embargo, a resguardo del núcleo se desarrollan otras tensiones que pasaron inadvertidas durante milenios. Hoy en día se interpretan mediante la acción de dos nuevas interacciones, la débil y la fuerte. Ninguna mereció una teoría clásica. Ni los griegos, ni Newton, ni siquiera Maxwell sospecharon la existencia de un núcleo atómico, mucho menos las fuerzas que lo cohesionan o desintegran. La gravedad y el electromagnetismo llevan una destacada vida pública, porque su alcance es infinito. Las perturbaciones de sus campos mediadores, fotones y gravitones, son viajeros formidables, capaces de recorrer distancias astronómicas. Los mediadores de las interacciones nucleares llevan en cambio existencias efímeras y solo alcanzan a explorar distancias infinitesimales antes de desvanecerse.

El estudio de la interacción débil y fuerte discurrió por vías más o menos paralelas a lo largo del siglo XX. Lo que se averiguaba en el terreno de una se aprovechaba en el de la otra, al tiempo que cada proceso conocía sus propios frenazos y acelerones. Sin duda, existían vasos comunicantes, puesto que los moradores más conspicuos del núcleo, a saber, los quarks, participan de ambas. En la exposición que sigue, se contará la historia de forma algo sesgada. En aras de la claridad, se sacrificará cuidadosamente cualquier alusión a la interacción fuerte. Armar un modelo de la interacción débil que ignore a su fuerza nuclear hermana no reviste mayores complicaciones. A fin de cuentas, los campos mediadores constituyen la esencia de una interacción y ninguno de los mediadores de la fuerza débil siente la interacción fuerte. En justa correspondencia, los mediadores de la interacción fuerte, los gluones, ignoran olímpicamente la interacción débil. Por supuesto, no se puede adquirir una imagen cabal del núcleo sin la asistencia de ambas. En nuestra explicación, los quarks intervendrán como estrellas invitadas, meros actores de los procesos débiles, obviando las complejidades inherentes a su participación simultánea en los procesos fuertes.

El primer aviso de que había que ampliar el catálogo de interacciones fundamentales más allá de la gravedad y el electromagnetismo se produjo en 1896. El francés Antoine Henri Becquerel se hallaba investigando el comportamiento de ciertos materiales fluorescentes, que se caracterizan por desprender luz después de haberla absorbido. Becquerel había centrado su estudio en las sales de uranio, procurando determinar si además de luz emitían los misteriosos rayos X que acababa de descubrir Wilhelm Conrad Röntgen, en Wurzburgo, apenas un año antes. Para detectar la radiación, Becquerel utilizaba placas fotográficas, que envolvía en una doble hoja de papel negro muy grueso, para protegerlas de la luz. Depositaba el mineral de uranio encima de una placa, que situaba sobre el alféizar de una ventana, de manera que los rayos solares estimularan el mineral, pero no la placa envuelta. Si pasadas unas horas esta se velaba, solo cabía atribuirlo a la actividad del uranio, excitado por el sol. ¿O no? En los últimos días del mes de febrero, el mal tiempo se cruzó de forma providencial en los experimentos. Las nubes encapotaron el cielo de París y Becquerel guardó sus muestras en un cajón. La interrupción se dilató más de lo esperado. Los días transcurrían y las nubes no clareaban. En un arrebato de impaciencia, Becquerel reveló la placa de todos modos. Estupefacto, comprobó que se había ennegrecido. La sal de uranio había desprendido sus rayos misteriosos sin necesidad de ninguna estimulación solar.

Se barajaron diversas hipótesis para explicar lo sucedido. ¿Se producía una reacción química en el interior del uranio que desprendía una intensa luz? ¿El mineral absorbía alguna clase de radiación desconocida que acto seguido liberaba? Ninguna de las recetas de la física clásica parecía explicar satisfactoriamente los fenómenos radiactivos, que pronto atrajeron a una legión de investigadores curiosos, como el matrimonio Curie. En experimentos posteriores, Becquerel comprobó que la radiación se desviaba al cruzar un campo magnético: estaba cargada eléctricamente, luego no podía tratarse de luz.

La radiactividad obedece a ciertos reajustes dentro del núcleo atómico, que buscan aumentar espontáneamente su estabilidad. Se distinguen tres procedimientos básicos. En uno, se expulsa luz de alta frecuencia (con un nombre más fastuoso: rayos X); en otro, se despiden núcleos de helio (partículas alfa), y en un tercero, se desprenden electrones (bajo el disfraz de partículas beta). De las tres vías, la última es la que nos conducirá, a través de diversos vericuetos, hasta el Higgs.

Walter Kaufmann fue quien determinó que la radiación de Becquerel estaba compuesta por electrones, de ahí su deriva al cruzar un campo magnético. En Montreal, en la Universidad de McGill, Ernest Rutherford y Frederick Soddy descubrieron atónitos que las partículas alfa eran la escoria que dejaba el átomo en sus prácticas esotéricas. A medida que el torio que estudiaban emitía radiación, se transformaba en otro elemento químico: el radio. Cuando se dieron cuenta de lo que sucedía, Rutherford advirtió en broma a su ayudante: «No se te ocurra llamarlo transmutación o pedirán nuestra cabeza por alquimistas». Se podía llamar como se quisiera (acabó recibiendo el nombre de *desintegración*), pero de lo que no cabía duda era de que la naturaleza realizaba por doquier y sin descanso el viejo sueño alquimista de transformar un elemento en otro. Es cierto que la naturaleza no sentía un particular interés por el oro, sino más bien por elementos más pesados e inestables, como el uranio o el polonio. Tampoco se valía de reacciones químicas para la metamorfosis, que era la ineficaz receta medieval.

En las primeras décadas del siglo XX, la imagen del átomo fue ganando resolución. Se distinguió entre el núcleo y su cortejo de electrones, se identificaron los protones y los neutrones, y se comprendió que la identidad de un elemento químico radica en su número de protones. Dispones de tres protones y eres litio; de cincuenta y uno, y eres antimonio. En la desintegración alfa, el átomo radiactivo expulsa un núcleo de helio, que va cargado con dos protones. Esa doble pérdida lo vuelve otro átomo, más estable, a costa de un retroceso de dos casillas en la tabla periódica. Es lo que le sucede al isótopo más abundante del uranio cuando se transforma en torio-234. La desintegración beta supone un proceso diferente, que recorre la tabla en sentido contrario: al ganar un protón se avanza una casilla, como ocurre con el bismuto, que se convierte en su compañero de la sexta fila, el polonio. Aquí el átomo practica un desconcertante truco de prestidigitación. ¿De dónde procede el protón extra que aparece en el núcleo? Nadie lo ve acercarse ni entrar en el átomo. Y el electrón que también emite, ¿se hallaba emboscado en el interior del núcleo? Porque el átomo no pierde ningún electrón de su corteza. La desintegración beta plantea un juego con reglas nuevas: exige el concurso de una tercera interacción fundamental, distinta de la gravedad o del electromagnetismo, que troca cuantos de un campo de materia en cuantos de otros campos materiales. Transforma un neutrón en un protón y crea un electrón donde antes no lo había.

Por si no bastaran estos enigmas, una auditoría rigurosa al núcleo reveló que las cuentas energéticas tampoco cuadraban. En teoría, la energía del núcleo antes de una desintegración beta debía ser igual a su energía después de la desintegración más la energía que se llevara el electrón en fuga. Como la masa de los neutrones es algo mayor que la de los protones, convertir un neutrón en un protón produce un remanente de energía. Este se puede invertir en crear la masa de una partícula mucho más ligera, como el electrón, y en proporcionarle, además, la gasolina que necesita para salir disparada. En cualquier caso, la cantidad de energía a lo largo de todo el proceso debe mantenerse constante. Lo desconcertante es que la mayoría de las veces el electrón no aprovechaba toda la energía a su disposición para la huida. O lo que es lo mismo, después de la desintegración se medía menos energía que al principio. Luego no se conservaba. Para empeorar la situación, el momento lineal, tampoco. La emi-

GENEALOGÍAS CUÁNTICAS

En una primera aproximación, se puede considerar que los neutrones y los protones encierran cada uno un trío de quarks. El protón se compondría de dos quarks u y un quark d; el neutrón, de dos d y uno u. Sin embargo, la borrosidad cuántica desdibuja esta imagen tan nítida, como cabe esperar siempre que uno se interna en escalas subatómicas. Igual que en el vacío bulle un hervidero de partículas indetectables, encubiertas por la incertidumbre de Heisenberg, en el interior de los protones y neutrones se agita un maremágnum de partículas virtuales dominadas por la interacción fuerte. ¿Cuántas partículas se pueden contar dentro de un protón? Resulta imposible establecer el censo exacto. La única certeza es que siempre habrá dos quarks u más que antiquarks u y un quark d más que antiquarks d. Todos ellos en buena compañía de infinidad de gluones (los mediadores de la interacción fuerte) y de pares quark-antiquark.

CUANTOS DE MATERIA

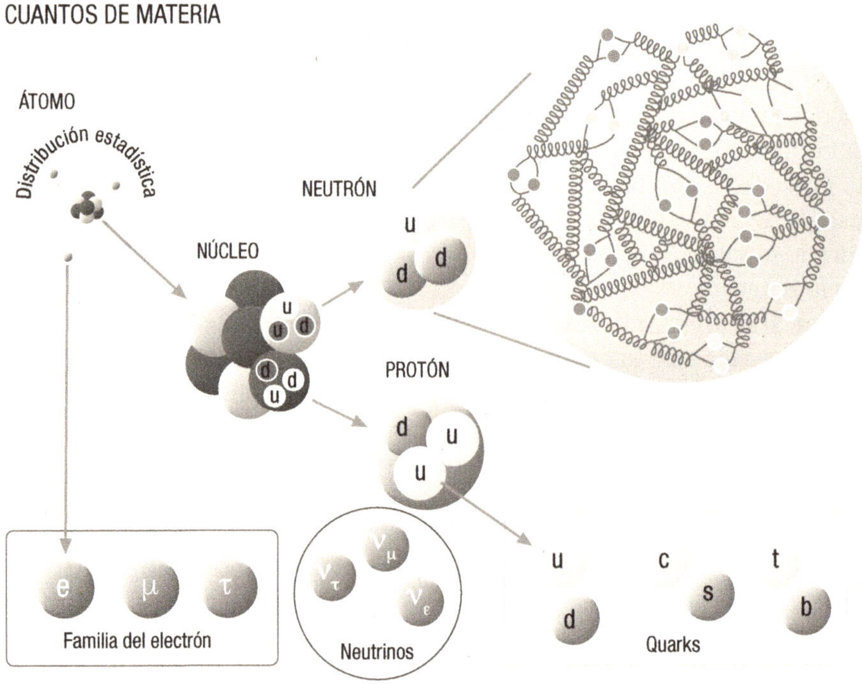

Cuantos de materia y cuantos mediadores del modelo estándar. Se han omitido los hipotéticos gravitones. Se muestra una versión ingenua del interior de un neutrón, junto a otra más realista. En esta última, las líneas en forma de muelle representan gluones. Las partículas emparejadas son pares quark-antiquark (u, d y s).

Aparte del dúo u y d, existen dos parejas más de quarks, s y c, t y b, réplicas casi exactas de la primera. La única marca que permite diferenciarlas es la masa. ¿Por qué la naturaleza no se ha contentado con la variante más sencilla y ligera? El enigma, sin resolver, se acentúa al constatar que el universo no parece hacer mucho uso de los quarks s, c, t y b. Solo asoman en fenómenos de altas energías, en partículas efímeras que sobreviven menos de una trillonésima de segundo, como las que se producen en las colisiones de los aceleradores o de los rayos cósmicos contra la atmósfera. La redundancia se repite con los demás cuantos de campos materiales. El electrón cuenta con dos réplicas que multiplican su masa: el muon y el tau. Lo mismo sucede con los neutrinos, que cuentan con una variedad electrónica, otra muónica y otra tauónica. En la imagen se exponen todas las partículas con las interacciones que los afectan.

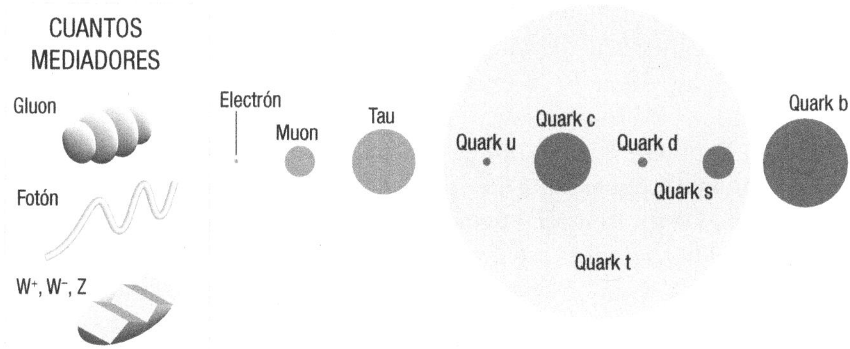

	ELECTROMAGNETISMO	FUERTE	DÉBIL	GRAVEDAD
Quarks	●	●	●	●
Electrón, muon, tau	●		●	●
Neutrinos			●	●
Fotón				●
Gluon		●		●
W^+, W^-	●		●	●
Z			●	●

Cuantos de materia — Cuantos mediadores

No se refleja el hecho de que existen ocho tipos de gluones. A su derecha, se da una idea de las masas relativas de los cuantos de materia a través del volumen de las esferas que los representan. Se desconoce la masa de los neutrinos. En la tabla, se indica a qué interacciones es sensible cada uno de los cuantos.

sión del electrón debía compensarse con un reculado del protón, equivalente al retroceso que experimenta un tirador al efectuar un disparo. Sin embargo aquí, el protón (la culata del fusil) y el electrón (la bala) no se movían en sentidos opuestos de una misma dirección. Era como si al disparar de frente, la culata retrocediera en diagonal, hacia la derecha o la izquierda.

Ya hemos visto que la conservación de la energía era lo más parecido a un artículo de fe en el ideario de los científicos, algo demasiado práctico y hermoso como para tirarlo por la borda alegremente. ¿Tras infinidad de fenómenos escrutados, la naturaleza, por primera vez, incumplía su promesa? Para salir del paso, en 1930, Wolfgang Pauli propuso la existencia de una nueva partícula, el neutrino, cuyo único propósito, por el momento, era regularizar las cuentas de los procesos de desintegración nuclear, robando la energía y el momento que se echaban en falta.

Pauli era famoso por su descarnado sentido crítico y era plenamente consciente de que estaba creando una partícula *ad hoc*. En un tiempo, además, en que se habían identificado con claridad solo tres partículas: el electrón, el protón y el fotón. Ni siquiera se había establecido todavía la existencia de neutrones. Otros físicos, como Niels Bohr, se mostraron reacios a aumentar una familia tan poco numerosa y prefirieron renunciar a los principios de conservación. Sin embargo, como en tantas otras ocasiones, Pauli llevaba razón. La primera huella inequívoca del paso de neutrinos se recogió en 1956, en el reactor nuclear de Savannah River. Se considera al neutrino el fantasma de las partículas elementales. Apenas interactúa con las demás y disfruta de la propiedad espectral por excelencia: atravesar la materia. Carece de carga eléctrica y la cuestión de su masa es lo suficientemente espinosa como para que en este libro la consideremos nula.

Con protones, neutrones, electrones y neutrinos ya se dispone de ingredientes suficientes para cocinar una teoría cuántica de campos de la interacción débil. En realidad, intervienen más: muones, taus, seis especies de quarks, tres especies de neutrinos... la lista puede extenderse, pero, como advertimos al principio, vamos a conformarnos con la versión reducida, que nos llevará a través de un atajo hasta el campo de Higgs.

> Admito que, ya de entrada, mi solución puede parecer poco probable, porque muy posiblemente, de existir, esos [neutrinos] se tendrían que haber visto hace mucho tiempo.
>
> **Carta de Wolfgang Pauli, que tituló «Un remedio desesperado»**

En el proceso de desintegración beta, el neutrón se transforma en un protón, emitiendo un electrón y un neutrino. La energía, por tanto, se traslada de un campo de materia, el campo de los neutrones (siendo puntillosos, un campo de quarks), a otros tres campos materiales: uno de protones (otro campo de quarks), uno de electrones y otro de neutrinos. En la EDC es un campo mediador quien facilita las transferencias de energía. ¿Ocurría lo mismo con la interacción débil? De ser así, había que concebir un campo mediador nuevo, capaz de regular los flujos de energía entre los campos de neutrones, protones, electrones y neutrinos. Se imponía un ejercicio de clarividencia, porque hasta el momento el equivalente débil de los fotones no había asomado en ningún experimento.

En 1957, Julian Schwinger, uno de los arquitectos de la electrodinámica cuántica, trató de levantar la estructura de los misteriosos mediadores de la fuerza débil siguiendo la guía de las simetrías gauge. Contaba con suficientes indicios experimentales de que iba a necesitar, como mínimo, una pareja de campos, que llamaremos W^- y W^+, para reproducir los procesos básicos de la interacción.

La desintegración beta se reinterpreta en el lenguaje cuántico de los campos mediadores del modo siguiente. En un primer paso, la energía atrapada en el campo del neutrón se transmite al campo de protones y al campo mediador W^-. De entrada no había carga eléctrica, porque el neutrón, haciendo honor a su nombre, es neutro. Como el protón introduce una carga positiva, el cuanto del campo mediador debe contrarrestarla transportando una carga negativa. El W^- disfruta de una vida breve. Enseguida se desintegra en un par partícula-antipartícula, como hacía el fotón, pero en este caso los cuantos pertenecen a campos distintos: un electrón (que se lleva la carga eléctrica) y un

FIG. 7

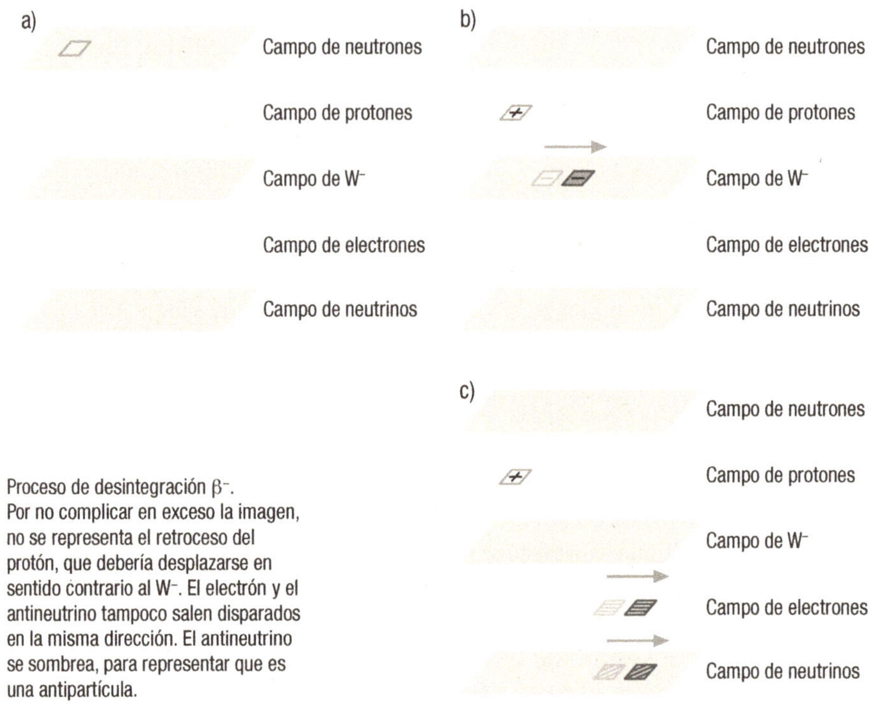

Proceso de desintegración β^-. Por no complicar en exceso la imagen, no se representa el retroceso del protón, que debería desplazarse en sentido contrario al W^-. El electrón y el antineutrino tampoco salen disparados en la misma dirección. El antineutrino se sombrea, para representar que es una antipartícula.

antineutrino. Todas las etapas del proceso se representan en la figura 7.

¿Por qué hace falta un W^+? Schwinger sabía que la interacción débil también obra el proceso inverso: la transformación de un protón en un neutrón, con la emisión de un positrón y un neutrino. Aquí la conservación de la carga eléctrica exige un mediador con carga de signo contrario, positiva, que toma del protón y entrega al positrón (figura 8).

Los campos W^+ y W^- retienen la energía una mínima fracción de tiempo antes de cedérsela a los campos de electrones y neutrinos. Un cuanto del W^+, por ejemplo, no puede lanzarse a recorrer el mundo como hacen las perturbaciones estables del campo de fotones. De hacerlo, escaparían del núcleo y desen-

FIG. 8

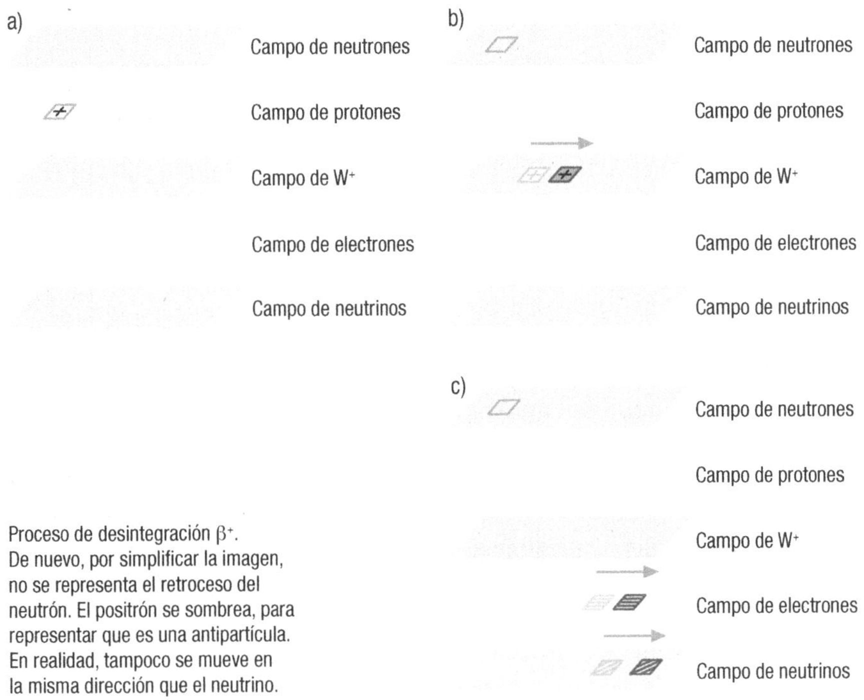

Proceso de desintegración β^+. De nuevo, por simplificar la imagen, no se representa el retroceso del neutrón. El positrón se sombrea, para representar que es una antipartícula. En realidad, tampoco se mueve en la misma dirección que el neutrino.

cadenarían una profusión de fenómenos que nunca se han observado. Las fluctuaciones energéticas en los campos débiles se manifiestan casi siempre como partículas virtuales. Esta actividad furtiva plantea problemas cuando se tiene bastante masa, como es el caso de los cuantos W (en torno a cien veces la del protón). Tanta masa exige una cantidad de energía considerable para materializarse. Para que la creación de un W^+ o un W^- pase desapercibida y no viole el principio de conservación de la energía, la relación de incertidumbre de Heisenberg los obliga a desintegrarse antes de recorrer 10^{-18} m (una trillonésima de metro).

En vista de las más que patentes discrepancias entre los fotones y las partículas W, resulta admirable la intuición de Schwinger de que en realidad son mensajeros de la misma fuerza. Estaba convencido de que los campos mediadores del electromagnetismo y de la interacción débil debían surgir de una sola simetría a partir de los campos de materia. Tenía que ser una simetría distinta de la que se manifestaba con el giro de las veletas, que solo generaba fotones. Igual que Maxwell había construido una teoría que unificaba fenómenos en apariencia inconexos, como el magnetismo y la luz, la lenta desintegración del uranio y la emisión de una onda de radio se revelarían como facetas diferentes de una misma interacción.

¿Qué transformación podía operar sobre los campos materiales, de neutrones, protones, electrones y neutrinos, que, al dejar las ecuaciones intactas, originase tres campos mediadores tan dispares como el W^+, el W^- y el de fotones? Pocos físicos de la época hubieran apostado por una teoría que se proponía hermanar una partícula mediadora W, con la masa de un átomo de rubidio (compuesto nada menos que por 37 protones y 48 neutrones), con un fotón. Los efímeros, plomizos y sedentarios W, con el duradero, ultraligero y peregrino fotón. La interacción débil y el electromagnetismo simplemente parecían demasiado ajenos.

Schwinger se fijó, con perspicacia, en que la interacción débil no distingue entre electrones y neutrinos: trata a ambas partículas igual. Es ciega a la carga eléctrica o a la masa, los rasgos que más los diferencian. Ante ella, se muestran como dos caras o posiciones de un mismo objeto físico, que su influencia se limita a rotar. Cabeza arriba, el objeto parece un electrón. Cabeza abajo, un neutrino. Desde esta perspectiva, lo que hace la interacción débil no es ya tanto cambiar la identidad de una partícula como simplemente rotarla. Lo mismo puede decirse de la conversión de un neutrón en un protón (de un quark d en un quark u) y viceversa. La formulación de la teoría pone de manifiesto estas operaciones emparejando los campos en una especie de noria matemática, de manera que las ecuaciones no cambian con un giro, el volteo de un neutrón en un protón, de un electrón en un neutrino. Más todavía, la noria se puede detener a medio camino, en una posición 25% electrón y 75% neutrino. O 37% electrón y 63% neutrino.

Conviene precisar que estos giros no se ejecutan en el mundo físico, donde los electrones, con su carga y su masa, se compor-

> Solo un grupo muy reducido de físicos experimentados creía en la fantasía de Schwinger de unificar las interacciones débil y electromagnética.
>
> **Sheldon Lee Glashow**

tan de modo muy distinto a los neutrinos. Los detectores cazan una partícula u otra, no criaturas mestizas. Los estados híbridos solo se presentan en la esfera abstracta de los campos. Obedecen a una redundancia en la descripción de la teoría, donde una sola entidad matemática puede emparejar neutrinos y electrones, protones y neutrones. Como ocurría con el giro de las veletas en la EDC, la rotación de los campos no deja el menor rastro en las magnitudes observables. Se trata de una transformación gauge y, como tal, puede efectuarse de forma global —igual en todos los puntos del espacio-tiempo— o local —variando la rotación de un punto a otro—. La versión local destruye la simetría. Para reinstaurarla hay que introducir no uno, sino tres campos, que se sintonicen con los campos de materia para que los términos basura de todos los campos implicados, mediadores y materiales, se cancelen mutuamente.

Por qué se precisan tres campos mediadores y no uno, o dos, o cinco, obedece a la estructura matemática de la nueva transformación. Las vueltas de la noria se describen con el mismo lenguaje matemático que las rotaciones de una esfera en el espacio ordinario de tres dimensiones. Igual que la esfera es libre de girar en torno a tres ejes independientes, perpendiculares, la libertad de acción de la fuerza débil se manifiesta a través de tres campos. Y justo tres campos mediadores era lo que andaba buscando Schwinger. La simetría gauge había desplegado la estructura de la interacción que necesitaba a partir de los campos de materia. Sin embargo, en este caso la operación no resultó tan limpia como en la EDC.

La nueva simetría producía tres campos mediadores sin masa. Schwinger identificó uno de ellos con el fotón, pero los otros dos suponían un problema. Ya hemos visto que para justificar el corto alcance de la fuerza débil resulta indispensable que los cuantos W^+ y W^- sean muy pesados.

El escabroso terreno de la unificación acabó por desanimar a Schwinger, que desvió su atención a otros asuntos. Con todo, le siguió picando la curiosidad. ¿Su planteamiento podía llegar más lejos con la incorporación de nuevas ideas? Cuando un joven recién licenciado de Harvard, Sheldon Lee Glashow, llamó a la puerta de su despacho buscando un tema para su tesis, Schwinger le entregó el testigo. Muchos jóvenes investigadores reciben de sus directores de tesis encargos rutinarios, Glashow heredó el equivalente físico a uno de los trabajos de Hércules.

En la década de 1950, la fenomenología de la interacción débil era un mar proceloso que se encrespaba por momentos. De la noche a la mañana se anunciaban novedades desconcertantes o se desmentían los resultados de experimentos anteriores. Un día, Glashow se levantó de la cama para leer en la primera página del *The New York Times* que la interacción débil violaba la paridad. ¿Qué repercusiones tenía en su teoría? Según el propio Glashow: «Daba la impresión de que mi tesis iba a tener que dar un rodeo... ¡puede que al borde de un precipicio!». El hallazgo afectaba a una propiedad que ostentan los campos de materia. Se trata de un atributo puramente cuántico y que se presenta solo bajo dos apariencias. Estas se pueden etiquetar con las palabras «derecha» e «izquierda», puesto que para convertir una partícula diestra en otra zurda basta con invertir el signo de las coordenadas (x por $-x$, por ejemplo) en los campos que las describen. En el reflejo de los espejos se observa una inversión semejante, que troca, por ejemplo, la configuración «diestra» de una mano por una configuración «zurda». Algunas partículas, como los electrones, alternan su estado constantemente, igual que un soldado que desfila frente a la tribuna de autoridades: derecha, izquierda, derecha, izquierda... Los neutrinos, sin embargo, solo existen, que se sepa, en una disposición zurda. La violación de la paridad significa que la fuerza débil solo afecta a partículas zurdas. Por tanto, solo actúa sobre el electrón cuando lo encuentra en su estado zurdo. El electromagnetismo no hace tales distingos, un nuevo motivo de discordia entre las dos interacciones que Glashow pretendía conciliar.

Para salvar estas trabas, Glashow refinó el planteamiento de Schwinger y compuso una teoría que integraba, no una, sino dos simetrías gauge: la de las veletas de la EDC y la noria que voltea

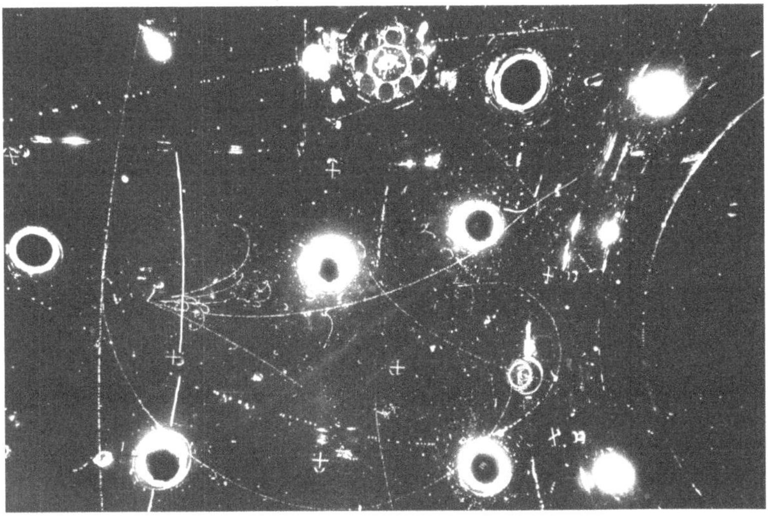

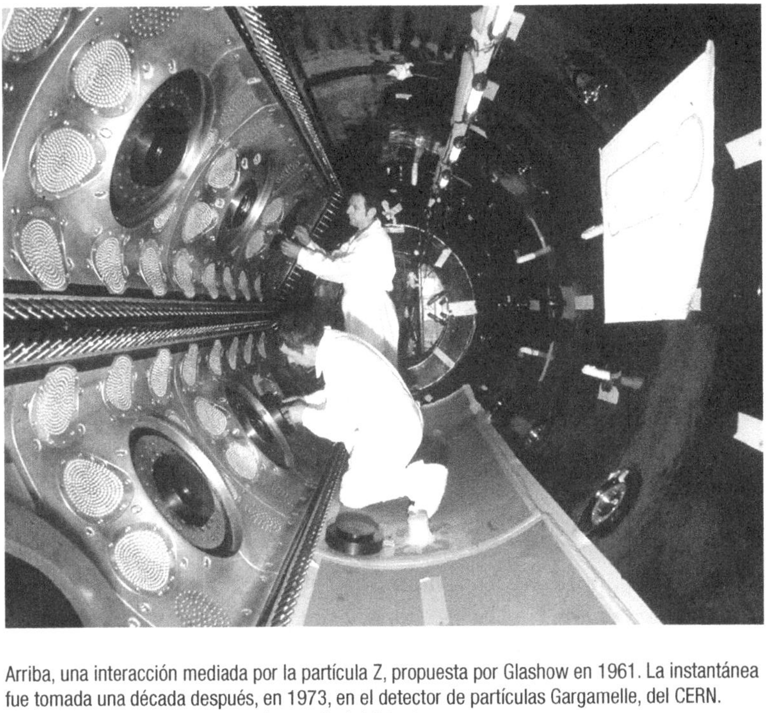

Arriba, una interacción mediada por la partícula Z, propuesta por Glashow en 1961. La instantánea fue tomada una década después, en 1973, en el detector de partículas Gargamelle, del CERN. Abajo, dos operarios trabajan en el montaje del detector.

los campos. Al incorporar más simetrías, el número de mediadores se multiplicaba. La simetría de las veletas daba lugar al fotón y no violaba la paridad. La simetría de la noria violaba la paridad y producía tres campos mediadores para la fuerza débil: los W^+ y W^-, con carga eléctrica, más un tercer campo neutro, Z, muy parecido al fotón, pero con una masa que lastraba su alcance, como le sucedía a sus compañeros.

El modelo de Glashow exhibía toda la elegancia estructural que otorgan las simetrías gauge. Varios inconvenientes enturbiaban, no obstante, sus virtudes innegables. Igual que en la teoría original de Schwinger, las estrictas normas gauge generaban solo campos mediadores sin masa. Glashow trató de forzar el modelo, introduciendo a mano las masas de los cuantos W^+, W^- y Z. Las ecuaciones respondieron a la agresión ofreciéndole predicciones absurdas, como probabilidades infinitas.

Por otra parte, en la teoría figuraba un nuevo campo, Z, cuyos cuantos no se habían hecho notar en ningún experimento. Es cierto que los W tampoco, pero al menos su presencia trataba de explicar las desintegraciones de neutrones y protones, que sí se habían observado. No se conocía ningún fenómeno análogo que justificara la existencia de los Z.

La guía de las simetrías gauge parecía conducir a la teoría de la interacción débil a un hermoso callejón sin salida. Para salir de él, no nos queda más remedio que trasladarnos, por segunda vez, a un universo ligeramente distinto del nuestro.

COMPARECE EL HIGGS

El modelo que armaban las simetrías gauge que había escogido Glashow fracasaba en el intento de reproducir los fenómenos observados. ¿Qué clase de universo describen sus ecuaciones? En ellas, el campo de electrones se desdobla en dos: hay un campo cuántico de electrones zurdos y otro de electrones diestros. Permanecen separados y sus cuantos ya no oscilan entre el estado diestro y el zurdo. También existe un solo campo de neutrinos, zurdo.

La teoría incorpora dos simetrías gauge, que permiten a las partículas socializar a través de dos interacciones. La primera procede de un giro de veletas en los campos de materia y trae consigo un campo mediador muy semejante al campo de fotones, que llamaremos campo B. La simetría da lugar a la conservación de un tipo de carga muy similar a la eléctrica: la hipercarga.

La segunda simetría se pone de manifiesto en las rotaciones de una noria que convierte electrones zurdos en neutrinos zurdos, y viceversa, y que hace lo propio con los distintos quarks zurdos. Los electrones y quarks diestros quedan sin pareja. Para mantener la simetría bajo una transformación local, hay que introducir tres campos mediadores, que responden a los nombres de W_1, W_2 y W_3. Se pueden considerar primos hermanos de los mediadores de la interacción débil, W^-, W^+ y Z. Garantizan la conservación de una segunda carga, llamada de *isospín*.

Todas las partículas de la teoría carecen de masa y viajan a la velocidad de la luz. Desvían sus trayectorias por mediación de los campos B o W_3. Mudan de identidad cuando intercambian cuantos de W_1 y W_2. El universo que habitan ostenta mucha más simetría que el nuestro. A cambio, la falta de masa hace inviable el mundo material que conocemos, con su arquitectura de átomos y moléculas. Lo que descubrieron un viejo compañero de instituto de Glashow, Steven Weinberg, y un físico paquistaní, Abdus Salam, es que, contra todo pronóstico, ese universo sigue siendo el nuestro. O casi. Basta con agregar un ingrediente fundamental a su composición.

Ha llegado la hora de requerir la presencia de cuatro partículas de Higgs. Tres de ellas pierden su identidad al interactuar con los campos mediadores, un proceso que estudiaremos con detalle en el próximo capítulo, así que, de momento, nos vamos a permitir ignorarlas. Centraremos la atención en la cuarta partícula, a la que nos referiremos de ahora en adelante como *la partícula* de Higgs. Interactúa con todas las partículas materiales, con la notoria excepción del neutrino zurdo. Además, su campo exhibe una característica insólita. Cualquiera de los campos cuánticos que hemos considerado hasta ahora, cuando permanece en calma, sin energía, vale cero en promedio. La apostilla «en promedio» nos recuerda que la actividad nunca cesa por completo en un campo cuántico. Siempre lo agitan fluctuaciones de energía fantasmales. Ese rumor de fondo, indetectable, afecta a los demás campos, pero en la mayoría de las circunstancias su influencia puede despreciarse, salvo en medidas extremadamente sensibles, como la que pone de manifiesto el efecto Lamb. *Grosso modo*, un campo sin energía no importuna a los cuantos estables (las partículas) de los demás.

Sin embargo, el campo de Higgs siempre tiene un valor distinto de cero incluso en su estado de mínima actividad. Eso significa que un cuanto de cualquier campo que se relacione con él, esté donde esté, siempre corre el riesgo de vérselas con una partícula de Higgs. La probabilidad de interactuar nunca disminuye lo suficiente para obviarla. Cuando un electrón o un quark atraviesan una región del espacio-tiempo donde el campo de fotones reposa en su estado de mínima actividad, prácticamente no se ven afectados por él. Por contra, cuando cruzan una región del espacio-tiempo donde el campo de Higgs se halla en su estado de mínima actividad tropiezan constantemente con sus partículas. La probabilidad de interactuar con ellas nunca remite. Además, el campo de Higgs interactúa de modo diferente con cada campo. Su presencia constante y el trato desigual que da a las partículas desvirtúan por completo las relaciones que estas mantenían antes de su aparición.

Por ejemplo, la segunda simetría gauge emparejaba los electrones y neutrinos zurdos. Al hostigar constantemente al electrón zurdo y dejar en paz al neutrino, rompe o enmascara la afinidad de estas partículas. La partícula de Higgs posee hipercarga, y también isospín. Su absorción o emisión cambia estas propiedades en las partículas y, por consiguiente, también su identidad. Cuando un electrón zurdo se encuentra con un cuanto del campo de Higgs, se transforma en un electrón diestro. Cuando un electrón diestro emite un cuanto de Higgs, se convierte en un electrón zurdo. La probabilidad de que se produzca cualquiera de las dos mutaciones es la misma. ¿Cuál es el resultado? El electrón zurdo se transforma una y otra vez en el electrón diestro. Y viceversa. Cada interacción con el campo de Higgs desvía sus

FIG. 9

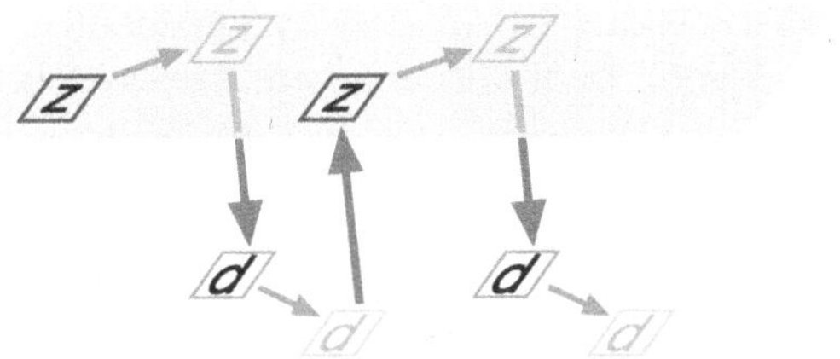

La injerencia del Higgs transfiere la energía del campo de electrones zurdos al campo de electrones diestros, y viceversa. También altera la dirección en que se propagaba la perturbación energética, o cuanto, en cada campo.

FIG. 10

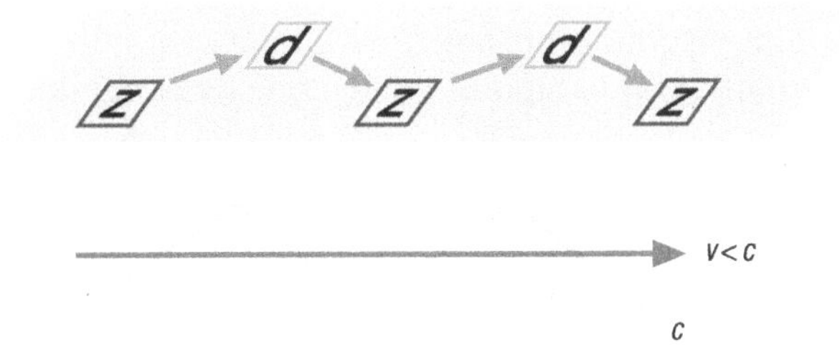

La visión unificada. En su zigzagueo, los cuantos se desplazan en una línea quebrada a la velocidad de la luz. En promedio, sin embargo, la perturbación energética progresa a una velocidad *v* inferior.

trayectorias (figura 9). Aunque ambas partículas sigan viajando a la velocidad de la luz, gran parte de su movimiento se pierde en un zigzagueo. Su avance efectivo se produce a una velocidad inferior (figura 10).

En esta situación, ya no tiene sentido seguir hablando del electrón zurdo o del electrón diestro. La injerencia del Higgs hace que ambas partículas pierdan su autonomía y se fusionen en una identidad nueva. No se trata de una partícula compuesta, puesto que en ningún momento conviven las dos en el mismo punto. O se tiene un electrón diestro o se tiene un electrón zurdo, pero lo único que permanece es el estado híbrido, que emerge de sus continuas metamorfosis. Esta nueva partícula, que llamaremos *electrón*, se desplaza a una velocidad siempre inferior a la de la luz. Además está recibiendo constantemente energía del campo de Higgs, que la zarandea sin tregua. En promedio, por tanto, dispone de una energía bien definida, que caracteriza el estado híbrido diestro-zurdo. Podemos traducir esa energía, propia de su nueva condición, a una masa, a través de la ecuación $E=mc^2$.

Mediante la interacción con el Higgs, el nuevo electrón acaba de adquirir masa.

Con el electrón zurdo y el electrón diestro, el campo de Higgs sella una extraña alianza. Llamar *electrones* a estas dos partículas solo adquiere sentido una vez que se conoce su destino común. *A priori*, nadie apostaría por la unión de dos campos que discrepan en casi todo. El electrón zurdo se somete a la fuerza de isospín y el diestro la ignora por completo; ambos participan con intensidad distinta en la segunda interacción que gobierna su mundo cuántico, el campo B, puesto que ostentan diferentes hipercargas.

El campo de Higgs también ejerce de audaz casamentera con los muones y los taus y con las diversas especies de quarks. Existen variedades diestras y zurdas de los quarks u y d, que se integran en las partículas que componen los neutrones y protones.

La masa de los cuantos materiales es proporcional a la frecuencia con que se produce el salto de su estado diestro a su estado zurdo, y viceversa. Esta alternancia no tiene lugar a intervalos regulares, como el compás que dicta un metrónomo. En el ámbito cuántico, solo está permitido hablar de probabilidades. Cabe interpretar la nueva entidad que forja el Higgs —el electrón o el quark— como una superposición de sus dos posibles estados, zurdo y diestro. La teoría nos da la probabilidad de que, al medir, lo encontremos en una u otra disposición. Esa probabilidad no permanece fija, evoluciona a medida que el cuanto viaja por el espacio-tiempo. Al principio, la probabilidad de medir un estado zurdo es máxima, lo que conlleva una mínima probabilidad de medir un estado diestro. Con el paso del tiempo, una crece a costa de la otra, hasta que la probabilidad de medir un estado diestro se vuelve máxima y la de un estado zurdo, mínima. No tardan en volverse las tornas y el proceso se repite un ciclo tras

FIG. 11

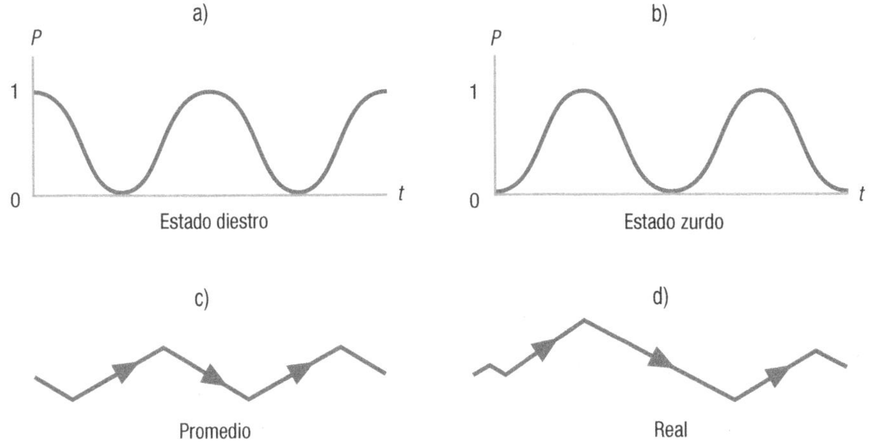

Las curvas a) y b) muestran cómo evolucionan con el tiempo las probabilidades (*P*) de medir un estado diestro y un estado zurdo. En c) se representa el zigzagueo promedio de una partícula. En d), un zigzagueo más realista.

FIG. 12

La primera partícula, que oscila más deprisa que la segunda, tiene una masa mayor.

otro (figura 11). La función estadística oscila con regularidad. Una vez más, la continuidad se reserva al ámbito matemático, mientras la realidad se entrecorta cuánticamente.

La discontinuidad no impide que la regularidad emerja cuando los fenómenos se observan a escalas de tiempo suficientemente grandes. En promedio, el electrón oscila de un estado a otro diez veces más despacio que el quark d, por eso, su masa es diez veces más pequeña (figura 12).

Ya sabemos cómo altera el campo de Higgs el *statu quo* de los campos materiales. ¿Qué relación mantiene con los mediadores de nuestro universo ultraligero, con el campo B y el trío W_1, W_2 y W_3? Con ellos forja vínculos más sorprendentes todavía. Cuando introdujimos el campo de Higgs, señalamos que constaba de cuatro partículas. Hasta ahora, una de ellas ha robado toda la atención y hemos mantenido en la sombra a sus tres compañeras. Dado que el gran problema de Glashow era cómo dar masa precisamente a tres cuantos —los mediadores de la interacción débil—, parece obvio que estas misteriosas partículas deben encajar con ellos de algún modo, pero ¿cómo? El campo de Higgs afecta de manera distinta a los campos mediadores que a los campos de materia. Esta asimetría obedece a que unos y otros difieren en su naturaleza más profunda. El propio Higgs pertenece a una tercera categoría. Para desvelar por completo el secreto de la masa, debemos retomar una cuestión que dejamos pendiente en el primer capítulo: ¿cuántos tipos de campo existen y qué los distingue?

El enigma de la masa

El campo de Higgs se introdujo para apuntalar una teoría cuántica de campos de la interacción débil. De este papel casi secundario, pasó a encarnar el mecanismo para dotar de masa a cualquier partícula elemental. Aunque resulte paradójico, su impacto en la masa de los átomos resulta insignificante.

Con una cierta libertad, se puede decir que una partícula es cualquier perturbación energética de un campo cuántico que se comporta de forma razonable cuando se somete a alguna de las transformaciones de simetría que describimos en el capítulo anterior: las traslaciones en el espacio y el tiempo, las rotaciones y los cambios de sistema de referencia con velocidad constante. Existen diversas estructuras matemáticas que satisfacen esta condición, que, por tanto, se postularían como candidatas legítimas para encarnar partículas en una teoría cuántica de campos. Sabemos ya qué rasgo comparten: la capacidad de transformarse adecuadamente bajo operaciones de simetría. ¿En qué se diferencian entonces? Un buen criterio taxonómico para clasificar campos es atender a cómo reaccionan frente a una rotación. Las categorías que surgen así se han etiquetado mediante un número, que se llama *espín*. Puede ser, o bien entero (0, 1, 2...), o bien semientero (1/2, 3/2, 5/2...).

El modelo estándar se arma con campos de tres variedades: de espines 0, 1/2 y 1. Aquí dejaremos de lado el campo de gravitones, cuyos cuantos serían responsables de la gravedad, con hipotético espín 2.

Los campos con espín 0 se denominan también *campos escalares*. Su análogo clásico sería el campo de temperaturas que se mencionó en el primer capítulo. Si este asignaba un número a cada punto del espacio (un valor de la temperatura), el campo escalar cuántico atribuye a cada punto del espacio-tiempo una estructura matemática (una función estadística) de la que se extraen las probabilidades de sus posibles estados energéticos. Para indicar que asigna una única función, se dice que el campo tiene una sola componente. El campo de Higgs constituye un ejemplo de campo escalar.

Los campos con espín 1 reciben el nombre de *vectoriales*. Su versión clásica corresponde a un campo de viento, que asocia tres números a cada punto de la atmósfera. A menudo se representan mediante una flecha, de una determinada longitud, que apunta en una dirección dada. En la versión cuántica, tres funciones matemáticas independientes intervienen en la probabilidad. Se dice que el campo presenta tres grados de libertad, porque puede hallarse en tres estados distintos con la misma energía y momento. Podemos visualizarlos como tres direcciones perpendiculares en las que la perturbación energética puede vibrar a medida que se desplaza. Corresponden a las tres componentes del campo vectorial, que se distinguen con los números −1, 0 y 1 (figura 1). Supongamos que una perturbación de este campo se mueve en línea recta. Entonces podrá vibrar de arriba abajo (estado 1), de derecha a izquierda (estado −1) y de delante a atrás (estado 0). Cuánticamente, se halla en un estado híbrido, en una superposición fantasmal de los tres estados, hasta que se efectúe una medida, momento en el que solo se observará uno de ellos.

Cerramos el inventario con los campos de espín 1/2, que se desdoblan en dos funciones matemáticas independientes, o componentes, que intervienen en la probabilidad. Estos campos se llaman *espinoriales* y no podemos trazar ningún paralelismo con la física clásica. Los espinores se parecen mucho a los vectores, pero, como veremos, los giros les afectan de una forma peculiar. Para una misma energía y momento, cualquier cuanto de un campo espinorial tiene la opción de situarse en dos esta-

FIG. 1

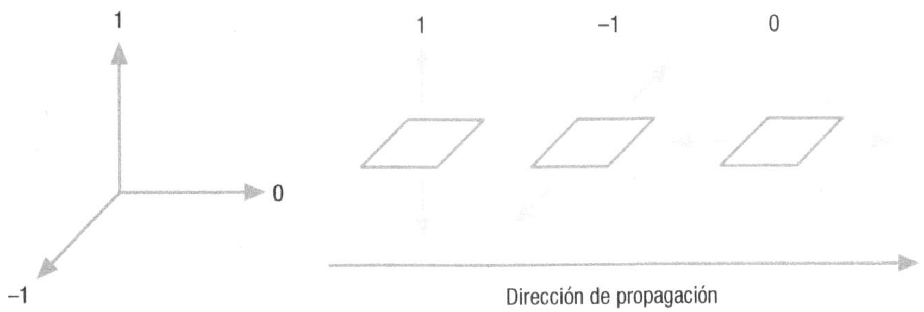

Los tres estados de un cuanto de un campo vectorial.

dos diferentes: −1/2 o 1/2. Se relacionan con los estados diestro y zurdo de los electrones y quarks.

Los campos con espín entero (0 y 1) y semientero (1/2) responden de modo diferente a las rotaciones. Esta discrepancia divide a los campos cuánticos en dos grandes familias: campos fermiónicos (en honor del físico italiano Enrico Fermi) y campos bosónicos (por el físico indio Satyendra Nath Bose). Los cuantos de uno y otro reciben los nombres de *fermiones* y *bosones*. El campo de Higgs, el de fotones o los mediadores de la interacción débil, W^+, W^- y Z, son campos de bosones. Los de electrones, quarks o neutrinos son campos de fermiones. Todos los campos mediadores son campos bosónicos, mientras que los campos de materia son fermiónicos.

CAMPOS FERMIÓNICOS Y CAMPOS BOSÓNICOS

Por adelantarlo en un titular: los bosones no detectan los giros de 360°; los fermiones, por el contrario, sí lo hacen. A este respecto, el comportamiento de los bosones obedece al sentido común. En nuestro espacio tridimensional, cualquier objeto que dé una vuelta completa se queda como estaba. Si un bosón tuviera un lapsus de memoria, no sabría determinar si se ha producido un giro o no

[...] Pauli no quiso creerme. A mi regreso, Einstein todavía se encontraba en Leiden y tuve que explicárselo a él también. Me fue incluso peor.

RECUERDO DE SAMUEL GOUDSMIT AL EXPLICAR EL CONCEPTO DE ESPÍN

comparando su situación antes y después del movimiento.

A veces se comete el error de afirmar, cuando se quiere expresar que la vida ha sufrido un cambio radical, que ha experimentado un giro de 360°. Los fermiones pueden decirlo con toda propiedad. Un fermión que tenga un lapsus de memoria puede, no obstante, percatarse de que ha dado una vuelta completa. ¿Qué delata la rotación? La posición de su veleta.

En un campo de bosones, un giro de 360° imprime una vuelta entera a su veleta, dejándola en la misma posición que estaba. Nada cambia. En uno de fermiones, la veleta no sigue al campo. Se rezaga y rota la mitad: 180°. De orientarse al norte, por ejemplo, queda apuntando al sur. Matemáticamente, girar la veleta 360° supone multiplicar el valor del campo por 1; girar la veleta 180° lo multiplica por –1. Ese signo negativo se convierte en un registro de la rotación para los fermiones, que solo desaparece con una segunda vuelta, al generar un nuevo –1: $-1 \cdot (-1) = 1$.

Para que un campo espinorial regrese a la misma situación que estaba antes de la rotación, debe girar 720° (figura 2).

Existen analogías que hacen más plausible la noción de que un sistema tenga que completar dos vueltas para recuperar su posición original y que registran los giros de 360°. Quizá la forma más inmediata de verlo sea colocar una mano (por ejemplo, la derecha) boca arriba y girar la muñeca 360°, intentando mantener el dorso paralelo al suelo a lo largo de todo el movimiento (figura 3). Al terminar, la mano queda como estaba, pero la torsión del brazo atestigua que la rotación ha tenido lugar. Sorprendentemente la torcedura del codo desaparece después de un segundo giro, en el mismo sentido que el primero. Dos vueltas seguidas devuelven la mano y el brazo a su estado inicial. Una sola vuelta introduce, sin embargo, una torsión manifiesta.

Sabemos que los campos residen en un ámbito abstracto y que ningún experimento puede determinar la dirección en la que apunta una de sus veletas. ¿Qué importa entonces en qué posi-

FIG. 2

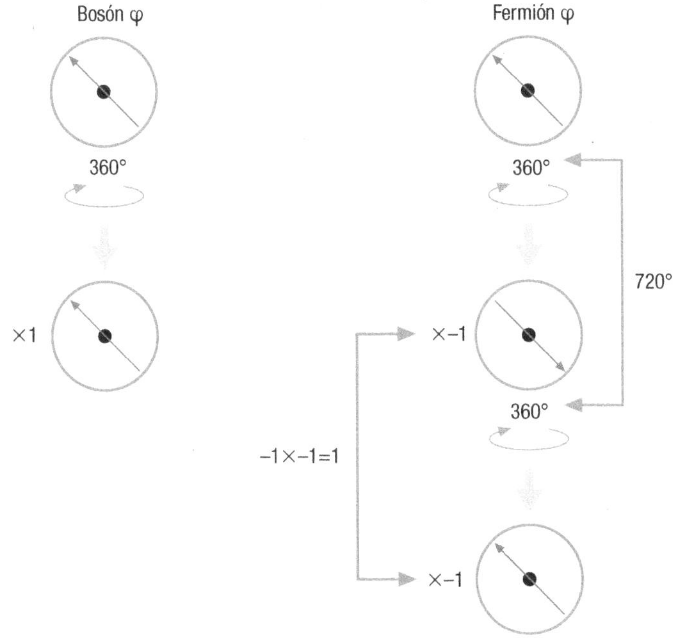

Cuando φ es un campo de bosones, su veleta regresa a la posición inicial tras un giro de 360º. El valor del campo se multiplica por 1 y ningún cambio delata el movimiento. La misma operación invierte el sentido de la veleta de un campo de fermiones. El −1 sirve de registro del giro. Solo se borra después de un segundo giro de 360º.

FIG. 3

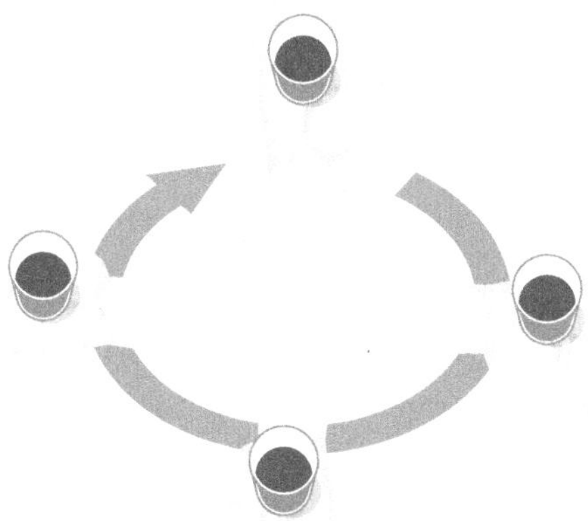

El brazo, como modelo de campo espinorial. La palma de la mano sostiene un vaso, para asegurar que se mantiene paralela al suelo. Un giro de 360º deja la mano en la misma posición, pero la torsión del brazo registra la rotación. Un segundo giro en el mismo sentido devuelve el brazo a su situación inicial.

ción queden tras una rotación? Resulta desconcertante, pero las leyes de la química y, por ende, la propia arquitectura de la materia, descansan sobre la capacidad espinorial para detectar giros completos. Si no existiera nada más que un fermión o un bosón en el universo, su sensibilidad o insensibilidad ante las rotaciones de 360° no tendría trascendencia alguna. Es en el comportamiento colectivo donde la divergencia de los cuantos de una y otra especie se manifiesta de forma crítica.

Para verlo con más comodidad, nos trasladaremos a un rincón particularmente tranquilo del universo, donde, en promedio, solo se exciten dos cuantos (dos partículas). Después de realizar una medida, descubrimos al cuanto A en el punto x_1 y al cuanto B, en x_2. Queremos calcular la probabilidad de que en un instante posterior volvamos a encontrarlos en las mismas posiciones.

A y B son dos electrones o dos fotones, por tanto, son cuantos iguales, dos excitaciones del mismo campo que comparten rasgos físicos idénticos (misma energía, mismo momento, misma masa en reposo, mismo espín). Ninguna imperfección o arañazo permite distinguirlos. La incertidumbre de Heisenberg contribuye aún más a su anonimato: al destruir la continuidad en las observaciones, impide dibujar sus trayectorias y, por tanto, seguirles la pista. Después de la primera medida, A y B se sumergen en la bruma cuántica y cuando emergen de ella con la segunda medida, ya no tenemos forma de averiguar quién es quién. El campo ha podido evolucionar siguiendo dos caminos, indistinguibles experimentalmente, para volver a situar un cuanto en x_1 y otro en x_2 (figura 4).

A pesar de que las alternativas resulten indiscernibles para un hipotético observador, el formalismo cuántico sí percibe la diferencia. Aunque no tenga sentido hablar de trayectorias, en el marco de la teoría la operación de intercambio está perfectamente definida. Se lleva a cabo mediante una de las transformaciones elementales que establecen las simetrías: una rotación (figura 5). Basta con girar el plano del papel 180° alrededor de un eje perpendicular que atraviese el punto 0, para trasladar a A desde x_1 a x_2 y a B, desde x_2 a x_1.

FIG. 4

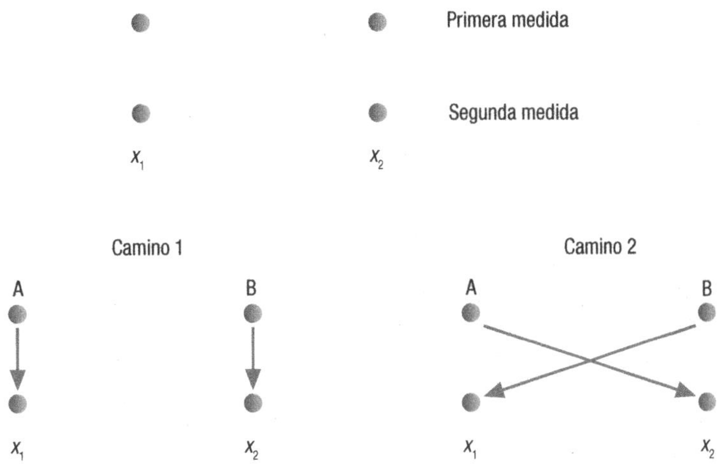

Las dos medidas localizan a las partículas en las mismas posiciones. Puede ocurrir porque los cuantos regresen a sus posiciones (camino 1) o porque las intercambien (camino 2).

FIG. 5

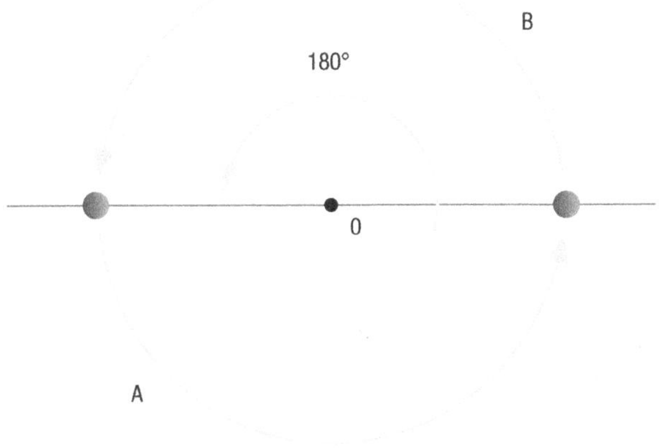

Una rotación de 180° alrededor de un eje perpendicular al papel, que pase por 0 (el punto medio del segmento que une A y B), intercambia las posiciones de las partículas.

De este modo, las ecuaciones cuánticas reducen las infinitas opciones de las trayectorias clásicas (ver figuras 6 y 7) a solo dos: se puede regresar a la configuración original por medio de una rotación de 180° o sin ella.

El formalismo asigna una función estadística a cada posibilidad:

— $A(x_1) \cdot B(x_2)$ a la vía sin giro (A regresa a x_1 y B, a x_2).

— $A(x_2) \cdot B(x_1)$ a la vía con intercambio (A acaba en x_2 y B, en x_1).

Ninguna de las dos sirve por sí sola para hacer una predicción experimental, ya que ninguna medida puede distinguir entre las opciones que representan: que cada partícula vuelva a su antigua posición o que las intercambien. Una nueva función estadística, $f(x_1, x_2)$, las suma y así contempla ambas alternativas, sin decantarse por ninguna. De f sí se extrae una predicción contrastable: la probabilidad de que las dos partículas acaben de nuevo en x_1 y x_2, por la vía que sea, con giro o sin él, preservando así la incógnita de cuál de los cuantos es A y cuál es B:

$$f(x_1, x_2) = \overbrace{A(x_1) \cdot B(x_2)}^{\substack{\text{vía sin giro} \\ \text{(sin intercambio)}}} + \overbrace{A(x_2) \cdot B(x_1)}^{\substack{\text{vía con giro} \\ \text{(con intercambio)}}}$$

Y aquí es donde la respuesta ante los giros de fermiones y bosones entra en juego. La doble rotación de 180°, que lleva implícita la operación de intercambio, equivale matemáticamente a que uno de los cuantos permanezca inmóvil mientras el otro da una vuelta completa sobre sí mismo (figura 8).

Demostrar esta equivalencia entraña números complejos, así que nos vamos a conformar con una analogía. La figura 9 muestra una tira de papel plegada en forma de U. Partiendo de esta disposición inicial se pasa a otra final, a través de dos manipulaciones distintas, que se presentan en paralelo. En la primera, se da una vuelta completa al extremo derecho de la tira, en dos

FIG. 6

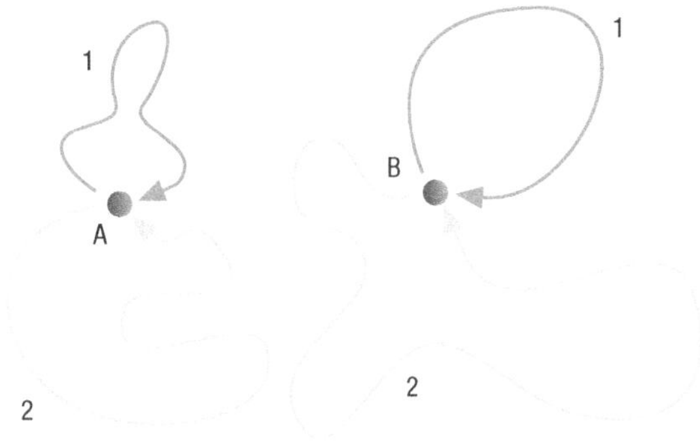

Diversas trayectorias clásicas (1, 2) que equivalen a una
sola opción cuántica:
la opción sin intercambio
(o, también, sin rotación).

FIG. 7

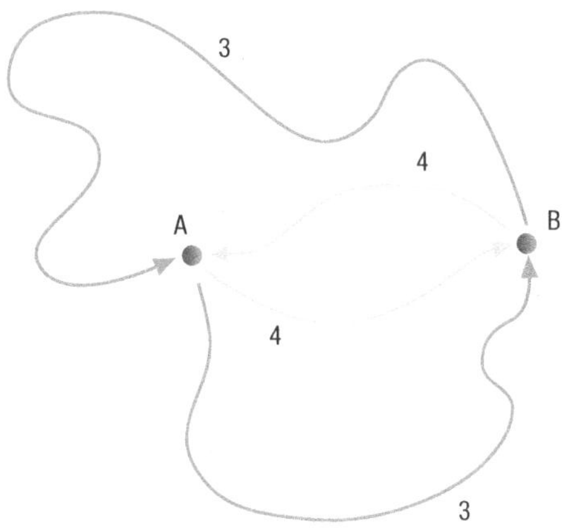

Diversas trayectorias clásicas (3, 4) que equivalen a una
sola opción cuántica:
la opción con intercambio
(o también, con rotación).

FIG. 8

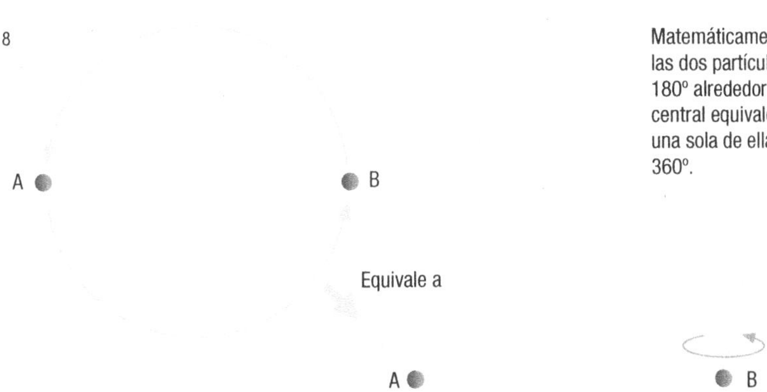

Matemáticamente, que las dos partículas giren 180º alrededor del eje central equivale a que una sola de ellas gire 360º.

pasos. En la segunda, se intercambian los extremos. En ambos casos se acaba en la misma situación.

La analogía pretende ofrecer un modelo sencillo donde intercambiar la posición de dos elementos produce el mismo efecto que dar la vuelta completa a uno de ellos, mientras el otro se deja quieto. En resumen, intercambiar A y B, desde un punto de vista matemático, equivale a rotar uno solo de los cuantos. Si fueran bosones, ese giro multiplicaría por uno la función estadística correspondiente, dejándola igual que estaba. Si son fermiones, aparece el signo negativo que delata la rotación de 360º. Así, la función estadística $f(x_1, x_2)$ acusa la diferencia y cambia según represente a bosones o fermiones.

Bosones: $A(x_1)\ B\ (x_2) + A(x_2)\ B(x_1)$
Fermiones: $A(x_1)\ B\ (x_2) - A(x_2)\ B(x_1)$

Ya hemos terminado. El signo menos es como la mariposa cuyo aleteo desata un ciclón en las antípodas. Hasta ahora no hemos especificado ningún valor para las coordenadas. ¿Qué sucede si hacemos x_1 igual a x_2? Es decir, ¿cuál es la probabilidad de que los cuantos A y B vuelvan a coincidir en un mismo punto?

Bosones: $A(x_1)\ B\ (x_1) + A(x_1)\ B(x_1) = 2\ A(x_1)\ B\ (x_1)$
Fermiones: $A(x_1)\ B\ (x_1) - A(x_1)\ B(x_1) = 0$

La primera expresión permite situar dos cuantos de un campo bosónico —fotones, por ejemplo— en el mismo punto. La segunda impide hacer lo propio con los fermiones: la probabilidad de que dos fermiones coincidan en x_1 se reduce a cero. El argumento se extiende fácilmente a un número arbitrario de partículas y conduce a la misma conclusión. Los bosones pueden amontonarse unos sobre otros. En determinadas situaciones les encanta hacerlo, como sucede en un láser. Los fermiones no admiten ningún solapamiento. Ocupan un espacio y mantienen las distancias con los demás. Es decir, la probabilidad de que dos fermiones en el mismo estado coincidan en el mismo punto es nula. Ese es el enunciado del famoso principio de exclusión de Pauli. El com-

FIG. 9

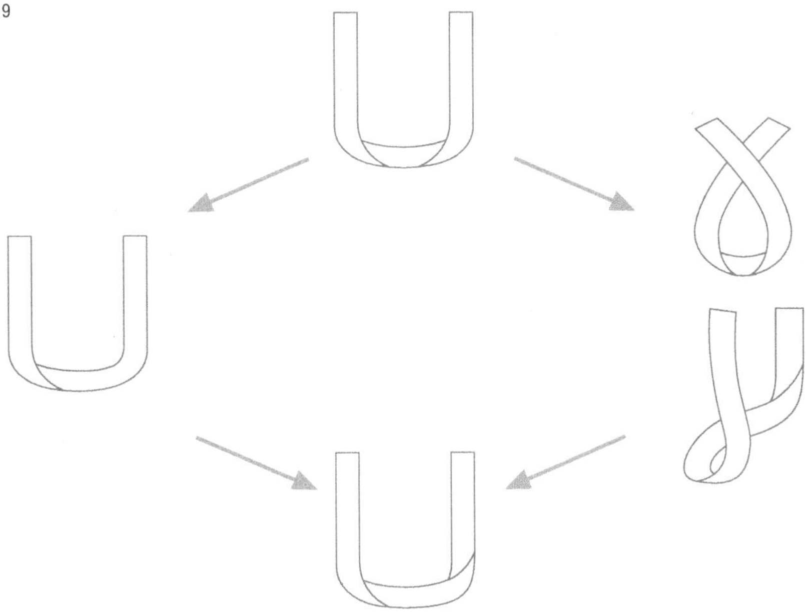

portamiento de los bosones explica las propiedades de la luz. El de los fermiones justifica la consistencia de la materia.

El hacinamiento indiscriminado de los bosones permite transiciones suaves en su concentración de un punto a otro del espacio, lo que genera una ilusión de continuidad. Por eso el campo de fotones tiene un límite clásico, el campo electromagnético de Maxwell. Desde una enorme distancia, la multitud se desdibuja. Las ondas electromagnéticas a una escala muy pequeña se rompen en infinidad de cuantos, pero son tan numerosos y tan pequeños, que no advertimos su naturaleza fragmentada. El campo fermiónico hace notar su carácter excluyente a nivel macroscópico. Con los fermiones es cuestión de todo o nada. El único límite clásico que se puede negociar con ellos es una partícula puntual, que ocupa un lugar, sin admitir compañía.

Sin el rechazo de los fermiones a compartir su espacio, todas las partículas elementales que nos componen podrían congregarse en el mismo punto. La materia colapsaría. La exigencia de un ámbito propio, que no invadan otros fermiones, separa las partículas, las despliega en estructuras materiales que no se desmoronan y que, además, conservan su autonomía. Impide que los electrones y los quarks del suelo se disuelvan en un todo con los electrones y quarks de nuestros pies. Gracias a ella, no atravesamos la tierra que pisamos ni la silla que nos sostiene. A nuestro alrededor, sin embargo, los fotones se acumulan sin disputarse el espacio. Los que proceden del Sol y atraviesan la ventana se suman a los que difunden las lámparas, o los que componen las ondas de radio, de televisión y de telefonía móvil que generan antenas emisoras, sin contar los fotones que desprende nuestro propio cuerpo. Todos ellos se atraviesan fantasmalmente y comparten cada rincón del universo en buena paz y armonía. El colectivismo de los bosones propicia la interacción, mientras que el individualismo de los fermiones levanta la arquitectura de los átomos, que arman desde una galaxia a las alas de un murciélago.

MASA PARA LOS CAMPOS BOSÓNICOS

Dado que los campos fermiónicos y bosónicos exhiben comportamientos tan dispares, no es de extrañar que se relacionen con el campo de Higgs de manera diferente. En el caso de los cuantos materiales, fermiónicos, el Higgs acopla dos campos, generando una superposición que adquiere identidad propia como campo independiente. Los electrones diestros y zurdos disponen cada uno de un grado de libertad, que alimentan las dos componentes del electrón común. En él subsisten como dos grados de libertad internos: la posibilidad de adoptar el estado −1/2 o el estado 1/2. Lo mismo sucede en el caso de los quarks.

¿Qué ocurre con los campos vectoriales, que parten con tres componentes (−1, 0 y 1)? Aquí el Higgs también incrementa los grados de libertad relacionados con el espín, pero lo hace a través de una maniobra más elaborada. Hay que tener en cuenta que no todos los campos mediadores son iguales. En algunos, una de las

FIG. 10

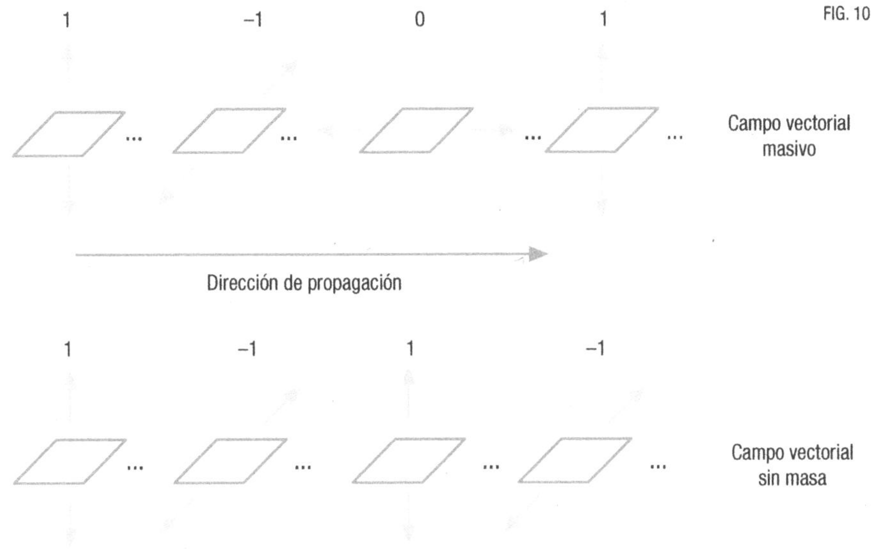

Un campo vectorial con masa tiene excitaciones perpendiculares a la dirección de propagación (1 y −1) y también paralelas, longitudinales (0). Un campo vectorial sin masa, como el electromagnético, no presenta excitaciones longitudinales.

tres componentes permanece desactivada. Sus perturbaciones se limitan a vibrar en el plano perpendicular a la dirección del movimiento. Se agitan arriba y abajo o de derecha a izquierda, pero inhiben la oscilación longitudinal, hacia delante y hacia atrás. Es el caso de los fotones.

Otros campos vectoriales, como los mediadores de la interacción débil (W^+, W^- y Z), hacen uso de sus tres grados de libertad, dos en el plano perpendicular al desplazamiento de la perturbación y un tercero, longitudinal (figura 10).

Como la diferencia más notoria entre el campo de fotones y los mediadores de la interacción débil reside en la masa de sus cuantos, cabe sospechar que existe alguna conexión entre dicha masa y el número de componentes activas o direcciones en las que pueden vibrar sus perturbaciones energéticas. Y así es. Un campo vectorial en pleno ejercicio de sus tres componentes es un campo masivo. La omisión de las vibraciones longitudinales hace que los cuantos del campo pierdan su masa en reposo.

La presencia o ausencia de la vibración longitudinal se puede relacionar con la velocidad de los cuantos mediante un argumento no demasiado riguroso, pero, a cambio, muy intuitivo. Una vibración en la misma dirección en la que se propaga la perturbación la adelantaría y retrasaría de manera periódica. A veces viajaría a una velocidad ligeramente superior y otras, ligeramente inferior. En el caso de un cuanto que se desplace a una velocidad inferior a la de la luz, estas pequeñas fluctuaciones no suponen ningún problema. Un fotón, por contra, no puede rebasar en ningún momento, ni un ápice, la velocidad de la luz cuando recorre el vacío. Las leyes de la relatividad especial son tajantes al respecto: ninguna partícula se puede permitir un vaivén constante a un lado y otro de la barrera de la luz, por mínimo que sea. Para vivir a la máxima velocidad admisible hay que sacrificar la componente de vibración que coincide con la dirección de propagación, lo que acarrea perder la masa en reposo.

Antes de emprender el asalto definitivo al mecanismo de Higgs, conviene repasar la lista de actores cuánticos llamados a interpretar un papel en el modelo estándar. Están los campos escalares, con espín 0, que presentan una sola componente. Les siguen los campos espinoriales, con espín 1/2, que poseen dos y se hallan en una superposición de dos estados. Por último, tenemos los campos vectoriales, con espín 1 y dos o tres componentes. Si sus cuantos viajan a una velocidad inferior a la de la luz, disfrutan de sus tres grados de libertad. Mientras una medida no les obligue a definir su estado, residen en una superposición de los tres. Si viajan a la velocidad de la luz, renuncian a su componente longitudinal y existen en una superposición de solo dos estados.

Cuando se observa un electrón, se obtiene una instantánea de su estado diestro o zurdo. Nunca de una mezcla borrosa de ambos. Al medir un fotón, lo sorprendemos vibrando en vertical o en horizontal. Estableciendo un paralelismo con los electrones, podemos considerar que en el fotón se integran dos partículas distintas que se mueven a la misma velocidad y que se van alternando. Una corresponde al estado 1 y la otra, al −1. En un bosón Z, masivo, se suceden los relevos de tres partículas, una correspondiente al estado 1, otra al estado 0 y una tercera, al estado −1. ¿Qué sucede si en un campo vectorial donde se alternan dos partículas, como el fotón, introducimos el relevo de una tercera? Al incorporar un modo de vibración adicional, longitudinal, dejaría de viajar a la velocidad de la luz. El fotón adquiriría masa de inmediato (figura 11).

Debo decir que el artículo de Pauli sobre el principio de exclusión me causó una honda impresión. Sentí que entonces, por primera vez, entendíamos de verdad el sistema periódico.

Werner Heisenberg

Hemos llegado al meollo del mecanismo de Higgs. Glashow se enfrentaba a un universo recorrido por cuatro mediadores ultraligeros —el fotón, el W^-, el W^+ y el Z—, que se desplazaban a la velocidad de la luz. Necesitaba lastrar los correspondientes a la interacción débil, como fuera, con masa. Acabamos de descubrir un truco para conseguirlo: introducir tres partículas con un solo grado de libertad. Tres cuantos escalares, con espín cero, que se sacrifiquen, convirtiéndose en la tercera componente de los campos vectoriales sin masa. El campo de Higgs genera la munición necesaria: cuatro bosones escalares. Tres se incorporan a la carrera de relevos de tres de los campos vectoriales, como un tercer corredor. Proporcionan así el grado de libertad longitudinal que vuelve masivos a los mediadores de la interacción débil: W^+, W^- y Z. Como el cuarto bosón (el Higgs) no entra en este juego de relevos, deja a uno de los campos vectoriales originales con solo dos componentes. Sus cuantos, sin masa, continúan propagándose a la velocidad de la luz: es el campo electromagnético (figura 12).

El bosón de Higgs conserva su autonomía y no se integra en la estructura de ningún campo vectorial. La teoría le reserva un cometido más importante: interactuar con los demás campos, transformando unos cuantos en otros, según lo absorban o emitan. Así empareja los fermiones diestros y zurdos y enreda a sus hermanos escalares con los mediadores de la interacción débil.

Los últimos párrafos traducen con infinitas libertades el hermético lenguaje matemático de la teoría. La idea de fondo es que la constante interacción con el campo de Higgs reorganiza los campos originales, dando lugar a nuevas estructuras, que se interpretan como campos masivos. Sobre el tablero siguen deslizándose las mismas partículas del universo ultraligero, que viajaban a la velocidad de la luz. Los cuatro bosones escalares trastornan sus relaciones naturales, para componer con ellas partículas más complejas. Ciertos grados de libertad pasan de ser externos, evidentes en la actividad de partículas independientes, a recogerse dentro de la constitución de partículas con más estados internos. De dos partículas simples, como el electrón diestro y el electrón zurdo, emerge un solo electrón, que puede asumir dos estados espinoriales: $-1/2$ o $1/2$. La fusión requiere energía, que sirve el campo de Higgs, energía que se almacena y se percibe como la masa en reposo de las nuevas partículas. Esta masa es proporcional a la intensidad de la interacción. Cuanto mayor sea la frecuencia con la que interfiere el campo de Higgs en la vida privada de otro campo, provocando el relevo de sus componentes, mayor es la masa que le confiere. Quienes lo ignoran, como hacen el campo electromagnético o el campo de gluones, no adquieren ninguna. El electrón, el cuanto más ligero (al margen de los neutrinos, que aquí dejamos de lado) mantiene una relación mucho más esporádica con el Higgs que los más pesados, el quark t o el bosón Z. ¿Por qué? Nadie lo sabe. El modelo estándar no es capaz de justificar por qué el Higgs se acopla con más fuerza a unos campos que a otros.

En cualquier caso, esta diferencia de trato introduce una extraordinaria diversidad en una colección de partículas que antes no se distinguían en absoluto por la masa. En la jerga de los físicos teóricos, se dice que el Higgs «rompe espontáneamente» la simetría gauge que exhibía el universo de Glashow y que solo producía cuantos mediadores sin masa. Sería más apropiado señalar que la simetría permanece, pero pasa desapercibida por culpa de la «ruidosa» interferencia del Higgs. La hiperactividad de este bosón escalar propicia determinadas combinaciones de los cuantos originales, que generan nuevas estructuras de cam-

FIG. 11

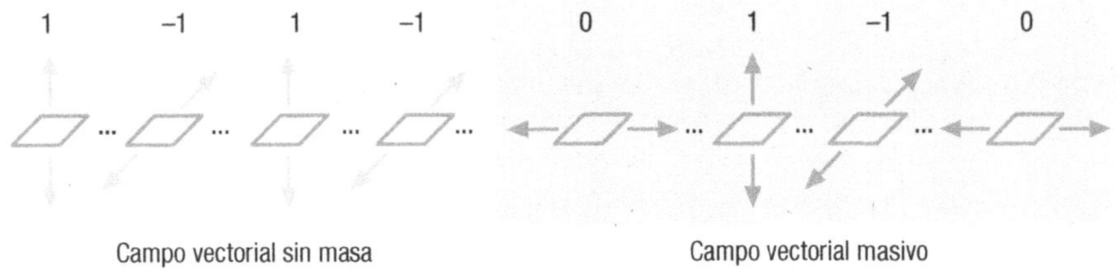

Transformación de un campo vectorial sin masa en otro masivo, al incorporar un modo de vibración longitudinal.

FIG. 12

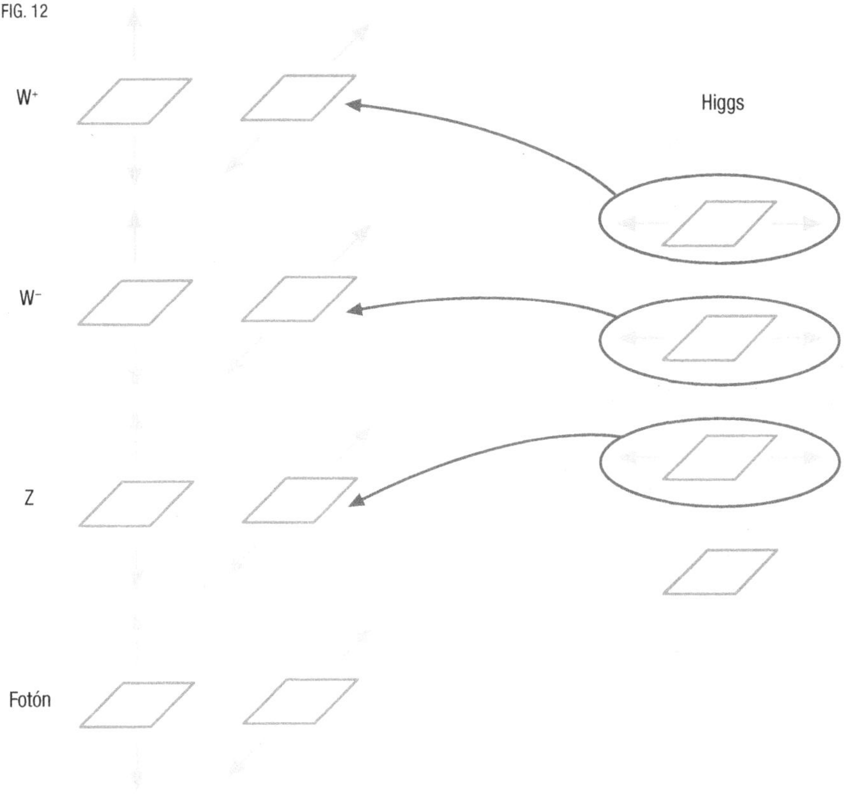

Tres bosones escalares proporcionan la componente longitudinal que vuelve masivos a los mediadores de la interacción débil. Un cuarto, el Higgs, permanece al margen y el fotón queda sin masa.

LA HISTORIA (CASI) COMPLETA

El lector habrá reparado, quizá, en que los campos de los que hablamos al final del segundo capítulo no eran todavía el trío W^+, W^- y Z, junto con el campo electromagnético, sino el cuarteto W_1, W_2, W_3 y B. Estos campos exhibían propiedades algo exóticas, como la hipercarga o el isospín, que pasan a un segundo plano en el modelo estándar. El relato de cómo el campo de Higgs alteró el ecosistema de partículas del universo primigenio para producir las partículas que conocemos es un poco más intrincado de lo que se ha contado hasta ahora. Los matices que completan el cuadro se vuelven extremadamente técnicos y difíciles de traducir a un lenguaje no matemático. En esencia, el campo de Higgs no se limita a insertar una tercera componente en los campos vectoriales, sin masa, del universo de Glashow. También enreda con ellos, como hacía con el campo de electrones diestros y el campo de electrones zurdos, estableciendo vínculos entre cuantos de origen diverso, que generan nuevas estructuras de campo. En el caso del electrón, el Higgs trenzaba dos campos. Con los mediadores primigenios, que toma por parejas, urde una labor semejante pero, además, inserta en la trama uno de sus propios cuantos. Veámoslo campo a campo.

El campo electromagnético

Emerge como un híbrido de los campos B y W_3. En el fotón, el Higgs convierte un cuanto B en otro W_3, y viceversa. La estructura que resulta es otro campo vectorial, con dos componentes, cuyos cuantos viajan a la velocidad de la luz. Mientras no se efectúe ninguna medida, estos cuantos viven en una superposición de dos estados.

El campo Z

Surge como un híbrido distinto de los campos B y W_3, al que se incorpora una de las partículas del campo de Higgs, que ejerce de componente longitudinal. Aquí, la alternancia de cuantos B y W_3 es diferente a la que daba lugar al fotón. Además, se amplía para admitir un tercer relevo: un bosón de Higgs, H_1, que otorga masa al campo resultante.

El campo W^+

Este campo nace como un híbrido de los campos W_1 y W_2, al que se incorpora otra partícula de Higgs, H_2, que actúa como componente longitudinal. El nuevo campo permanece en una superposición de tres estados, W_1, W_2 y H_2: los tres estados de polarización del masivo W^+. Se podría decir que la interacción con el Higgs convierte el W_1 en W_2, este en el H_1, y vuelta a empezar.

El campo W^-

Surge como un híbrido distinto de los campos W_1 y W_2, al que se incorpora una tercera partícula de Higgs, H_3, que interviene como componente longitudinal. Tomándonos ciertas licencias, podría entenderse que la interacción con el campo de Higgs obra un doble efecto: una alternancia entre dos cuantos primigenios a la que se suma, en algunos casos, un tercer cuanto del propio Higgs. La persistencia de su intervención proporciona estabilidad a estas imbricaciones, que adquieren personalidad propia como campos independientes. Como sucedía con el electrón diestro y el electrón zurdo, en estas hibridaciones se desdibujan el isospín y la hipercarga, ya que los nuevos cuantos emergen de relevos de otros cuantos, como el B o el W_1, que ostentaban diferentes valores para estas propiedades. Sin embargo, lo que sí se muestra bien definido en todos los nuevos campos es una determinada combinación de isospín e hipercarga, conocida con el nombre de carga eléctrica.

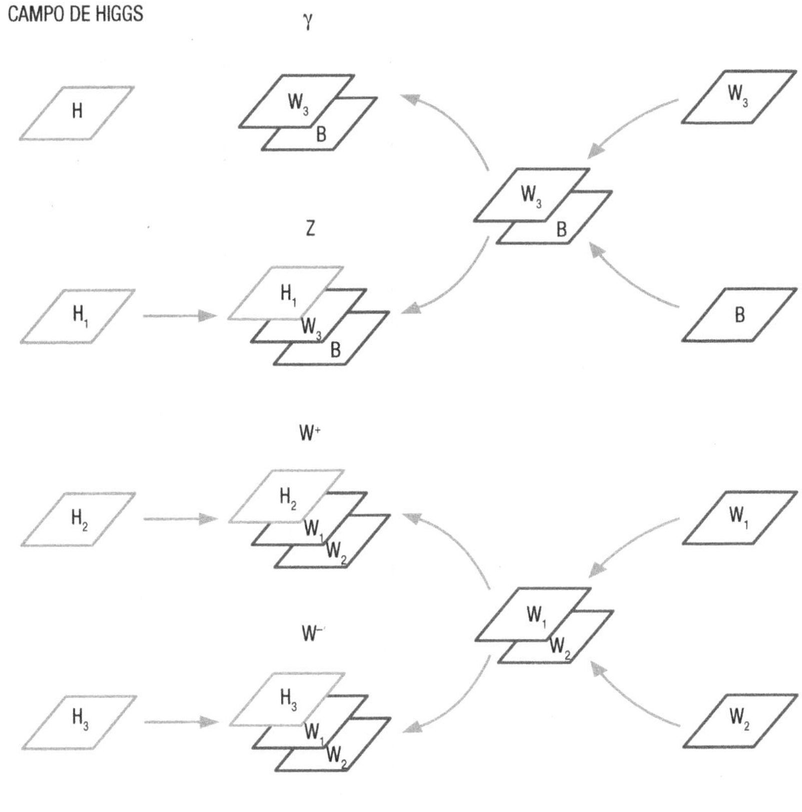

El esquema representa cómo la interacción de los diversos cuantos del campo de Higgs con los campos originales B, W_1, W_2 y W_3 da lugar a los campos conocidos: electromagnético (γ), Z, W^+ y W^-. Todas las superposiciones las provoca la constante absorción y emisión de cuantos H.

po, cuyas excitaciones energéticas siguen comportándose coherentemente como partículas. Si apagásemos el Higgs, las alianzas se desharían. El campo del electrón zurdo se desacoplaría del campo del electrón diestro, por ejemplo, y emergerían de nuevo como entidades independientes, sin masa.

El mecanismo de Higgs conecta las vertiginosas y levísimas partículas de la teoría de Glashow con las partículas masivas que se detectan en los experimentos. Como en los cimientos de la teoría subsisten los campos sin masa originales, no se pierden las garantías que ofrecen sus simetrías gauge. Siguen proporcionando estructura a las interacciones y conjuran cualquier inconsistencia, como las probabilidades infinitas. El mecanismo de Higgs funciona como una extensión de la teoría que hace compatible el programa gauge con la interacción débil. Como tal, fue diseñado con alevosía y nocturnidad, lo que en principio causó el rechazo de algunos físicos, que lo veían como un recurso demasiado artificioso.

¿Qué distingue al bosón de Higgs de sus tres compañeros escalares? Ya lo apuntamos al final del segundo capítulo: su campo siempre tiene un valor distinto de cero, incluso en su estado de mínima actividad. Eso implica que las partículas sensibles a su presencia siempre cuentan con una probabilidad de interactuar con él. Es un rasgo que lo distingue de los campos de los demás bosones escalares que, en promedio, permanecen inactivos en su estado de mínima energía. Lo mismo puede decirse del resto de campos espinoriales y vectoriales del modelo estándar. La figura 13 muestra cómo depende su valor de la energía.

Un campo típico φ se anula allí donde la energía es mínima. Esto quiere decir que hay que inyectarle energía para que, en promedio, comience a desarrollar alguna actividad detectable. Dicha actividad se manifiesta en forma de excitaciones energéticas cuantizadas: partículas.

El Higgs, H, ofrece un perfil muy diferente, como se aprecia en la figura 14.

No se anula en el punto de mínima energía, donde presenta un valor v, luego allí tampoco se anula la probabilidad de que se materialicen excitaciones (de que broten partículas de Higgs).

FIG. 13

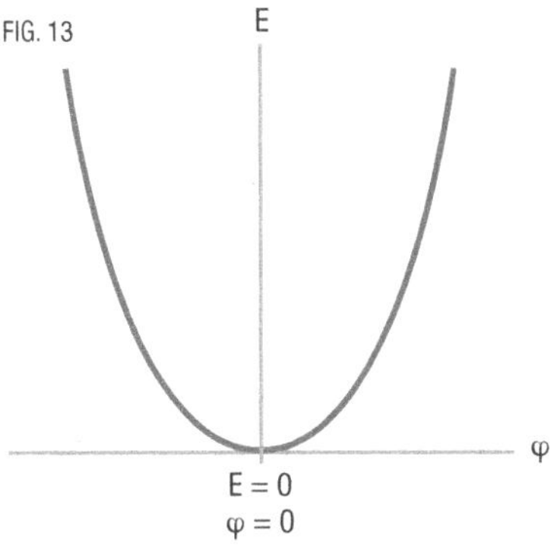

FIG. 14

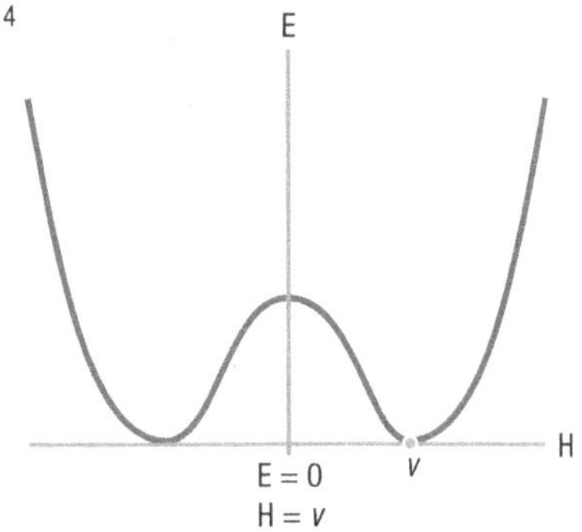

Al contrario de lo que ocurre con el campo típico φ, hay que suministrarle una colosal cantidad de energía para acallar su bulliciosa actividad y que, en promedio, el vacío no se vea invadido de sus bosones. Esto sucede en lo alto del cerro central de la figura 14. Allí el campo H vale cero, pero al mismo tiempo se encuentra en una situación muy inestable. Cualquier fluctuación cuántica basta para empujarlo ladera abajo. El campo de Higgs se halla conectado a una amplia red de campos cuánticos, hacia los que enseguida fluye la energía. La pérdida desliza al campo hacia cualquiera de los valles que se abren a derecha e izquierda, donde H recupera su valor distinto de cero y su actividad. Este perfil energético tan peculiar es el que provoca la ruptura espontánea de simetría y llena el vacío de partículas de Higgs.

Con las expresiones «después» o «antes de la irrupción del Higgs», que hemos utilizado, no pretendíamos señalar una secuencia temporal, sino referirnos a las implicaciones físicas de dos teorías, la que incorpora el campo de Higgs frente a aquella que prescinde de él. La mayoría de los cosmólogos, sin embargo, sí considera la mudanza de un escenario a otro en sentido literal. Según ellos, el Higgs cobró protagonismo en los albores de nuestro universo: una diezmilmillonésima de segundo después del Big Bang. En un universo a medio expandir, la densidad de energía en cualquier región del espacio era muchísimo más elevada que ahora. Los campos rebosaban energía, situación muy distinta de la actual, en la que disponen de una cantidad más bien modesta. Esto restringe su actividad al fondo de los valles, donde más se pone de relieve cómo difiere la geografía energética de un campo típico φ de la de H.

Un campo de Higgs que contase con la energía suficiente tendría todo el fondo de la curva a su disposición. Podría transitar a lo largo y ancho del cerro, los valles y las laderas sin problemas: en promedio valdría 0, como el resto de los campos. Las probabilidades de interaccionar con él disminuirían drásticamente. A las altísimas temperaturas del universo primordial, la simetría del modelo de Glashow se manifestaba sin trabas, libre de la injerencia del campo de Higgs. Las partículas elementales, sin masa, recorrían a la velocidad de la luz un mundo menos complejo.

Con frecuencia se afirma que el mecanismo de Higgs genera la masa de toda la materia ordinaria, desde el planeta Marte a un taburete. Convendría matizar que, en realidad, solo es responsable de la masa de las partículas elementales, de los electrones, los quarks y los bosones W y Z. Esta puntualización puede antojarse innecesaria. ¿Acaso no estamos compuestos de partículas elementales? ¿Dotarlas a ellas de masa no implica automáticamente hacer lo mismo con nosotros? Lo cierto es que la mayor parte de la masa de nuestros átomos se concentra en sus núcleos. Los electrones son ultraligeros y solo contribuyen con un 0,05 %. ¿Y qué hallamos en el núcleo? Un puñado de protones y neutrones. Escojamos un protón, por ejemplo. Si buscamos su masa en la tabla de un libro de física, descubriremos el valor 938 en unas determinadas unidades (MeV/c^2). El mismo libro nos informa de que los protones no son partículas elementales, contienen tres quarks, dos u y uno d. Si acudimos de nuevo a la tabla, comprobamos que el u posee una masa de 3 en las mismas unidades que el protón, mientras que el d tiene el doble, 6. Al sumarlas, se obtiene un total de 12. ¿Dónde está la masa que falta para llegar hasta los 938? ¡Los tres quarks aportan poco más que el 1 % del total! La respuesta está en la energía almacenada en los campos mediadores de la interacción fuerte, los gluones, que no tienen masa en reposo, igual que los fotones, y en la energía cinética de los quarks. Si cesara la actividad del campo de Higgs y los quarks perdieran la masa que les proporciona, los núcleos pesarían prácticamente lo mismo. Con todo, se aniquilarían los átomos, y con ellos, la materia tal como la conocemos, porque los electrones se darían súbitamente a la fuga.

¿EL BOSÓN DE ANDERSON-ENGLERT-BROUT-HIGGS-GURALNIK-HAGEN-KIBBLE?

Hay quien sostiene con malicia que el campo de Higgs fue bautizado con ese nombre porque, de todos los científicos implicados en su formulación, el británico Peter Higgs era el que tenía el apellido más corto. No siempre resulta fácil reconocer la paternidad de una idea, sobre todo cuando su complejidad exige una labor colectiva. El mecanismo de Higgs hizo su presentación en sociedad en 1964, a través de cuatro artículos publicados en un plazo de menos de tres meses, entre finales de agosto y mediados de noviembre. Sus autores —Robert Brout, François Englert, Peter Higgs, Gerald Guralnik, Carl Hagen y Tom Kibble—, conocidos más tarde como la «banda de los seis», desarrollaron tres investigaciones independientes. Sus conclusiones coincidieron en un tiempo en el que, tras una serie de vislumbres, tanteos y pasos en falso, las ideas para dotar de masa a los campos vectoriales ya estaban maduras. Brout y Englert fueron los primeros en publicar, Higgs fue el primero en mencionar explícitamente el bosón que llevaría su nombre y Guralnik, Hagen y Kibble, los últimos en cruzar la línea de meta, entregaron la exposición más concienzuda.

Los tres grupos siguieron pistas comunes y también inspiraciones diversas, aunque la senda de Brout y Englert se asemeja más a la de Higgs, que la de Guralnik, Hagen y Kibble. Resulta arduo establecer la genealogía exacta de sus ideas. Quizá baste con remontarnos a la sugerencia inicial de Schwinger, que en 1962 presentó un artículo donde se planteaba la pregunta clave: las simetrías gauge, ¿solo eran capaces de engendrar campos mediadores sin masa? A renglón seguido, contestaba: «Aunque la cuestión reciba invariablemente una respuesta afirmativa, el autor ha quedado convencido de que esta implicación no es estrictamente necesaria». Este convencimiento venía avalado por especulaciones algo vagas, pero, antes de terminar, Schwinger escribía lo que podría pasar por una excelente descripción del mecanismo de Higgs:

> [...] el punto esencial queda expresado en la opinión de que el mundo físico que se observa es el resultado del juego dinámico entre campos primordiales subyacentes, y que la relación entre estos campos fundamentales y las partículas fenomenológicas podría ser comparativamente remota, a diferencia de la correlación inmediata que se asume habitualmente.

Schwinger no resolvió la cuestión, pero proporcionó argumentos suficientes para que tuviera sentido abordarla. Su enorme prestigio en el campo de la física teórica bastaba para patrocinar, al menos intelectualmente, la empresa. Con todo, la pieza clave para dar masa a los mediadores de la interacción débil —la ruptura espontánea de simetría— no surgió del estudio de las partículas elementales, sino en un contexto más mundano: el de la física de la materia condensada. Esta rama de la ciencia investiga los estados de la materia caracterizados por fuertes interacciones entre sus componentes, ya sean átomos, electrones, iones o moléculas. La solución a uno de los problemas más intratables de la física teórica se forjó así en modelos que no prestaban una particular atención a las partículas elementales sino más bien a su comportamiento colectivo, tratando de comprender fenómenos macroscópicos como la superfluidez o la superconductividad. La ironía fue apreciada en particular por los físicos aplicados, hartos de que algunos teóricos los mirasen por encima del hombro, como Murray Gell-Mann, que se refería a la física del estado sólido como la «física del estado sórdido».

Fue el físico de origen japonés Yoichiro Nambu quien abrió el canal por el que fluyeron las ideas. En 1956 asistió a un seminario sobre superconductividad en la Universidad de Chicago, que impartía John Robert Schrieffer, responsable de la letra S en la llamada *teoría BCS*, una revolucionaria descripción de uno de los fenómenos físicos más enigmáticos y espectaculares. Cuando en un material superconductor la temperatura cae por debajo de un valor crítico, deja de ofrecer resistencia al paso de la corriente eléctrica. Otro rasgo distintivo de estos materiales es que en su interior se anulan los campos magnéticos. Esta ausencia se explica con el mismo argumento que justifica que no exista un campo macroscópico de bosones Z o W, es decir, suponiendo que en el interior del superconductor los fotones adquieren masa, lo que recorta drásticamente su alcance. Recordemos que los cuantos mediadores con masa exigen más energía para materializarse y que para que su actividad virtual no viole el principio de conservación de la energía deben desintegrarse enseguida. Aunque en realidad no desaparecen, los fotones no son capaces de concentrarse con la densidad necesaria para desplegar un campo macroscópico. En el modelo superconductor, el grado de libertad longitudinal que vuelve masivos a los fotones no lo proporciona el campo de Higgs, sino un campo escalar que representa las excitaciones colectivas de los electrones. No se trata de un campo fundamental (sus cuantos no son partículas elementales), sino un mero instrumento de la modelización, que reproduce el comportamiento cuántico de una descomunal asamblea de partículas.

A Nambu le preocupaba que los superconductores, tal como los describía la teoría BCS, no respetaran la invariancia gauge ni la conservación de la carga. Un material constituido por ingentes cantidades de electrones y fotones, por compleja que fuera su interacción, no podía renegar de los principios sagrados del electromagnetismo. Nambu logró demostrar que la simetría gauge de la EDC subsistía, pero enmascarada por la ruptura espontánea.

Inspirado por la visión de unos fotones que adquirían masa aparente en las entrañas de un superconductor, Nambu trató de trasladar la ruptura espontánea de simetría al terreno de las partículas elementales. Desarrolló un modelo para neutrones y protones, donde el mecanismo daba masa a los nucleones. En el acto de prestidigitación matemática, también surgía un bosón escalar sin masa. Esta partícula, en 1961 y en el contexto de las interacciones nucleares, se podía admitir con un poco de manga ancha. Antes del advenimiento de los quarks y los gluones, el papel mediador de la interacción fuerte se reservaba al pion, una partícula de espín cero que se consideraba con masa casi casi nula. Nambu ideó además una receta que cubría este expediente particular, aunque no servía para curar los males de la interacción débil, con mediadores vectoriales muy pesados.

El británico Jeffrey Goldstone elaboró teorías más generales y en todas ellas encontró que la ruptura espontánea de simetría producía bosones escalares sin masa. Estas partículas resultaban inaceptables. De entrada, nadie las había observado y, de existir, provocarían toda clase de efectos indeseados. Por ejemplo, desequilibrarían la dinámica estelar, puesto que las estrellas los emitirían con la misma facilidad que los fotones. El último clavo en el ataúd de la ruptura espontánea de simetría lo clavaron Goldstone, Weinberg y Salam. En agosto de 1962, presentaron un teorema que condenaba a cualquier teoría que incorporase el mecanismo a ser rondada a perpetuidad por el espectro de uno o más bosones sin masa. El artículo se titulaba «Simetrías rotas», pero se hubiera podido titular con la misma propiedad «Esperanzas rotas».

Llegados a este punto hacía falta un iluminado o alguien muy seguro de sí mismo para insistir en la misma vía. Esa persona fue Philip Anderson, que en abril de 1963 denunció que el callejón debía tener por fuerza una salida. Si los teóricos querían un contraejemplo que refutara el teorema de Goldstone, no tenían más que pasarse por un laboratorio. Anderson presentó un segundo fenómeno que se describía a las mil maravillas con ayuda de la ruptura espontánea de simetría: las oscilaciones en un plasma de electrones. Tanto en este sistema como en un superconductor surgía el temido bosón escalar sin masa, pero se incorporaba al campo vectorial del fotón, proporcionándole un modo de vibración longitudinal, en otras palabras: masa. En estos modelos se cumplían los requisitos de Schwinger: los fotones se comportaban como si tuvieran masa, aunque a un nivel más profundo carecieran de ella.

Sin embargo, tanto los superconductores como el plasma se describían dentro de un marco no relativista, en un montaje donde no todos los campos eran fundamentales: también se utilizaban campos fenomenológicos, que emulaban un comportamiento cuántico colectivo. Sus conclusiones, por tanto, no tenían por qué trasladarse al pie de la letra a una teoría cuántica de campos.

Los campos cuánticos desafían cualquier poder de visualización, excepto, quizá, el de los artistas. La imagen es obra del ilustrador científico Nicolle Rager Fuller y representa la convulsión energética que debe sufrir el campo de Higgs antes de que se materialice uno de sus bosones.

Anderson, además, no señalaba ninguna laguna en el argumento de Goldstone, Weinberg y Salam, formulado con extremo cuidado en un entorno relativista. A pesar de estos reparos, no cabe duda de que expuso la vía para solucionar el problema. Las cartas estaban, pues, encima de la mesa, pero había que construir un modelo sujeto a las leyes de la relatividad, donde se demostrara con rigor que la ruptura espontánea de simetría cumplía su cometido sin la comparsa de los bosones escalares.

La labor se completó, por fin, un año después. Brout y Englert dispusieron un escenario sencillo, con dos campos escalares, cuánticos y relativistas. Los campos exhibían la simetría de las veletas, que daba pie a un campo mediador de tipo electromagnético. Al dar cuerda a la ruptura espontánea de esta simetría, uno de los bosones, sin masa, se esfumaba, incorporándose como tercer grado de libertad, longitudinal, del fotón, que se volvía masivo. En su artículo no prestaron atención al bosón del segundo campo, el bosón de Higgs de su modelo, que quedaba con masa. No lo hicieron porque su existencia, de puro evidente, no merecía una mención siquiera. Entonces todo el interés se centraba en dar masa a los campos mediadores y en conjurar el insidioso bosón de Goldstone. La introducción de un campo en una teoría cuántica implicaba por defecto que sus excitaciones, cuantizadas, se manifestarían como partículas. Peter Higgs era de la misma opinión, pero su propio modelo fue rechazado por la revista *Physics Letters*, al estimarse que no tenía ninguna «relevancia manifiesta para la física». Antes de probar suerte en otra publicación, hizo algunos retoques. Para congraciarse con un hipotético revisor alérgico a la teorización pura, deslizó una predicción experimental: la existencia de una partícula escalar con masa. Él mismo reconoció más tarde que «la referencia al llamado bosón de Higgs nunca hubiera aparecido impresa si *Physics Letters* hubiera aceptado la versión original» del artículo. Higgs sugirió, además, que su engranaje teórico podía insertarse en una teoría de la interacción débil, donde todos los mediadores adquirirían masa, salvo el fotón.

El artículo de Guralnik, Hagen y Kibble examinaba a fondo la razón de que los nuevos modelos relativistas burlasen la conde-

> Lo rechazaron y quedé bastante sorprendido [...]. Así que revisé el artículo, añadiendo varios párrafos a una presentación de lo que ahora se conoce como el modelo de Higgs con el propósito de dejar claro que esta clase de teoría tenía consecuencias experimentales.
>
> **Peter Higgs**

na del bosón de Goldstone. Cuando la simetría que se rompe es una simetría gauge local, el bosón escalar sin masa emerge, pero no logra materializarse físicamente, porque el campo vectorial de la simetría gauge lo absorbe como vibración longitudinal. En los modelos de Nambu y Goldstone la simetría que se rompía no era local, sino global, no daba lugar a un campo gauge y el bosón escalar campaba a sus anchas.

En 1967, Weinberg se dio cuenta de que el mecanismo de Higgs podía dar masa no solo a los mediadores de la interacción débil, sino también a los electrones. Sacó del cajón el viejo modelo de Glashow y le ensambló todas las piezas que le faltaban para funcionar como un mecanismo de relojería. Presentó por primera vez una teoría completa de la interacción débil (sin quarks), donde los electrones y los bosones W^+, W^- y Z adquirían masa mediante la ruptura espontánea de simetría. Salam pintó en esencia el mismo cuadro, de modo independiente, seis meses después.

¿Cómo vino a imponerse entonces la marca «Higgs» en el mecanismo, el campo y el bosón? Sin duda, el fruto de esta labor colectiva merecía un reparto de nombres más equilibrado, pero como suele ocurrir, el último juez, inapelable, fue el azar. El artículo de Weinberg, uno de los más citados en la literatura científica, hacía referencia a los trabajos de los seis, pero, por un descuido, situaba el de Higgs, cronológicamente el segundo, en primer lugar. Quien no estuviera al tanto de la secuencia original, asumiría que la prioridad le correspondía a él. Por otra parte, tanto el mecanismo de Higgs como la teoría de Weinberg y Salam se comportaron como *sleepers*, es decir, como esas películas que terminan convirtiéndose en éxitos de taquilla, pero que comienzan su carrera comercial con enorme discreción. Surgieron en un momento en el que las teorías basadas en simetrías gauge habían quedado a la sombra de otras propuestas más de moda. No recibieron la debida atención hasta que los holandeses Gerard 't Hooft y Martinus Veltman

LA AMBICIÓN RUBBIA

El mecanismo de Higgs proporciona un armazón sólido y coherente para una descripción cuántica y relativista de la interacción débil, pero ¿existen de verdad las partículas W y Z? A mediados de la década de 1970, se consideraban los cuantos más masivos conocidos, y la energía que había que invertir para producirlos (de nuevo, $E=mc^2$) los situaba fuera del alcance de los mejores aceleradores. Tanto el CERN, en Europa, como el Fermilab, en Estados Unidos, se habían puesto de obras, empeñados en la construcción de una nueva generación de máquinas, de potencia muy superior, pero los experimentos habrían de esperar a su puesta en funcionamiento. Incluso los físicos más pacientes no podían ocultar su contrariedad. ¿No existía ningún atajo? Paciencia no era precisamente algo que le sobrara al físico italiano Carlo Rubbia. Circulan numerosas leyendas sobre su fuerte personalidad, equívoca expresión que vale lo mismo para sugerir virtudes como para esconder los peores defectos. Según otro gran físico teórico, Martinus Veltman, mientras Rubbia «fue director del CERN, cambiaba de secretaria cada tres semanas. Un tiempo de supervivencia inferior al de un marinero en un submarino o destructor de la Segunda Guerra Mundial». Se ha descrito a Rubbia como un enérgico y persuasivo Maquiavelo, experto en concitar voluntades en torno a sus proyectos científicos. Sus alumnos de Harvard lo conocían con el apelativo más cariñoso de «profesor Alitalia», por su permanente trajín aeroportuario, siempre de viaje hacia una reunión crucial que decidiría un experimento histórico.

El enfriamiento estocástico

A Rubbia, sin embargo, le hacía falta algo más que ambición y talento negociador para ganar la carrera, en apariencia empantanada, de los bosones W y Z. Ese algo se lo sirvió en bandeja un ingeniero holandés, que se diría su antítesis: Simon van der Meer. Tímido, reservado, poco dado a lucirse en las reuniones, Van der Meer dedicó su vida a revolucionar discretamente el arte de construir aceleradores. Ya en 1968 había efectuado las primeras pruebas de una técnica nueva, el enfriamiento estocástico, pero no se atrevió a publicarlo. Diez años después, al cruzarse con la ambición Rubbia, la idea, más madura, encontró la oportunidad de materializarse. Hasta entonces los colisionadores venían lanzando electrones contra positrones o protones contra protones. El plan de Rubbia era aprovechar un acelerador de protones ya construido, el SPS del CERN, para ensayar en sus túneles una colisión inédita: protones contra antiprotones. La nueva munición multiplicaba la eficacia, pero también los quebraderos de cabeza. Los antiprotones son una muestra de antimateria, compuesta por antiquarks u y d. Hay que producirla artificialmente, al menos en la región del universo que habitamos y, una vez originada, resulta terriblemente inestable. Cualquier roce con la materia ordinaria la aniquila con un estallido de energía. El proceso de producción de antiprotones era lento y azaroso. Acumular suficientes antipartículas para que el experimento fuera viable requería horas, tiempo en el que también había que procurar que no se desintegraran. Además, el sistema generaba antiprotones con velocidades y energías muy desiguales. Esta disparidad complicaba la composición de un haz uniforme con ellos. Van der Meer desarrolló una técnica de pastoreo, que permitía medir la dispersión media del haz y corregirla, detectando las partículas que se salían demasiado de la formación para devolverlas al redil (véase la figura). Gracias a ella, se produjeron haces de antiprotones compactos, estables y bien definidos, que proporcionaban el elevado número de colisiones de alta energía necesarias (unas 50 000 por segundo) para crear y detectar a los mediadores de la interacción débil.

El descubrimiento de las partículas W y Z

En 1981 se produjo el primer vuelo dirigido de antiprotones en el SPS. En enero de 1983, Rubbia informó de que el análisis de más de un millón de colisiones señalaba el rastro de cinco partículas nuevas: «Parecen W. Huelen como W. ¡Tienen que ser W!». El descubrimiento del bosón se confirmó a finales de mes. La captura de su compañero neutro, el bosón Z, se anunció el primer día de junio del mismo año.

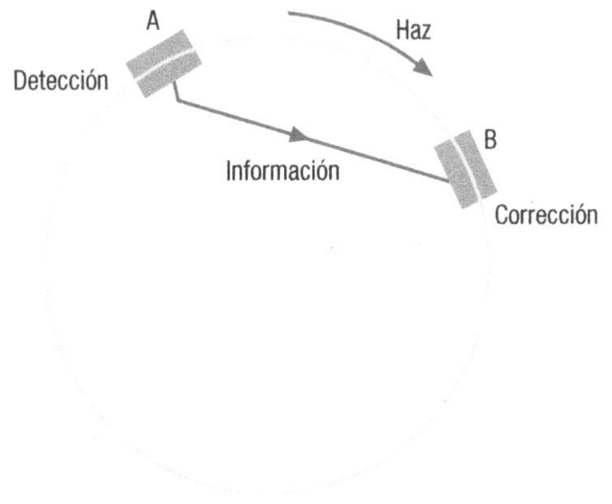

El enfriamiento estocástico funciona como un sistema de realimentación: un detector obtiene información de cuánto se dispersa el haz en un punto A del acelerador y la envía a otro punto, B, donde un segundo dispositivo actúa sobre las partículas para corregir la desviación. El término «enfriamiento» alude a que el procedimiento disminuye el desorden en el haz, igual que un descenso de temperatura incrementa el orden en las moléculas de un gas. Se llama «estocástico» (es decir, aleatorio) porque las partículas dentro del haz se distribuyen al azar.

Simon van der Meer (izquierda) y Carlo Rubbia compartieron el premio Nobel de Física en 1984 por su contribución al desarrollo de la física de partículas.

demostraron que la teoría no adolecía de probabilidades infinitas y que disfrutaba de una salud matemática tan envidiable como la EDC. Esto ocurrió en los primeros años de la década de 1970. Estalló entonces la revolución de las teorías gauge. En palabras de Sidney Coleman, el trabajo de 't Hooft mostró que: «la rana de Weinberg y Salam era un príncipe encantado». La exitosa plantilla de la EDC, por fin, se había extendido a la interacción débil.

Uno de los más conspicuos adalides de la ruptura espontánea de simetrías gauge fue el físico de origen coreano Benjamin Lee, que divulgó una versión más inteligible de la difícil prueba de 't Hooft. Años antes, cuando el mecanismo perpetrado por la banda de los seis todavía hibernaba, Lee coincidió con Higgs en una fiesta, tras una conferencia en la Universidad de Rochester. En una conversación informal, abordaron el tema y Higgs, como es lógico, narró la historia desde su perspectiva. Justo después de que la prueba de 't Hooft desatara la revolución de las teorías gauge, Lee se encargó de redactar las actas de la Conferencia Internacional de Física de Altas Energías de Batavia. En una sesión informativa, dirigida a una audiencia muy amplia, ofreció un repaso a las últimas novedades ocurridas en el campo de la interacción débil. A lo largo de su intervención, asignó el nombre de Higgs a todo lo que se movía: las partículas escalares, el mecanismo y el campo.

Durante un tiempo, trataron de prosperar diversas alternativas a esta nomenclatura, en función de filias y fobias personales o nacionales, o del conocimiento, o desconocimiento, que se tuviera de la historia. El propio Higgs se refirió en más de una ocasión, con ecuanimidad, al mecanismo ABEGHHK'tH, especie de abracadabra donde se cifraban los apellidos de Anderson, Brout, Englert, Guralnik, Hagen, Higgs, Kibble y 't Hooft. No sabemos si logró pronunciarla sin que se le trabara la lengua, pero la palabra mágica encontró escasos adeptos. Al final, el sencillo, monosilábico, «Higgs» quedó adherido para siempre a la partícula.

Al margen de cómo se quisiera llamar el campo, el mecanismo o el bosón, mediada la década de los años setenta, los físicos experimentales fueron cobrando conciencia de que una partícula nueva, tan singular como esquiva, estaba burlando los detectores de sus aceleradores. La cacería había comenzado.

Nacido el 4 de julio

A pesar de que en el modelo estándar el campo de Higgs proporciona masa a las partículas elementales, la teoría no se pronuncia acerca de la masa de sus cuantos. La incógnita tuvo que despejarse experimentalmente. Durante décadas, el bosón de Higgs eludió los mejores aceleradores del mundo. En el verano de 2012, el análisis de mil billones de colisiones entre protones, producidas en el LHC, por fin logró acorralarlo.

Los físicos tuvieron que atender otras prioridades antes de emprender la caza del bosón de Higgs. La ruptura espontánea de simetría apuntalaba el modelo estándar, pero ese edificio, ¿era un castillo en el aire? ¿Existían los bosones W^+ y W^- propuestos por Schwinger? ¿Y el mediador neutro Z que había entrevisto Glashow? Por no hablar de los enigmáticos quarks, que en 1964 introdujo Gell-Mann con tanto cuidado de no pillarse los dedos que casi lo hizo pidiendo disculpas: «Cabe suponer que tales partículas no sean reales, pero de todos modos se pueden utilizar en nuestra teoría de campo». Parafraseando a un ilustre colega de Gell-Mann en el Instituto Tecnológico de California, Richard Feynman, no importaba lo hermosas que fueran las ideas o lo inteligentes que fueran las personas que las habían concebido. Había que ponerlas a prueba mediante experimentos. Si el verdadero territorio no coincidía con el elegante mapa trazado por las simetrías gauge, la teoría se arrojaría sin contemplaciones al cubo de la basura.

En las décadas de los años setenta, ochenta y noventa del siglo pasado, la física experimental conoció una época dorada, jalonada por una sucesión de descubrimientos cruciales. Escudriñar el espacio con una resolución superior al tamaño de un protón (una milbillonésima de metro) exigió una revolución de las técnicas instrumentales. No solo se multiplicaron por mil las energías a las que operaban los aceleradores de partículas, también se construyeron detectores de una exquisita sensibilidad y se diseñaron redes de ordenadores capaces de procesar millones de canales de información, testigos supraperceptivos de los fenómenos cada vez más intrincados que se iban a desencadenar. El modelo estándar superó todas las pruebas de estrés. Una a una, las piezas del puzle cayeron en el lugar asignado, para componer la delicada trama de campos cuánticos que promulgaba la teoría. Hasta lo inesperado encontró un espacio lógico donde acomodarse. En 1974 se detectó el quark c en una partícula compuesta, al año siguiente asomó por sorpresa la partícula tau y en 1979 cayeron el gluon y el quark b. En 1983 les tocó el turno a los tres mediadores de la interacción débil, que atrapó el primer colisionador de protones y antiprotones. El término «modelo» comenzó a sonar a broma o a falsa modestia cuando se aplicaba a la teoría más ambiciosa, compleja y contrastada que hubiera alumbrado la física. Sus ecuaciones no se sabían resolver con exactitud, pero la información que se extraía de ellas mediante laboriosas aproximaciones estaba en perfecta sintonía con los datos que recogían los detectores. Después de que los físicos del Fermilab de Chicago anunciaran en 1995 la captura del quark t, el último cuanto de materia, solo quedó aplicar la piedra de toque. Había sonado la hora del Higgs.

Bien mirado, con la terna W^+, W^- y Z, ya se habían descubierto tres cuartas partes del campo de Higgs, puesto que tres de sus bosones escalares se encarnaban en la componente longitudinal de los mediadores de la interacción débil. Sin embargo, la marca definitiva del mecanismo que confiere masa a las partículas elementales estaba en el cuarto bosón escalar. Había que escrutar el espacio-tiempo con un detenimiento inusitado para advertir la actividad de esta partícula escurridiza.

Con frecuencia, los grandes aceleradores se han comparado con microscopios desmesurados, enfatizando el contraste entre su tamaño colosal y las distancias cada vez menores que exploran. Así y todo, la analogía solo da cuenta de la mitad de sus prestaciones. El acelerador, a diferencia de cualquier microscopio, también

> A todos los efectos prácticos, el modelo estándar parece suficiente, al menos durante los próximos cien años.
>
> STEPHEN HAWKING

crea la muestra que analiza. No busca un bosón Z o un quark t que deambule por el espacio, distraídamente, como la ameba que sorprende el biólogo en el agua de un charco. El acelerador materializa las partículas que busca, a partir de una colisión entre otras partículas, mucho más fáciles de obtener y de manejar, como son los protones y los electrones. La colisión no pretende romper partículas compuestas para extraer de sus tripas las partículas elementales. Un acelerador típico hace colisionar un electrón y un positrón, partículas de irreprochable elementariedad, sin estructura interna, por tanto, y del impacto emerge un bosón Z o un par W^+, W^-.

En el ámbito subatómico, la energía se revela como una hábil transformista. En última instancia, la desintegración y creación de partículas no es más que la constatación de que se ha producido una transferencia de energía entre campos. En un contexto cuántico, las transferencias no se efectúan de manera gradual y continua, sino abrupta. Desaparecen y surgen paquetes de energía: partículas. Puedes entrar en el casino cuántico y relativista con fichas de electrones y positrones y canjearlas por bosones de Higgs.

ESTRATEGIAS PARA ATRAPAR UN HIGGS

Con la colisión, los investigadores sitúan su apuesta energética en un campo determinado, al que les resulta fácil acceder. Pocas cosas hay más sencillas de producir que un puñado de electrones: basta con calentar un metal. Los positrones llevan más trabajo. La receta más extendida prescribe el bombardeo de un blanco con electrones muy energéticos. Al interactuar con la materia, los proyectiles se frenan, emitiendo fotones de alta frecuencia. Estos fotones, a su vez, se desintegran en pares positrón, electrón, que ya se pueden separar y recoger mediante campos magnéticos.

El incidente energético que el colisionador induce en el campo de electrones nos coloca en la casilla de salida del experimento. ¿Cuál es el siguiente paso? El campo de electrones se relaciona directamente con el campo de fotones, con los campos mediadores de la fuerza débil, W y Z, y con el campo de Higgs. Cualquiera de ellos puede convertirse en la siguiente parada de la energía. Las ecuaciones del modelo estándar definen las probabilidades de que, a través de una interacción, la energía pase de un campo a otro. No hay modo de asegurar el tiro, porque la borrosidad cuántica embota la mejor puntería. El mismo experimento se puede repetir un millón de veces, bajo idénticas condiciones, sin que desaparezca la incertidumbre del desenlace. Cada colisión es como una tirada de dados: se conocen los lances posibles, pero no el resultado de la siguiente tirada. Unas veces la energía aflora en el campo de fotones; otras, en el de bosones Z o W. A su vez, estos campos pueden ceder una parte o toda la energía que reciben a otros. El experimentador confía en que, en alguna de las transferencias, la energía recale en el campo de su elección en cantidad suficiente para que en él se materialice un cuanto: la partícula que desea atrapar. ¿Por qué no un bosón de Higgs?

En el primer capítulo apuntamos que los campos cuánticos comparten el espacio-tiempo. Si señalamos un punto cualquiera, en un momento dado, allí los hallamos todos: desde los campos de neutrinos, pasando por los distintos bosones mediadores, hasta el Higgs o el quark t. ¿Eso significa que allí también concurren todas las partículas? Depende de lo que entendamos por partícula. Si solo nos interesan los fenómenos ostensibles, la respuesta es negativa. En la mayoría de los puntos, los campos se hallan en su estado de mínima energía, que se traduce en la ausencia de partículas observables. Ese estado es lo que de modo intuitivo identificaríamos con el vacío, puesto que no somos capaces de apreciar nada en él. Empero, los campos nunca suprimen su actividad fantasmal, esa efervescencia energética que no podemos aprehender directamente, que se desvanece en los promedios de la medida más leve y que ampara el principio de incertidumbre de Heisenberg. Esa efervescencia se puede describir formalmente en términos de partículas virtuales, pero si instalamos un detector en cualquier punto de mínima actividad de un campo, no registrará ninguna. Para que se manifiesten como partículas tangibles, hace falta que en promedio el campo retenga un mínimo de energía: esa cantidad corresponde a la masa en reposo de uno de sus cuantos.

Cabe considerar esa masa como el tributo energético que exige el campo para entregar a cambio una partícula. La tarifa no es universal. Hay campos más módicos y asequibles, como el electromagnético, y otros más onerosos, como el de quarks t. Si abonamos más energía de la necesaria, el cuanto adquirirá velocidad o se producirá más de una partícula. En la tabla siguiente, se muestran las masas en reposo de los principales cuantos del modelo estándar. Su valor se da en gigaelectronvoltios o, lo que es lo mismo, en miles de millones de electronvoltios, la unidad de energía de uso corriente en física de partículas (con símbolo eV). El nombre, *electronvoltio*, sirve como abreviatura de su definición: es la energía que adquiere un electrón cuando lo acelera en el vacío una diferencia de potencial de un voltio.

Cuanto	**Masa en reposo (GeV)**
gluon	0
fotón	0
neutrino	?
electrón	0,000511
quark u	0,002
quark d	0,005
quark s	0,095
muon	0,106
quark c	1,25
tau	1,78
quark b	4,2
$W^{\pm}$	80,4
Z	91
quark t	171

El mundo material en el que nos desenvolvemos a diario se arma con electrones, un género de neutrinos, fotones, quarks u y d, y gluones. Son los cuantos más ligeros y también los más estables, al menos los tres primeros. Los quarks y los gluones sufren constantes metamorfosis cuánticas. Nunca se presentan aislados y se encierran en cápsulas (partículas complejas) que blinda la interacción fuerte. Si uno se asoma al interior de un protón o de un neutrón, puede llevarse una sorpresa mayúscula, como tropezarse con un quark s, pero no entraremos en esos detalles. Contemplados desde la distancia oportuna, a escala atómica, por ejemplo, los neutrones y protones se comportan como partículas fiables y duraderas. ¿Qué ocurre con el resto de campos? En nuestro entorno cotidiano, no acumulan suficiente densidad de energía para que afloren en ellos cuantos observables. Si el azar cuántico los creara, su vida sería brevísima. Nunca asistimos a la acción de un quark t o de un bosón W^+ cuya persistencia ocasione efectos perceptibles por el medio que sea. Eso no implica que la actividad fantasmal de sus campos no nos afecte de continuo. El campo de Higgs, sin ir más lejos, proporciona masa a las partículas que componen el mundo material que habitamos, nosotros incluidos. Tampoco nos hallamos exentos de interacción débil. El cuerpo humano guarda en sus tejidos unos veinte miligramos de potasio-40, que se desintegra en calcio gracias a la mediación de un bosón W^-. Por no hablar de la conversión de hidrógeno en helio que alimenta el horno nuclear del Sol, y de rebote, toda la vida de nuestro planeta, donde intervienen decisivamente bosones W^+.

Solo en la periferia de la Tierra estos campos masivos experimentan picos ocasionales en su densidad de energía, causados por colisiones naturales de rayos cósmicos contra los átomos de las capas altas de la atmósfera. Algunos llegan a eclipsar la potencia de los mayores aceleradores, pero, por desgracia, los rayos cósmicos no avisan de su llegada. Su producción, errática e impredecible, estorba un programa experimental sistemático.

Si queremos estudiar las propiedades de los cuantos más masivos, inestables y efímeros del modelo estándar, como el bosón de Higgs, no queda más remedio que forzar su aparición. El experi-

FIG. 1

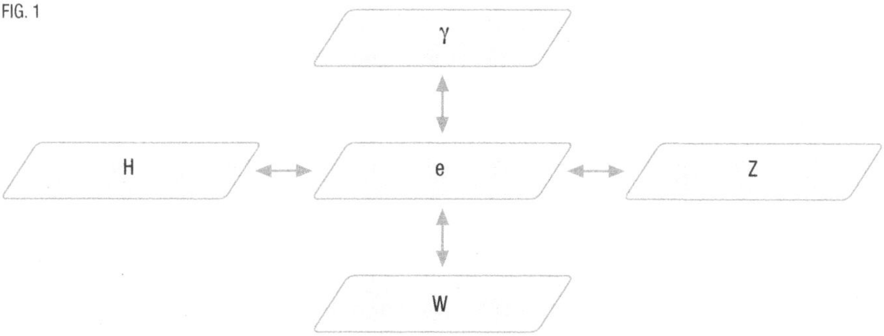

La red social del campo de electrones.

mentador debe sacudir energéticamente un campo accesible, con vistas a que el seísmo repercuta en los campos furtivos y se materialice en ellos un cuanto observable. Esta operación, la creación de la muestra, es la que consume la mayor parte de la energía que se invierte en los aceleradores. Echando un vistazo a las tarifas de las partículas más pesadas, 91 GeV o 171 GeV no parecen exigir grandes dispendios. Después de todo, un paquete de arroz de un kilo que se nos caiga al suelo disipa del orden de sesenta mil millones de gigaelectronvoltios. El quid de la cuestión no está en la energía, sino en su concentración. En un paquete de arroz, esta se reparte entre unos 10 000 000 000 000 000 000 000 átomos. Un colisionador la focaliza dentro de un volumen mucho más reducido que el que ocupa cualquiera de esos átomos.

Con el choque de un electrón y un positrón, el acelerador acumula una brutal cantidad de energía en una región mínima del campo de electrones. Este campo se relaciona directamente, como vimos, con otros cuatro campos: el de fotones, el campo de Higgs, el de bosones Z y el de bosones W (figura 1). En principio, la energía puede transferirse total o parcialmente a cualquiera de ellos. Lo que termine sucediendo depende en gran medida de la energía de la colisión, es decir, de la velocidad que se logre imprimir al par electrón, positrón, y del grado de afinidad entre el campo donador y el destinatario. De entrada, el campo más receptivo es el electromagnético. Electrones y fotones mantienen una relación estrecha y, por poca energía que se tenga, siempre da para producir cuantos de luz. No exigen ninguna masa en reposo y su energía es proporcional a la frecuencia, de modo que cualquier mínima agitación puede suscitar fotones de muy baja frecuencia. El traspaso energético se verifica con la desaparición de los paquetes de energía en el campo de electrones y la creación de otros paquetes en el campo electromagnético. Unas partículas se desintegran y otras se crean. A no ser que el electrón y el positrón solo se rocen, en cuyo caso se desvían sin aniquilarse, desatando un oleaje de fotones virtuales.

Los otros tres campos no se inmutan con tanta facilidad ante un seísmo en el campo de electrones. Los electrones sienten la interacción débil, pero su vínculo con los campos W y Z es menos intenso que con el electromagnético. Además estos bosones resultan bastante masivos. Un cuanto del Z exige 91 GeV para materializarse. El W es algo más ligero, requiere una inversión de poco más de 80 GeV, pero a cambio hay que producir sus cuantos de dos en dos. ¿Por qué? En la colisión, la carga positiva del positrón queda anulada por la negativa del electrón. Durante el proceso de transferencia de energía, este balance debe respetarse, es decir, no se puede crear ni destruir carga eléctrica neta. Una exigencia que se cumple de forma automática cuando se fabrica una partícula neutra, como el bosón Z. A la hora de transferir la energía al campo W, sin embargo, hay que generar una pareja de cuantos, uno W^+ y otro W^-, de modo que sus cargas se contrarresten: en total, la factura se duplica y asciende a 160 GeV. Si el electrón y el positrón no reúnen al chocar 91 GeV o 160 GeV, no agitarán los campos Z o W con ímpetu suficiente para que se manifiesten sus partículas. La conexión con el campo de Higgs resulta aun más tenue. Los electrones son, como se aprecia en la tabla de masas de la pág. 135, las partículas más ligeras, al margen de los neutrinos. Eso quiere decir que interactúan muy débilmente con el campo de Higgs. Las probabilidades de que sus bosones emerjan directamente del choque entre un electrón y un positrón son muy escasas.

Por fortuna, la magia cuántica abre sendas inesperadas. Si la vía directa se vuelve demasiado gravosa, ¿por qué no intentar un

FIG. 2

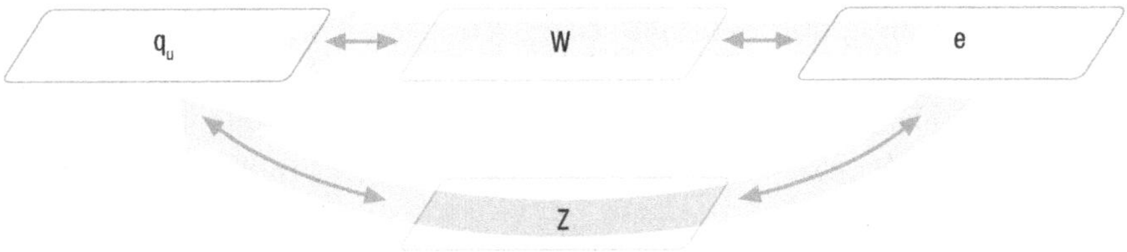

Aunque el campo de electrones no interactúa directamente con ningún campo de quarks, se puede crear un par quark u, antiquark u, por ejemplo, a partir de una colisión entre electrones y positrones. En la imagen se muestra el paso de la energía de un campo de materia a otro a través de dos vías furtivas (no detectables) W y Z.

rodeo? Al ser mucho más masivos que los electrones, los campos W y Z interactúan con fuerza con el Higgs. También lo hacen con el campo de electrones, así que tienden un puente natural entre un campo y otro. Se podría temer el coste de la operación, ya que los mediadores débiles exigen bastante energía para materializarse, pero la bruma cuántica ayuda a cruzar de extranjis las fronteras entre campos. Aunque no se reúna suficiente energía para crear un bosón Z o dos cuantos W, esta puede fluir a través de los campos débiles como una agitación virtual, indetectable, que repercuta en otros campos vecinos. Así, una colisión entre un electrón y un positrón puede acabar produciendo un par quark u, antiquark u, aunque los campos de quarks no se hablen con el campo de electrones (figura 2). Nada impide ensayar la misma carambola para llegar al campo de Higgs.

El safari subatómico

Al repasar las predicciones del modelo estándar, llama poderosamente la atención una omisión: el valor de la masa del bosón de Higgs, sobre el que guarda un incómodo silencio. A mediados de la década de 1970, cuando se lanzó de manera más o menos oficiosa la orden de búsqueda y captura de la partícula, los físicos desconocían cuánta energía haría falta para crearla. La primera batida seria se organizó en un colisionador de positrones y electrones: el LEP del CERN. La estrategia que se aplicó fue intentar que saltara un Higgs a través de un rodeo virtual por los campos W y Z (figura 3).

El principal cometido del acelerador al comienzo de sus operaciones, en 1989, fue examinar con detenimiento las propiedades del bosón Z. Hasta 1995 los haces se mantuvieron afinados a una energía de colisión de 91,2 GeV, óptima para producirlos. En este régimen, un Higgs ligero se hubiera puesto en evidencia como fruto ocasional de la desintegración del mediador neutro masivo. El LEP fue una máquina feliz, que excedió con holgura las expectativas de su diseño. A partir de 1996 rebasó los 160 GeV necesarios para inducir pares W^+ y W^- y arrancó una segunda fase, caracterizada por una vertiginosa escalada de energía. El estudio de los mediadores de la interacción débil pasó pronto a un segundo plano. Ahora la meta era el Higgs. Cuatro años después se había superado el límite de los 200 GeV. A medida que aumentaba la intensidad de las colisiones, crecía el presentimiento de que la señal del Higgs iba a surgir de un momento a otro. En junio de 2000 se detectó una perturbación que podía corresponder a un bosón escalar de 115 GeV. Para entonces, el LEP apuraba ya el tiempo de descuento: debía ceder paso al imponente LHC, que ocuparía su lugar en un sentido tanto metafórico como literal, ya que se aprovecharían sus túneles para la nueva obra. Los indicios del Higgs postergaron el desmantelamiento del LEP. A lo largo de un periodo de gracia de seis semanas, el colisionador duplicó la cantidad de datos, sin lograr un resultado concluyente. No sin protestas, el LEP se sacrificó para iniciar la obra del LHC. El listón para la masa mínima del Higgs había subido hasta los 115 GeV. En el CERN, la búsqueda se suspendía sin éxito y tendría que aguardar casi una década para reanudarse.

En el ínterin, el Tevatrón del Fermilab, en Estados Unidos, tomó el relevo. Este colisionador de protones y antiprotones competía en una categoría superior a la del LEP. Su nombre exhibía con orgullo la región que esta máquina hollaba por primera vez, la de los teraelectronvoltios (1 TeV equivale a 1000 GeV). El Tevatrón presumía de un brillante palmarés. En 1995 había abatido la pieza

FIG. 3

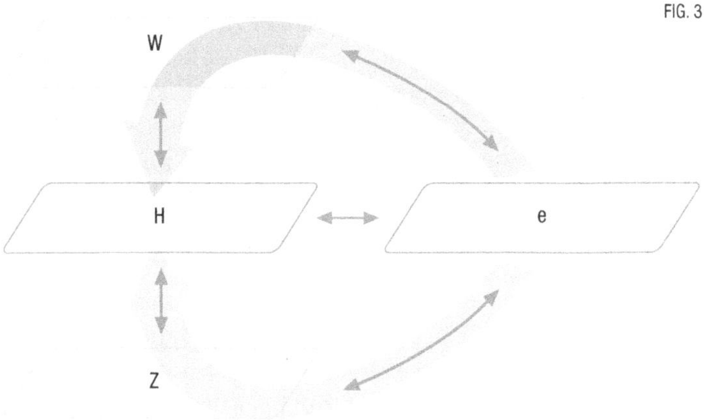

La relación entre el campo de electrones y el campo de Higgs es demasiado tenue. Resulta más fácil que la energía pase de uno a otro dando un rodeo virtual a través de los campos W o Z.

mayor del modelo estándar: el quark t. Al otro lado del Atlántico, sin embargo, la caza del Higgs acabó siendo un *remake* de la historia del LEP. Cuando en septiembre de 2011 se anunció el apagón definitivo del acelerador, condenado por recortes presupuestarios y la sombra creciente del LHC, que ya despegaba, se solicitó una prórroga. La gracia, de nuevo, solo se pudo confiar al hallazgo del Higgs. Los físicos estadounidenses estaban convencidos de que lo estaban rozando con la punta de los dedos. Habían acotado el rango de posibles masas también por arriba, dejando una estrecha ventana, entre 115 y 160 GeV. De existir, la partícula tenía que haberse materializado miles de veces en sus experimentos. Cuando se denegó el aplazamiento, el último recurso fue ganar a la manera del Cid Campeador, después de muerto el acelerador, y analizar hasta el último bit de información acumulada a lo largo de casi una década. Quizá el Higgs hubiera dejado una traza reconocible en el registro de miles de millones de colisiones. Un escrutinio concienzudo advirtió indicios de una partícula espectral en torno a los 130 o 140 GeV, pero no se pudo excluir la posibilidad de que obedeciera a un capricho estadístico. El bosón se escurría de

Han hecho falta diez mil personas, diez mil millones de dólares y veinte años para construir el instrumento que hizo este descubrimiento.

Michael Turner, presidente de la Sociedad Estadounidense de Física, acerca del LHC

nuevo entre los dedos y el relevo cruzó otra vez el Atlántico, de regreso a Europa. El LHC se había quedado solo en la carrera del Higgs, aunque sus predecesores habían estrechado al máximo el cerco. La partícula más esquiva estaba acorralada. A no ser, claro, que después de todo no existiera.

El LHC, al igual que el Tevatrón, dispara con una munición distinta a la del LEP, menos precisa, pero más letal, si se quiere. El circuito cerrado de los aceleradores circulares, los sincrotrones, ofrece todo el recorrido y el tiempo que uno necesite para acelerar partículas. Vuelta tras vuelta, van ganando velocidad, hasta que los campos magnéticos ya no pueden mantenerlas en una trayectoria circular. Cualquier carga eléctrica sometida a una aceleración centrípeta desprende fotones, que roban energía a su movimiento. Las pérdidas son proporcionales a la cuarta potencia de la velocidad. A medida que los electrones o los positrones se aproximan a la velocidad de la luz, la sangría energética se dispara, hasta alcanzar el límite del acelerador. Las pérdidas se mitigan cuando se incrementa la masa de las partículas, así que para elevar el umbral de energía disponible en las colisiones hay que buscar proyectiles más pesados. La naturaleza y nuestra capacidad tecnológica recortan drásticamente la lista de candidatos. Las partículas deben disponer de carga eléctrica, para que se puedan acelerar y dirigir mediante campos electromagnéticos, amén de ser estables, para sobrevivir al proceso de aceleración. El protón brinda la alternativa más razonable.

Los protones se obtienen casi con la misma facilidad que los electrones. Basta con despojar al hidrógeno, un elemento ubicuo en el universo, de electrones, mediante la aplicación de un campo eléctrico: los núcleos atómicos que quedan al desnudo son protones. Por supuesto, cada ventaja proyecta la sombra de un inconveniente. Un electrón se comporta como una partícula puntual y aporta a la colisión toda la energía que se invierta en él, mientras que al acelerar un protón, la energía se reparte entre los quarks y gluones que lo integran. Además, tras el choque, los electrones y positrones abandonan la escena limpiamente, porque se desintegran. En cambio, en la mayoría de cruces entre protones solo desaparecen algunos quarks o gluones. El resto sigue su curso, generando una lluvia de partículas que acribilla los detectores y levanta un molesto ruido de fondo.

La sigla LHC representa tres palabras inglesas: *Large Hadron Collider* («gran colisionador de hadrones»). El adjetivo «grande» no precisa explicaciones cuando se refiere a un artefacto que mide casi nueve kilómetros de diámetro, como tampoco lo hace la palabra «colisionador». El término *hadrón* procede del griego y significa «fuerte, espeso». Se emplea para designar a las partículas, como los protones, compuestas de quarks y gluones. Para estudiar de qué modo se producen bosones de Higgs en un colisionador de hadrones como el LHC, conviene desplegar un tablero más completo de los campos (figura 4).

FIG. 4

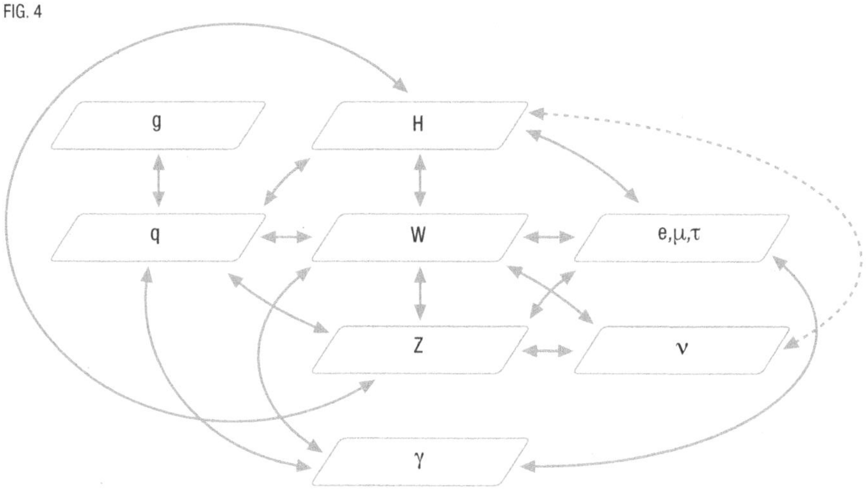

El diagrama ofrece una imagen muy simplificada. Solo se representa un campo de quarks (en realidad existen seis), un campo de neutrinos (se conocen tres) y el campo de electrones se presenta junto a sus primos mayores, los campos de muones y de taus. La conexión entre los neutrinos y el Higgs, en línea discontinua, todavía no está clara.

ANATOMÍA DE UN ACELERADOR

La primera etapa en la carrera de los protones discurre a lo largo de un canal de treinta metros, donde sufren la aceleración de un campo eléctrico y del que salen con un tercio de la velocidad de la luz. A partir de aquí, se despiden de las líneas rectas y se internan en un mecano que acopla tres viejos sincrotrones (o aceleradores circulares), situados a diferentes alturas: PSB, PS y SPS. Su capacidad impulsora se mide por la amplitud de su circunferencia. Cuando los protones alcanzan la máxima potencia de cada máquina, pasan a la siguiente. En el último sincrotrón, el SPS, los protones adquieren un 99,9998 % de la velocidad de la luz en el vacío. Ya están en condiciones de afrontar la verdadera carrera, que tendrá lugar en el circuito más rápido del planeta. La pista principal del LHC dibuja un círculo de acero de casi nueve kilómetros de diámetro. Solo encender el colisionador exige 120 MW y su actividad consume al año la misma electricidad que doscientos mil hogares.

A cien metros bajo tierra

Los protones no se distribuyen uniformemente en los haces que se propagan por los conductos. Se reparten en más de un millar de paquetes, compuestos por cien mil millones de partículas

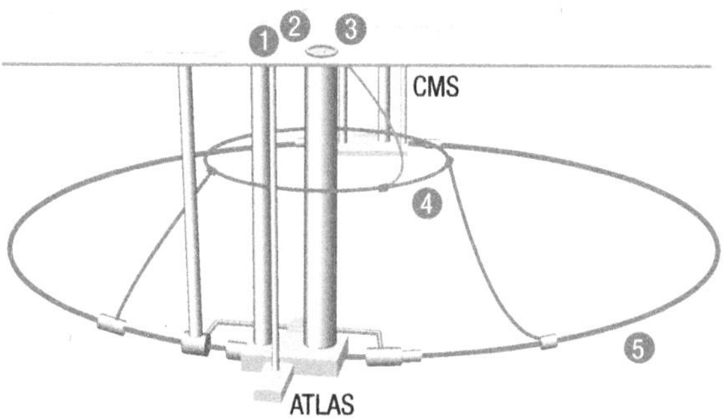

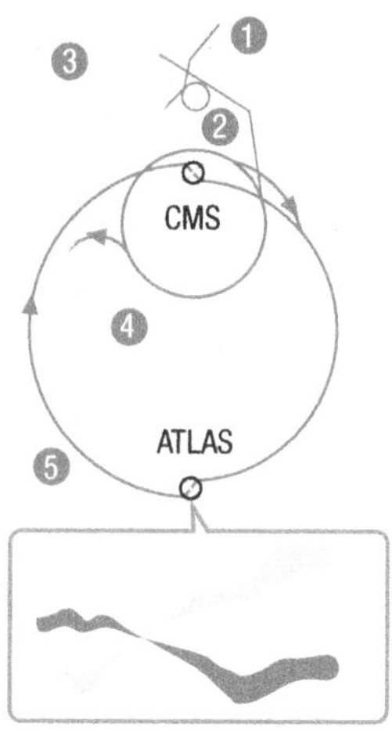

ACELERADOR	VELOCIDAD DE LOS PROTONES*	LONGITUD (m)
1 LINAC2	31,4 %	30
2 PSB	91,6 %	157
3 PS	99,93 %	628
4 SPS	99,9998 %	6900
5 LHC	99,9999991 %	27000

* Expresada como un porcentaje de la velocidad de la luz

Antes de la colisión, los protones circulan por cinco aceleradores: LINAC2, PSB, PS, SPS y LHC. El LINAC2 es el único acelerador lineal, el resto son sincrotrones. En extremos opuestos de la circunferencia del LHC se ubican los detectores que buscaron la señal del Higgs: ATLAS y CMS. En estos dos puntos, los campos magnéticos estrechan los haces al máximo para incrementar las probabilidades de colisión. En la tabla se da la longitud de cada acelerador y la velocidad que alcanzan en ellos los protones.

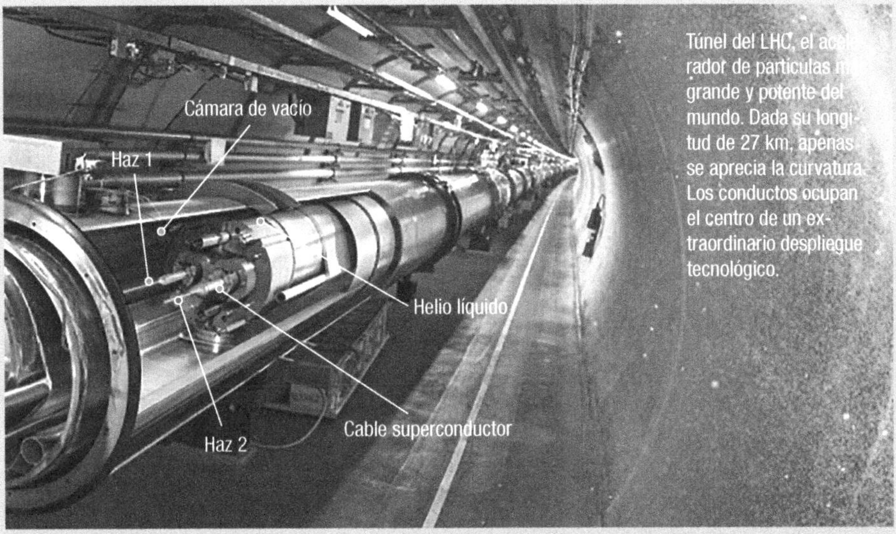

Túnel del LHC, el acelerador de partículas más grande y potente del mundo. Dada su longitud de 27 km, apenas se aprecia la curvatura. Los conductos ocupan el centro de un extraordinario despliegue tecnológico.

cada uno. Un sistema de más de mil electroimanes dobla su trayectoria en círculos, merced a un campo magnético cien mil veces más intenso que el de la Tierra. Este campo se alimenta de una corriente de doce mil amperios. La resistencia eléctrica en las bobinas de los electroimanes ocasionaría pérdidas colosales de energía, que se evitan recurriendo a cables de una aleación de niobio y titanio. Por debajo de los −263,2 °C el material entra en un estado superconductor que no ofrece resistencia al paso de la electricidad. Un circuito de ciento veinte toneladas de helio superfluido se encarga de enfriar los imanes hasta una temperatura de −271,3 °C, un frío más riguroso que el que impera en el espacio. Un segundo sistema de imanes mantiene los paquetes cohesionados, ya que la repulsión eléctrica entre protones tiende a dispersarlos. Los ingenieros han tratado de apartar cualquier obstáculo de su camino, incluidas las moléculas del aire. En el interior de los conductos del LHC reina un vacío casi perfecto, el más severo del sistema solar.

La fragua del Higgs

Atrapados en un círculo invisible, forjado por campos magnéticos portentosos, aislados por una barrera de frío criogénico y en una soledad casi absoluta, los protones se encaminan hacia su aniquilación a una velocidad de 0,999999991 veces la de la luz. Los protones son inconcebiblemente pequeños y hacerlos colisionar exige un ejercicio de puntería casi inverosímil. Imanes adicionales aumentan las probabilidades de impacto. Actúan como lentes que focalizan los haces, estrechando su diámetro hasta un grosor de micras. En la región donde se cruzan dos paquetes de protones, se congregan unos 200 000 millones de partículas. Solo unas veinte llegarán a encontrarse.

La colisión frontal de dos protones sitúa la apuesta energética en sus campos constituyentes: campos de quarks o de gluones. Esos son los dos posibles puntos de partida. Los mediadores de la interacción fuerte carecen de masa, igual que los fotones. Por consiguiente, tampoco se hablan con el campo de Higgs. Esta falta de comunicación los convierte, en apariencia, en un callejón sin salida. A primera vista, uno confiaría más en una colisión entre quarks. O, mejor dicho, entre quarks y antiquarks, ya que los protones encierran también antipartículas, aunque, de nuevo, no entraremos en esos detalles. Sin embargo, la cadena de producción más rentable de bosones de Higgs en el LHC se alimenta de choques entre gluones. La clave está, como ocurría en el LEP, en pasar la energía de contrabando. En este caso participa un intermediario formidable, que toma la energía del campo de gluones y la entrega al de Higgs.

La partícula que interactúa con más frecuencia con el Higgs no viaja a bordo de los protones: es el quark t, el peso pesado del modelo estándar. A su vez, el t, como cualquier quark que se precie, mantiene una estrecha relación con los mediadores de la interacción fuerte. Aunque una colisión entre gluones, neutros, no dé para materializar un par partícula, antipartícula, en el campo de quarks t, el principio de incertidumbre de Heisenberg tolera el paso de energía a su través, siempre y cuando no se detenga allí más que una mínima fracción de tiempo. Las excitaciones virtuales del campo de quarks t pueden repercutir entonces en el campo de Higgs (ruta que se muestra en la figura 5).

La vida del físico experimental se complica porque lo más probable es que la apuesta energética del choque de protones no vaya a parar al campo de Higgs. El azar suele favorecer otros campos menos elusivos. De media, solo una de cada diez mil millones de colisiones acierta en la diana del Higgs con ímpetu suficiente para que cuaje uno de sus bosones. Una vez producido, ¿ha concluido el trabajo del acelerador? Pecando de un exceso de optimismo, solo se ha cubierto entonces la mitad del camino: se ha creado la muestra. Ahora toca detectarla. Una tarea peliaguda, ya que no existe la cámara capaz de capturar el instante

FIG. 5

Los gluones no tienen masa en reposo, luego no se relacionan con el Higgs. Sin embargo, la energía generada en una colisión entre gluones puede derivar al campo de Higgs a través del campo de quarks t.

preciso en el que se estremece el campo de Higgs. Como regla general, cuanto más masiva sea una partícula, más inestable y fugaz resulta. La vida media del bosón de Higgs se estima en torno a un zeptosegundo (una miltrillonésima de segundo). En ese lapso de tiempo, apenas llega a recorrer la distancia que ocuparían cien protones puestos en fila. Antes de que tenga ocasión de aproximarse siquiera a uno de los detectores del LHC, la partícula ha dejado de existir. Se desintegra, transfiriendo a otros campos la energía que acumulaba. En vista de que ningún testigo puede constatar su existencia, hay que buscar las huellas que deja durante su breve paso por el mundo: los productos de su desintegración.

En la detección, los problemas son el reverso de los que plantea la creación. Una vez se desintegra el Higgs, la energía se transmite a otros campos, adonde va a parar también cuando el primer o segundo producto de la colisión no es un Higgs. Un vistazo al mapa de campos ilustra la diversidad de rutas posibles. El Higgs canaliza su energía de inmediato hacia los campos W o Z, de quarks o de electrones, de muones o de taus. Los quarks más pesados y los mediadores de la interacción débil tampoco retienen la energía mucho tiempo. Cualquier cuanto muy masivo, al desvanecerse, dispara una cadena de desintegraciones. La energía se ramifica en ellas, fluyendo hacia campos por lo común más ligeros, en un recorrido que solo se detiene cuando afloran las partículas más estables, que son las que perviven lo suficiente para alcanzar los detectores (figura 6). Como ocurre en las fiestas, los que aguantan hasta el final suelen ser siempre los mismos: fotones, electrones, muones, neutrinos y diversos combinados de quarks.

En el LHC los físicos asisten a un truco de prestidigitación endiablado, donde les permiten examinar el conejo que el mago esconde bajo un pañuelo y la paloma que descubre a continuación, pero les hurtan las manipulaciones que realiza a escondidas la naturaleza. Lo que el experimentador palpa, por así decir, son los protones que acelera. Luego, en los detectores, registra un puñado de protones, muones o fotones, pongamos por caso. Unas partículas familiares entran, otras salen, pero un velo impenetrable oculta el juego que ejecutan los campos entre medias. ¿La pareja de fotones que absorbió el calorímetro procede de una cadena de desintegraciones en la que participó el Higgs o de otra en la que no intervino? ¿Cómo reconstruir lo sucedido? (figura 7). Por fortuna, las partículas muestran huellas, hasta cierto punto, de su pasado. A las energías que se inyectan en los campos de quarks y de gluones, si el campo de Higgs existiera y se lograra excitar, las partículas estables finales surgirían de acuerdo a un patrón determinado, en ciertas cantidades, direcciones y energías. Ese patrón ofrecería otro aspecto de no existir o de no excitarse el Higgs. Podemos recuperar la analogía del dado. Tanto si está cargado como si es legal, al caer del cubilete enseña las mismas seis caras (las mismas partículas estables). Durante la partida no se nos permite romper el dado para comprobar si ha sido manipulado, igual que no podemos observar directamente el Higgs. No obstante, después de arrojarlo un número suficiente de veces y de analizar la frecuencia con la que sale el seis o el uno (un electrón o un neutrón en tal dirección y con tal momento), podemos deducir si está trucado (si se ha creado el bosón) o no.

Desde luego, los físicos juegan con un dado que tiene más de seis caras. Se puede pensar en una imagen gigantesca, compuesta por miles de millones de píxeles. Cada experimento proporciona uno. La excitación del Higgs trastoca los repartos de energía entre los campos que interactúan con los detectores.

FIG. 6

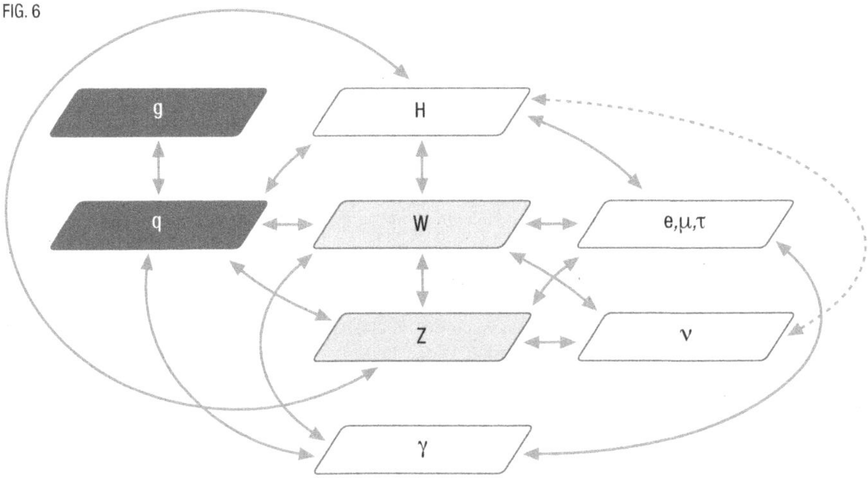

La energía permanece poco tiempo en la casilla blanca del Higgs. Con un tono intermedio se marcan los campos mediadores de la interacción débil, cuyos cuantos tampoco sobreviven mucho tiempo. Con un tono más claro se destacan aquellos campos donde es muy probable que se localice la energía en el momento de la detección. Con el tono más oscuro se distinguen quarks y gluones. En ellos, la energía puede estar de paso (en los campos de quarks más pesados, sobre todo) o recalar en combinados más o menos estables, como mesones, neutrones y protones.

FIG. 7

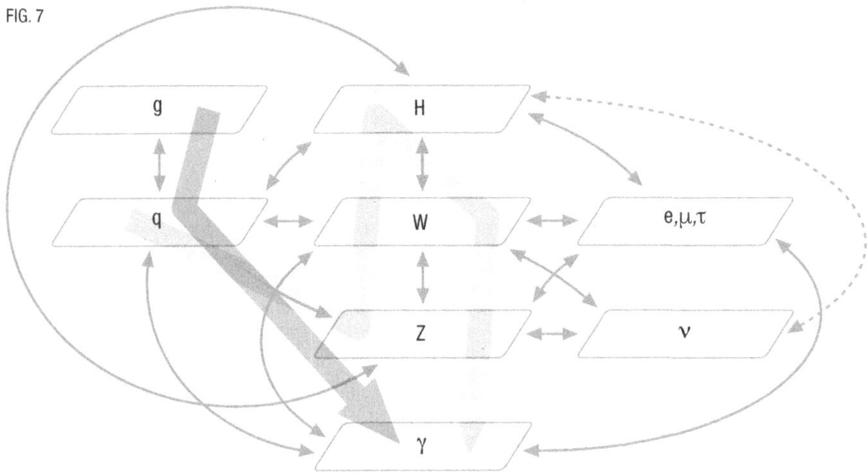

Los fotones detectados ¿proceden de una cadena de desintegraciones que hizo aflorar un cuanto en el campo de Higgs (línea en gris claro) o de otra que lo evitó (línea en gris oscuro)?

LOS OJOS DEL LHC

LOS VIGILANTES MÁS SOFISTICADOS DEL MUNDO

Los conductos del LHC discurren en paralelo a lo largo de casi todo su recorrido. Solo en cuatro puntos se cruzan, con absoluta deliberación, para provocar la colisión de los haces de protones. Estas zonas de impacto se hallan envueltas en una malla cilíndrica de millones de sensores, que conforman los detectores. Dos de ellos participaron en la búsqueda del Higgs: CMS (reproducido aquí) y ATLAS.

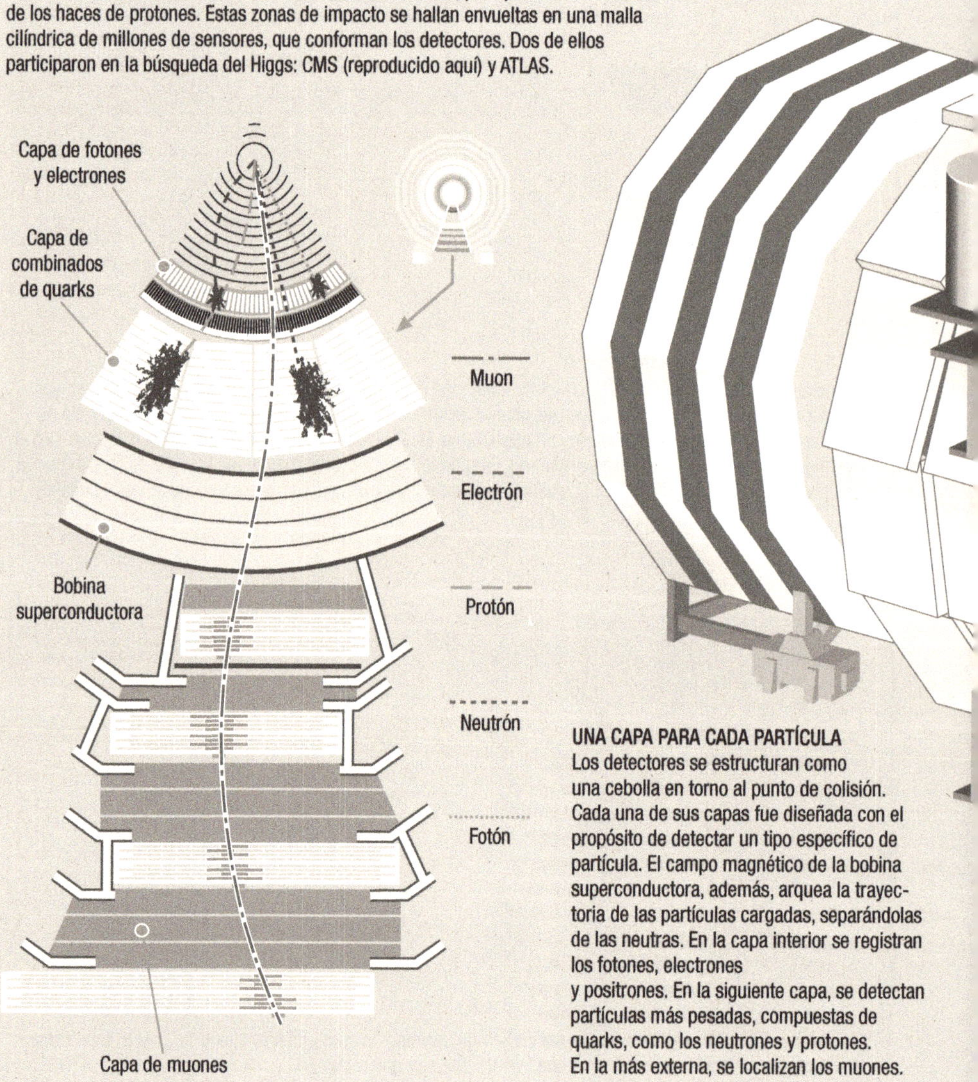

UNA CAPA PARA CADA PARTÍCULA

Los detectores se estructuran como una cebolla en torno al punto de colisión. Cada una de sus capas fue diseñada con el propósito de detectar un tipo específico de partícula. El campo magnético de la bobina superconductora, además, arquea la trayectoria de las partículas cargadas, separándolas de las neutras. En la capa interior se registran los fotones, electrones y positrones. En la siguiente capa, se detectan partículas más pesadas, compuestas de quarks, como los neutrones y protones. En la más externa, se localizan los muones.

UNA TORMENTA DE INFORMACIÓN

Los sensores de CMS y ATLAS arrojan datos millones de veces por segundo, a un ritmo que ningún sistema informático podría asimilar. Los propios detectores disponen de un mecanismo de filtrado previo, que vuelca sus datos a una red de 10 000 ordenadores, que se encargan de llevar a cabo una criba más rigurosa. Al final del proceso, se registran unas 100 colisiones por segundo. Se estima que al año se extraen del acelerador 15 petabytes de información útiles. Ocuparían una torre de tres millones de DVD, que se alzaría por encima de las nubes, hasta una altura de 20 000 m.

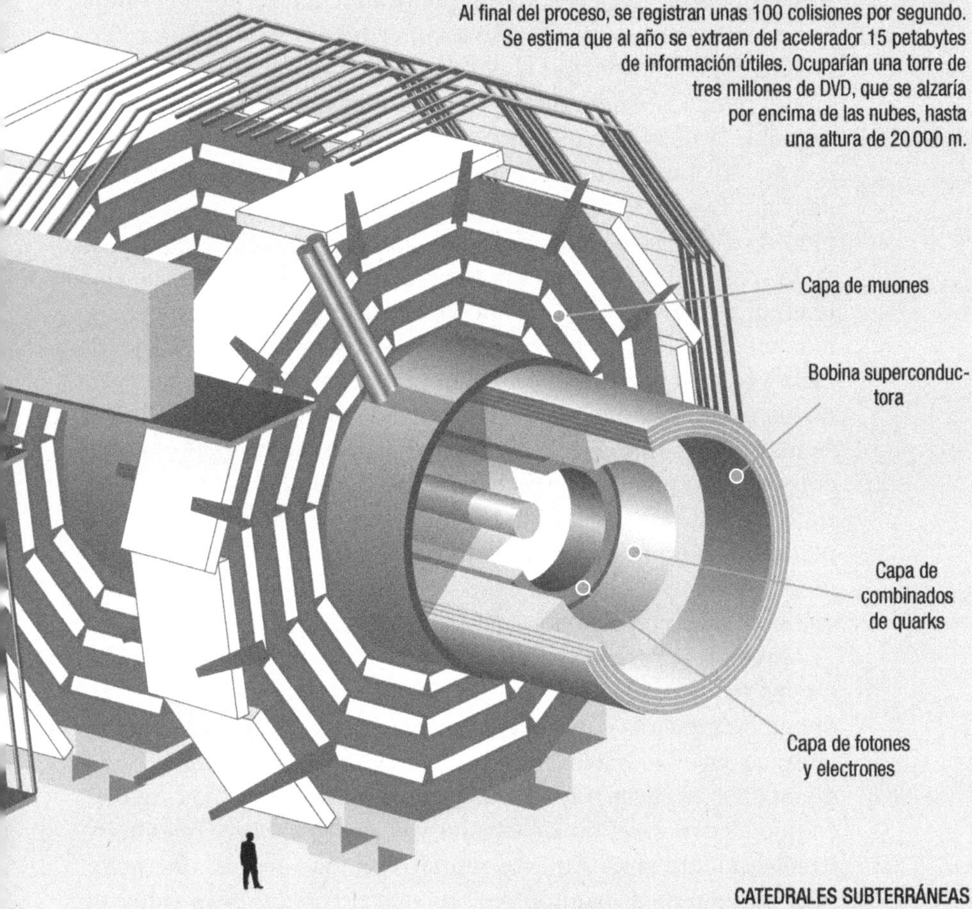

CATEDRALES SUBTERRÁNEAS

Para proporcionar una idea del tamaño de los detectores, se suele recurrir a referencias monumentales. Así, CMS contiene el doble de hierro que la torre Eiffel, mientras ATLAS ocupa la mitad de espacio que la catedral de Notre-Dame. Estas muestras colosales de orfebrería tecnológica, con miles de toneladas de peso, se enclaustraron en cavernas de unos diez pisos de altura, a cien metros de profundidad.

Las diferencias son muy leves y es preciso acumular ingentes cantidades de información para poder apreciarlas. A medida que se registran más y más colisiones, la imagen gana en nitidez y se va perfilando un panorama estadístico, que componen las frecuencias de cada resultado, panorama que se puede comparar con el que dibujan las ecuaciones del modelo estándar. Por desgracia, estas aportan al cotejo más de una imagen. Sus vaticinios quedan condicionados por la masa del bosón de Higgs, m_H, que la teoría es incapaz de definir. Para cada valor de m_H que se introduzca en sus fórmulas, ofrece un cuadro estadístico distinto. En cierto sentido, se trata de un ejercicio de sintonización. Los físicos se desplazan por el dial variando la velocidad de las partículas que chocan. Al aumentar la energía que se vierte en la red de campos cuánticos, ocasionalmente va recalando más en el de Higgs. Su actividad virtual se anima, interfiriendo cada vez más con el resto de campos y distorsionando el perfil de las partículas finales. Si se alcanza la energía crítica a la que se materializa uno de sus cuantos, el patrón de productos de las colisiones lo acusará particularmente. Esta perturbación debería coincidir con alguna de las imágenes teóricas que arroja el modelo estándar, asociada a un valor concreto de m_H. De este modo, encontrar el bosón despeja al mismo tiempo la incógnita sobre su masa en reposo.

Apreciar la perturbación en la distribución de las partículas finales requiere algo más que un ojo de halcón. Algunas se producen en ingentes cantidades y dentro de un amplio abanico de energías y velocidades, en toda clase de sucesos, haya intervenido en ellos el Higgs o no. La diferencia entre el paisaje estadístico que incorpora el bosón escalar y el que lo excluye resulta extremadamente sutil. En este sentido, las vías de desintegración más frecuentes a menudo son las que presentan más ruido de fondo. A lo mejor hay que advertir un aumento en la producción de pares de fotones del 0,014%. A esto hay que añadir que no todas las partículas se registran con el mismo grado de precisión en los detectores. Los neutrinos ni siquiera dejan rastro y hay que inferir su presencia de los agujeros que abren en el balance de la energía antes y después de la colisión.

EL ASALTO FINAL

En septiembre de 2008, los primeros haces de protones recorrieron la pista de acero del LHC. Ese mismo año, Peter Higgs posaba sonriente frente a uno de los detectores. Entonces circuló la broma de que se trataba de la única observación fiable de un Higgs obtenida en el acelerador hasta el momento. En diciembre de 2011 se dio a conocer el análisis de las primeras colisiones. Las alteraciones observadas en la producción de fotones, muones, electrones y positrones proporcionaban una sólida evidencia de que se había excitado un nuevo campo cuántico, con cuantos de 125 GeV, pero todavía no se podía descartar que se debieran a un espejismo estadístico. Los físicos se hallaban en la situación del crupier que trata de averiguar si juega con un tramposo. Tres dobles seises seguidos no bastan para distinguir el engaño de una portentosa racha de suerte. Con todo, Fabiola Gianotti, la portavoz del equipo de uno de los detectores, se mostraba confiada: «Si solo hemos tenido suerte, serán necesarios muchísimos datos para arruinarla». A comienzos de abril, después del descanso invernal del acelerador, los protones emprendieron de nuevo su órbita de aniquilación. El 18 de junio se dio por terminado el experimento. En apenas tres meses se habían recogido más del doble de datos que a lo largo de todo el año anterior. Suficientes, en cualquier caso, para confirmar los buenos auspicios de diciembre de 2011 o desmentirlos. ¿Existía el Higgs? La respuesta ya estaba en el disco duro de los ordenadores, sepultada bajo una avalancha de información.

Mientras los físicos se entregaban al escrutinio, en la blogosfera y en las redes sociales se desató la *Higgsteria*. El suspense alcanzó su clímax con el solsticio de verano. El 4 de julio se iba a inaugurar en Melbourne la XXXVI Conferencia Internacional de Física de Altas Energías, el gran congreso bianual en el campo de la física de partículas. Una semana y media antes, por sorpresa, el director general del CERN, Rolf-Dieter Heuer, anunció que habían programado un seminario especial justo para la mañana del primer día del congreso. Fabiola Gianotti y Joseph Incandela, portavoces de los equipos de los dos detectores del experimen-

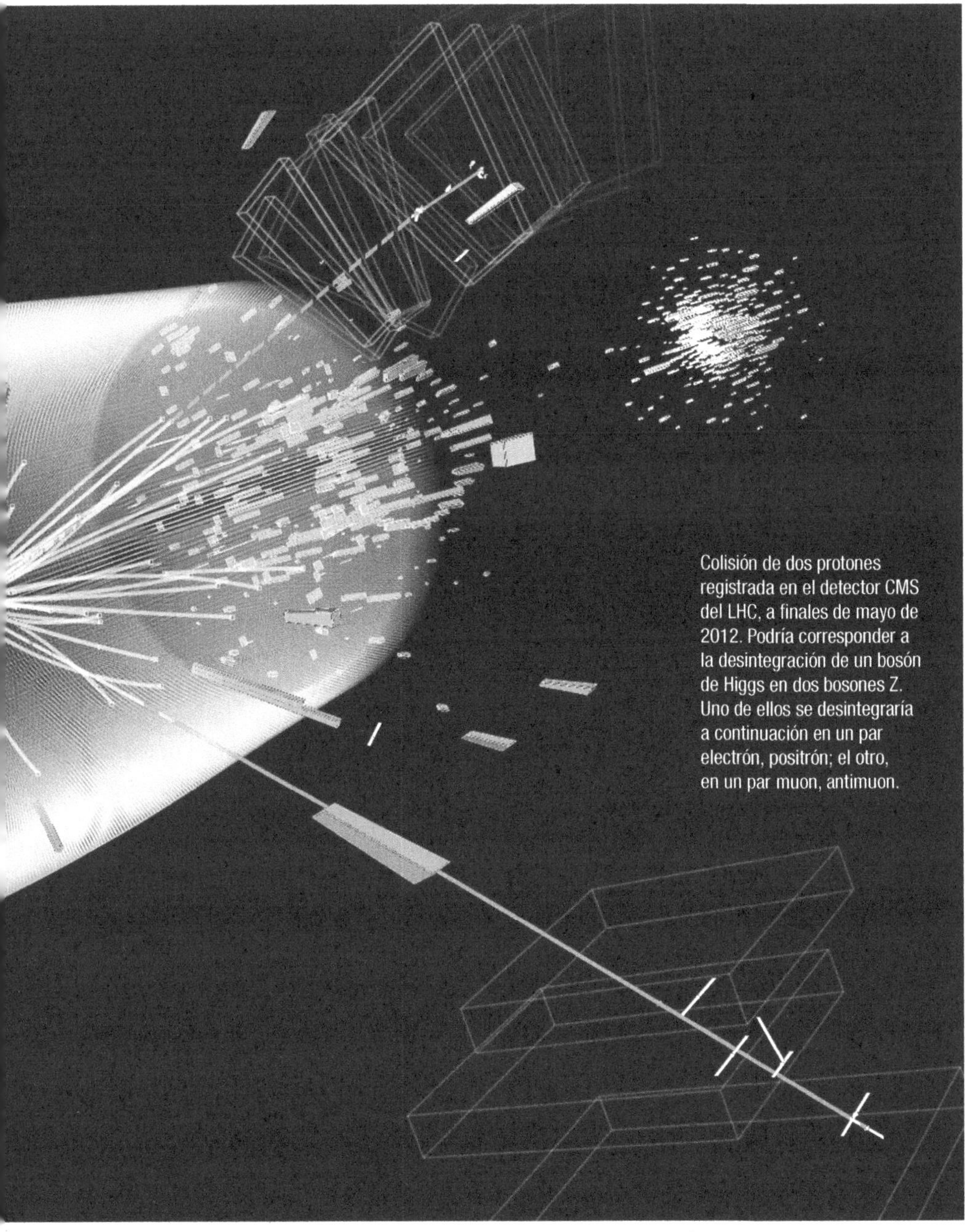

Colisión de dos protones registrada en el detector CMS del LHC, a finales de mayo de 2012. Podría corresponder a la desintegración de un bosón de Higgs en dos bosones Z. Uno de ellos se desintegraría a continuación en un par electrón, positrón; el otro, en un par muon, antimuon.

[El Higgs] es la versión física del descubrimiento del ADN.

Peter Knight, presidente del Instituto de Física del Reino Unido

to, ofrecerían en la reunión un informe preliminar de los resultados. Para aventar la hoguera de los rumores, François Englert, Peter Higgs, Gerald Guralnik, Carl Hagen y Tom Kibble también fueron convocados a Ginebra (Robert Brout había fallecido un año antes). Higgs fue advertido por teléfono de que si no acudía a la cita era muy probable que se arrepintiese. Muchos científicos cambiaron el destino de sus billetes de avión: Melbourne por Ginebra.

El 3 de julio, el CERN colgó en su página web, por error, un vídeo en el que Joseph Incandela confirmaba el descubrimiento de una nueva partícula, en su opinión, el acontecimiento físico más importante «en los últimos treinta o cuarenta años». A las cinco de la tarde ya se había formado una cola ante la puerta del auditorio donde se iba a celebrar el seminario. Decenas de personas pasaron la noche acostadas en el suelo, en sacos de dormir, para asegurarse un asiento. Una efervescencia de festival de rock veraniego animaba las horas de espera. A las siete y cuarto de la mañana se abrieron las puertas y una multitud expectante se derramó por las gradas del auditorio. Aquellos que habían pernoctado en el vestíbulo aprovecharon los minutos que faltaban para el inicio del seminario para echar una cabezada. Se despertaron con la salva de aplausos que daba la bienvenida a Englert, Higgs, Guralnik y Hagen.

Rolf-Dieter Heuer no había arruinado en balde las vacaciones de verano de tan venerables ancianos. La inyección de energía de las colisiones había revelado la existencia de un campo cuántico nuevo. Si no era el Higgs, en las situaciones que planteaban los experimentos se comportaba como si lo fuera. Los encargados de dar la noticia fueron Fabiola Gianotti y Joseph Incandela, cuya excitación, apenas contenida, convertía su puntero láser en una mosca roja, que revoloteaba de una gráfica a otra. Después de los informes técnicos, apoyados en dos presentaciones de PowerPoint (una de ellas con los textos en Comic Sans, para horror de los amantes de la tipografía), tomó la palabra Heuer, que entregó por fin a los medios el titular que estaban esperan-

En la fotografía superior, Peter Higgs (derecha) y François Englert tras el anuncio del descubrimiento del bosón en el CERN, el 4 de julio de 2012. Abajo, Higgs posa frente a una reproducción fotográfica del detector ATLAS.

do: «¿Hace falta que diga que me siento complacido? Creo que es evidente. Como profano, yo diría: ¡Creo que lo tenemos! ¿Estáis de acuerdo conmigo?». Hizo la pregunta sin alterar un músculo de la cara, con el aplomo de un comediante que suelta su mejor réplica. La reacción del público fue una ovación cerrada. Los físicos se pusieron en pie. Una cámara cazó a Peter Higgs, desbordado por la emoción, enjuagándose las lágrimas con un pañuelo. Habían transcurrido cuarenta y ocho años desde que metiera en un buzón de correos el artículo en el que aventuraba la existencia de un nuevo bosón: «Nunca pensé que viviría para verlo —reconoció—, tendré que pedir a mi familia que metan champán en la nevera».

Los datos experimentales recabados hasta la fecha no permiten concluir todavía que la perturbación en la distribución de las partículas detectadas en el LHC corresponda a la misma criatura que describen las ecuaciones del modelo estándar. Existe margen aún para las sorpresas. De lo que no cabe duda es de que se ha puesto en evidencia un fenómeno nuevo. Por expresarlo con el lenguaje cauto de los científicos, la información *es compatible* con un Higgs del modelo estándar, pero la imagen no ha alcanzado la resolución suficiente para emitir juicios categóricos. En junio de 2015, después de un parón de dos años para el mantenimiento y puesta al día del acelerador, el LHC reanudó sus pesquisas. Con la energía de sus haces notablemente incrementada, ¿cartografiará por fin territorio desconocido? El censo de colisiones no ha dejado de aumentar y la nueva partícula se mantiene dentro de los márgenes previstos. Cuando los datos definan con nitidez su contorno, ¿distinguiremos más de un Higgs? ¿Se revelará como una partícula compuesta, igual que los neutrones?

Tras el seminario del CERN de julio de 2012, el modelo estándar celebra su carácter invicto con un humor melancólico. Se ha ganado la reputación del oráculo que acierta todos los vaticinios, al tiempo que se acerca la hora en la que ya no sabrá responder la siguiente ronda de preguntas. ¿Por qué las partículas exhiben precisamente las masas que detectamos? ¿Por qué el campo de Higgs mantiene una relación mucho más asidua con el campo de quarks t que con el de electrones? ¿Por qué el muon y el tau copian el patrón del electrón multiplicando su masa? La misma pregunta se podría formular para las familias de quarks y de neutrinos. La teoría permanece muda ante estas cuestiones. Sus limitaciones se agravan ante los saltos bruscos de escala. Si echamos el *zoom* hacia atrás y encaramos el cosmos, ¿cuál es, por ejemplo, la composición de la materia oscura? Si ahondamos en el ámbito microscópico, mucho más allá de las distancias que explora el LHC, la imagen se vuelve a emborronar. El escenario que dibujan las teorías cuánticas de campos para la mítica escala de Planck (distancias de $2 \cdot 10^{-35}$ m y tiempos de $5 \cdot 10^{-44}$ s), donde la relatividad general y la mecánica cuántica deberían resolver por fin sus discrepancias, es una mera extrapolación de lo que sucede a las energías que ya conocemos. ¿No nos aguardan sorpresas en el viaje hacia las profundidades del espacio y el tiempo? Las lagunas del modelo estándar y sus problemas para incorporar la gravedad sugieren que en algún punto del camino habrá que ampliar de nuevo nuestro marco conceptual. Todavía es pronto para calibrar la magnitud del cambio, aunque las últimas teorías nos ofrecen ya un adelanto de un universo menos familiar aún y, por ende, más fascinante.

MÁS ALLÁ DEL MODELO ESTÁNDAR DE PARTÍCULAS

LOS ENGRANAJES OCULTOS DEL UNIVERSO

Introducción

Todos nos hemos sentido fascinados en alguna ocasión al contemplar el paisaje que nos rodea: anchos campos rojizos bajo un cielo azul atravesado por unas cuantas nubes blancas, una mancha verde de un grupo de árboles sobre la colina un poco más atrás, un pequeño arroyo cruzando el valle, unas montañas más oscuras recortándose al fondo... Si estamos en medio del campo o en una montaña elevada, el cielo nocturno, con sus innumerables estrellas sobre un fondo perfectamente negro, es una de las imágenes más sobrecogedoras que veremos en nuestra vida. Desde nuestros antepasados más lejanos, pasando por nuestros padres y abuelos, todos los seres humanos han tenido visiones muy similares y, como nosotros, no podían evitar maravillarse de la hermosura de la naturaleza o el cielo nocturno y preguntarse de dónde surge esta belleza. Cualquier ser humano consciente se ha preguntado sobre el origen de nuestra especie: ¿quiénes somos?, ¿de dónde surge el universo?, ¿cómo se formó la Tierra?, ¿qué son las estrellas, el Sol, los planetas?, ¿cómo funciona la naturaleza?...

En las sociedades primitivas, donde todavía no existía ninguna posibilidad de responder de forma lógica y estructurada a ese tipo de cuestiones, la necesidad de ofrecer alguna respuesta impulsó la aparición de mitos de la creación. Dioses antropomorfos creaban el universo y regían el destino del mundo y de los hombres a su antojo, siguiendo comportamientos antrópicos: movían el Sol y la Luna por el firmamento, enviaban la lluvia y las tormentas como premio o castigo, y cortaban el hilo de la vida cuando les venía en gana. Es muy probable que, en ese contexto, cualquiera de nosotros hubiera formulado hipótesis muy similares. Fuera como fuere, estos mitos han jugado un papel muy importante en la historia de la humanidad. Sin embargo, afortunadamente, siempre han existido personas más curiosas y observadoras que la media, interesadas en comprender poco a poco el funcionamiento de la naturaleza. Desde épocas prehistóricas encontramos estructuras que indican un conocimiento bastante preciso del movimiento del Sol y las estrellas, así como los primeros calendarios, siempre imprescindibles en sociedades agrícolas. Estos conocimientos sobre la regularidad de los astros se fueron perfeccionando en civilizaciones como la egipcia, mesopotámica, india, china, maya, etc. Por ello, aunque fuese en un estado meramente descriptivo y estuviera íntimamente entrelazada con los mitos dominantes, la astronomía se puede considerar como la primera ciencia. Más tarde, la civilización griega sistematizó el uso de las matemáticas y la geometría para la descripción del firmamento y la observación de la naturaleza. Asimismo, los filósofos griegos comenzaron a introducir conceptos interesantes que intentaban explicar la estructura del universo, como la idea del átomo, los elementos básicos que forman toda la naturaleza (agua, fuego, aire y tierra) o las esferas celestes para explicar el movimiento de los astros. Sin embargo, estas ideas estaban basadas únicamente en la interpretación de los fenómenos naturales mediante el pensamiento abstracto, sin necesidad de comprobación experimental, y todas ellas fueron eliminadas por la revolución científica.

A partir del siglo XVI, con las observaciones y modelos de Copérnico y Kepler y los experimentos de Galileo, la astronomía y la física se convirtieron finalmente en ciencias, es decir, un sistema de conocimientos sólidos, comprobables y falsables, obtenidos mediante el método científico. El astrónomo y físico italiano Galileo Galilei (1564-1642) puede ser considerado como el padre de la ciencia moderna: fue el primero en aplicar el método científico a sus estudios y, junto al científico británico Isaac Newton (1643-1727), cambió completamente nuestra concepción de la naturaleza y el universo. Desde Galileo, la física es una ciencia experimental: medimos cuidadosamente los fenómenos naturales, tratamos de encontrar regularidades que nos ayuden a entender su funcionamiento y formulamos hipótesis en lenguaje matemático que luego comprobamos y mejoramos con otros fenómenos a los que se aplican estas mismas leyes. Este procedimiento constituye el método científico y la validez de cualquier teoría física es únicamente certificada por los resultados experimentales. De este modo, cualquier persona puede, en principio, comprobar nuestras teorías o refutarlas mediante experimentos, sin ninguna necesidad de apelar a la fe.

Una buena manera de entender el método científico, y el trabajo de los físicos que investigan en las fronteras de la ciencia, es la analogía que solía utilizar el físico teórico estadounidense Richard Feynman, uno de los científicos más importantes del siglo XX y un excelente divulgador. Imaginemos que se está jugando una partida de un juego complicado, como por ejemplo, ajedrez, y nosotros, los físicos, no conocemos las reglas. Sin embargo, en ocasiones nos gusta mirar las partidas en la pequeña parte del tablero que podemos ver para intentar comprender el juego. En un determinado momento vemos, por ejemplo, que en nuestro rincón del tablero hay un único alfil y, después de mirar varias veces, observamos que, aunque cambia de casilla, siempre está en casillas blancas (o negras), sin cambiar el color de las casillas en sus movimientos. De aquí, los físicos deduciríamos que los alfiles están siempre en casillas de un solo color, «conservan el color de sus casillas». Esta sería nuestra primera regla de ajedrez, que luego es corroborada por numerosas observaciones de otros físicos. Más tarde, vemos un alfil en movimiento y descubrimos que los alfiles solo se mueven en diagonal. Como las casillas en dirección diagonal son siempre de un mismo color, eso explica por qué el alfil mantiene el color de sus casillas. «Los alfiles se mueven en diagonal» es una ley más general, que incluye y mejora nuestra regla inicial. Así, poco a poco, después de muchas observaciones cuidadosas, vamos descubriendo las leyes del ajedrez, que son confirmadas y aceptadas por todo el mundo.

Una de nuestras leyes fundamentales del ajedrez es que, como hemos visto en todas nuestras observaciones, la identidad de las piezas a lo largo de la partida no cambia. Los alfiles comienzan como alfiles, se mueven como alfiles y matan o mueren como alfiles. Pero, en otra ocasión, miramos y vemos que un peón en la penúltima línea mata a un caballo, llega a la línea final y ... ¡se convierte en una reina! Eso no se corresponde con las reglas de ajedrez que conocíamos, y crea una crisis en la comunidad de físicos. Si este fenómeno se confirma, significa que nuestras leyes no son exactas o, al menos, que no son completas. De hecho, el fenómeno es confirmado por «experimentos» independientes y, por lo tanto, se debe investigar cuidadosamente para descubrir las «nuevas» reglas del juego que lo incluyen. Esta situación ilustra perfectamente el trabajo de los físicos en la frontera del conocimiento. Debemos explorar los límites de nuestra teoría para probar si esta es también correcta en situaciones no exploradas anteriormente y, así, buscar nuevos fenómenos que nos permitan avanzar en nuestra comprensión del universo. Por ello, no hay duda de que las observaciones más interesantes son precisamente aquellas que no encajan dentro de nuestras leyes, y son las que debemos investigar para avanzar.

A diferencia del ajedrez, donde hemos visto que un nuevo fenómeno simplemente aumenta nuestra lista de leyes, complicando o enriqueciendo el juego, en física cada nuevo descubrimiento simplifica nuestro sistema de leyes unificando conceptos aparentemente distintos. Por ejemplo, la ley de la gravedad universal de Newton fue capaz de explicar simultáneamente fenómenos tan diferentes como el movimiento planetario y la caída de los cuerpos en la superficie terrestre; el escocés James Clerk Maxwell (1831-1879) unificó electricidad y magnetismo en una única ley, y el alemán Albert Einstein (1879-1955) dedujo toda la gravitación y la relatividad a partir de un principio de simetría muy general.

Así, después de que Isaac Newton obtuviera su ley de la gravitación universal, y usando el método científico, se sucedieron los grandes avances en mecánica clásica y electromagnetismo durante los siglos XVIII y XIX. En el siglo XX las revolucionarias ideas de la relatividad y física cuántica, unidas en las teorías cuánticas de campos, nos llevaron finalmente a nuestra concepción actual del universo con el modelo estándar de partículas elementales y el modelo Lambda-CDM *(Lambda-Cold Dark Matter)* en cosmología, que explica la evolución del universo desde el Big Bang. Si nos centramos en la física de partículas o la física de altas energías, la teoría que nos describe (casi todos) los fenómenos conocidos actualmente es el modelo estándar. Precisamente, el descubrimiento del bosón de Higgs en los experimentos del LHC en julio de 2012 completó este modelo con su último ingrediente. Como veremos a lo largo de este libro, todos los resultados experimentales que hemos recogido en nuestros laboratorios a día de hoy son explicados correctamente por este modelo. Por tanto, casi podríamos dar por finalizada nuestra búsqueda de las leyes fundamentales que describen el universo. Aún así, existen diversos resultados en cosmología, como la presencia de materia oscura o la asimetría bariónica del universo, que no son entendidos en esta teoría. Hay también varios problemas en el modelo, como por ejemplo sus muchos parámetros «libres» o no fijados por la teoría, que nos gustaría eliminar. En este sentido, existen propuestas de extensiones del modelo que lo simplifican enormemente, reduciendo el número de parámetros presentes. De cualquier modo, estos pueden parecer detalles bastante secundarios sin aparente aplicación práctica. Entonces, ¿se debe continuar buscando física más allá del modelo estándar?

Si estudiamos la historia de la física, veremos que ya hemos atravesado situaciones similares en el pasado. A finales del siglo XIX, después de los grandes avances en la mecánica celeste y en el electromagnetismo, se tenía la sensación de que todos los grandes descubrimientos en física se habían conseguido; las leyes sobre las que se basaba el cosmos ya eran conocidas y se afirmaba que los futuros descubrimientos en física se tendrían que buscar ya en la sexta cifra decimal de los parámetros. A pesar de eso, existían aún varios problemas que no encajaban en las leyes establecidas de la física: el problema del cuerpo negro, el efecto fotoeléctrico y el debate sobre la existencia del éter. Estos problemas, que en su tiempo no afectaban a la tecnología y las aplicaciones de la época y solo a una parte cuasi marginal de la física, dieron lugar a dos revoluciones que están en la base de la física del siglo XX y todas las teorías actuales. Los problemas del cuerpo negro y el efecto fotoeléctrico fueron resueltos por el físico y matemático alemán Max Planck (1858-1947) y Einstein con la hipótesis de que la energía estaba cuantizada y dieron origen a la mecánica cuántica. El problema de la existencia del éter y los resultados del experimento de Michelson-Morley, el célebre experimento que probó que el éter no existe, fueron explicados por Einstein y su teoría de la relatividad especial que más tarde amplió a la relatividad general. Gran parte de la física actual surge de estos problemas que no acababan de encajar en el magnífico edificio de la física de finales del siglo XIX.

No hay duda de que, a lo largo de la historia de la humanidad, hemos avanzado mucho en la comprensión de la naturaleza y hemos condensado este conocimiento en unas extraordinarias teorías capaces de explicar, de forma sencilla, fenómenos muy diversos. Aunque todos los procesos en física estudiados en nuestros laboratorios son correctamente descritos por el modelo estándar, aún quedan algunas pequeñas cuestiones por resolver y, de cualquier modo, la respuesta final a las preguntas que nos hacemos sobre el origen del universo está aún lejos de nuestro alcance. La curiosidad humana es inagotable y no podemos darnos por satisfechos con nuestros conocimientos actuales. No hay duda de que nunca vamos a dejar de investigar y continuaremos profundizando en el conocimiento de la física más allá de la teoría establecida. Siempre intentaremos ir un poco más allá de los límites del modelo estándar.

El modelo estándar

El modelo estándar describe los componentes básicos de la materia y las interacciones que rigen el funcionamiento del universo. Esta teoría es el resultado de la unión de la relatividad y mecánica cuántica, y es capaz de explicar con gran precisión todos los fenómenos observados hasta el momento en nuestros laboratorios.

Todos nos hemos hecho alguna vez preguntas relativas al origen del universo y, hoy por hoy, dar con la respuesta adecuada no es nada sencillo, es casi una utopía. Como ya se ha demostrado sobradamente a lo largo del tiempo, la ciencia es el único instrumento válido que nos permite progresar en la búsqueda de soluciones a estas cuestiones. En ese sentido, el modelo estándar de las interacciones fuertes y electrodébiles es, sencillamente, la respuesta más completa que podemos ofrecer en la actualidad. Concretamente, nos sirve para describir la composición y el funcionamiento del universo: cuáles son las piezas básicas que lo conforman, cómo se agrupan en la materia macroscópica, cómo interaccionan entre sí, de qué forma evolucionan o cuál es el estado final al que el universo se dirige.

Sin duda, el modelo estándar es una de las teorías científicas más perfectas que el ser humano ha logrado construir; edificado en la segunda mitad del siglo XX sobre la base de todos los conocimientos científicos anteriores, representa una de las cumbres de la física fundamental. Un estudio completo de esta teoría requeriría un lenguaje matemático y unos conocimientos técnicamente muy avanzados, fuera del alcance de este libro, ya que utiliza el formalismo de la teoría cuántica de campos, una herramienta muy poderosa que combina la mecánica cuántica y la relatividad. Sin embargo, es posible describir muchas de sus características principales y de sus puntos más relevantes para entender su funcionamiento básico, aunque para ello haya que aceptar que muchas afirmaciones estén exentas de una demostración «rigurosa».

¿QUIÉNES SOMOS? PARA EMPEZAR, ESTA ES LA COMPOSICIÓN DEL UNIVERSO

Siempre nos hemos preguntado cómo y de qué componentes está hecho el mundo. Ya los filósofos griegos especularon con la idea del átomo como componente indivisible de la materia, aunque no fue hasta comienzos del siglo XIX cuando el químico británico John Dalton (1766-1844), gracias a sus investigaciones en química, convirtió el modelo atómico en una teoría científica. En ella Dalton nos dice que:

— La materia es discontinua. Está formada por partículas materiales independientes llamadas átomos, los cuales son indivisibles.
— Los átomos de un mismo elemento son iguales entre sí, tanto en masa como en propiedades físicas y químicas, y los átomos de elementos diferentes son distintos en cuanto a masa y demás propiedades.
— Los compuestos se forman por la unión de átomos de los elementos correspondientes, en una relación numérica sencilla.

Según muchos científicos, la teoría atómica es la idea más importante en la historia de la ciencia. Toda la química moderna, con sus aplicaciones industriales, así como gran parte de la termodinámica, mecánica estadística, etc., se basan en la hipótesis atómica. A partir de esta idea, el químico ruso Dmitri Mendeléyev (1834-1907) propuso su tabla periódica de los elementos en

1869, ordenando los elementos conocidos por pesos atómicos, agrupados en columnas según sus propiedades químicas y dejando huecos, posteriormente completados, en las posiciones donde esta ordenación no se correspondía con las propiedades químicas de la columna.

> Si debido a un gran cataclismo se perdiera todo nuestro conocimiento científico y solo pudiéramos transmitir una idea al futuro, esta debería ser la hipótesis atómica.
>
> RICHARD FEYNMAN

La teoría atómica de Dalton representó un gigantesco avance en nuestro conocimiento de la composición del universo. Todas las formas de materia que encontramos en la naturaleza se entienden como compuestos formados a partir de un centenar de elementos atómicos. Sin embargo, pronto se comprobó que varias de las hipótesis de esta teoría no eran correctas: los átomos no son indivisibles, sino que tienen una estructura interna; por otra parte, no todos los átomos de un mismo elemento son iguales, los hay con igual número atómico (número de electrones o protones) e idénticas propiedades químicas, pero masa distinta, los isótopos. Asimismo, esta periodicidad de las propiedades químicas de los átomos requería una explicación.

El siguiente avance en la búsqueda de los componentes elementales de la materia fue el descubrimiento del *electrón*, que fue posible gracias a los estudios sobre la electricidad realizados a lo largo del siglo XIX. A finales del mismo, se estudió la conductividad eléctrica de gases a bajas presiones. Se observó que, al aplicar una diferencia de potencial elevada en un tubo con un gas enrarecido, este se volvía conductor y se obtenían «rayos catódicos» (procedentes del polo negativo o cátodo) que iluminaban el gas. El físico británico Joseph John Thomson (1856-1940), catedrático en los Laboratorios Cavendish de la Universidad de Cambridge (el departamento de Física de esa institución), pudo determinar que estos rayos catódicos se desviaban en presencia de campos eléctricos y magnéticos, y que, por tanto, estaban formados por partículas cargadas negativamente a las que llamaron electrones. Estas partículas surgían de los átomos del gas, eléctricamente neutros, y por tanto tenían que ser componentes de los mismos. Adicionalmente, Thomson determinó la masa por unidad de carga correspondiente a estos electrones y, tras fijarla, vio que su masa era unas 2 000 veces menor que la del ion de hidrógeno. La masa y carga de estos electrones era la misma para cualquier tipo de gas en el tubo o de metal en el cátodo, y, por lo tanto, los electrones eran componentes de todos los átomos en la naturaleza. En base a ello, Thomson construyó un primer modelo atómico en el que los electrones estarían insertados en una base esférica de carga positiva, a modo de pasas en un pastel. La masa del átomo estaba uniformemente distribuida en toda la esfera, y este contenía un número de electrones aproximadamente igual a su número atómico, su posición en la tabla periódica de Mendeléyev. El modelo atómico de Thomson podía acomodar los electrones y explicar la neutralidad de los átomos, pero, como cualquier hipótesis física, debía ser comprobado experimentalmente. Su alumno (y futuro premio Nobel de Química) Ernest Rutherford (1871-1937), fue quien investigó experimentalmente el modelo.

La radiactividad, descubierta por el físico francés Henri Becquerel (1852-1908) en las sales de uranio a finales del siglo XIX, proporcionó nuevos proyectiles muy energéticos que podían ser usados para bombardear los átomos y probar su estructura. Ernest Rutherford fue uno de los primeros investigadores en interesarse por la radiactividad, y clasificó tres tipos de radiación procedentes del uranio, nombrados con las primeras letras del alfabeto griego, radiación alfa (α), beta (β) y gamma (γ). La radiación α era la más energética e ionizante y era el proyectil ideal para estudiar la estructura del átomo. Entre 1908 y 1913, Rutherford, con la ayuda de sus estudiantes Hans Geiger y Ernest Marsden en la británica Universidad de Manchester, estudió la desviación de estas partículas α al chocar con una fina lámina de oro, de unos cuarenta átomos de espesor (figura 1). Rutherford creía firmemente en el modelo de Thomson, por lo que su sorpresa con los resultados obtenidos fue enorme. La mayoría de las partículas α eran desviadas ligeramente, como se esperaba según su modelo, pero algunos proyectiles rebotaban completamente contra la lámina de oro y volvían en dirección inversa. Rutherford siempre afirmó que este resultado fue el suceso más increíble en su vida:

era como si con un cañón disparáramos un obús de 40 centímetros a un pañuelo de papel, y el proyectil rebotara en el pañuelo y golpeara al cañón. Estos resultados no eran consistentes con el modelo atómico de Thomson; solo podían entenderse si toda la carga positiva estuviese concentrada en una región muy pequeña en el centro del átomo con una masa mucho mayor que la masa de las partículas α. Así, Ernest Rutherford propuso un modelo atómico completamente distinto, formado por un núcleo de carga positiva y compacto, muy pequeño, conteniendo prácticamente toda la masa del átomo, y rodeado de un número de electrones igual a

FIG. 1

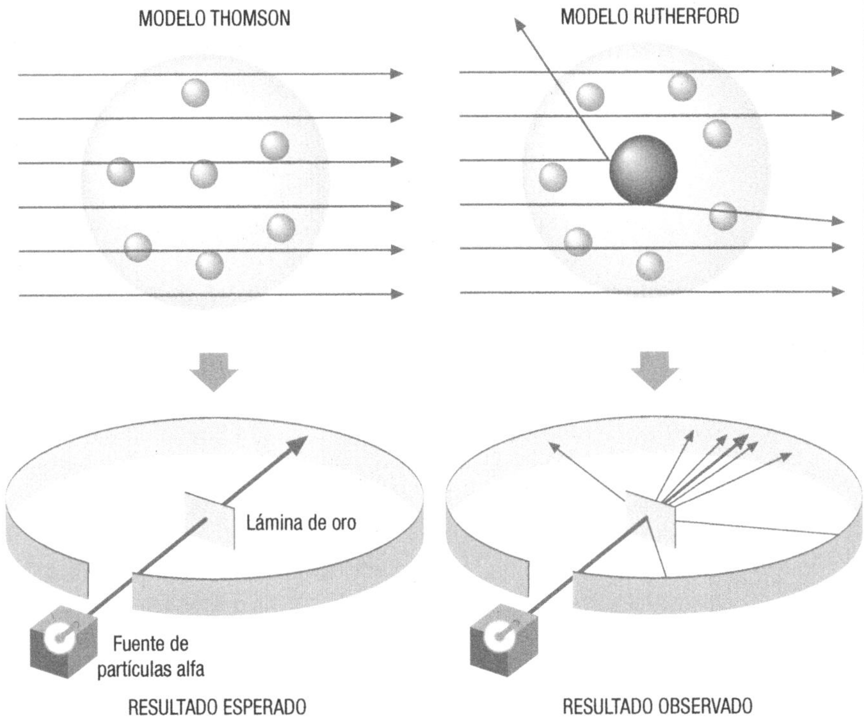

Experimento de Geiger-Marsden que permitió el descubrimiento del núcleo atómico.

la carga del núcleo, en órbitas de tipo planetario mucho mayores. La masa del núcleo estaba entonces definida por la masa del átomo y su carga fue determinada bombardeando los núcleos con partículas α en estos experimentos. El propio Rutherford identificó el protón como el núcleo del átomo de hidrógeno. Las cargas y las masas de todos los otros núcleos eran múltiplos de la carga y masa del núcleo de hidrógeno. Sin embargo, la relación entre carga y masa era distinta para distintos núcleos, e incluso había núcleos con la misma carga y masas distintas, los ya nombrados isótopos. Así pues, los núcleos no podían ser constituidos solo por protones, se necesitaba una partícula, neutra y masiva, no conocida. Este problema fue resuelto mucho más tarde con el descubrimiento del neutrón en 1932 realizado por el físico británico James Chadwick (1891-1974), una partícula neutra de masa similar a la del protón. Sin embargo, este modelo atómico tampoco podía ser correcto. De acuerdo con las leyes del electromagnetismo, los electrones deberían emitir radiación al girar en sus órbitas, perdiendo energía y colapsando contra el núcleo en billonésimas de segundo. El físico danés Niels Bohr (1885-1962), que en 1911 visitaba en los Laboratorios Cavendish a Thomson y Rutherford, fue quien resolvió este problema utilizando la teoría cuántica de Planck: no todas las órbitas están permitidas, los electrones solo pueden encontrarse en ciertas órbitas con valores discretos de la energía y solo pueden cambiar de nivel energético de un modo «cuántico», a saltos, absorbiendo o emitiendo un fotón con energía determinada. Este modelo ya era capaz de explicar la estabilidad de los átomos. Se pudieron calcular los niveles energéticos del átomo de hidrógeno, y, así, entender finalmente los espectros atómicos. Con el modelo atómico de Rutherford-Bohr y el núcleo atómico construido por protones y neutrones, pasamos de un centenar de átomos distintos a solo tres partículas elementales: el protón, el neutrón y el electrón. Toda la materia con la que interactuamos a nivel macroscópico la podemos formar combinando, únicamente, estas tres partículas. Pero ¿son estas partículas realmente elementales o pueden ser divididas aún en componentes más pequeñas?, ¿hay otras partículas que no forman parte de la materia ordinaria?

Esta última pregunta fue la primera que encontró respuesta. A principios del siglo XX se descubrió la radiación cósmica, proveniente de las capas altas de la atmósfera. Esta radiación es producida por protones cósmicos de alta energía que interaccionan con los átomos atmosféricos, dando lugar a una cascada de partículas. Al estudiar esta radiación, el físico estadounidense Carl David Anderson (1905-1991) descubrió el *positrón* en 1932, una partícula de masa igual al electrón, pero de carga positiva. A pesar de no formar parte de la materia ordinaria, esta partícula, la anti-partícula del electrón, era ya descrita en las ecuaciones que explican la evolución de los electrones, propuestas por el ingeniero y físico teórico británico Paul Adrien Maurice Dirac (1902-1984) en 1928. En 1930, el físico austríaco Wolfgang Pauli (1900-1958) predijo la existencia de una nueva partícula y lo comunicó por carta a los organizadores del congreso de física de Tubinga, Alemania, al que no pudo acudir por «ser indispensable su presencia en Zúrich para el baile de la noche del 5-6 de diciembre». En esta carta, que encabezó con la frase «Estimados Señores y Señoras radiactivos», Pauli afirmaba que la conservación de la energía y el momento en la desintegración beta de los núcleos podía ser recuperada mediante un «remedio desesperado»: la introducción de una nueva partícula en la reacción, el *neutrino*, una partícula sin carga y sin masa, probablemente imposible de detectar. De hecho, Pauli se equivocó en esto último y, aunque era muy difícil, el neutrino fue finalmente detectado en 1956 por los físicos estadounidenses Clyde Cowan y Frederick Reines. Pero ya hacía años que estaban apareciendo nuevas partículas. En 1936, el mismo físico que había descubierto el positrón, Carl D. Anderson, descubría también el muón, una partícula con las mismas propiedades del electrón, solo que 200 veces más pesada. Es famosa la exclamación del premio Nobel, el físico Isidor Isaac Rabi en la conferencia en la que se anunció el descubrimiento, quien dijo: «¿Quién pidió eso?». Rabi estaba indignado, ya que esa partícula no parecía jugar ningún papel en la teoría que describe la naturaleza ni tenía lugar en la composición de la materia ordinaria.

> El muón: ¿Quién pidió eso?
>
> ISIDOR ISAAC RABI

Y en 1947, estudiando los rayos cósmicos, se descubría el pión, una partícula cargada de masa similar al muón relacionada con las interacciones fuertes en el núcleo atómico. Con los primeros aceleradores de alta energía en la década de 1950, comenzaron a aparecer docenas de nuevas partículas «elementales», la mayoría inestables y de vida media muy corta. La situación en física de altas energías se volvió muy confusa; habíamos pasado de tres partículas «elementales», el electrón, el protón y el neutrón, a decenas de partículas inestables de vida muy efímera. El siempre cáustico y genial Wolfgang Pauli afirmó irritado «Si hubiera podido prever esto, me habría dedicado a la botánica».

Afortunadamente, la cuestión de si todo este zoo de partículas, incluidos el protón y el neutrón, eran realmente elementales, vino al rescate de la física. La búsqueda de regularidades y simetrías ha sido siempre nuestra mejor guía en momentos de confusión. En aquel momento, la clasificación de estas partículas de acuerdo a ciertas propiedades, como su masa, su carga eléctrica, su momento angular interno o *espín*, y una nueva propiedad, que se llamó *extrañeza*, permitió al físico estadounidense Murray Gell-Mann (n. 1929) y otros colegas, como el israelí Yuval Ne'eman (1925-2006) y el estadounidense George Zweig (n. 1937), agruparlas en conjuntos de ocho o diez partículas, octetes y decupletes, que, matemáticamente, se formaban combinando tres componentes imaginarios a los que llamaron *quarks*. En 1962, Gell-Mann usó este modelo matemático para predecir una nueva partícula a la que llamó Ω^-, con espín 3/2, carga negativa, extrañeza –3 y una masa de aproximadamente 1680 MeV. En 1964 esta partícula fue descubierta en el Laboratorio Nacional de Brookhaven en Upton, Nueva York (ver imagen superior en página contigua). Sin embargo, los quarks no se consideraban reales ya que debían tener cargas fraccionarias respecto a la carga del electrón. Se requerían dos quarks con carga –1/3 (el quark *down* y el quark *strange*) y uno con carga 2/3 (el quark *up*), pero nunca se han encontrado partículas con esas características, y, por ello, se consideraban únicamente elementos matemáticos útiles para ordenar el puzle de las partículas elementales. Por el contrario, a finales de los años sesenta se realizaron, en el

Arriba, una imagen de la década de 1950 del interior de los Laboratorios Brookhaven en Upton, Nueva York. Abajo, imagen actual del Laboratorio Lineal de Stanford en Menlo Park, California. Ambas instalaciones se han dedicado históricamente al estudio de las partículas subatómicas.

Centro del Acelerador Lineal de Stanford, *(Stanford Linear Accelerator Center)* de Menlo Park, California (ver imagen inferior en página 23 y vista aérea en las páginas 26 y 27), experimentos de colisión de electrones contra protones, análogos a los experimentos de Rutherford, que permitieron descubrir la estructura atómica, y se encontró que, en realidad, el protón estaba formado por tres quarks, dos de tipo up y uno de tipo down. Así, los quarks dejaron de ser construcciones matemáticas para ser los nuevos constituyentes elementales de la materia.

Hoy en día, los componentes de la materia «ordinaria» vuelven a ser solo cuatro: el electrón, el neutrino y los quarks up y down. Con estos cuatro componentes, o tres sin incluir al neutrino, podemos componer toda la materia estable del universo. Estos componentes forman la llamada «primera generación» de partículas elementales. A pesar de esto, si tenemos en cuenta partículas inestables, se han descubierto en nuestros aceleradores dos copias más de esta primera generación de partículas elementales. La segunda generación está formada por el muón, un segundo neutrino y dos quarks más, llamados *charm* y *strange*, y la tercera generación por el *tau*, otro neutrino y los quarks *top* y *bottom*.

LAS FUERZAS E INTERACCIONES TRANSFORMADORAS DEL UNIVERSO

Ya hemos visto cuáles son los componentes fundamentales del universo; nuestra siguiente tarea es encontrar qué determina la evolución de la naturaleza, cómo se comporta y se transforma. Sabemos que el cosmos no es estático, así como tampoco lo es la vida en la Tierra: el Sol sale día tras día, las estaciones se suceden, cae la lluvia, sopla el viento, plantas y animales nacen y mueren. Estos cambios son realmente muy complejos, pero, a nivel de sus componentes fundamentales, todo se reduce a entender cómo interaccionan y cambian su estado de movimiento, o incluso su identidad, cualquier pareja de partículas elementales que se aproxima lo suficiente debido a una colisión, a consecuencia de la cual intercambian energía y momento.

Todos tenemos una idea clara de cuáles son las interacciones que nos afectan a escala humana. Nosotros mismos sentimos nuestro peso y, si tiramos un proyectil al aire, sabemos que en algún momento volverá a bajar y se dirigirá al punto más próximo posible al centro de la Tierra. Estos efectos son debidos a la gravedad, la primera interacción estudiada y resuelta de forma brillante por el célebre científico británico Isaac Newton. La ley de la gravitación universal de Newton nos dice que dos cuerpos cualesquiera en el universo se atraen recíprocamente con una fuerza proporcional al producto de sus masas e inversamente proporcional al cuadrado de la distancia entre ellos. Esta ley es capaz de explicar efectos tan aparentemente distintos como la caída de los cuerpos en la superficie de la Tierra o el movimiento de los astros. Además, este fue el primer ejemplo de acción a distancia, o campo de fuerzas. Según Newton, la gravedad se transmite instantáneamente entre los cuerpos alejados que interaccionan, sin necesidad de contacto físico entre ellos, un concepto que chocaba con la física aristotélica y nuestra intuición cotidiana, pero que, sin duda, funciona muy bien. No fue hasta principios del siglo pasado que el físico alemán Albert Einstein mejoró la ley de Newton para grandes distancias o grandes velocidades, con su teoría de la relatividad general de 1915. Esta teoría muestra que, en realidad, la interacción no es instantánea, sino que se transmite a la velocidad de la luz, aunque la ley de Newton continúa siendo una magnífica aproximación a escala humana. De todos modos, la interacción gravitatoria es, precisamente, la única de las interacciones conocidas que no está incluida en el modelo estándar de las interacciones fuertes y electrodébiles. Sin duda, la gravedad es la interacción más importante a escala macroscópica, pero eso es únicamente debido a que, a diferencia de las otras interacciones, la gravitatoria es siempre atractiva. No obstante, esta es la más débil de las interacciones conocidas, y es completamente despreciable en colisiones entre partículas cargadas. En cualquier caso, la verdadera razón de que la gravedad no forme parte del modelo estándar es que no hemos sido capaces de expresar la interacción gravitatoria en forma de teoría cuántica de campos en cuatro dimensiones,

En la imagen, vista aérea del acelerador lineal (SLAC, por sus siglas en inglés de su nombre original *Stanford Linear Accelerator Center*), ubicado en los terrenos de la Universidad de Stanford, en Menlo Park, California. Es un laboratorio perteneciente al Departamento de Energía de los Estados Unidos que experimenta con radiación de sincrotón, una radiación electromagnética generada por partículas cargadas. Debido a su trayectoria lineal, este tipo de aceleradores requiere de mucho más espacio que los aceleradores circulares.

como hacemos con las otras interacciones conocidas. Este es uno de los problemas del modelo estándar que sus extensiones deberían solucionar. A escalas astrofísicas o humanas, la gravedad newtoniana-einsteniana funciona perfectamente, pero a nivel de partículas, no ha sido posible encontrar una descripción cuántica satisfactoria.

La segunda interacción que todos conocemos y que ya incluimos en el modelo estándar es la interacción electromagnética, desarrollada a lo largo del siglo XIX y culminada por las ecuaciones del científico escocés James Clerk Maxwell en 1864. La forma de la interacción eléctrica formulada por el matemático francés Charles-Augustin de Coulomb (1736-1806) es muy similar a la fuerza gravitatoria de Newton, salvo en su intensidad, mucho mayor en la interacción eléctrica, y la presencia de cargas arbitrarias de signos opuestos. La existencia de cargas opuestas es la razón por la que esta interacción, pese a ser mucho más fuerte que la gravitatoria, no domine a escalas grandes. Los planetas y las estrellas son eléctricamente neutros, así como todos los materiales de los que está hecha la naturaleza por encima del nivel atómico. A nivel atómico, la propia estructura del átomo es debida a la atracción eléctrica entre el núcleo, de carga positiva, y los electrones negativos a su alrededor. Incluso a nivel molecular, las interacciones electromagnéticas residuales, debidas a la diferente distribución espacial de cargas positivas y negativas dentro del átomo, son las responsables de toda la química y la bioquímica. Por otro lado, Maxwell mostró que sus ecuaciones predecían la existencia de ondas formadas por campos eléctricos y magnéticos oscilantes, la llamada radiación electromagnética, que incluye la luz visible, la radio, microondas, rayos X, etc. Por lo tanto, las ecuaciones de Maxwell nos permiten entender simultáneamente los fenómenos eléctricos y magnéticos como dos caras de una misma interacción, y la radiación electromagnética como la propagación de los campos eléctricos y magnéticos por el vacío. Al igual que la interacción gravitatoria, la interacción electromagnética es también una acción a distancia, y se describe por un campo de fuerzas que todos hemos visto dibujado por un montón de virutas de hierro apiñadas en la cercanía de un imán. La importancia de esta interacción en la vida moderna es innegable, gran parte de los desarrollos tecnológicos que utilizamos se basan en estos conocimientos sobre la interacción electromagnética que adquirimos durante el siglo XIX y comienzos del XX. A este respecto, resulta ilustrativa la historia de la demostración sobre la electricidad que Michael Faraday le hizo al canciller del tesoro británico en los años 1850. El canciller le preguntó: «Esto de la electricidad es muy interesante, pero ¿para qué sirve?» y la respuesta de Faraday fue: «en este momento no lo sé, pero algún día quizá podría poner un impuesto sobre ella...». Como sabemos, esta predicción se cumplió con creces.

> Ese Maxwell es un genio, él me ayudó con la teoría de la relatividad.
>
> **Albert Einstein**

A nivel de partículas elementales, la interacción electromagnética fue la primera que se describió en forma de teoría cuántica de campos, dando lugar a la electrodinámica cuántica. A diferencia de los campos clásicos, en teorías cuánticas de campos las interacciones se entienden a través del intercambio de partículas. Por tanto, la interacción electromagnética introduce una nueva partícula sin masa, el *fotón*, y la interacción entre partículas cargadas se produce por la emisión y absorción de un fotón conservando energía y momento, momento angular y carga eléctrica. Asimismo, esta interacción permite aniquilar partículas, como el electrón, con sus antipartículas, como el positrón, produciendo un fotón que, por el proceso inverso, puede crear nuevas partículas de mayor masa si la energía disponible en el proceso es suficiente. Estos procesos, que tienen lugar en aceleradores de partículas, se pueden calcular con gran precisión en esta teoría.

La mayoría de los procesos que observamos a escala humana son debidos a las interacciones gravitatorias y electromagnéticas. Sin embargo, hay aún otras dos interacciones fundamentales en la naturaleza, menos visibles a escala macroscópica, pero muy relevantes en la física nuclear y en la historia del universo. Se trata de la interacción débil y la interacción fuerte.

Ya vimos que el descubrimiento de la radiactividad fue el origen de los estudios de la estructura atómica. La abundante energía de las partículas α en estas reacciones se extrae de las interacciones nucleares. De hecho, desde principios del siglo pasado, en base al modelo atómico de Rutherford se sabía que debía existir una interacción nuclear mucho más intensa que la interacción electromagnética. Como es bien sabido, en electromagnetismo las cargas opuestas se atraen y cargas iguales se repelen. Resulta pues difícil entender cómo se mantienen unidos los núcleos atómicos, formados solo por partículas de carga positiva o neutra, protones o neutrones. Es necesaria una fuerza atractiva que supere la repulsión electrostática, la llamada interacción fuerte, que fue explicada inicialmente por el físico japonés Hideki Yukawa (1907-1981) en 1935 como resultado del intercambio de piones entre los protones y neutrones del núcleo. Como ya hemos visto, los piones fueron descubiertos en los rayos cósmicos en 1947 con las propiedades predichas, lo que le valió a Yukawa el premio Nobel de 1949. Sin embargo, los piones, como los protones y neutrones, no son partículas elementales, y, además, son neutros bajo la interacción fuerte. Estas partículas están formadas por quarks, que son las partículas portadoras de la fuerza nuclear fuerte, pero esta interacción fuerte es tan intensa, que es suficiente con la interacción residual de los quarks dentro del protón y el neutrón, a través del intercambio de piones, para mantener el núcleo unido. A esta carga fuerte se le llama «color», aunque este es solo un nombre conveniente sin la más mínima relación con los colores de la luz. Hay tres posibles colores, que podemos llamar «rojo», «verde» y «azul» y la combinación de los tres colores o de un color con su «anti-color» nos da una partícula neutra, a la que llamamos «singlete» de color. Por ello, a la interacción fuerte o teoría cuántica de campos se la conoce también con el nombre de Cromodinámica Cuántica (QCD, por sus siglas en inglés). Al igual que en el caso de la interacción electromagnética, la interacción fuerte o teoría cuántica de campos introduce también bosones mediadores sin masa, de hecho, ocho bosones distintos, que reciben el gráfico nombre de *gluones*, ya que tienden a unir las partículas con color, intentando conseguir

EL VALOR DEL ESPÍN: O BOSONES O FERMIONES

En teoría cuántica de campos no existe una diferencia clara entre partícula de materia y campo de fuerzas. Tanto las partículas como los mediadores de las interacciones se describen mediante campos, funciones de espacio y tiempo que toman un valor determinado para cada punto de la región espacial considerada. Sin embargo, los componentes de la materia y los mediadores de las interacciones aún se pueden distinguir gracias a otra propiedad cuántica: el espín. El espín es un momento angular interno de la partícula, análogo al momento angular de una peonza al rotar sobre sí misma. Esta es una propiedad intrínseca de la partícula, igual que lo es su masa. No podemos cambiar el espín total de la partícula por ningún proceso, únicamente podemos cambiar su dirección. Además, en unidades adecuadas, el espín toma solo valores múltiplos de 1/2.

Partículas de materia y partículas de interacción

Según el valor del espín, distinguimos dos tipos de partículas: los fermiones y los bosones, nombrados en honor a los físicos Enrico Fermi (1901-1954), estadounidense de origen italiano, y el hindú Satyendra Nath Bose (1894-1974). Los fermiones son partículas de espín semi-entero, 1/2, 3/2..., e incluyen los quarks, electrones, neutrinos y todas las partículas que llamamos de materia. Por otra parte, los bosones son partículas de espín entero, 0 ,1, 2, etc., como el fotón, el gluón, los bosones Z y W y el propio bosón de Higgs. Estas partículas son las mediadoras de las interacciones. La principal diferencia entre fermiones y bosones es que los fermiones obedecen el principio de exclusión de Pauli: dos fermiones idénticos no pueden ocupar el mismo estado cuántico. De hecho, este principio es el responsable de que la materia ordinaria sea estable y ocupe un volumen, o de que dos sólidos no puedan ocupar el mismo lugar simultáneamente. Por el contrario, los bosones no obedecen el principio de exclusión, y pueden ocupar el mismo estado cuántico sin ninguna restricción.

Enrico Fermi en 1940 (izquierda) y Satyendra Nath Bose en 1930 (derecha).

singletes de color. Debido a la intensidad de esta interacción, no se pueden observar quarks libres. A esta propiedad de las interacciones fuertes se le llama *confinamiento*: la intensidad de la fuerza entre dos quarks no disminuye con la distancia. Así, al separar suficientemente dos quarks, se vuelve más favorable desde un punto de vista energético crear un nuevo par quark-antiquark mediante un gluón, reduciendo la distancia entre las cargas de color y volviendo a formar dos singletes de color, con carga eléctrica entera. Esta es también la razón de que esta interacción sea de corto alcance, y solo sea importante a distancias nucleares, de 10^{-15} m (esto es, una milbillonésima de metro). Al igual que la interacción electromagnética, la interacción fuerte se describe mediante una teoría cuántica de campos incluida en el modelo estándar. Esta teoría ha sido también ampliamente comprobada en experimentos llevados a cabo en aceleradores, aunque, debido a su gran intensidad, resulta difícil realizar cálculos muy precisos.

La última interacción que queda por describir es la interacción débil. A diferencia de las interacciones fuerte y electromagnética, no juega un papel muy relevante en la estructura atómica o nuclear debido a su baja intensidad. A pesar de esto, la débil es, probablemente, la interacción más interesante de las tres, ya que está íntimamente ligada al mecanismo de rotura espontánea de simetría y al recientemente descubierto del bosón de Higgs. Los primeros indicios de esta interacción vienen también de los procesos radiactivos. La radiactividad beta, que consiste en la desintegración de un neutrón en un protón, emitiendo un electrón y un neutrino, es debida a la interacción débil. En este proceso, un quark down se transforma en un quark up, cambiando de carga en una unidad, que es compensada por el electrón, y así convirtiendo el neutrón en protón. Por tanto, esta interacción cambia la identidad de las partículas, lo que los físicos llamamos «sabor». Esta propiedad es una de las características principales de la interacción débil y es debida a que esta simetría está espontáneamente rota por el mecanismo de Higgs. En la década de 1930 Enrico Fermi propuso una primera teoría para explicar la desintegración beta. Resulta curioso que este trabajo, uno de los más influyentes de la historia, fuera rechazado por la revista *Nature* por ser «demasiado especulativo», y solo pudo ser publicado en dos revistas, italiana y alemana, en 1933. Este rechazo provocó que Fermi se retirara de la física teórica temporalmente y se dedicara a la física experimental. De hecho, fueron sus estudios experimentales los que fueron galardonados con un premio Nobel en 1938. Este modelo de la interacción débil de Fermi, fue mejorado en la década de 1950 por los físicos chinos Tsung-Dao Lee (n. 1926) y Chen Ning Yang (n. 1922), y completado en su forma actual en los años sesenta por los físicos estadounidenses Sheldon Glashow (n. 1932) y Stephen Weinberg (n. 1933) y el pakistaní Abdus Salam (1926-1996), con sendos trabajos reconocidos con el Nobel.

Como hemos dicho, la interacción débil no es directamente responsable de la estructura del núcleo, pero sí que determina la composición del núcleo en protones y neutrones. De hecho, los neutrones libres son inestables, y se desintegran espontáneamente por el proceso de radiactividad beta con una vida media de 886 segundos (unos quince minutos). Sin embargo, en el interior del núcleo, los neutrones son estables, ya que pueden ocupar un estado de energía más bajo que el que deberían ocupar si los sustituimos por un protón. En consecuencia, los núcleos estables están formados por un número comparable de neutrones y protones. Las interacciones débiles son también las responsables de que las partículas pesadas de la segunda y tercera generación se desintegren en partículas de la primera generación, más ligeras y completamente estables. Si no existieran las interacciones débiles, estas partículas serían también estables y el universo estaría formado por diversas clases de materia. Así, por ejemplo, el muón, el análogo del electrón en la segunda generación, se desintegra, a través de las interacciones débiles, en un electrón, un neutrino y un antineutrino, con una vida media de dos microsegundos (un microsegundo es una milésima de segundo). Otras partículas de la segunda o tercera generación se desintegran en tiempos mucho menores. Al igual que las interacciones electromagnéticas y las fuertes, la interacción débil se transmite por el intercambio de bosones mediadores. En este caso son tres bosones, bautizados como Z^0 , W^+ y W^- que, a diferencia del fotón y el gluón, tienen masa debido a su interacción con el bosón de Higgs y la rotura espontánea de la

UNIDADES EN FÍSICA DE PARTÍCULAS

El metro, el segundo y el kilogramo no son unidades convenientes en física de partículas o cosmología. Por ejemplo, la velocidad de la luz en las unidades macroscópicas a las que estamos habituados es $c = 299\,792\,458$ m/s (ver fotografía). Esta cantidad, como nos enseña la teoría de la relatividad de Einstein, es una constante universal: cualquier observador que mida la velocidad de la luz en el vacío obtendrá exactamente este valor, independientemente de su propia velocidad respecto a otro observador, que también mide c. El valor numérico de c es un poco peculiar, pero eso es únicamente debido a que medimos la distancia en metros, y el tiempo en segundos, básicamente la longitud de nuestro brazo extendido y el tiempo de un latido de nuestro corazón. Si en lugar de estas unidades «humanas», del Sistema Internacional, medimos la distancia en años-luz, la distancia que la luz recorre en un año, y el tiempo en años, c adquiere un valor numérico mucho más agradable y fácil de recordar, $c = 1$ año-luz/año. Sin embargo, estas unidades son redundantes. En realidad, estamos midiendo la distancia en años, ya que la velocidad de la luz es única. Podríamos hacer lo mismo midiendo la distancia en segundos, ya que $c = 1$ segundo-luz/segundo. Así, parece claro que lo más sencillo es hacer $c = 1$, sin unidades, y medir tiempo y distancia en las mismas unidades. Del mismo modo, en mecánica cuántica tenemos otra constante universal, la constante de Planck, h, o, equivalentemente, la constante de Planck reducida, $h/(2\pi)$. En unidades del Sistema Internacional, el valor de esta constante es $h/(2\pi) = 1{,}0545718 \times 10^{-34}$ J·s. Otra vez, repitiendo el razonamiento anterior, podemos tomar $h/(2\pi) = 1$ y medir el tiempo en unidades de 1 dividido por energía. Este sistema, que recibe el nombre de Sistema de Unidades Naturales, es el que

La máxima velocidad que pueden alcanzar las partículas, simulada en esta recreación, es la de la velocidad de la luz, una constante universal predicha por Einstein.

utilizamos en física de partículas, donde medimos tiempo, distancia, masas y momentos en unidades de energía.

Las unidades más convenientes

El siguiente paso es escoger las unidades de energía adecuadas para nuestro problema. Si medimos la energía en Julios, la masa de un protón sería, usando la fórmula de Einstein, $E= m c^2$, y $c=1$, $m_p = 1{,}50327759 \times 10^{-10}$ J. Igualmente, la energía de un protón en los experimentos del acelerador suizo Gran Colisionador de Hadrones es $E_p = 1{,}041414803 \times 10^{-6}$ J. Para estas cuestiones, resulta más conveniente utilizar unidades del orden de las energías típicas. En física atómica la unidad típica es el electronvoltio, eV, que se define como la energía que gana un electrón en una diferencia de potencial de 1 voltio. En este marco, las energías de los espectros son del orden del electrón-Volt. En física nuclear (ver figura) las energías típicas son mayores, del orden del Mega-electrón-Volt, MeV, un millón de electrón-Volt. La masa del protón en estas unidades es de m_p= 938,3 MeV, y la energía de un protón en el LHC, de E_p= 6,5 TeV (teraelectronvoltio, 1 billón de electronvoltios). Para hacernos una idea de las energías involucradas en los experimentos del LHC, podemos ver que 1 TeV corresponde «únicamente» a la energía cinética que lleva un mosquito en su vuelo, pero concentrada, y disponible para usarla eficientemente en las colisiones, en uno solo de sus 10^{24} protones. Equivalentemente, si todos los protones y electrones a nuestro alrededor tuvieran estas energías, la temperatura que mediríamos sería de unos 10^{17} grados centígrados, una temperatura altísima (el núcleo del sol se encuentra, aproximadamente, a unos 4 millones de grados centígrados).

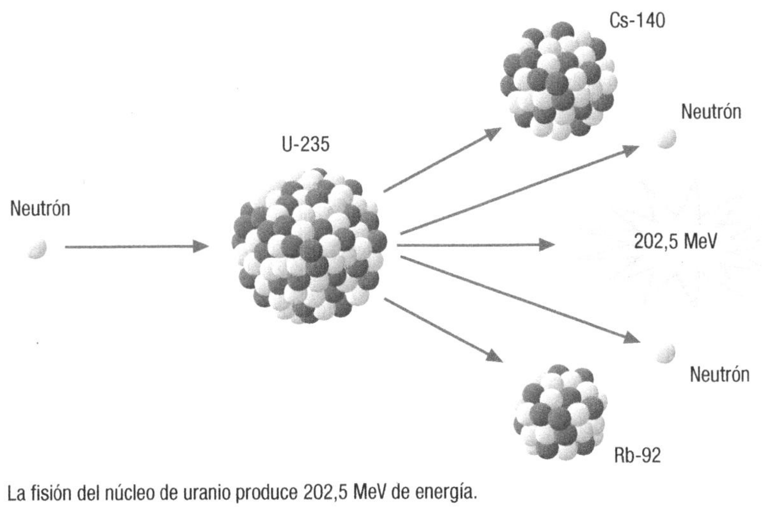

La fisión del núcleo de uranio produce 202,5 MeV de energía.

simetría electrodébil, de la que se hablará más adelante. La masa de estos bosones es del orden de 100 GeV (gigaelectronvoltios), lo que equivale a 100 veces la masa del protón, y es la razón de que estas interacciones sean también de corto alcance, hasta una distancia 100 veces menor que el radio del núcleo atómico. Otra característica de la interacción débil es que distingue las orientaciones izquierda y derecha, es decir, un proceso débil no es igual que la imagen que obtendríamos si lo vemos reflejado en un espejo. Ello es debido a que las interacciones débiles afectan a partículas con espín hacia la izquierda en la dirección de su momento, pero no a las partículas con espín derecho. Veremos que la mayoría de estas particularidades de la interacción débil están relacionadas con el mecanismo de rotura espontánea de simetría.

SIMETRÍAS Y EL MODELO ESTÁNDAR

Ya conocemos las partículas elementales que forman la naturaleza y las cuatro interacciones fundamentales, el siguiente paso es ensamblar estas piezas para construir una teoría que nos permita calcular y obtener predicciones sobre los distintos procesos que tienen lugar a nivel de partículas elementales. Para ello, hemos de construir una teoría cuántica de campos, que es una descripción cuántica y relativista de los campos de interacción. La mecánica cuántica, construida a principios del siglo XX y utilizada con éxito para explicar el átomo, era una teoría no relativista, es decir, válida para velocidades pequeñas frente a la velocidad de la luz. Sin embargo, las transiciones entre distintos niveles en el átomo se producen emitiendo o absorbiendo un fotón, que se mueve a la velocidad de la luz. Así, el fotón, muy importante en todos los procesos atómicos, no podía ser descrito mediante la mecánica cuántica. Esta paradoja llevó a la construcción de teorías cuánticas de campos, en las que tanto las partículas de materia como bosones mediadores son descritos mediante campos que se extienden por todo el espacio. De este modo, los electrones o los fotones son excitaciones de los correspondientes campos. En este formalismo, el número de partículas no es constante, estas se pueden crear y destruir excitando el campo subyacente. Por ejemplo, un electrón puede emitir un fotón, llevándose parte de la energía y momento del electrón, y transportándola a otra partícula en un punto diferente del espacio. Estos procesos, en los que se absorben o emiten nuevas partículas, son descritos por términos de interacción, cuya intensidad viene controlada por las constantes de acoplamiento.

La forma de estas interacciones en nuestras teorías cuánticas de campos está determinada por consideraciones de simetría. Por ejemplo, podemos examinar las interacciones fuertes. Sabemos que tenemos quarks de tres «colores» distintos. En principio podríamos tener interacciones diferentes, con distintas constantes de acoplamiento, para distintos colores. Por el contrario, sabemos que los colores son completamente indistinguibles, las constantes de acoplamiento son iguales para todos los colores, y no hay ningún proceso que nos diferencie un quark rojo de uno azul. De hecho, en una teoría cuántica podemos tener un estado que sea una combinación arbitraria de los tres colores: un quark 50% rojo, 20% azul y 30% verde. Cualquiera de estos estados es exactamente igual desde el punto de vista de las interacciones fuertes, y por eso decimos que la interacción es simétrica bajo el intercambio de color. Dado que tenemos tres colores, el conjunto de combinaciones de colores que podemos construir sin cambiar la interacción forma el grupo SU(3), y nuestra teoría es invariante bajo este grupo de transformaciones. La idea para las interacciones débiles sería, en principio, similar; en este caso tenemos dos estados de esta interacción, que corresponderían al electrón y el neutrino si la simetría no estuviese rota, que podemos intercambiar arbitrariamente y, por tanto, la simetría se corresponde con el grupo SU(2). La interacción electromagnética está asociada al grupo de simetría U(1), que corresponde simplemente a un cambio de orientación del campo en el plano complejo, una rotación en un espacio interno. Un concepto muy importante al construir nuestra teoría es el de simetría local. La teoría ha de ser la misma para una combinación arbitraria de los estados, pero la combinación que construya un observador en la Tierra puede ser diferente de la que construya un astronauta en la Estación Espacial Internacional y, sin embargo, nos podemos comunicar intercambiando fotones sin importar nuestra elección de estados. Por tanto, la teoría ha de ser simétrica bajo las transformaciones del grupo de simetría considerado, U(1), SU(2) o SU(3), no solo para cualquier combinación de estados elegida de forma uniforme en todo el espacio, sino que ha de ser simétrica para combinaciones de estado distintas en cualquier punto del espacio-tiempo. Este tipo de simetría, mucho más restrictivo que la invariancia bajo cambios uniformes en todo el espacio-tiempo, recibe el nombre de *simetría gauge local.* Este principio de simetría local requiere la presencia de los bosones mediadores, el fotón, los W, los Z o los gluones y fija automáticamente sus interacciones con los campos de materia.

Utilizando estos principios de simetría de gauge local, y las ecuaciones de movimiento para fermiones y bosones, podemos construir nuestra teoría cuántica de campos correspondiente al estándar de las interacciones fuertes y electrodébiles. En este caso, la simetría gauge que nos define el modelo es $SU(3)\times SU(2)\times U(1)$, y los campos fermiónicos de materia que intervienen son: un doblete de leptones, L, un singlete de leptones, e, un triplete-doblete (bajo SU(3) y SU(2)) de quarks, Q, y dos tripletes-singletes de quarks, u y d. El modelo estándar incluye tres copias de estas partículas que forman las tres generaciones de partículas elementales (figura 2). Aparte de estas partículas, tenemos también un doblete de Higgs, H, que juega un papel fundamental en el mecanismo de rotura espontánea de simetría. Las ecuaciones y tecnología matemática requeridas para el estudio de este modelo son complejos. La función que nos fija la teoría es la llamada *función lagrangiana*, que nos fija la propagación del campo «libre» y los «vértices», términos de interacción entre varias partículas. En el modelo estándar tiene esta forma:

$$L = -\frac{1}{4}F^{\mu\nu}F_{\mu\nu} + \overline{\psi}D^{\mu}\gamma_{\mu}\psi + Y_{ij}H\overline{\psi}_{i}\psi_{j} + \left|D^{\mu}H\right|^{2} + V(H),$$

donde $F^{\mu\nu}$ representa a los bosones mediadores, ψ a los campos fermiónicos, H al bosón de Higgs y D^{μ} a la llamada *derivada covariante*, que incluye los términos de interacción con los

FIG. 2

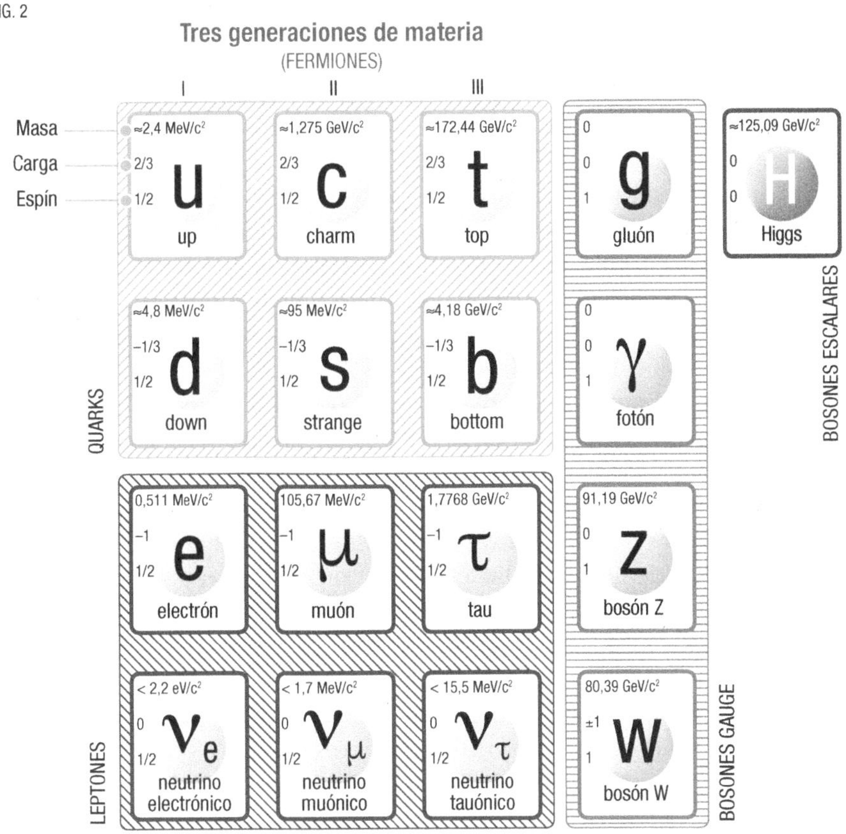

El modelo estándar incluye tres generaciones de partículas elementales.

bosones mediadores. El significado completo de esta expresión es difícil de entender sin conocimientos matemáticos bastante avanzados, pero, afortunadamente, existe una representación gráfica de los distintos términos. Los llamados *diagramas de Feynman* son extremadamente útiles para calcular los distintos procesos, y ofrecen una visión más clara que las ecuaciones.

La primera teoría cuántica de campos, la electrodinámica cuántica, fue completada por el físico teórico estadounidense Julian Schwinger (1918-1994) y el ya nombrado Richard Feynman, que junto a su colega japonés Shin'chiro Tomonaga (1906-1979) recibieron por ello el premio Nobel de 1965. Las visiones y métodos de los dos investigadores para abordar el problema fueron muy diferentes. Schwinger era más formal y cuidadoso en sus cálculos, pero estos eran muy complejos matemáticamente y técnicamente farragosos. Por otro lado, Feynman era muy intuitivo y fue capaz de hacerse una imagen gráfica del proceso que le permitió organizar los cálculos fácilmente. A pesar de su profundo respeto mutuo, a Schwinger nunca le gustaron los diagramas de Feynman, porque, en su opinión, ocultaban el sentido profundo de los cálculos. Llegó incluso a prohibir el uso de diagramas de Feynman a sus estudiantes en Harvard. Murray Gell-Mann cuenta que, en 1963, pasó un tiempo en la casa de Schwinger. Gell-Mann revisó toda la casa en busca de algún diagrama de Feynman y no pudo encontrar ni uno solo. De todas formas, había una habitación cerrada con llave a la que no pudo acceder...

Podemos calcular cualquier proceso físico mediante diagramas de Feynman. Los elementos que los conforman son los propagadores, que representan el movimiento de una partícula de un punto a otro del espacio-tiempo y los vértices de interacción, en los que tres partículas, o más, confluyen, cambiando sus propiedades. Un mismo vértice de tres partículas puede representar la desintegración de una de ellas para crear las dos restantes, o la aniquilación de dos de ellas en la tercera partícula, según como las dispongamos en el eje temporal. A cada uno de estos propagadores o vértices les corresponde, mediante las llamadas «reglas de Feynman» (figura 3), una cierta cantidad numérica que, después de sumar todos los posibles diagramas, nos proporciona la respuesta al proceso determinado. El problema de las teorías cuánticas de campos y, por tanto, también de los diagramas de Feynman, es que no es posible matemáticamente obtener un resultado exacto para el proceso, sino que solo podemos obtener resultados aproximados en una serie de potencias en la constante de acoplamiento. Afortunadamente, la constante de acoplamiento es pequeña en los casos de interacciones débiles y electromagnéticas, o en el caso de interacciones fuertes a al-

FIG. 3

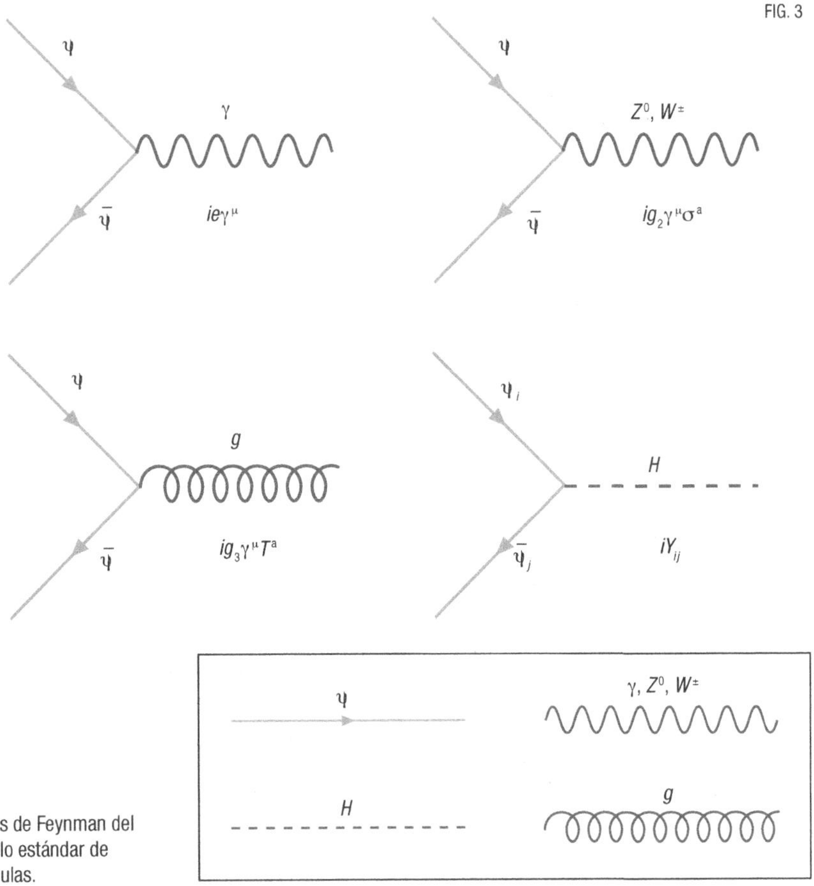

Reglas de Feynman del modelo estándar de partículas.

tas energías. Así, podemos obtener un resultado suficientemente aproximado al proceso que calculamos sumando diagramas con un número más o menos reducido de vértices.

En la figura 4 podemos ver las contribuciones a orden dominante, de dos vértices, y una de las contribuciones subdominantes de cuatro vértices al proceso de creación de un par de quarks bottom en una colisión electrón-positrón. Teniendo en cuenta que la constante de estructura fina $\alpha = e^2/4\pi = 1/137$ y que la probabilidad de

FIG. 4

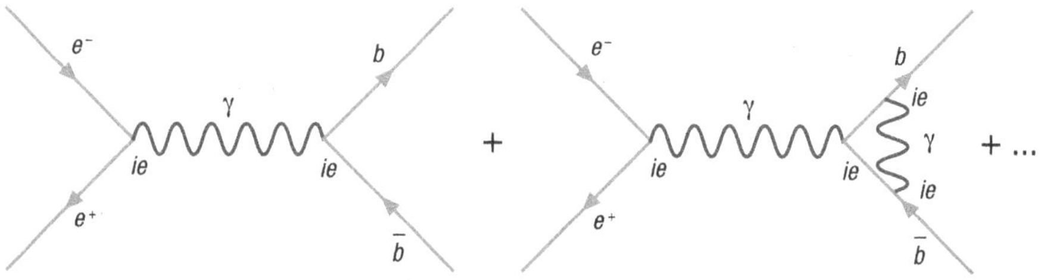

Diagrama de Feynman correspondiente a la creación de un par de quarks bottom en una colisión electrón-positrón.

la colisión es proporcional al cuadrado de estos diagramas, cada vértice nuevo representa una contribución un factor 137 veces menor que la anterior al elevar su contribución al cuadrado. Por tanto, nos podemos quedar con los primeros diagramas del conjunto, con arreglo a la precisión que queramos alcanzar en nuestro observable.

En la actualidad, algún observable, como el momento anómalo magnético del electrón, se ha calculado hasta diagramas con 10 vértices, es decir, de orden α^5. A este orden existen, y tenemos que calcular, 12 672 diagramas distintos, sin olvidar los 891 diagramas con 8 vértices, etc. Afortunadamente, existen procedimientos semiautomáticos que permiten agilizar estos cálculos. La predicción que obtenemos para el momento anómalo magnético del electrón en el modelo estándar es:

$$a_e = 1\ 159\ 652\ 181{,}643\ (764) \times 10^{-12}$$

donde las cifras entre paréntesis representan el error debido a las incertidumbres en los parámetros de la teoría. Por otro lado, el resultado obtenido experimentalmente para este observable es:

$$a_e = 1\ 159\ 652\ 180{,}73\ (28) \times 10^{-12}$$

Así pues, podemos ver que el modelo estándar, al menos para algunos observables, es una teoría extremadamente precisa.

ROTURA DE SIMETRÍA Y EL BOSÓN DE HIGGS

Como hemos visto en el apartado anterior, la idea de simetría es fundamental en nuestra construcción del modelo estándar. Hemos analizado el caso de la simetría de color SU(3) donde hemos visto que los tres colores de los quarks son absolutamente indistinguibles, así como los 8 gluones mediadores. Sin embargo, la situación en el caso de la simetría SU(2) es muy distinta, agrupamos en dobletes o tripletes partículas diferentes, con masas e incluso cargas eléctricas distintas: los quarks up y down o los electrones y los neutrinos. De hecho, en un principio, la única razón que existía para agrupar estas partículas era que participaban conjuntamente en ciertos procesos que tenían una intensidad similar y en todos casos mucho más débil que las interacciones eléctricas o fuertes. Si la simetría SU(2) fuese exacta, estaríamos en la misma situación que en el caso de las interacciones fuertes y tendríamos solo dobletes o singletes de quarks y de leptones. Las partículas dentro de estos grupos serían completamente indistinguibles, así como los tres bosones mediadores. La razón de que podamos distinguir las partículas es que la simetría débil está rota, aunque de un modo especial que mantiene muchas de sus propiedades; es una simetría oculta. Precisamente esto es debido al famoso bosón de Higgs, y al mecanismo de rotura espontánea de simetría.

En la composición del modelo estándar, el bosón de Higgs es el único bosón que no está asociado a una simetría gauge de interacción. Eso lo hace bastante especial, y, de hecho, es la única partícula que puede tomar un valor distinto de cero en el espacio sin romper la invariancia de Lorentz de relatividad (propiedad según la cual ciertas ecuaciones o magnitudes tienen la misma forma en todos los sistemas de referencia inerciales). El estado de mínima energía de la teoría es el estado al que tienden todas las partículas o campos, y sobre el cual se crean las partículas

El Gran Colisionador de Hadrones o LHC es el acelerador de partículas más grande del mundo. Abrió sus puertas en septiembre de 2008 cerca de Ginebra, en Suiza, y es la principal infraestructura del CERN, la Organización Europea para la Investigación Nuclear conocida por las siglas del que fue un primer nombre provisional, *Conseil Européen pour la Recherche Nucléaire.*

como excitaciones. En este caso, el estado de más baja energía del modelo estándar no coincide con un valor nulo del campo de Higgs, sino que es una configuración especial de este campo, con un valor determinado por el mínimo del potencial de Higgs. Si el mínimo del potencial estuviera en el punto en que el campo de Higgs es cero, la simetría electrodébil sería respetada, y todas las partículas tendrían masa nula. Sin embargo, si el valor del campo de Higgs en el mínimo es distinto de cero, como pasa en la figura 5, la simetría SU(2), respecto a la cual el Higgs es un doblete, se rompe. Este proceso proporciona masas diferentes a los tres bosones mediadores de las interacciones débiles, según como se acoplen a la componente del doblete de Higgs no nula, y, del mismo modo, proporciona también masa a los fermiones, a través de las llamadas interacciones de Yukawa. Por tanto, aunque la simetría débil está rota y las masas de las partículas del multiplete son distintas, esta rotura está controlada por el valor del campo de Higgs en el vacío. Si reemplazamos este valor por cero podemos recuperar la simetría exacta. Por esta razón, se dice que es una simetría oculta.

El bosón de Higgs, la excitación del campo de Higgs en el vacío electrodébil, es la última partícula del modelo estándar que encontramos en los experimentos del LHC (ver imagen en páginas 44 y 45) en Ginebra, Suiza, el Gran Colisionador de Hadrones de la Organización Europea para la Investigación Nuclear, el CERN. La dificultad experimental para encontrar esta partícula fue enorme, debido a su elevada masa y a sus pequeños acoplamientos con electrones o quarks de la primera generación, que son las partículas de las que disponemos para nuestros experimentos en aceleradores de partículas. Para hacernos una idea de la dificultad de esta búsqueda, hemos de tener en cuenta que al colisionar dos protones en los experimentos del LHC, cuánticamente, solo existe una cierta probabilidad de producir un determinado estado final. Dos protones pueden producir un par quark-antiquark de tipo bottom o up, o pueden producir un Higgs. La probabilidad de que se produzca un Higgs en una colisión protón-protón es, aproximadamente, de una entre cuatro mil millones. Esto significa que, a menos que tengamos mucha suerte,

FIG. 5

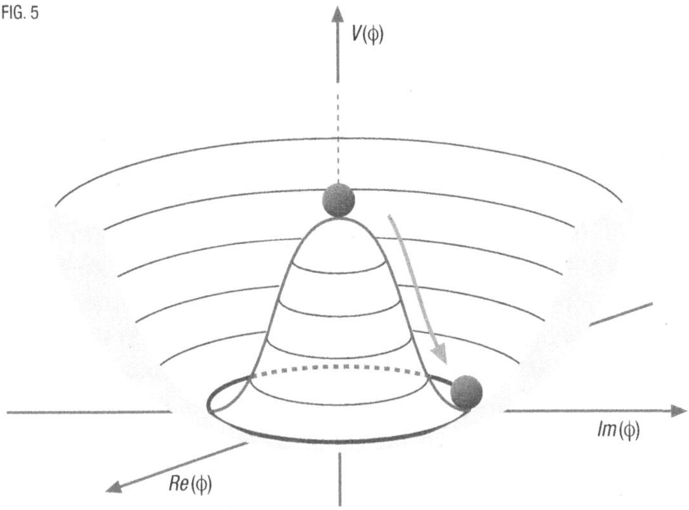

Potencial de Higgs en el modelo estándar.

hemos de hacer varios miles de millones de colisiones para producir un Higgs y, seguidamente, hemos de ser capaces de encontrarlo entre todas esas colisiones. Afortunadamente, este proceso de producción del bosón de Higgs tiene ciertas características distintivas que, con instrumental científico de la más alta tecnología en los detectores ATLAS y CMS, nos han permitido encontrar el bosón de Higgs y medir sus propiedades con bastante precisión.

ÉXITOS EXPERIMENTALES DEL MODELO ESTÁNDAR

El modelo estándar contiene únicamente 25 parámetros «libres» que deben ser fijados a través de resultados experimentales. Estos parámetros son:

— Tres acoplamientos gauge, que nos fijan la intensidad de las interacciones: g_1, g_2 y g_3.
— Dos parámetros del potencial de Higgs, V(H): μ y λ.

— Doce masas de fermiones: m_e, m_μ, m_τ, m_ν, m_u, m_d, m_c ...
— Cuatro parámetros de mezcla de los quarks: θ_1, θ_2, θ_3, ϕ.
— Cuatro parámetros de mezcla de neutrinos: θ_{12}, θ_{23}, θ_{31}, χ.

Por tanto, necesitaríamos 25 observables independientes para fijarlos y, una vez fijados, cualquier otro observable puede ser predicho por el modelo estándar con precisión arbitraria, y confrontado con los resultados experimentales para validar nuestra teoría. Este procedimiento se ha repetido en numerosas ocasiones, y por el momento las predicciones del modelo han sido siempre correctas. Recientemente, hemos sido capaces de producir también el bosón de Higgs con las propiedades esperadas por el modelo estándar. El acierto de estas predicciones, de hecho, ha sido incluso mejor de lo que los físicos de altas energías habríamos esperado. La visión común entre los físicos antes de que el LHC o su antecesor el Gran Colisionador Electrón-Positrón (el LEP, en desuso desde el año 2000) comenzaran a funcionar era que una nueva física relacionada con la ruptura de la simetría electrodébil debería estar presente en la escala del TeV. Si ese era el caso, podríamos esperar razonablemente que esa nueva física apareciera ya en las medidas de precisión de los observables electrodébiles en experimentos como el LEP, cuando se alcanzaran escasos porcentajes en algún observable. Por el contrario, incluso alcanzando sensibilidades bastante mejores que las anteriores no logramos encontrar ninguna diferencia frente a las predicciones del modelo estándar. Los experimentos de LHC, con energías suficientes para producir partículas de masa superior al TeV, no han descubierto hasta el momento ninguna señal de esa nueva física en sus resultados. Esto puede resumirse en una poderosa declaración sobre el límite de «baja energía» de cualquier extensión del modelo estándar: cualquier nueva física que pudiera existir más allá del mismo tiene que reproducir este modelo con gran precisión cuando consideramos su límite en las escalas de energía del orden del TeV. Para ser justos, hay que reconocer que en las cuatro décadas de existencia del modelo estándar hemos sido testigos de una larga serie de «enfermedades temporales»: discrepancias entre el modelo y los experimentos en ocasiones bastante significativas. Sin embargo, estas «enfermedades» del modelo estándar han seguido todas el mismo destino: han desaparecido después de algún tiempo, dejándolo absolutamente indemne y más fuerte que antes. Incluso actualmente existe alguna de estas pequeñas afecciones del modelo estándar: algunas de ellas como el momento magnético anómalo del muón han sobrevivido durante un largo periodo, y otras, como las discrepancias en desintegraciones de mesones B, han sido resueltas recientemente en el LHC. Sin embargo, a pesar de la relevancia que todos estos indicios pueden tener, aún estamos lejos de contar con una señal sólida e indiscutible de una nueva física más allá del modelo estándar.

El hecho de que con este modelo tenemos un conocimiento de las interacciones fundamentales hasta las energías de 1 TeV o distancias tan pequeñas como 10^{-18} m no puede ser subestimado: representa un asombroso éxito de las teorías cuánticas de campos en física de partículas, y uno de los mayores logros en un siglo de grandes conquistas en física. Pero, una vez enfatizado este lado brillante de las últimas décadas, tenemos también que admitir que los físicos de altas energías nos sentimos bastante decepcionados por no haber encontrado aún un camino hacia la física más allá del modelo estándar. Como veremos, tenemos muchas razones para creer que este no puede ser la teoría final de «todo» (en particular, porque no incluye la gravedad), pero, desgraciadamente, aún carecemos de señales sólidas que nos indiquen cuándo, dónde y cómo esta nueva física debe manifestarse.

Preguntas abiertas en el modelo estándar

A pesar de que el modelo estándar es una excelente descripción de la naturaleza y ha superado todas las pruebas experimentales, deja aún preguntas sin respuesta que una teoría fundamental debería abordar. Estas preguntas son las razones que nos empujan a buscar física más allá de este marco teórico.

Como hemos dicho, el modelo estándar de las interacciones fuertes y electrodébiles es capaz de describir correctamente todos los resultados experimentales recogidos al día de hoy, hasta energías de varios cientos de GeV. En concreto, este modelo fue completado en su forma actual a mediados de los años setenta y, desde entonces, todas las partículas e interacciones que hemos encontrado en nuestros experimentos de alta energía han sido incluidas en él. De hecho, ya requería la existencia de varias partículas que aún no habían sido observadas en el momento de su formulación y fueron descubiertas con posterioridad. Este es el caso, por ejemplo, de los quarks bottom y top, el neutrino tau o el propio bosón de Higgs.

A partir de la observación experimental, en 1964, de la violación de la simetría entre partículas y antipartículas en desintegraciones de kaones neutros, el modelo estándar precisaba de la existencia de los quarks bottom y top. La rotura de esta simetría recibe el nombre de «violación de CP» (iniciales de las simetrías de conjugación de carga y paridad) y, como mostraron los físicos japoneses Makoto Kobayashi (n. 1944) y Toshihide Maskawa (n. 1940) en 1973, solo es posible en el modelo si la matriz de mezcla de los quarks involucra más de dos generaciones de fermiones. A mediados de la década de 1970, se conocían únicamente cuatro quarks: up, down, strange y charm, que formaban la primera y la segunda generación. En 1977, en el Laboratorio Nacional Fermi de Chicago, pionero en física de partículas y conocido también como Fermilab, fue descubierto el quark bottom con una masa de unos 4,2 GeV. Después de aquello, ya nadie dudó de la existencia del quark top, sin embargo, debido a su enorme masa, de unos 175 GeV, solo se pudo producir de nuevo en el Fermilab en 1995, y se confirmó que sus propiedades eran completamente acordes a las predichas por el modelo estándar.

En esa misma época se descubrió el tercer leptón cargado, el tau, y de nuevo la consistencia del modelo estándar comportaba la existencia de un neutrino asociado. Aun así, la detección experimental del neutrino tau no llegó hasta el año 2000, cuando fue anunciado por el experimento DONUT (por *Direct Observation of NU Tau*, Observación Directa del Neutrino Tau), también en el Fermilab. Tras este descubrimiento, solo restaba por encontrar el bosón de Higgs, que fue el principal motivo de la construcción del LHC en Ginebra. El descubrimiento del famoso bosón, con una masa de 125 GeV, fue finalmente anunciado por los experimentos ATLAS y CMS del LHC el 4 de julio de 2012, lo que valió un premio Nobel para el belga François Englert y el británico Peter W. Higgs (de quien tomó el nombre «su» bosón), dos de los físicos teóricos que ya en los años sesenta propusieron la existencia de esta partícula. Por el momento, todos los experimentos realizados han confirmado que sus propiedades coinciden, una vez más, con las predichas por el modelo estándar. Así, a pesar de que hemos explorado energías mil veces mayores que las conocidas en el momento de su formulación, no hemos encontrado en nuestros experimentos ninguna partícula fuera de las incluidas en el mismo.

Por otra parte, este marco teórico de la física contiene 25 parámetros «libres», que, una vez fijados a partir de nuestros experimentos, nos determinan el valor de cualquier otro observable (se denomina así a toda propiedad del estado de un sistema que pueda ser observada o comprobada mediante determinadas pruebas físicas) con la precisión requerida. De este modo, podemos calcular centenares de observables y compararlos con las medidas experimentales directas de los mismos. Si el modelo estándar no es correcto, o al menos, no es la descripción completa de la naturaleza, podemos esperar que sus predicciones se separen de los resultados experimentales al medir estos observables con suficiente precisión. Ya vimos el caso del momento anómalo magnético del electrón, que ha sido calculado con 13 cifras significativas y concuerda a la perfección con el resultado experimental. Este procedimiento de física de precisión se ha repetido con muchos otros observables. Por ejemplo, si calculamos la masa del bosón W como función de estos 25 parámetros del modelo estándar obtendremos

$$M_W = 80{,}361 \pm 0{,}006 \text{ GeV},$$

mientras que el resultado de la medida experimental directa es,

$$M_W = 80{,}387 \pm 0{,}016 \text{ GeV}.$$

Del mismo modo, a partir de la vida media del bosón Z, podemos obtener el valor experimental del número de neutrinos (N_ν) a los que el bosón Z puede decaer, o el ángulo de mezcla entre las interacciones débiles y electromagnéticas, $\text{sen}^2\,\theta_l$,

$$N_\nu = 2{,}992 \pm 0{,}007, \quad \text{sen}^2\,\theta_l = 0{,}23185 \pm 0{,}00035,$$

que podemos comparar, con las predicciones teóricas del modelo,

$$N_\nu = 3, \quad \text{sen}^2\,\theta_l = 0{,}23152 \pm 0{,}00005.$$

Podemos ver que todas las predicciones teóricas coinciden exactamente con los resultados experimentales, si tenemos en cuenta el rango de variación debido a nuestro conocimiento imperfecto de los valores de los parámetros del modelo, o las indeterminaciones de las propias medidas experimentales. Este mismo ejercicio lo podemos repetir con muchos otros observables, y siempre hemos obtenido un magnífico acuerdo entre las predicciones del modelo estándar y las medidas experimentales.

Así pues, por el momento, no hemos sido capaces de encontrar ninguna fisura en la estructura de este modelo. Por lo tanto, nos enfrentamos a una pregunta incómoda: Si el modelo estándar es tan bueno, ¿tiene sentido intentar ir más allá? Para los físicos de altas energías, la respuesta a esta pregunta es, sin duda, «sí». Las razones de esa contundente afirmación no son solo filosóficas, como sería la búsqueda de respuestas a las preguntas de nuestro origen y el destino del universo. Tenemos razones sólidas que nos empujan «más allá del modelo estándar».

Desde el punto de vista teórico, siguen existiendo varias preguntas sin responder que nos gustaría que una teoría completa resolviera. Entre ellas están: la unificación de los acoplamientos gauge, la enorme diferencia entre la escala electrodébil y la escala asociada a la gravedad, la inclusión de la gravedad cuántica en nuestra teoría, o entender el origen del gran número de parámetros de sabor en el modelo estándar.

Aparte de estos «problemas teóricos», hay también algunos «problemas observacionales» que este modelo no es capaz de resolver. Estas cuestiones no han surgido tras experimentos de laboratorio, sino que se relacionan principalmente con la cosmología. Entre ellos tenemos: la necesidad de incluir *materia oscura no-bariónica* en la composición del universo, un mecanismo de *bariogénesis* (las causas que debieron producir la asimetría entre bariones y antibariones que se da en el universo) y finalmente un mecanismo de *inflación*, un crecimiento exponencial del universo en un breve periodo de tiempo que relaciona la temperatura y sus fluctuaciones en regiones que, de otra forma, no habrían podido interaccionar en el pasado.

FÍSICA MÁS ALLÁ DEL MODELO ESTÁNDAR: INDICIOS TEÓRICOS

Lo cierto es que tenemos varias preguntas que consideramos fundamentales y que no encuentran respuesta satisfactoria en el modelo estándar. Las más relevantes para nosotros son: el problema del sabor, la unificación de las interacciones fundamentales y el problema de la jerarquía de la escala electrodébil.

Todos estos problemas están relacionados con el número de parámetros libres del modelo estándar, que algunos consideramos «excesivo», o con valores «poco naturales». Aunque, como hemos visto, estos parámetros cumplen perfectamente su función, muchos físicos consideramos que podrían tener su origen en una teoría más fundamental que los explique y simplifique el modelo. Afrontemos los problemas uno por uno.

El problema del sabor

En el modelo estándar existen tres copias de campos fermiónicos con las mismas cargas eléctricas, fuertes y débiles, que solo se distinguen por sus masas. Estas masas, junto con las mezclas (figura 1) de los fermiones en los dobletes de SU(2), representan una veintena de parámetros indeterminados de dicho modelo. De hecho, no tenemos ninguna razón que justifique la existencia de estas tres familias de fermiones, y los valores de sus masas son muy diversos: van desde la escala del MeV, donde está la masa del electrón, a los casi doscientos GeV de la masa del quark top, es decir, cambian en más de cinco órdenes de magnitud. La diferencia es aún mucho mayor para las masas de los neutrinos, del orden del milielectronvoltio, a catorce órdenes de magnitud de diferencia.

En principio, todas estas masas se generan a través del mecanismo de rotura de la simetría electrodébil y son proporcionales al valor del campo de Higgs en el vacío, que es de doscientos GeV. Por tanto, el quark top debe tener un acoplamiento con el Higgs (llamado acoplamiento de Yukawa) de orden uno, pero el electrón requeriría un acoplamiento aproximadamente igual a 0,000001 y los neutrinos, si obtienen sus masas igual que los restantes fermiones, tendrían un acoplamiento de Yukawa de orden 10^{-14}. Este problema es aún mayor si tenemos en cuenta las diferencias en los valores de los ángulos de mezcla en los sectores de quarks y de leptones. Resulta muy difícil aceptar tal variedad numérica en los acoplamientos de Yukawa sin ninguna justificación, cuando en una teoría fundamental es natural es-

FIG. 1

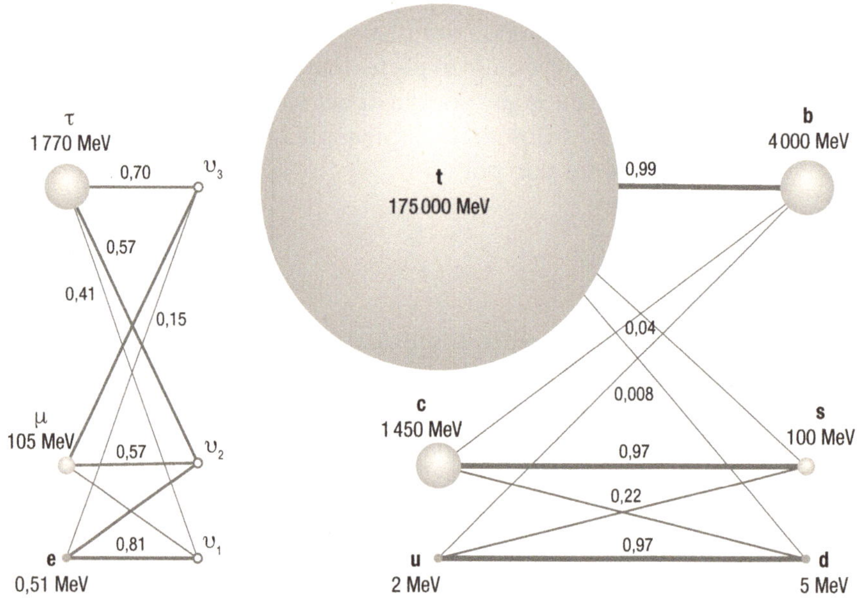

Masas y mezclas en el modelo estándar. En la figura, el tamaño representa las masas relativas de las diferentes partículas considerando las masas de los neutrinos como nulas. Sin embargo, todas estas partículas son puntuales. El grosor de las líneas que las conectan representa la intensidad de las mezclas.

perar que todos los acoplamientos sean del orden de la unidad, como sucede por ejemplo para los acoplamientos de las interacciones fuertes, débiles y electromagnéticas. Este es el llamado problema del sabor.

Unificación de las fuerzas

La historia de la física nos ha enseñado en repetidas ocasiones que procesos aparentemente muy distintos pueden ser explicados por una misma fuerza. Isaac Newton formuló su ley de la gravitación universal después de comprobar que la aceleración de caída de los cuerpos en la superficie terrestre era la misma que determinaba la órbita lunar y las órbitas de los distintos planetas. Más tarde, Maxwell demostró que las interacciones eléctricas y magnéticas eran solo dos efectos de una misma interacción electromagnética.

En el modelo estándar, hemos combinado las interacciones débiles y electromagnéticas en dos nueva interacciones, con los grupos SU(2) y U(1). Sin embargo, continuamos teniendo dos constantes de acoplamiento distintas en estas interacciones y el acoplamiento de las interacciones fuertes es mucho mayor que los otras dos. Por tanto, no podemos decir que este modelo represente una verdadera unificación de las interacciones fundamentales, incluso antes de considerar la versión cuántica de la gravedad. La idea de gran unificación consiste en agrupar todas estas fuerzas en una única interacción, mediante un único grupo de simetría roto espontáneamente a energías muy altas, en analogía a la rotura de la simetría electrodébil del modelo estándar. En estos modelos, llamados teorías de gran unificación, se conseguiría reducir los acoplamientos fuerte, débil y electromagnético, a una sola interacción con una única constante de acoplamiento.

La naturaleza crea líneas curvas y los humanos, líneas rectas.

Hideki Yukawa

Aunque esta idea pueda parecer bastante especulativa, tenemos indicios de que esta unificación, conocida como la Gran Unificación, puede ocurrir a energías más altas. En el modelo estándar podemos ver cómo los acoplamientos cambian con la escala. A la escala electrodébil, el acoplamiento fuerte es $\alpha_3 = g_3^2/4\pi = 0{,}118$, mientras que el electromagnético es $\alpha_{em} = e^2/4\pi = 0{,}0078$, sin embargo a energías más altas α_3 decrece y α_{em} aumenta, de forma que a escalas del orden de 10^{15} GeV, ambos son del mismo orden. Una evolución similar ocurre con el acoplamiento débil α_2, que también se aproxima a los otros dos a estas altas energías, y esto apoya fuertemente la idea de Gran Unificación. Veremos que estas teorías predicen muchos procesos interesantes que, aunque aún no han sido observados, continuamos buscando en nuestros experimentos.

Jerarquía de la escala electrodébil

Hemos visto que, en teorías cuánticas de campos, tenemos contribuciones «virtuales» (figura 2) a los diferentes procesos a órdenes superiores de la constante de acoplamiento y un mayor número de bucles *(loops)*. Este tipo de contribuciones «virtuales», en que varias partículas son creadas y aniquiladas en el proceso intermedio, reciben contribuciones de partículas y escalas de energía mucho mayores de las que podemos alcanzar en nuestros aceleradores y, por tanto, sus masas y acoplamientos son «desconocidas» para nuestra teoría de «baja» energía. Afortunadamente, en una teoría «renormalizable», como es el caso del modelo estándar, esas contribuciones desconocidas se limitan a modificar «ligeramente» y de forma continua los valores de los parámetros del modelo (masas y acoplamientos) a distintas escalas, es decir, si medimos esos parámetros experimentalmente a una determinada energía sin preocuparnos de calcularlos a partir de los parámetros a escalas altas, la dependencia de nues-

FIG. 2

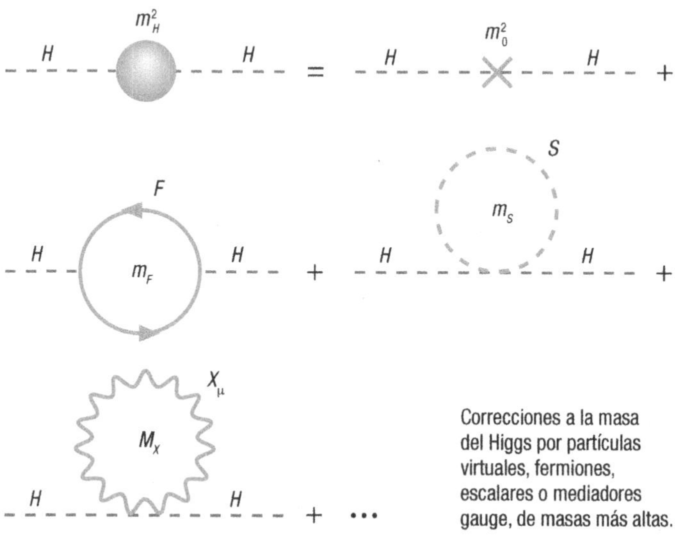

Correcciones a la masa del Higgs por partículas virtuales, fermiones, escalares o mediadores gauge, de masas más altas.

tra teoría en esas escalas desconocidas ha desaparecido (casi) completamente.

Sin embargo, aun en estas teorías «renormalizables», estas contribuciones virtuales tienden a llevar las masas a la escala más alta de ese marco, que en una teoría que incluya la gravedad corresponde a la llamada *masa de Planck*, 10^{19} GeV. Para las masas de los bosones escalares, como la del bosón de Higgs, este problema es especialmente agudo, ya que las correcciones a sus masas son completamente independientes de los acoplamientos a la escala baja. Así pues, para la masa del Higgs al cuadrado, tenemos la suma del valor inicial de su masa en nuestra teoría con una corrección de orden 10^{38} GeV^2, y esta suma tiene que dar como resultado el valor medido experimentalmente $(125\ GeV)^2$. Esto implica que debemos tener dos contribuciones con signos opuestos de tamaño 10^{38} GeV^2, que se cancelan con una precisión de 1 parte en 10^{34}. Este es el llamado «problema de la jerarquía», y su solución ha sido una de las principales guías para la construcción de extensiones del modelo estándar en los últimos años.

Estos tres problemas teóricos son, en cierto modo, subjetivos. A muchos investigadores nos gustaría simplificar el modelo estándar y ser capaces de entender sus parámetros. Sin embargo, en sentido estricto, las predicciones del modelo no requieren estas mejoras. Podríamos adoptar una actitud «pragmática», aceptando estos valores y simplemente utilizando sus valores medidos para calcular los distintos observables con el modelo estándar. Una posible justificación de esta postura es el llamado «principio antrópico»: la edad del universo, la materia estable, la formación de átomos y, finalmente, la existencia de vida consciente, son solo posibles si los parámetros del modelo tienen valores muy próximos a los observados. El universo ha podido pasar por diferentes etapas o contener diferentes regiones con distintos valores para estos parámetros. La vida solo se ha desarrollado en nuestro universo, donde sus valores permiten la formación de átomos, estrellas y galaxias. Otros muchos «universos» con distintos valores han existido, pero han evolucionado y muerto sin que nadie se preguntara por ellos. Así estos parámetros no serían especiales, más allá de haber permitido la formación de átomos y la química en el universo. Este razonamiento podría ser aceptable si existen, o han existido, infinidad de universos con cualquier valor para los parámetros físicos, pero esta posibilidad es bastante discutible y no es una hipótesis comprobable experimentalmente. Así pues, en nuestra opinión, debemos continuar avanzando con el método científico mientras sea posible para mejorar el modelo estándar, y estas preguntas «teóricas» tengan pleno sentido.

INDICIOS OBSERVACIONALES MÁS ALLÁ DEL MODELO ESTÁNDAR

Hemos dicho varias veces que todos los resultados experimentales recogidos en los laboratorios en las últimas décadas han servido, una y otra vez, para confirmar la exactitud de las predicciones del modelo estándar. Aun así, tenemos indicios observacionales de la existencia de una nueva física, solo que no provienen estrictamente del dominio de la física de altas energías experimental, sino de las observaciones en astropartículas y cosmología. Hay que tener en cuenta que, aunque la gravedad en la forma de relatividad general es la principal interacción en cosmología, las partículas e interacciones del modelo y sus extensiones son las piezas que intervienen en la evolución de universo y han acabado determinando su forma actual.

Por ello, la física de astropartículas es uno de los principales caminos actuales en la búsqueda de esa nueva física. Los procesos astrofísicos proporcionan partículas de energías mucho mayores que las que tenemos en nuestros aceleradores y la evolución del universo desde el Big Bang (ver imagen superior en página contigua) ha pasado necesariamente por etapas de energías muy altas. De este modo, hemos descubierto en cosmología al menos tres «desacuerdos» entre las observaciones y las predicciones del modelo estándar.

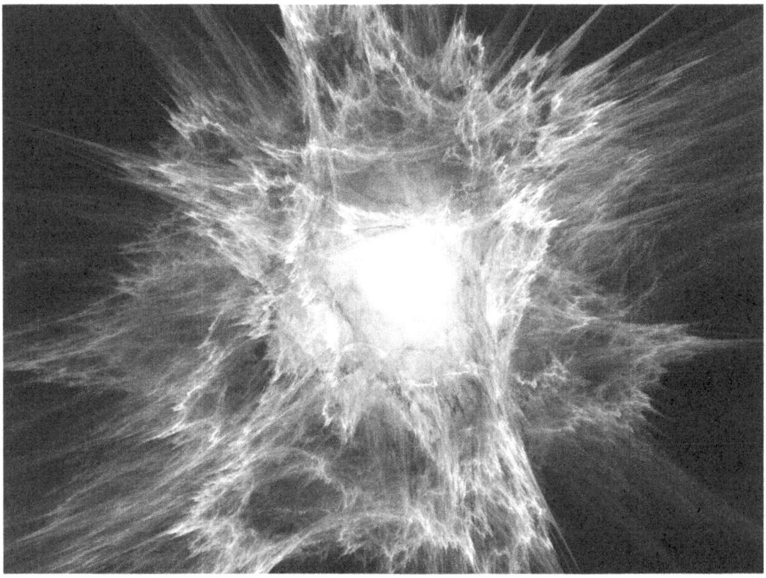

Según la teoría del Big Bang (arriba, en una recreación artística), el universo se creó hace 13 800 millones de años tras una inmensa explosión. Tras ese evento el universo se ha ido expandiendo a gran velocidad, un hecho que, como descubrió la astrofísica Vera Rubin (abajo) se debe a que existe una materia oscura, invisible, que ejerce una fuerza gravitatoria extra que empuja a los objetos celestes.

EDWIN HUBBLE Y UN UNIVERSO EN EXPANSIÓN

En los años veinte del siglo pasado, el estadounidense Edwin Hubble, uno de los astrónomos más destacados de su tiempo, hizo una serie de observaciones que llevaron a concluir que el universo está en expansión. El padre de la astronomía observacional comprobó que prácticamente todas las galaxias visibles presentaban sus espectros desplazados hacia el rojo. Esto es debido al llamado *efecto Doppler*, un cambio de la frecuencia causado por la velocidad relativa de la fuente que significa que todas estas galaxias se alejan de nosotros. Además, Hubble observó que la velocidad de alejamiento de estas galaxias es directamente proporcional a su distancia a la Tierra. Por tanto, dedujo que el universo no es estático, como inicialmente afirmó Einstein, sino que se está expandiendo.

El universo en tiempos remotos

Si volvemos atrás en el tiempo, implica que el universo era menor y la temperatura, la energía promedio de las partículas, mucho más alta. Así, hace 13 700 millones de años, todo el universo se comprimiría en un único punto con temperaturas del orden de 10^{19} GeV. Este es el Big Bang, la gran explosión, el momento en el que se inició el universo que conocemos (ver figura). La evolución desde 10^{19} GeV hasta la temperatura actual del universo de 1 milielectronvoltio, unos 2 kelvin (esto es, unos –271 °C), atraviesa todas las escalas de energía y es de esperar que esta física haya dejado su huella en la estructura del cosmos. Por ejemplo, tenemos el fondo de radiación de microondas, formado por los fotones que emitieron los electrones al quedar ligados a los núcleos en los átomos, cuando el universo tenía solo 380 000 años y energías del orden de 1 electronvoltio. A tiempos aún menores, de solo 1 segundo, y energías de 1 megaelectronvoltio, tiene lugar la formación de los núcleos atómicos, el proceso llamado *nucleosíntesis*, responsable de las abundancias relativas de los distintos elementos. Analizando estos datos cosmológicos vemos que:

- La energía o temperatura de los fotones del fondo de microondas es de 2,728 Kelvin (unos 270 °C) y muy uniforme en todas direcciones, con fluctuaciones del orden del 0,001 %. Esto significa que todo el universo estaba a la misma temperatura cuando se emitió esta radiación. Pero esto es imposible, ya que los fotones que nos llegan de un extremo del cielo han tardado 13 700 millones de años en llegar a la Tierra y les costará al menos el mismo tiempo en llegar al otro extremo. Dado que nada puede viajar más rápido que la luz, esos dos puntos no han podido nunca intercambiar información y no han podido igualar sus temperaturas. De hecho, las regiones en contacto causal en el cielo nocturno corresponden a manchas de solo 1° de diámetro. Esta paradoja es el llamado *problema del horizonte*.
- Otra característica que observamos tanto en el fondo de microondas como en las abundancias de núcleos primordiales es que el universo es «plano», tiene exactamente la densidad de energía crítica para continuar expandiéndose eternamente con velocidad cada vez menor. Sin embargo, solo el 5 % de esta densidad puede ser explicada por la materia ordinaria, el 27 % de esta densidad es debida a una forma de materia desconocida que no emite luz

y llamamos *materia oscura* y el 68 % restante, a otra forma de energía aún más extraña que llamamos *energía oscura*.

– En todo el universo observado no encontramos antimateria, y toda la materia está en forma de bariones (protones y neutrones). El número de fotones por cada barión es del orden de 10^{10}, es decir 10 mil millones de fotones por barión. Este número no se entiende en el modelo estándar. El universo debería ser casi simétrico en bariones y antibariones y, en estas condiciones, se deberían haber encontrado a lo largo de la historia del universo y aniquilado en fotones hasta que su densidad fuera demasiado pequeña para encontrarse en el universo en expansión. En este universo el número de fotones por barión o antibarión debería ser casi 9 órdenes de magnitud mayor: ¡¡¡10^{19} por cada barión o antibarión!!!

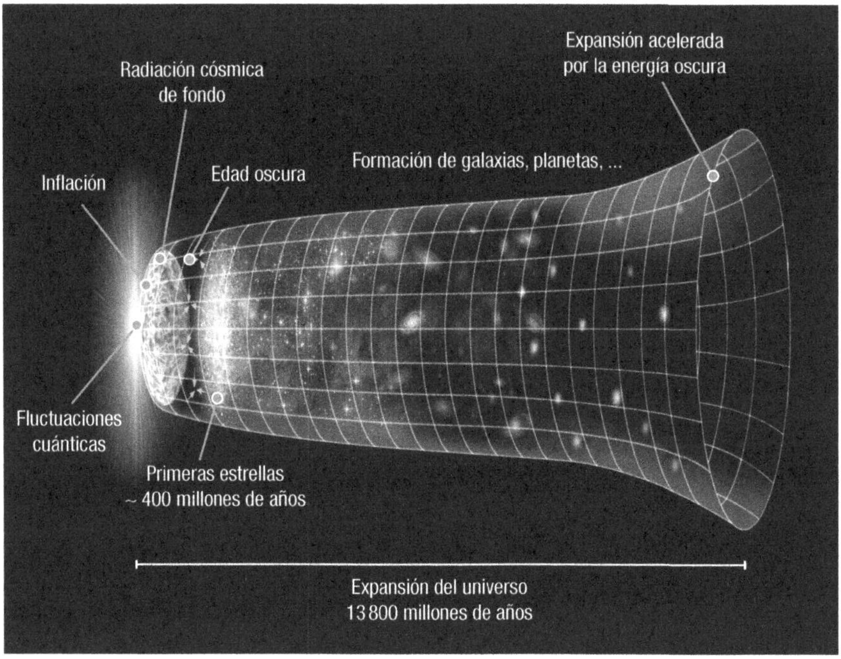

Representación de la expansión del universo desde el Big Bang, acaecida hace 13 800 millones de años.

La materia oscura

Existen varias evidencias muy sólidas de que la atracción gravitatoria que observamos a distancias galácticas o cosmológicas no puede ser generada únicamente por la materia del modelo estándar. De hecho, necesitamos una nueva forma de materia que no interacciona electromagnéticamente ni emite ni absorbe luz. El astrónomo de origen suizo-búlgaro Fritz Zwicky (1898-1974) fue el primero en notar que la masa de las estrellas que vemos en otras galaxias no es suficiente para explicar las órbitas gravitatorias de las mismas. Tiene que existir materia que no esté en forma ni de estrellas, ni planetas ni nubes de polvo, pues la suma de sus masas ordinarias no puede explicar la atracción gravitatoria que se observa. Esta materia no puede estar formada por protones y neutrones, llamados en conjunto bariones. Las predicciones de Zwicky fueron confirmadas por las observaciones de los astrónomos estadounidenses Vera Rubin (1928-2016) y Kent Ford (n. 1931), quienes midieron las velocidades de las estrellas en unas sesenta galaxias (ver imagen inferior en página 63), encontrando en todas ellas que estas velocidades requerían una masa 10 veces mayor que la masa visible en forma de estrellas. Esta es la que fue llamada materia oscura. Recientemente, hemos sido capaces de «verla» en la colisión de dos cúmulos de galaxias, en el cúmulo Bala (ver imágenes en página contigua). Hay imágenes del cúmulo en visible, donde vemos la materia en forma de estrellas, y en rayos X, emitido por el plasma interestelar caliente. Por otra parte, se conoce la distribución de materia total del cúmulo por sus efectos de lente gravitatoria (cuando un objeto masivo causa la curvatura de la luz procedente de un objeto lejano). En estas imágenes se ve que la distribución de masa total no sigue al plasma interestelar, sino a las estrellas y galaxias. Sin embargo, el porcentaje de masa en forma de plasma es típicamente cinco veces mayor que la masa en forma de estrellas visibles, y, por

> La ciencia progresa mejor cuando las observaciones nos obligan a modificar nuestras ideas preconcebidas.
>
> **Vera Rubin**

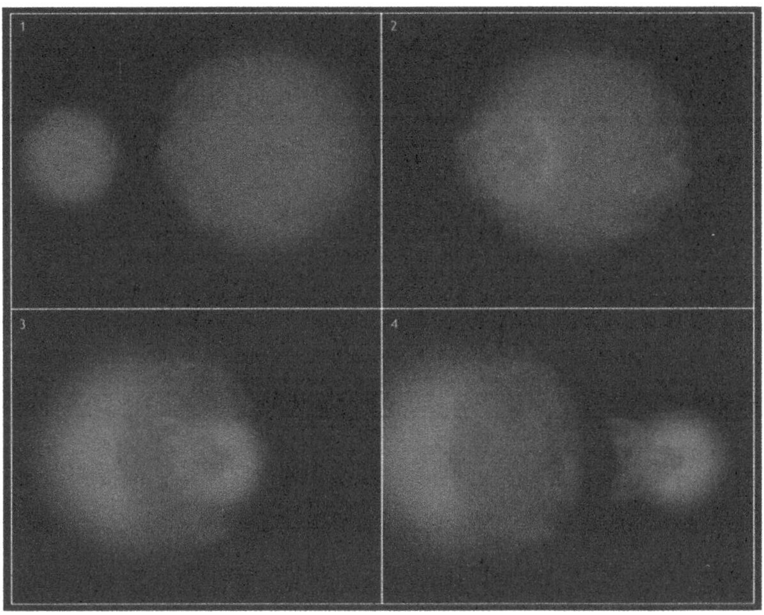

Arriba, colisión de cúmulos de galaxias en el cúmulo Bala. En los laterales, la distribución de masa de los cúmulos, obtenida por efectos de lente gravitatoria, y, en el centro, la emisión de rayos X del plasma interestelar. Abajo, recreación en cuatro secuencias de la enorme colisión que tiene lugar en este cúmulo.

tanto, la distribución de masa que observamos solo puede ser debido a la presencia de materia oscura. Adicionalmente, otras observaciones cosmológicas completamente distintas, como el fondo de radiación de microondas o el proceso de nucleosíntesis primordial, requieren un porcentaje muy similar de materia oscura en el universo. El modelo estándar no contiene ningún candidato adecuado a materia oscura, por tanto, estas observaciones cosmológicas y astrofísicas nos fuerzan a introducir partículas adicionales más allá de las conocidas en este modelo que puedan jugar el papel de materia oscura.

Bariogénesis: ¿dónde está la antimateria?

Las interacciones del modelo estándar son casi totalmente iguales para partículas y antipartículas, un fotón o un gluón crean solo pares partícula-antipartícula y, si no introducimos arbitrariamente una pequeña diferencia inicial entre partículas y antipartículas, deberíamos ver en el universo tanto materia como antimateria. Sin embargo, en todo el universo observable no encontramos ninguna señal de la presencia de antimateria. Por ello, es importante encontrar algún mecanismo que genere dinámicamente esta gran asimetría bariónica a partir de una situación inicialmente simétrica. En el modelo estándar las condiciones para generar esta asimetría, las famosas condiciones que propuso en 1967 el físico nuclear y activista Andréi Sájarov (1921-1989), no se dan con la intensidad necesaria. El modelo estándar incluye una diferencia entre las interacciones de materia y antimateria, originada por una fase compleja en la matriz de mezcla de los quarks. Existen también procesos de violación del número bariónico y tenemos la transición de fase asociada a la rotura de la simetría electrodébil. Sin embargo, la fase de la matriz de mezcla y la transición de fase electrodébil son demasiado pequeñas para generar la asimetría bariónica observada. Así pues, un mecanismo eficiente de bariogénesis demanda también la presencia de nuevas partículas e interacciones más allá de las contempladas por el modelo.

CLASIFICACIÓN DE PARTÍCULAS ELEMENTALES: BARIONES, MESONES Y LEPTONES

El nombre de leptón proviene del griego λεπτός, *leptós*, que significa pequeño, delgado o fino, mientras que barión βαρύς o *barys*, significa pesado, grande. Estos nombres se deben a que en el tiempo en que fueron elegidos, las partículas más pesadas conocidas eran el protón y el neutrón, ambos bariones, y con una masa 1 836 veces la masa del electrón.

El mesón de Yukawa

El físico japonés Hideki Yukawa (en la imagen) propuso en la década de 1930 una nueva partícula a la que llamó *mesón*, de μέσος o *mesos*, que significa intermedio, ya que la masa predicha era de una 100 MeV, intermedia entre las masas del electrón y el protón. Originalmente Yukawa había llamado a su partícula «mesotrón», pero el físico alemán Werner Heisenberg le corrigió señalando que la palabra griega era *mesos* sin «tr». Actualmente, esta clasificación por masas ya no tiene sentido, ya tenemos muchas partículas de los distintos tipos con masas muy diversas (ver figura). Hoy en día llamamos bariones a todas aquellas partículas compuestas por tres quarks, o tres antiquarks, mientras que los mesones están formados por un quark y un antiquark. Así, tanto bariones como mesones están formados por quarks, son sensibles a la interacción fuerte y, conjuntamente, forman el grupo de los hadrones, del griego ἁδρός o *hadrós*, que significa denso. Por otra parte, los leptones son las partículas que no interaccionan fuertemente, sino que solo tienen interacciones débiles y electromagnéticas, es decir, los leptones son el electrón, muón, tau y los tres neutrinos.

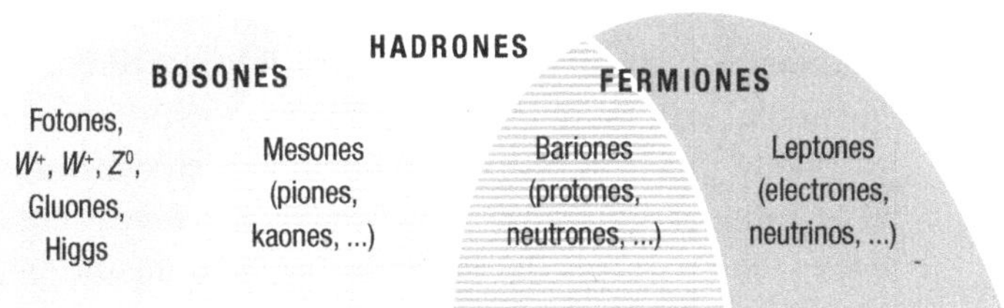

Dentro de la categoría de los bosones, hadrones y fermiones se hallan todas las partículas que constituyen este «zoo» tan variado de componentes subatómicos.

La inflación como solución elegante

Existen varios problemas cosmológicos (universo plano, causalidad y perturbaciones del fondo de microondas) que son elegantemente resueltos si el universo atravesó una etapa de expansión exponencial, llamada *inflación*. El modelo estándar con su doblete de Higgs no es capaz de generar esta etapa de inflación. Otra vez, se requieren nuevas partículas, en particular nuevos bosones escalares, e interacciones más allá del marco del modelo que sean capaces de generar esta etapa de expansión exponencial y explicar las observaciones cosmológicas.

Tanto en el caso de indicios teóricos como en el caso de las razones observacionales para una nueva física más allá del modelo estándar nos debemos preguntar a qué escala de masas se encuentran las nuevas partículas e interacciones requeridas. En principio todos estos problemas pueden ser resueltos por nuevas partículas e interacciones a distintas escalas, sin embargo, nos gustaría que la nueva teoría que extiende la física del modelo estándar sea capaz de resolver varios de estos problemas. Por ejemplo, la pequeñísima escala de masas de los neutrinos puede ser debida al mecanismo de *seesaw* (sube y baja o balancín) que requiere la presencia de nuevos neutrinos superpesados que pueden generar la asimetría bariónica del universo en sus desintegraciones en partículas ligeras. La nueva física puede también estar asociada a escalas mucho más bajas. Esto es lo que ocurre con la materia oscura en la forma de WIMPS, partículas masivas con interacción débil por sus siglas en inglés, con masas de decenas o cientos de GeV. Un posible candidato a WIMP es la partícula supersimétrica más ligera y esta teoría supersimétrica puede también proporcionar una correcta unificación de los acoplamientos gauge a altas escalas si las partículas supersimétricas tienen masas del orden de TeV y al mismo tiempo resolver el problema de la jerarquía.

Esta última posibilidad nos sugiere que podemos esperar encontrar física más allá del modelo estándar en los nuevos experimentos del LHC en Ginebra. Gran parte de nuestras esperanzas están depositadas en esos resultados en los próximos años.

La física es una ciencia experimental, y sin la guía de los resultados experimentales, nuestras teorías no dejan de ser especulaciones que solo estos pueden consagrar como válidas y pasar a ser nuestra nueva descripción de la realidad. Sin embargo, la solución de muchos de estos problemas puede estar en energías mucho más altas, como la escala de Gran Unificación o la escala de la simetría de sabor.

Gran Unificación, el problema de la jerarquía y la supersimetría

Las teorías de Gran Unificación nos explican la estructura y composición del modelo estándar mediante la unificación de todas las fuerzas en una única interacción a altas energías. Por otro lado, la supersimetría a escalas bajas resuelve el problema de la jerarquía y la existencia de materia oscura.

Como ya hemos visto, el modelo estándar es una magnífica descripción de todos los resultados experimentales conocidos hasta energías de varios cientos de GeV. Por el momento, no hemos encontrado ninguna señal experimental indiscutible de la existencia de física más allá de este modelo. Sin embargo, también deja varias cuestiones sin resolver que una teoría más completa debería poder responder. Aun a falta de discrepancias con el modelo estándar en los experimentos de laboratorio, estas preguntas abiertas son la guía que utilizamos para construir extensiones del modelo. Cualquier teoría que pretenda reemplazar al modelo estándar debe reproducir todas sus predicciones correctas y, al mismo tiempo, debe ser capaz de contestar a alguna, o, si es posible, a todas estas preguntas.

Por ello nos vamos a centrar en dos extensiones del modelo estándar íntimamente relacionadas: las teorías de Gran Unificación y la supersimetría. Como veremos, ambas extensiones, o su combinación, son capaces de resolver varios de los problemas ya planteados anteriormente.

Una de las características del modelo estándar que más nos incomodan es la presencia de tres acoplamientos muy distintos, correspondientes a las simetrías SU(3), SU(2) y U(1). ¿Por qué estas simetrías y no otras?, ¿por qué sus acoplamientos son distintos?... El contenido de materia del modelo es también muy extraño. Tenemos tres familias con idénticos acoplamientos respecto a SU(3), SU(2) y U(1), y, cada una de ellas, conteniendo un doblete de SU(2) de quarks, un doblete de leptones, dos singletes de quarks y un leptón cargado, singlete de SU(2). Los quarks interaccionan fuertemente y los leptones son neutros bajo SU(3). Las cargas bajo $U(1)_Y$ (no confundir con las cargas eléctricas) de estas partículas son especialmente extrañas; en principio cualquier valor de la carga estaría permitido, pero en el modelo tenemos los valores 1/3, 4/3, –2/3, –1 y –2, bastante peculiares, pero todos ellos múltiplos de 1/3.

Sabemos que, si aceptamos su estructura, el modelo estándar es capaz de explicar correctamente la naturaleza. Sin embargo, la comprensión de la estructura de interacciones y materia del modelo es aún una cuestión fundamental que debemos resolver.

Una posible respuesta a estas preguntas es proporcionada por las llamadas teorías de Gran Unificación, conocidas en inglés con las siglas GUT por *Grand Unified Theory*.

TEORÍAS DE GRAN UNIFICACIÓN: LA UNIÓN DE TODAS LAS FUERZAS

Históricamente, la unificación de todas las fuerzas en una interacción universal capaz de describir todos los procesos ha sido siempre el sueño de todos los físicos. Ya Isaac Newton, en su obra *Principia* (su título completo es *Principios matemáticos de la filosofía natural*), unificó con éxito la gravedad terrestre con los movimientos de la Luna y los planetas y, a finales del siglo XIX, James Clerk Maxwell, en su *Tratado sobre Electromagnetismo* (ver imágenes en página contigua), combinó dos interacciones aparentemente distintas, electricidad y magnetismo, en la descripción unificada del electromagnetismo.

Más recientemente el modelo estándar también dio otro paso en esta dirección al unificar las interacciones electromagnéticas

48 PHILOSOPHIÆ NATURALIS

Corol. 4. Iiſdem poſitis, eſt vis centripeta ut velocitas bis directe, & chorda illa inverſe. Nam velocitas eſt reciproce ut perpendiculum *ST* per corol. 1. prop. 1.

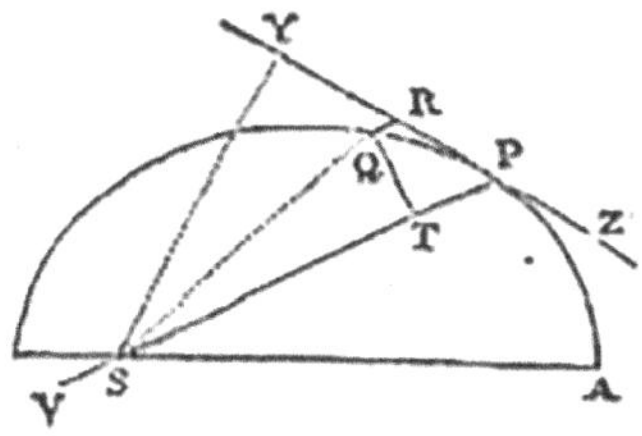

Corol. 5. Hinc ſi detur figura quævis curvilinea *APQ*, & in ea detur etiam punctum *S*, ad quod vis centripeta perpetuo dirigitur, inveniri poteſt lex vis centripetæ, qua corpus quodvis *P* a curſu rectilineo perpetuo retractum in figuræ illius perimetro detinebitur, eamque revolvendo deſcribet. Nimirum computandum eſt vel ſolidum $\frac{SPq \times QTq}{QR}$ vel ſolidum $STq \times PV$ huic vi reciproce proportionale. Ejus rei dabimus exempla in problematis ſequentibus.

PROPOSITIO VII. PROBLEMA II.

Gyretur corpus in circumferentia circuli, requiritur lex vis centripetæ tendentis ad punctum quodcunque datum.

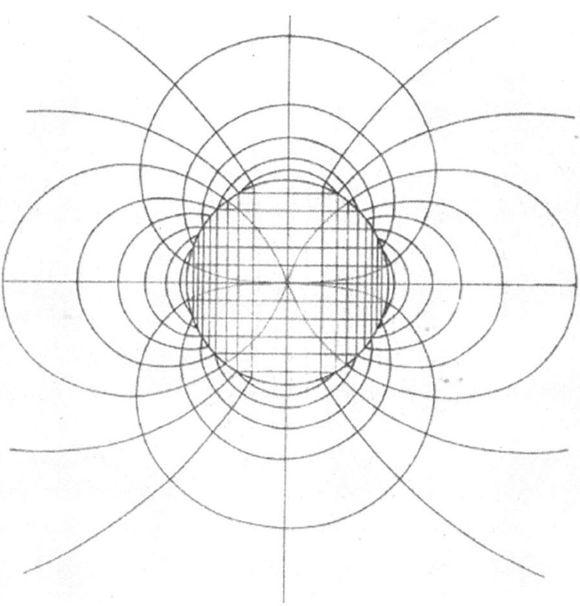

Arriba, una página del libro *Principia* de Newton. Abajo, una figura de la obra *Tratado sobre Electromagnetismo* de James Clerk Maxwell. Ambos científicos consiguieron la unión de diversas fuerzas, la gravedad y el movimiento de los astros el primero, y la electricidad y el magnetismo el segundo.

y las débiles en una misma teoría. Sin embargo, esta unificación en el modelo estándar no es completa. Aun usando un formalismo único donde las interacciones débiles y electromagnéticas están íntimamente entrelazadas, el modelo estándar continúa involucrando tres interacciones diferentes con tres acoplamientos distintos. En sentido estricto, una unificación completa de todas las interacciones conocidas requeriría explicar estas interacciones a través de una sola constante de acoplamiento. Del mismo modo, el extraño contenido de partículas de materia del modelo estándar necesita también una explicación. En este escenario, surgieron, a principios de los años setenta, las teorías de Gran Unificación.

> Sabemos muchas cosas, pero lo que no sabemos es mucho más.
>
> Edward Witten, físico y matemático

El modelo de Pati-Salam

El primer ejemplo de teoría de Gran Unificación fue proporcionado por los físicos teóricos Jogesh Pati (n. 1937), de origen indio, y el pakistaní Abdus Salam (1926-1996) en 1974. Pati y Salam tuvieron la revolucionaria idea de considerar los leptones como el cuarto color de los quarks.

Sabemos que las interacciones fuertes están asociadas a una simetría SU(3) entre los tres colores de los quarks. Si incluimos los leptones, tendríamos una simetría SU(4), y así la simetría del modelo de Pati-Salam completo es $SU(4)_C \times SU(2)_L \times SU(2)_R$. Vemos aquí que, aparte de SU(4), se incluye también el $SU(2)_L$ del modelo estándar y un nuevo $SU(2)_R$ que hace simétrica la situación para los fermiones L y R. Es decir, los singletes de $SU(2)_L$ se convierten ahora en dobletes de $SU(2)_R$.

Claramente, esta no es la situación que observamos en la naturaleza a las energías exploradas, por debajo de 1 TeV. Sabemos que los leptones no interaccionan fuertemente y son claramente distintos a los quarks respecto a masas y cargas. Tampoco existe una simetría SU(2) asociada a los fermiones R, que se aplicaría a los singletes de $SU(2)_L$. Sin embargo, estas diferencias con las observaciones pueden ser debidas a que la simetría de Pati-Salam se ha roto a escalas más altas mediante un mecanismo de Higgs, dando lugar a la simetría del modelo estándar a las energías que exploramos en nuestros experimentos. Como sucedía en este modelo, el valor de un campo escalar en el vacío distinto de cero rompe $SU(4)_C \times SU(2)_L \times SU(2)_R$, transformándolos en $SU(3)_C \times SU(2)_L \times U(1)$.

Por otra parte, en el planteamiento de Pati y Salam toda la materia del modelo estándar está contenida únicamente en dos cuartetos de color que son también dobletes respecto a $SU(2)_L$ o $SU(2)_R$. En concreto, las partículas de materia en el modelo de Pati-Salam serían,

$$\left(\begin{pmatrix} u_r \\ d_r \end{pmatrix}_L, \begin{pmatrix} u_a \\ d_a \end{pmatrix}_L, \begin{pmatrix} u_v \\ d_v \end{pmatrix}_L, \begin{pmatrix} v_l \\ e_l \end{pmatrix}_L\right), \left(\begin{pmatrix} u_r \\ d_r \end{pmatrix}_R, \begin{pmatrix} u_a \\ d_a \end{pmatrix}_R, \begin{pmatrix} u_v \\ d_v \end{pmatrix}_R, \begin{pmatrix} v_l \\ e_l \end{pmatrix}_R\right),$$

donde r, a y v se refieren a los tres posibles «colores» de los quarks, rojo, azul y verde, y el doblete de leptones pasa a ser el «cuarto color», l, de «lila» o «leptón», de una única partícula con más estados. Esos 16 estados contienen también un neutrino adicional cargado bajo $SU(2)_R$, que, como veremos más adelante, jugará un papel muy relevante para explicar las masas de los neutrinos. Por tanto, la idea de usar los leptones como el cuarto color simplifica mucho el contenido de materia del modelo, pero aún tenemos que comprobar que, después de romper la simetría de Pati-Salam, somos capaces de reproducir los acoplamientos y cargas del modelo estándar. Esto es precisamente lo más interesante del modelo: el modelo de Pati-Salam ofrece una respuesta muy elegante a los extraños valores de las cargas de materia bajo el grupo U(1).

Las cargas en grupos como SU(2) o SU(4) son discretas, identifican únicamente la componente dentro del multiplete a la que nos referimos. Así, para un cuarteto, solo puede tomar los valores, 1, 2, 3 y 4. Por lo tanto, si incluimos el grupo U(1) en $SU(4)_C \times SU(2)_L \times SU(2)_R$, sus cargas han de ser combinación de las cargas discretas de estos grupos. De hecho, después de la rotura de la simetría de Pati-Salam, la carga electromagnética de las partículas de materia viene dada por:

$$Q_{em} = T_{3L} + T_{3R} + 1/2\ (B\text{-}L).$$

Con T_{3L} la carga, o la posición, dentro del multiplete $SU(2)_L$, que es +1/2 para los fermiones tipo up-L y –1/2 para los fermiones tipo down-L y cero para fermiones tipo R. Los valores de T_{3R} siguen una regla análoga para los fermiones de los dobletes R. B es el número bariónico, igual a 1/3 para los quarks (un barión está formado por tres quarks) y 0 para los leptones y L es el número leptónico, 0 para quarks y 1 para leptones. Esta carga (B-L) proviene de la rotura de $SU(4)_C$ en $SU(3)_C \times U(1)_{B\text{-}L}$, y, por tanto, $U(1)_{B\text{-}L}$ es un subgrupo contenido en $SU(4)_C$. Podemos ver que esta expresión funciona correctamente: si la aplicamos para los quarks up de tipo L, obtenemos, $Q^{up} = +1/2 + 1/6 = +4/6 = +2/3$, y para los quarks down tipo L, $Q^{down} = -1/2 + 1/6 = -2/6 = -1/3$.

Por tanto, podemos ver que el modelo de Pati-Salam simplifica enormemente el contenido de partículas del modelo estándar y además explica de un modo sencillo los extraños valores de las cargas eléctricas de los quarks y leptones. Sin embargo, el modelo continúa teniendo tres acoplamientos independientes y no unifica realmente las interacciones del modelo estándar.

El siguiente paso para la unificación de las interacciones del modelo estándar fue el modelo SU(5), propuesto por los físicos teóricos estadounidenses Howard Georgi (n. 1947) y Sheldon Glashow (n. 1932) en 1974, poco después del modelo de Pati-Salam. En este modelo, al igual que en el modelo de Pati-Salam, simplificamos el contenido de partículas, ya que todas las partículas del modelo estándar están contenidas en dos multipletes de SU(5): un quintuplete, representado por $\bar{5}$, y un decuplete, 10. También aquí, el grupo U(1) del modelo estándar es un subgrupo que se obtiene a partir de la rotura de SU(5) y a partir de esto podemos entender que los valores de las cargas eléctricas sean discretos. La diferencia principal entre el modelo SU(5) de Georgi-Glashow y el modelo de Pati-Salam está en la unificación de los acoplamientos: en esta teoría se consigue la unificación de los tres acoplamientos del modelo estándar a un solo acoplamiento unificado, $g_1 = g_2 = g_3 = g_{GUT}$.

Esta igualdad de todos los acoplamientos puede resultar sorprendente, ya que sabemos que el acoplamiento fuerte, g_3, es mucho mayor que los acoplamientos electrodébiles, g_1 y g_2, que a su vez son distintos entre sí. La clave de este enigma es que, en teorías cuánticas de campos, los acoplamientos no son iguales a todas las escalas de energía, o, equivalentemente, a todas las distancias, sino que, debido a las contribuciones virtuales de campos con masas diferentes, evolucionan y cambian de valor para interacciones a distintas energías. Así, no es necesario que estos acoplamientos sean iguales a la escala de nuestros experimentos, sino que deben ser iguales a partir de una escala, M_{GUT}, donde la simetría de Gran Unificación es exacta, antes de su rotura. De hecho, como vemos en la figura 1, la evolución de estos acoplamientos va en la dirección correcta para encontrarse a una escala bastante alta, $M_{GUT} \sim 10^{14}$ GeV. Fue este descubrimiento lo que impulsó la idea de gran unificación en 1974, con el modelo SU(5) de Georgi-Glashow.

FIG. 1

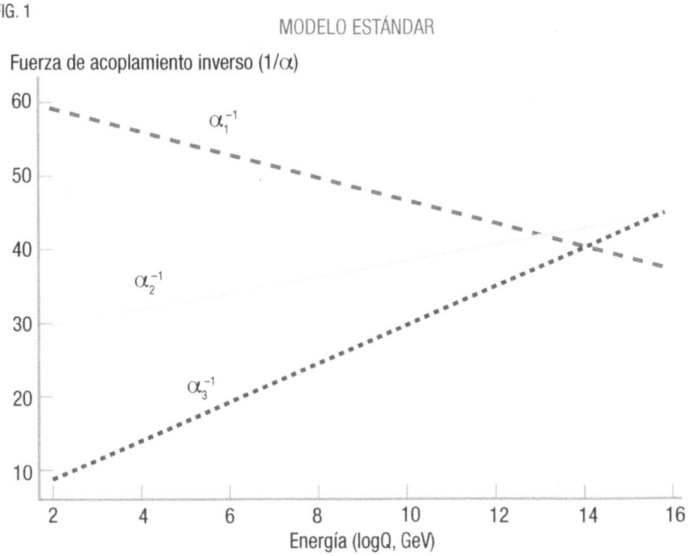

Evolución de los acoplamientos del modelo estándar como función de log[Q/GeV], es decir, como función del logaritmo de la energía.

EVOLUCIÓN DE LOS ACOPLAMIENTOS EN EL MODELO ESTÁNDAR

Hemos explicado ya que los acoplamientos en una teoría cuántica de campos cambian como función de la energía, debido a las correcciones cuánticas. La evolución de los acoplamientos con la escala está fijada para el contenido de partículas e interacciones del modelo estándar. Esta evolución viene gobernada por las llamadas *ecuaciones del grupo de renormalización*. Resolviendo estas ecuaciones obtenemos el acoplamiento a una energía Q como función de su valor conocido a una escala M. Sus soluciones son las constantes de acoplamiento, que a primer orden son

$$\alpha_i(Q^2) = \alpha_i(M^2) / (1 + \beta_i\, \alpha_i(M^2) \log[M^2/Q^2]),$$

para i=1,2,3 los tres acoplamientos del modelo estándar. Los coeficientes β_i se calculan en el modelo estándar y a orden de un bucle, son, $\beta_3=-7/(4\pi)=-0{,}557$, $\beta_2=-19/(24\,\pi)=-0{,}252$ y $\beta_1=41/(40\,\pi)=0{,}326$. Este resultado es muy interesante, ya que, como β_2 y β_3 son negativos, α_2 y α_3 decrecen al aumentar la energía y α_3 decrece más rápidamente que α_2. Por otra parte, α_1 crece con la energía y por lo tanto su evolución es la correcta para encontrarse a escalas más altas.

En la imagen, una cavidad resonante del acelerador LEP, hoy en desuso y exhibida en la exposición Microcosmos del CERN, siglas con la que es conocida la Organización Europea para la Investigación Nuclear.

De hecho, si consideramos la inversa de estos acoplamientos, $1/\alpha_i(Q^2)$, estas ecuaciones son simplemente rectas como función de log[M/Q].

Experimentos en el predecesor de LHC

Actualmente la diferencia es mayor, y después de los precisos resultados obtenidos en los experimentos del LEP (por *Large Electron-Positron Collider*) en Ginebra (en la imagen, una vieja instalación de este acelerador), operativo entre 1981 y 2000 y hoy parte del LHC, tenemos que $g_2^{exp}= 0{,}65088 \pm 0{,}00004$. Esta diferencia entre los valores de la teoría de Gran Unificación y los resultados experimentales puede tener varios orígenes. Pueden existir correcciones debidas a las distintas masas e interacciones de las partículas de la teoría de Gran Unificación, aunque es esperable que estas sean relativamente pequeñas. Otra posibilidad, más efectiva, es que existan nuevas partículas entre la escala electrodébil y la escala de Gran Unificación que modifican la evolución de los acoplamientos entre esas dos escalas. Veremos que esta segunda posibilidad tiene lugar en el caso de las teorías supersimétricas, donde la unificación de los acoplamientos es mucho mejor.

Túnel del acelerador LEP, hoy parte del Gran Colisionador de Hadrones (LHC) del CERN.

Otra posible teoría de Gran Unificación sería la correspondiente al grupo SO(10). En este modelo también tenemos unificación de los acoplamientos y cuantización de la carga. Sin embargo, todos los campos de materia del modelo estándar se unifican en una sola partícula de SO(10), 16, con 16 estados, que incluyen tanto el $\bar{5}$ como el $\overline{10}$ de SU(5), junto con un singlete adicional que podría ser el neutrino cargado bajo $SU(2)_R$, que aparecía ya en el modelo de Pati-Salam.

El progreso en ciencia radica principalmente en descubrir qué preguntas debemos hacer.

Steven Weinberg

El modelo SU(5) de Georgi y Glashow

Como hemos visto, el modelo SU(5) es capaz de unificar los acoplamientos del modelo estándar a una escala del orden de 10^{14} GeV. En este modelo, la simetría, dada por SU(5), es mayor, y así podemos acomodar a todos los fermiones del modelo estándar en dos multipletes, un quintuplete, que contiene el singlete de quarks down (triplete de color) y el doblete de leptones, y un decuplete, conteniendo el doblete de quarks, el singlete de quarks up (ambos tripletes de color) y el leptón cargado:

$$\bar{5} = \begin{pmatrix} d_r^c \\ d_a^c \\ d_v^c \\ e^- \\ \nu_e \end{pmatrix}_L , \quad 10 = \begin{pmatrix} 0 & u_r^c & u_a^c & u_r & d_r \\ -u_r^c & 0 & u_r^c & u_a & d_a \\ -u_a^c & -u_r^c & 0 & u_v & d_v \\ -u_r & -u_a & -u_v & 0 & e^c \\ -d_r & -d_a & -d_v & -e^c & 0 \end{pmatrix}_L ,$$

donde e^c, u^c o d^c, representan a la antipartícula del electrón o de los quarks u y d. Hay que comentar que representamos el decuplete como una matriz antisimétrica: los elementos por debajo de la diagonal son iguales a los elementos por encima de la diagonal salvo un cambio de signo. Es fácil comprobar que esta matriz tiene solo diez estados independientes.

Al igual que en el modelo de Pati-Salam, la carga eléctrica es discreta, ya que ha de ser parte de las simetrías de SU(5), que también lo son. De hecho, la simetría SU(5) exige que la suma de las cargas de un multiplete sea cero. Si aplicamos esto al quintuplete se obtiene que $-3\,Q_d + Q_e + Q_\upsilon = 0$, donde Q_i representa la carga de la partícula i. Teniendo en cuenta que el neutrino no tiene carga eléctrica, obtenemos que $Q_d = Q_e/3$, la relación que observamos en el modelo estándar.

Por otra parte, la simetría SU(5) es muy grande, y los mediadores de la interacción son 24 bosones de gauge. Estos 24 bosones incluyen los 8 gluones que median las interacciones fuertes, los 3 bosones W y Z que median las interacciones débiles, el mediador de U(1) que da lugar al fotón y 12 bosones más que no forman parte del modelo estándar. Estos nuevos bosones son dos tripletes de color que son, simultáneamente, dobletes de SU(2), y reciben el nombre de bosones X e Y. La simetría SU(5) combina quarks y leptones en un mismo multiplete, y, como los bosones mediadores intercambian las partículas dentro de un único multiplete, ¡podemos esperar que existan interacciones SU(5) que cambien quarks en leptones!

Entonces, la simetría SU(5) resuelve la unificación de los acoplamientos gauge y explica los multipletes de materia del modelo estándar y sus cargas. Sin embargo, la simetría es mucho mayor y, como veremos, hay nuevos procesos no presentes en el modelo estándar, cuya observación es la que debe confirmar o refutar esta teoría.

Las masas de los fermiones

Una característica muy interesante de las teorías de Gran Unificación es que contribuyen a simplificar los parámetros de masas y mezclas. En el modelo estándar, las masas y mezclas de los fermiones son generados a través de los acoplamientos de Yukawa, que acoplan al Higgs con los quarks up, quarks down y leptones cargados. Aquí tenemos entonces tres acoplamientos de Yukawa distintos, Y_e, que genera las masas de los leptones, Y_d, de los quarks down, y Y_u, de los quarks up.

Sin embargo, en SU(5), tenemos dos únicas partículas de materia, el quintuplete, $\bar{5}$, y el decuplete, 10, y así, solo tenemos dos acoplamientos de Yukawa en SU(5): Y_1 y Y_2. Por tanto, estos dos acoplamientos deben reproducir las tres matrices de Yukawa del modelo estándar. Si tenemos en cuenta el contenido de cada multiplete, podemos ver que Y_1 debe incluir Y_d e Y_e, $Y_1 = Y_d = Y_e$ (en realidad, a nivel matricial, esta igualdad es cierta trasponiendo, cambiando filas por columnas en la matriz Y_e) y $Y_2 = Y_u$.

Esta predicción es sorprendente, ya que, si esta relación es cierta, a la escala M_{GUT}, tenemos:

$$m_e (M_{GUT}) = m_d (M_{GUT}),$$
$$m_\mu (M_{GUT}) = m_s (M_{GUT}),$$
$$m_\tau (M_{GUT}) = m_b (M_{GUT}).$$

Como ya hemos visto para los acoplamientos gauge del modelo estándar, debido a las correcciones cuánticas, los acoplamientos, incluyendo también las masas, cambian con la escala y su evolución viene dada por las ecuaciones del grupo de renormalización. Suponiendo que esta relación es correcta a M_{GUT} y usando las ecuaciones del grupo de renormalización correspondientes para el leptón τ y el quark b, obtenemos que a la escala del bosón Z, $m_b (M_Z) \sim 3 \times m_\tau (M_Z)$. Aunque esta relación no es exacta con los resultados experimentales, $m_b (M_Z) = 2{,}9$ GeV y $m_\tau (M_Z) = 1{,}77$ GeV, es una buena indicación de que, quizá, en modelos más completos pueda funcionar. Sin embargo, estas relaciones no funcionan tan bien para las masas de las dos primeras generaciones, m_e, m_d, m_μ y m_s y hemos de añadir nuevas partículas para resolver esta discrepancia.

Desintegración del protón

La materia ordinaria, formada por protones, neutrones y electrones es totalmente estable en el modelo estándar. Se formó en los primeros minutos del universo y ha sobrevivido durante los 13800 millones de años que han transcurrido desde entonces. Sin embargo, quizá la predicción más interesante de las teorías de Gran Unificación es que el protón no es absolutamente estable, debido a los bosones X e Y. Por ejemplo, el bosón X, de carga eléctrica 4/3, se acopla con acoplamiento g_{GUT} tanto a (u u) como a (e^+ d^c) (con d^c la antipartícula del quark d). De esta forma el protón (uud) puede desintegrarse en un pión neutro (d d^c) y un positrón e^+ como muestra la figura 2.

Sin embargo, la probabilidad de que este proceso tenga lugar a través de este diagrama está suprimida por la masa del bosón X, del orden de M_{GUT}, frente a la masa del protón. Esta supresión hace que la vida media del protón sea mucho mayor que la edad del universo. Aun así, todavía sería posible observar este proceso en un experimento involucrando un número suficientemente grande de protones.

Hasta el momento, no hemos observado ningún protón desintegrarse, y ello nos permite decir que la vida media del protón ha de ser mayor de 10^{33} años. Teniendo en cuenta que la probabilidad de desintegración del protón a través de este diagrama es inversamente proporcional a la masa del bosón X, $M_{GUT}{}^2$, la no observación de este proceso a día de hoy implica que $M_{GUT} > 4 \times 10^{15}$ GeV.

Ya podemos ver aquí que el modelo mínimo SU(5) de Georgi-Glashow, con una escala de unificación $M_{GUT} \sim 10^{14}$ GeV, no respeta los límites de la vida media del protón, que requieren un $M_X \sim M_{GUT} > 4 \times 10^{15}$ GeV, y, por tanto, queda completamente descartado. Afortunadamente, existen aún teorías de Gran Unificación, como por ejemplo el modelo SU(5) supersimétrico, que

FIG. 2

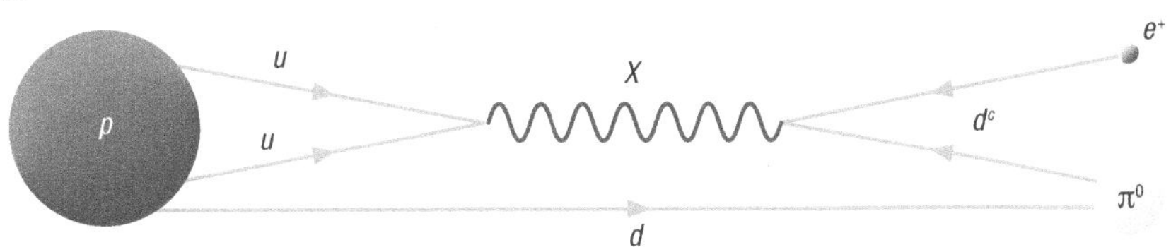

Diagrama de Feynman correspondiente a la desintegración del protón (*p*) a pión (π^0) más positrón, a través del intercambio del bosón X.

MEDIDA DE LA VIDA MEDIA DEL PROTÓN

Los límites que obtenemos para la vida media del protón son realmente increíbles, de 10^{33} años, si recordamos que la edad del universo es de «solo» 10^{10} años. Para entender cómo se obtienen estos límites, hemos de tener en cuenta que, en mecánica cuántica, no podemos saber cuándo se va desintegrar una partícula, sino que solo podemos conocer la probabilidad de que se desintegre en un determinado momento. Esa probabilidad sigue la ley de desintegración exponencial: para una partícula con vida media τ, teniendo inicialmente un número de partículas grande, N_0, el número de partículas que sobrevive un tiempo t viene dado por $N = N_0 \times \exp(-t/\tau)$. Es decir, a $t = \tau$ sobreviven aproximadamente la mitad (más exactamente 1/2,72) de las partículas iniciales. A un tiempo $t=10\ \tau$ ya solo sobreviven 0,00005 N_0 partículas; se han desintegrado prácticamente todas ellas a no ser que el N_0 inicial sea muy grande. Para tiempos mucho menores que τ, el número de partículas que se ha desintegrado es aproximadamente $N_0 \times t/\tau$. Así para $t=\tau/100$ solo se han desintegrado el 1 % de las partículas, para $t=\tau/10\,000$, el 0,01 % de las partículas, etc. Incluso para t mucho menores que τ, podemos ver alguna desintegración si tenemos muchas partículas y nuestros detectores son capaces de ver una sola desintegración. Por tanto, existen dos formas de aumentar el límite de la vida media del protón hasta 10^{30} años: i) Observar un protón durante 10^{30} años y ver si se desintegra, o ii) Observar 10^{30} protones durante un año y ver si alguno de ellos se ha desintegrado.

La desintegración más buscada

Evidentemente, es la segunda estrategia la que se ha utilizado en los experimentos que buscan la desintegración del protón, como en el observatorio de neutrinos Super-Kamiokande de Japón (en la fotografía). Este observatorio consiste en un cilindro de 44 m de altura por 39 m de diámetro situado en una mina a 1 000 m de profundidad que contiene 50 000 toneladas de agua ultra pura, que corresponden con unos 10^{34} protones. Este cilindro está recubierto en su interior con 11 000 tubos fotomultiplicadores capaces de detectar los fotones provenientes del pión neutro, que se desintegra en dos fotones, o del positrón, que se aniquila también en dos fotones con un electrón del medio. El descubrimiento de que algún protón se ha desintegrado sería uno de los descubrimientos más revolucionarios que pueden darse en física fundamental, ya que prácticamente demostraría la existencia de una simetría de gran unificación, y, sin duda, sería merecedor del premio Nobel. Desafortunadamente, este magnífico experimento no ha podido determinar la vida media del protón, ya que no se ha encontrado ninguna señal de este proceso, y solo ha podido mejorar el límite sobre esta vida media a 10^{34} años. Sin embargo, mientras esperaban la señal de la desintegración del protón, en el Super-Kamiokande se buscó además la medida de neutrinos atmosféricos y solares. Estas investigaciones le valieron el premio Nobel de 1995 por demostrar experimentalmente la existencia de oscilaciones de neutrinos al físico japonés Takaaki Kajita (n. 1959), líder de un equipo de investigadores del observatorio de neutrinos nipón Super-Kamiokande, y al astrofísico canadiense Arthur McDonald (n. 1943), del Observatorio de Neutrinos Sudbury de Canadá.

Imagen del interior del observatorio de neutrinos Super-Kamiokande de Japón.

pueden resolver este problema. También hemos visto que la gran precisión que hemos alcanzado en los acoplamientos de SU(3), SU(2) y U(1) nos permiten decir que las predicciones de Gran Unificación no están de acuerdo con los valores experimentales, incluso teniendo en cuenta la incertidumbre en las medidas.

Por lo tanto, podemos ver que, aunque la idea de gran unificación es muy atractiva, el modelo mínimo SU(5) no acaba de funcionar. Es posible mejorar el modelo para resolver muchos de estos problemas, aunque hay que reconocer que no tenemos aún un modelo completo de gran unificación que funcione sin ningún problema.

Gran unificación y el problema de la jerarquía

Las teorías de Gran Unificación resuelven algunas de las preguntas que el modelo estándar dejaba abiertas, como la unificación de los acoplamientos o la cuantización de la carga. Sin embargo, quedan aún muchas preguntas sin responder, como, por ejemplo, el problema de la jerarquía.

Ya vimos que las contribuciones virtuales a la masa de los escalares tienden a llevar estas masas a la escala más alta de la teoría, y hemos tratado este problema en relación a la escala de gravedad, M_{Planck}, la escala asociada a la pequeña intensidad del acoplamiento gravitatorio. Sin embargo, no tenemos una teoría clara para la física que tiene lugar a esa escala. La teoría cuántica de la gravedad puede ser una teoría de cuerdas (según la cual, las partículas «puntuales» son realmente vibraciones de un cuerpo llamado cuerda), en alguna de sus posibles formas, o, quizá, una teoría aún desconocida.

Sin embargo, si creemos en la idca dc Gran Unificación, ese problema se hace más acuciante, ya que conocemos en detalle, por ejemplo, en el modelo SU(5), las partículas y acoplamientos a la escala M_{GUT}. En el contexto de estas teorías, no podemos olvidar estas partículas y escalas súper-altas en las correcciones virtuales a las masas de los escalares.

Si observamos estas contribuciones virtuales con atención, podemos ver que las correcciones debidas a un fermión virtual, con acoplamiento λ_f con el Higgs, son de la forma

$$\delta m_H^2(f) = -2\frac{\lambda_f^2}{16\pi^2}\left[\Lambda^2 - 2m_f^2 \ln\left(\frac{\Lambda}{m_f}\right) + \ldots\right],$$

donde Λ es la escala más alta en nuestra teoría. De nuevo, si suponemos que la escala $\Lambda = M_{GUT}$ y el acoplamiento $\lambda_f \sim 1$, tenemos que la corrección a la masa del Higgs es $\delta m_H^2(f) = -1{,}27 \times 10^{26}\,\mathrm{GeV}^2$. Sumado esta corrección al valor inicial de la masa del Higgs, m_{H0}^2, debemos obtener el resultado medido experimentalmente, $m_H^2 = 125^2\,\mathrm{GeV}^2$. Esto implica que dos términos de orden $10^{26}\,\mathrm{GeV}^2$ tienen que restarse con enorme precisión para dar un resultado de orden $10^4\,\mathrm{GeV}^2$. Por tanto, estos deben ser dos números exactamente iguales en las primeras 21 cifras y que comienzan a separarse en la cifra 22, como por ejemplo serían: $m_{H0}^2 = 12\,723\,46\,5\,223\,377\,867\,898\,827\,927$ y $\delta m_H^2(f) = -12\,723\,465\,223\,377\,867\,898\,8\,12\,302$. La suma de estos dos términos nos daría como resultado la masa del Higgs que hemos medido experimentalmente, pero, evidentemente, tal nivel de precisión en dos números *a priori* independientes es muy difícil de justificar. Este sería el problema de la jerarquía en teorías de Gran Unificación.

Por otra parte, es posible que tengamos alguna otra contribución a las correcciones de la masa del Higgs, como, por ejemplo, un bosón virtual. En ese caso, la corrección debida a dos bosones de espín cero (un fermión se corresponde con dos escalares debido a sus dos posibles valores del espín), con acoplamiento al Higgs χ_S es

$$\delta m_H^2(S) = 2\frac{\chi_S}{16\pi^2}\left[\Lambda^2 - 2m_S^2 \ln\left(\frac{\Lambda}{m_s}\right) + \ldots\right].$$

En una primera comparación de estas expresiones podemos ver que las contribuciones de fermiones y escalares tienen signos opuestos, lo cual es muy interesante ya que al sumarse reducirán la corrección total. Si vamos un poco más allá, es fácil ver que $\lambda_f^2 = \chi_S$ y $m_f = m_S$, ¡la suma total es exactamente cero!

Por lo tanto, si a cada fermión le asociamos un bosón con igual masa y acoplamientos relacionados, las correcciones a las masas de los escalares desaparecen y el problema de la jerarquía queda resuelto. Esta cancelación sistemática de contribuciones no puede ser un accidente, es debida a una simetría que relaciona fermiones y bosones. Esta simetría es la llamada *supersimetría*, que en inglés denominan con el acrónimo SUSY por *supersymmetry*.

La cuestión de la supersimetría

En el modelo estándar, toda la materia está formada por fermiones y solo tenemos un escalar, el bosón de Higgs. Sin embargo, hemos visto que, si queremos resolver el problema de la jerarquía mediante la supersimetría, a cada fermión, como por ejemplo el electrón, tenemos que asignarle un escalar con la misma masa y similares acoplamientos, que llamaríamos *selectrón*, del inglés *scalar electron*. Por lo tanto, tenemos que doblar todo el contenido del modelo, asociando un bosón a cada fermión y un fermión a cada bosón del modelo estándar. Este modelo resolvería automáticamente el problema de la jerarquía. Sin embargo, en nuestros experimentos no hemos encontrado esos escalares con exactamente la misma masa que los electrones o fermiones de masa nula como el fotón. Por tanto, la supersimetría no es una propiedad exacta de la naturaleza, en cualquier caso, tiene que ser una simetría rota, ya que las masas de los escalares y fermiones no pueden ser iguales.

Aun así, si observamos las expresiones anteriores de las correcciones de fermiones y escalares a la masa del Higgs, vemos que hay dos términos, el primero de ellos, proporcional a Λ^2, no depende de las masas de fermión y escalar, y podemos cancelar ese término si $\lambda_f^2 = \chi_S$. Ahora, si la masa m_S es mayor que la masa del fermión, m_f, nos queda una corrección a la masa del Higgs, pero que podemos hacer pequeña, menor que la masa medida del Higgs, si m_S no es mucho mayor de 1 TeV. Si SUSY es la solución al problema de la jerarquía, esta simetría está rota por la diferencia entre las masas de fermiones y escalares, pero las partículas supersimétricas se tienen que encontrar alrededor de 1 TeV, precisamente la región de energías explorada en el LHC.

Aunque hemos presentado la solución del problema de la jerarquía para introducir la supersimetría, en realidad, SUSY no fue construida para resolver este problema. La supersimetría apareció en primer lugar en teorías de cuerdas, a principios de los años setenta, por razones completamente distintas. Poco tiempo después se construyeron las primeras teorías de campos supersimétricas, como modelos matemáticos con propiedades interesantes. Fue solo a finales de la década de 1970 o a principios de los años ochenta cuando se reconoció que las propiedades de esa supersimetría podían ayudar a resolver alguno de los problemas del modelo estándar, y esta se utilizó para construir extensiones realistas del modelo.

OTRAS RAZONES PARA BUSCAR A SUSY

Sabemos que una teoría supersimétrica es una buena opción para resolver el problema de la jerarquía, o al menos, para estabilizar la escala electrodébil frente a correcciones de escalas mucho más elevadas. De la misma forma, existen otras propiedades de SUSY que ayudan a resolver algunos de los problemas del modelo estándar sin necesidad de modificar las características «naturales» de las teorías supersimétricas.

La unificación

El modelo SU(5) de Georgi-Glashow, y en general la idea de gran unificación, es enormemente atractiva, pero su realización mínima tiene diversos problemas que lo hacen inviable: estabilidad del protón o unificación de los acoplamientos.

Si consideramos únicamente el modelo estándar como la teoría activa por debajo de la escala de SU(5), la unificación de los acoplamientos gauge no es perfecta. Ya hemos visto que, si usamos los valores de los acoplamientos de SU(3) y U(1) para predecir g_2, el resultado no es compatible con el valor medido experimentalmente. Sin embargo, la evolución de los acoplamientos a una determinada escala cambia si hay más partículas virtuales que puedan contribuir a los diagramas con masas por debajo de esa escala. Así, en un modelo supersimétrico, la evolución de los aco-

FIG. 3

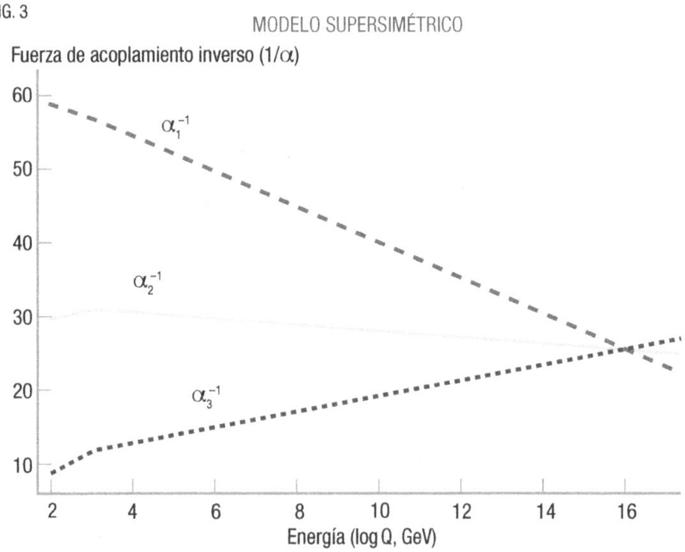

Evolución de los acoplamientos gauge con la escala en el Modelo Supersimétrico Mínimo.

plamientos cambia por encima de 1 TeV, como muestra la figura 3. De esta forma la inclusión de partículas supersimétricas alrededor de 1 TeV mejora mucho la unificación del modelo estándar y además retrasa la escala de unificación a masas más elevadas, $M_{GUT} = 2\times 10^{16}$ GeV.

Así, en primer lugar, usando las nuevas ecuaciones del grupo de renormalización, obtenemos un acuerdo mucho mejor con los resultados experimentales. Por ejemplo, si calculamos el ángulo de mezcla entre las interacciones débiles y electromagnéticas, obtenemos:

$$\text{sen}^2\,\theta_W\,(\text{GUT}) = 0{,}232,$$
$$\text{sen}^2\,\theta_W\,(\text{experim.}) = 0{,}23149 \pm 0{,}00017.$$

Donde esta pequeña discrepancia ya podría ser debida a relativamente pequeñas diferencias en las masas de las partículas de la teoría de Gran Unificación.

Por otra parte, la desintegración del protón a través del intercambio de un bosón X requiere que su masa sea $M_X \sim M_{GUT} > 4 \times 10^{15}$ GeV. Ahora, esto ya no es un problema en el modelo SU(5) supersimétrico, donde $M_X = 2\times 10^{16}$ GeV y la vida media del protón a través de intercambio del bosón X estaría entre 10^{35} y 10^{38} años.

Como vemos, la mejora del modelo SU(5) supersimétrico respecto a las predicciones de la versión no supersimétrica es enorme, y esto constituye una sólida indicación a favor de la existencia de Supersimetría alrededor de 1 TeV.

La materia oscura

Las partículas contenidas en el modelo estándar no son capaces de explicar la presencia de materia oscura observada en el universo. Sin embargo, en el modelo supersimétrico mínimo, la partícula supersimétrica más ligera es completamente estable. Este modelo introduce un nuevo número cuántico conservado, llamado *paridad R*. Por esta nueva propiedad, una partícula supersimétrica tiene que desintegrarse en otra partícula supersimétrica para conservar paridad R. La partícula supersimétrica más ligera es completamente estable, ya que no puede decaer en ninguna partícula más ligera conservando al mismo tiempo paridad R. Esta partícula supersimétrica más ligera es el *neutralino*, que es neutra para las interacciones electromagnéticas y sin interacción fuerte.

En el universo temprano, el neutralino, como todas las partículas supersimétricas, está presente en grandes cantidades, pero una vez la temperatura (la energía promedio) del universo baja por debajo de las masas supersimétricas, todas las partículas supersimétricas decaen al neutralino, la partícula supersimétrica más ligera. La intensidad de las interacciones del neutralino, que solo puede aniquilarse interaccionando con otro neutralino, es del orden de magnitud correcto para dar lugar a la densidad de materia oscura observada. Así pues, una teoría supersimétrica es capaz de explicar la presencia de materia oscura en grandes cantidades en el universo actual.

La gravedad

La no inclusión de la gravedad entre las interacciones descritas por el modelo estándar es, sin duda, uno de los principales problemas de la física moderna. La supersimetría está íntimamente relacionada con la gravedad, es una simetría que relaciona bosones y fermiones y al promoverla a simetría local, como hacemos con las interacciones del modelo estándar, se convierte en una teoría que incluye la gravedad, que recibe el nombre de *supergravedad*. Sin embargo, no se trata de una teoría cuántica completa de gravedad. Esta teoría se obtiene como la teoría efectiva de las teorías de supercuerdas, que son nuestro mejor candidato a teoría unificada de gravedad, por debajo de la escala M_{Planck}, donde la teoría se limita a las cuatro dimensiones a las que estamos habituados (las tres espaciales y el tiempo).

De hecho, SUSY apareció en primer lugar en las teorías de cuerdas y es un ingrediente necesario en las teorías de supercuerdas. En cualquier caso, aun suponiendo que las teorías de supercuerdas sean la descripción correcta de la gravedad cuántica, esto no significa que la supersimetría siga siendo una simetría exacta en las cercanías de la escala electrodébil. La supersimetría tiene que estar necesariamente presente en la teoría de cuerdas por encima de M_{Planck}, pero existen ejemplos en los que esta simetría no sobrevive en escalas más bajas.

Como podemos ver, esta supersimetría es capaz de resolver varios de los problemas que plantea el modelo estándar, y esta es la razón de que la supersimetría sea su extensión más popular, a la espera de descubrir en el LHC cuál de todas las posibles extensiones ha sido escogida por la naturaleza.

El Modelo Mínimo Estándar Supersimétrico o MSSM

Estamos ya preparados para construir una versión supersimétrica del modelo estándar que, como hemos visto, nos puede ayudar en la solución de algunos de sus problemas. Este modelo, llamado Modelo Mínimo Estándar Supersimétrico o MSSM por sus siglas en inglés, debe incluir todas las partículas e interacciones del modelo estándar, pero además hemos de añadir un bosón o fermión por cada uno de los fermiones o bosones del modelo estándar, con acoplamientos relacionados por la supersimetría. Además, sabemos que estas partículas supersimétricas tienen masas mayores que las de sus compañeros estándar. Aunque estas masas deben ser, como máximo, del orden de 1 TeV, si queremos resolver el problema de la jerarquía y la unificación de los acoplamientos.

Por lo tanto, a cada partícula fermiónica de materia del modelo estándar le tenemos que asociar un compañero escalar. A cada quark le corresponde un quark escalar, llamado *squark*, al electrón le acompaña un *selectrón*, electrón escalar, y al neutrino, un *sneutrino*. De la misma manera, a los bosones mediadores de las interacciones estándar les acompaña un compañero fermiónico. El fotón tiene un compañero llamado *fotino*, el *gluón*, un *gluino* y el W un *wino*. La única excepción a esta regla de doblar las partículas del modelo estándar es para el bosón de Higgs. En este caso, las características de SUSY requieren que se añada un segundo doblete de Higgs. En el Modelo Mínimo Estándar Supersimétrico tenemos un doblete de Higgs que se acopla a los quarks tipo up, H_u, y un segundo doblete que se acopla a los quarks down, H_d. Además, estos bosones de Higgs tienen, cada uno de ellos, un compañero fermiónico, que se llama *higgsino*. En la figura 4 podemos ver todas las partículas que forman parte del MSSM.

Las interacciones del Modelo Mínimo Estándar Supersimétrico son muy similares a las del modelo estándar. De hecho, las cargas electromagnéticas, débiles y fuertes de las partículas supersimétricas han de ser las mismas que las de sus compañeros estándar. En consecuencia, si en cualquier interacción del modelo estándar reemplazamos dos partículas estándar por sus compañeros supersimétricos, tenemos una interacción del Modelo Mínimo Estándar Supersimétrico. Aparte de estas, existen otras interacciones entre escalares que no se pueden obtener de este modo, pero continúan estando fijadas por las mismas constantes de acoplamiento y fijadas por la supersimetría.

Otra característica muy importante del modelo es que las partículas supersimétricas conservan la llamada *paridad R*. Eso significa que las partículas supersimétricas solo se pueden producir a pares y que una partícula supersimétrica solo se puede desintegrar en un grupo de partículas si incluye al menos otra partícula supersimétrica. Así, la partícula supersimétrica más ligera es completamente estable y puede jugar el papel de materia oscura en el universo.

Normalmente, esta partícula es una combinación de los higgsinos neutros, el fotino y el zino, que recibe el nombre de neu-

FIG. 4

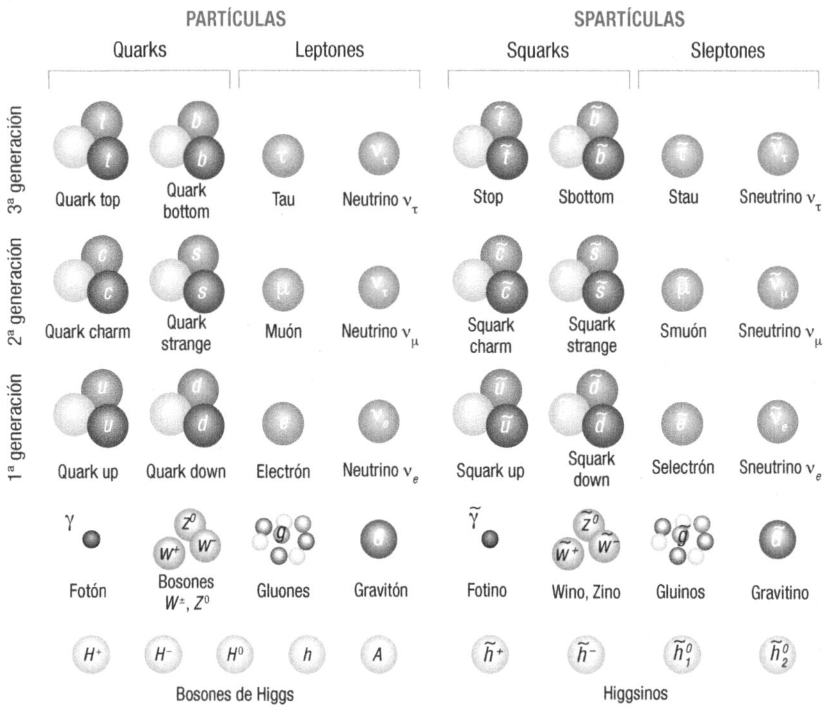

Contenido de partículas del Modelo Mínimo Estándar Supersimétrico. Incluimos también el gravitón y su compañero supersimétrico, el gravitino.

tralino, ya presentado al hablar de la materia oscura y SUSY. El neutralino es una partícula que interacciona solo débilmente ya que no tiene interacciones ni electromagnéticas ni fuertes. En este modelo hay cuatro neutralinos distintos y es el más ligero el que jugará el papel de materia oscura. Veremos a continuación que esta partícula juega también un papel muy importante en las búsquedas de SUSY en el LHC. Otra partícula del modelo es el llamado *chargino*, que como su nombre indica está cargado eléctricamente. Como en el caso del neutralino, esta partícula es combinación del wino y el higgsino cargado.

A pesar de que las interacciones de las partículas supersimétricas están fijadas, no conocemos las masas de las partículas supersimétricas que rompen la supersimetría, ya que no están relacionadas con las masas y acoplamientos conocidos de las partículas del modelo estándar. Por tanto, estos parámetros tienen que medirse experimentalmente una vez se descubra a SUSY. Sin embargo, si asumimos que nuestro modelo supersimétrico proviene de una teoría de Gran Unificación y, a la escala M_{GUT}, todos los términos de rotura de SUSY son del mismo orden, las masas de las partículas supersimétricas tienen algunas características generales. Un ejemplo de las posibles masas supersimétricas es el presentado en la figura 5, donde podemos ver estas propiedades generales:

— La partícula supersimétrica más ligera es el primer neutralino.
— Las partículas con interacciones electrodébiles (neutralinos, winos, higgsinos y sleptones) son relativamente ligeras.
— El gluino es sensiblemente más pesado que los winos y neutralinos.
— Los squarks de la primera y segunda generación tienen masas similares al gluino.
— Squarks de la tercera generación y staus pueden ser más ligeros que las partículas de las dos primeras generaciones.
— Estados de Higgs adicionales son mucho más pesados que el Higgs del modelo estándar.

FIG. 5

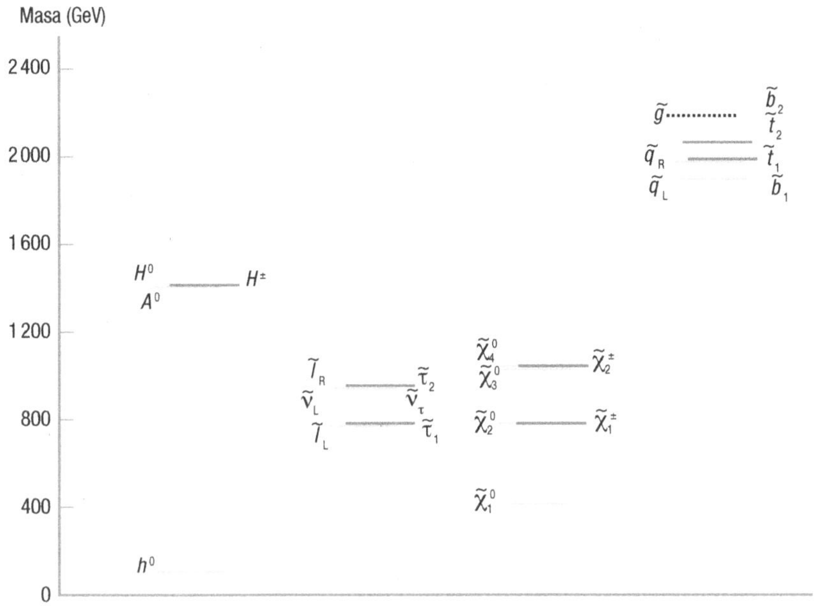

Espectro de masas en un posible escenario del Modelo Supersimétrico Mínimo.

El Modelo Supersimétrico Mínimo en el LHC

Uno de los principales objetivos del LHC, después de encontrar el bosón de Higgs, es descubrir señales de nueva física más allá del modelo estándar, a escalas de energía que son exploradas por vez primera. La siguiente pregunta que nos podemos hacer es qué esperamos encontrar en el LHC si las masas de las partículas supersimétricas están a su alcance.

El LHC es un colisionador de protones, que, como sabemos, están formados por quarks y gluones. Por tanto, si la energía del colisionador es suficiente para producir estas partículas, esperamos que el proceso más importante sea la producción de squarks, $\tilde{q}$, y gluinos, $\tilde{g}$: $p+p \rightarrow \tilde{q}+\tilde{q}$, o $p+p \rightarrow \tilde{g}+\tilde{g}$ como muestra la figura 6.

FIG. 6

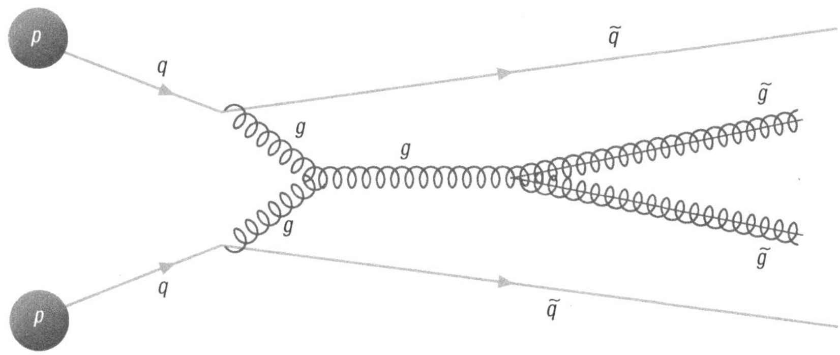

Diagrama de la producción de un par de gluinos, a través de la fusión de dos gluones procedentes del protón.

Por otra parte, hemos visto que sleptones, charginos y neutralinos pueden ser más ligeros que los squarks y gluinos y, por tanto, a pesar de sus acoplamientos más pequeños, la producción de estas partículas puede cobrar importancia si squarks y gluinos son demasiado pesados.

Una vez las hemos producido en nuestras colisiones, todas las nuevas partículas supersimétricas, con la excepción del neutralino más ligero, tienen vidas medias muy pequeñas y, por tanto, decaen inmediatamente a otras partículas estándar y a un neutralino. En el caso del gluino, una cadena típica de desintegración sería:

$$\tilde{g} \rightarrow \tilde{q}_L + q \rightarrow (\chi^+ + q') + q \rightarrow ((W^+ + \chi^0) + q') + q.$$

Como vemos, al final de la cadena de desintegración, que se repite para los dos gluinos producidos, tenemos únicamente partículas del modelo estándar y el neutralino más ligero. Estas partículas estables son las únicas que van a llegar a nuestros detectores y, a partir de sus características, hemos de ser capaces de descubrir que hemos producido una pareja de partículas supersimétricas.

Curiosamente, el neutralino, la única partícula supersimétrica que sobrevive, no es detectado por nuestros instrumentos de medida, sino que escapa del detector sin dejar traza. La estrategia para encontrar supersimetría se basa precisamente en este hecho: los procesos supersimétricos van a tener una cantidad muy grande de energía faltante que se llevan los neutralinos y que podemos determinar gracias a que las partículas detectadas, en apariencia, no respetan el principio de conservación de la energía. En la figura 7 se muestra un ejemplo de producción de dos partículas supersimétricas en el que los quarks se ven como «jets» de partículas y podemos deducir la energía faltante debida a los neutralinos.

> La probabilidad de encontrar supersimetría en el LHC está alrededor del 5 %. Pero la probabilidad de encontrar una de sus alternativas es menor del 0,00001 %.
>
> **Graham G. Ross**

FIG. 7

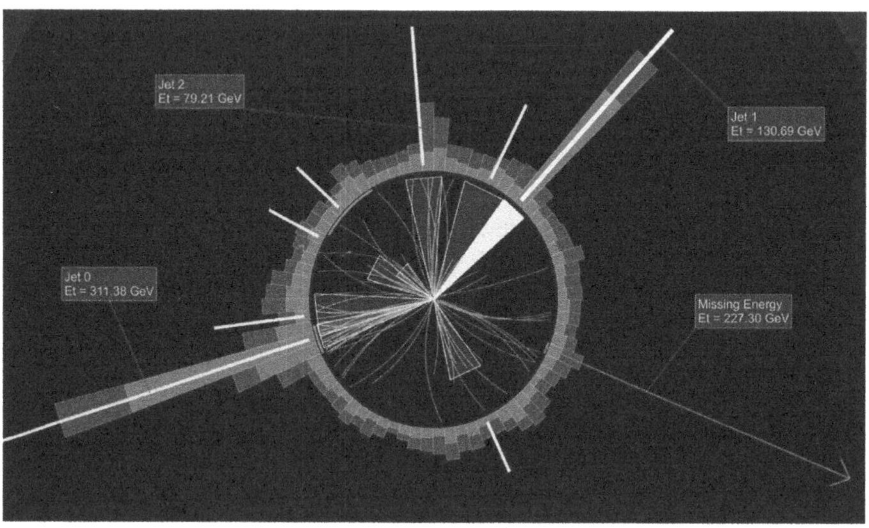

Simulación de un suceso supersimétrico dando lugar a tres quarks, en forma de tres «jets» de partículas, y energía faltante (en inglés, *missing energy*).

Las búsquedas de nuevas partículas en el LHC son enormemente complejas. Los detectores en estos experimentos han de ser capaces de usar estas características especiales de supersimetría para encontrar estos procesos entre un número inmenso de procesos «conocidos». Básicamente, por cada proceso supersimétrico hay 100 billones de procesos estándar en los que no estamos interesados. Así pues, estos detectores cuentan con la más alta tecnología y son capaces de operar a enormes velocidades, para tratar eficientemente del orden de 600 millones de procesos por segundo.

En cualquier caso, la búsqueda de partículas supersimétricas en el LHC no ha dado aún los resultados esperados y no hemos encontrado señales de la existencia de esta simetría. Si en los próximos años se descubren finalmente en el LHC las partículas supersimétricas tendremos mucho trabajo para medir todas sus propiedades. SUSY puede resolver varios problemas del modelo estándar, pero, sin duda, abrirá nuevas preguntas que nos acercarán más a las respuestas que buscamos sobre el origen y el destino del universo.

El puzle del sabor: ¿Quién pidió esto?

La existencia de tres copias de partículas de materia con idénticas interacciones pero masas y mezclas muy diferentes es uno de los mayores problemas del modelo estándar. Algunas ideas para explicar esta repetición y sus masas son las teorías de sabor o el mecanismo de *seesaw* para los neutrinos.

Las preguntas que quedan abiertas en el modelo estándar nos han servido de guía para construir extensiones del modelo en busca de posibles respuestas. Ya hemos visto que el problema de la unificación de las interacciones y el extraño contenido en materia de este modelo encuentran una solución elegante en las teorías de Gran Unificación. Del mismo modo, SUSY nos resuelve el problema de la jerarquía de forma muy ingeniosa, contiene también una partícula masiva estable y sin interacciones electromagnéticas que puede jugar el papel de materia oscura del universo e incluso, si extendemos la supersimetría a simetría local, puede acomodar la gravedad en forma de supergravedad. A pesar de que, por el momento, no tenemos señales empíricas de que estas teorías son realmente las elegidas por la naturaleza para resolver estos problemas, sus implicaciones en otros observables, como la desintegración del protón o la presencia de compañeros supersimétricos de las partículas estándar a la escala del TeV, nos deberían servir para confirmar o refutar estas teorías en un plazo de tiempo razonable.

Sin embargo, las extensiones del modelo estándar que hemos visto hasta el momento no tratan el tercero de los problemas «teóricos» del modelo: el problema del sabor. Probablemente, junto con la cuantización de la gravedad, el origen de las tres generaciones de materia y sus masas y mezclas es uno de los problemas más importantes de la física actual. Tenemos tres copias de campos de materia con las mismas cargas. ¿A qué se debe esta repetición? ¿Qué papel juegan estas copias? Las masas y mezclas de estas partículas son muy diferentes: abarcan catorce órdenes de magnitud si tenemos en cuenta los neutrinos y las mezclas pueden ser muy pequeñas en el caso de los quarks o muy grandes para los neutrinos. ¿Es natural tener masas tan diversas?, ¿cómo entendemos estos números tan distintos?

El modelo estándar puede acomodar fácilmente estos valores. Las masas y mezclas de los fermiones son solo una veintena de parámetros indeterminados, que podemos medir experimentalmente y utilizar sin problemas en nuestros cálculos. Sin embargo, esto no responde a nuestras preguntas anteriores y seguimos necesitando una solución al problema del sabor.

NATURALIDAD EN LOS ACOPLAMIENTOS DE YUKAWA

El concepto de «naturalidad» es, en cierta manera, un concepto subjetivo. En la vida usual decimos que un suceso es natural si es lo que esperaríamos que sucediera normalmente, si es típico, genérico, si sigue las normas o el comportamiento al que estamos habituados. En física, este concepto es usado en el mismo sentido. Al referirnos a una teoría, como el modelo estándar, nos preguntamos si sus interacciones, fijadas por sus constantes de acoplamiento, tienen valores típicos, naturales. Estas constantes de acoplamiento del modelo estándar son todas números sin dimensiones. Si tomamos unidades naturales, son constantes adimensionales, y, en ese caso, sería esperable que sus valores fueran todos del orden de la unidad. Esto no significa que deban ser exactamente iguales a uno; ya vimos que los valores de los acoplamientos cambian ligeramente. Dependiendo de la energía de la interacción, estos acoplamientos pueden tomar valores como 0,3, 0,5, 2 o 3, del orden de la unidad. De hecho, esto es lo que sucede con las interacciones gauge, y es lo que define nuestro concepto de naturalidad.

En el modelo estándar tenemos dos tipos de interacciones diferentes. Por una parte, las interacciones electromagnéticas, débiles y fuertes, que llamamos conjuntamente interacciones gauge, están completamente fijadas por la simetría una vez especificamos las cargas de la partícula. La intensidad de estas interacciones viene fijada por acoplamientos adimensionales y son todos de orden uno, son acoplamientos naturales. De hecho, los acoplamientos electromagnético, débil y fuerte a la energía del bosón Z, son g_{em} = 0,31, g_2= 0,65 y g_3= 1,22. Como vemos, el acoplamiento de las interacciones fuertes es mayor que el de las otras dos interacciones, pero ya hemos visto que a la escala M_{GUT} todos ellos unifican y se hacen iguales a g_{GUT} = 0,7. Así, podemos entender esta diferencia a la escala M_Z como debida a los efectos cuánticos de las partículas con interacciones electromagnéticas, fuertes o débiles y de masas entre M_Z y M_{GUT}.

Sin embargo, aparte de estas interacciones gauge, el modelo estándar contiene aún los acoplamientos de los fermiones con el bosón de Higgs, los llamados «acoplamientos de Yukawa». En este caso, los acoplamientos de Yukawa (ver tabla) son también acoplamientos sin dimensiones, pero no están fijados por ninguna simetría, y, *a priori*, pueden tomar cualquier valor. En realidad, estos acoplamientos son muy distintos entre sí, abarcando un enorme rango de valores. Como podemos ver en la tabla, en el caso del quark top el acoplamiento de Yukawa es aproximadamente 1, pero para el quark bottom es 0,017, para el quark up solo 0,000013 y para el electrón 0,000003.

Acoplamientos de Yukawa					
up	0,000013	down	0,000025	electrón	0,0000029
charm	0,0074	strange	0,0006	muón	0,0006
top	1,006	bottom	0,017	tau	0,01

Por lo tanto, queda claro que estos dos sectores del modelo estándar son muy distintos. El sector de las interacciones gauge lo podemos entender por completo, y los valores de sus acoplamientos son naturales. Por el contrario, resulta evidente que la situación para los acoplamientos de Yukawa es diferente: son arbitrarios y sus valores, obtenidos experimentalmente, son «poco naturales».

> Realmente, el modelo estándar no es aún una teoría completa. No cumple los requisitos de simplicidad y elegancia. Incluye 17 partículas fundamentales y un número similar de parámetros ajustables.
>
> Sheldon L. Glashow

Resulta curioso que si el modelo estándar estuviera formado por solo la tercera generación, y aceptamos los relativamente pequeños acoplamientos del bottom y tau, el modelo podría ser completamente «natural». Entenderíamos los acoplamientos gauge y el contenido de materia en el contexto de un modelo de gran unificación, o de gran unificación supersimétrica. Los acoplamientos de Yukawa con el bosón de Higgs se podrían hacer todos de orden unidad si utilizamos dos bosones de Higgs distintos con distintos valores en el vacío, como sucede en los modelos supersimétricos o en los llamados modelos de dos dobletes de Higgs. En este caso uno de los bosones de Higgs se acoplaría al top con un valor del campo en el vacío mayor que el del otro Higgs, que se acoplaría al bottom y al tau. Por lo tanto, la diferencia en las masas del bottom y tau respecto al top podría ser debida a los distintos valores en el vacío de sus campos de Higgs, manteniendo todos los acoplamientos de orden uno. En este contexto se puede entender que Isidor Rabi se preguntara, acerca del descubrimiento del muón, si realmente este hallazgo tenía alguna utilidad. En el momento de este descubrimiento, la teoría, predecesora del modelo estándar, se limitaba a una sola generación, y sus acoplamientos, de tipo gauge, eran naturales. Por el contrario, el hecho de tener tres generaciones complica enormemente el modelo. En principio, esta repetición resulta innecesaria, estas partículas no parecen jugar, actualmente, ningún papel en la materia estable, y la gran diversidad de los acoplamientos de Yukawa requeriría una explicación satisfactoria que el actual modelo estándar no proporciona.

Y esto no es todo, sino que, además de proporcionar las masas de las partículas de materia, los acoplamientos de Yukawa introducen mezclas entre las distintas generaciones. Esto significa que existen acoplamientos que conectan las distintas generaciones y cambian el «sabor» de los quarks. Debido a estos acoplamientos, las partículas de la segunda y tercera generación no son estables y todas ellas decaen a las partículas más ligeras de la primera generación. Estas mezclas están muy relacionadas con la interacción débil, que, como vimos en el capítulo dedicado al modelo estándar, es la única interacción que puede cambiar el sabor de las partículas. Por ello vemos estas mezclas como un desajuste entre las partículas que componen los dobletes de SU(2) en términos de las partículas con masa definida. Por ejemplo, un quark up, charm o top con masas definidas, forma doblete con una combinación de los quarks tipo down:

$$\begin{pmatrix} u \\ 0{,}974d + 0{,}225s + 0{,}0035b \end{pmatrix}, \begin{pmatrix} c \\ 0{,}225d + 0{,}973s + 0{,}041b \end{pmatrix},$$
$$\begin{pmatrix} t \\ 0{,}0086d + 0{,}040s + 0{,}999b \end{pmatrix}.$$

Aquí observamos que cada quark está principalmente mezclado con el quark de su misma generación, pero existe una pequeña mezcla con los otros quarks con valores muy pequeños. Es importante notar que todas estas combinaciones cumplen la propiedad de que la suma de los cuadrados de los coeficientes es igual a la unidad, por ejemplo $0{,}974^2 + 0{,}225^2 + 0{,}0035^2 = 1$, y esto significa que un determinado quark se puede repartir entre tres estados distintos, pero la probabilidad total de que se encuentre en alguno de ellos ha de ser siempre uno. Esto es una propiedad de las llamadas matrices unitarias, en las que la suma de los cuadrados de una columna o una fila vale uno. Así, estas mezclas vienen descritas por la matriz unitaria de Cabibbo-Kobayashi-Maskawa, por el nombre de los físicos que la propusieron (el italiano Nicola Cabibbo, y los japoneses Makoto Kobayashi y Toshihide Maskawa):

$$V_{CKM} = \begin{pmatrix} 0{,}9743 & 0{,}2253 & 0{,}0035 \\ 0{,}2252 & 0{,}9734 & 0{,}0412 \\ 0{,}0086 & 0{,}0404 & 0{,}9991 \end{pmatrix}.$$

Esta matriz de mezcla presenta también acoplamientos anormalmente pequeños. En principio, si los quarks de masa definida estuvieran más o menos equitativamente distribuidos entre los tres dobletes, esperaríamos que todos los elementos de la matriz fuesen de orden uno. Otra vez debemos explicar por qué la mezcla entre la primera y la tercera generación es tan pequeña o por qué la mezcla entre la primera y la segunda generación es 0,22, el llamado ángulo de Cabibbo, que representamos por λ.

¿Para qué vamos a estudiar un problema si no nos divertimos resolviéndolo?

NICOLA CABIBBO

Como vemos, hay muchas cosas en el sector de acoplamientos de Yukawa que no entendemos, estos acoplamientos presentan anomalías. Habitualmente, en física las leyes que encontramos son naturales. Si una teoría no lo es, debe existir una razón que explique esa situación. Es muy probable que esta aparente anomalía venga provocada por algún sector adicional de la teoría que no hemos tenido en cuenta. Esta es la idea que nos mueve a pensar que tiene que existir una nueva física responsable de estos acoplamientos en el sector de Yukawa. Sin embargo, antes de analizar alguna posible explicación de estos fenómenos, vamos a estudiar un problema muy similar en el sector de los neutrinos.

MASAS Y MEZCLAS DE LOS NEUTRINOS

Desde que, en 1933, Wolfgang Pauli postuló la existencia de los neutrinos para salvar el principio de conservación de la energía en la desintegración del neutrón, estos fueron concebidos sin masa. Igualmente, en la formulación original del modelo estándar de Sheldon L. Glashow, Steven Weinberg y Abdus Salam en los años sesenta, los neutrinos no tenían masa. Ello era debido a que las medidas cinemáticas de la masa, es decir, a través de la medida de los efectos de una fuerza conocida en su velocidad, mostraban que su masa es cero o, al menos, mucho más pequeña que la sensibilidad alcanzable experimentalmente. Actualmente, mediante estos experimentos cinemáticos solo podemos afirmar que la masa de los neutrinos es menor de 1 eV, es decir, casi 1 millón de veces menor que la masa del electrón.

Afortunadamente, hoy en día sabemos que los neutrinos tienen masa distinta de cero. Su masa se ha podido determinar gracias a efectos de interferencia en los procesos de oscilaciones de neutrinos.

Estas oscilaciones de neutrinos solo tienen lugar si los neutrinos tienen masas distintas y los neutrinos que forman parte del doblete de leptones son una combinación de los neutrinos masivos. Por tanto, estas oscilaciones únicamente pueden proporcionar diferencias entre dos de las masas de los neutrinos involucrados. En estos experimentos obtenemos la diferencia de masas al cuadrado, $\Delta m_{12}^2 = 7{,}4 \times 10^{-5}$ eV^2 y $\Delta m_{32}^2 \approx \Delta m_{13}^2 = 2{,}5 \times 10^{-3}$ eV^2. Por tanto, si suponemos que la masa del neutrino más ligero es mucho menor que la masa del pesado, de forma que estas diferencias sean prácticamente la masa del pesado al cuadrado, tendríamos que $m_{\nu 3} = 0{,}05$ eV, $m_{\nu 2} = 0{,}0086$ eV y $m_{\nu 1} \sim 0$. De todos modos, las masas de los neutrinos tienen que estar entre esta escala y 1 eV, que es el valor máximo que puede tener de acuerdo a las medidas cinemáticas, y son en cualquier caso mucho menores que las masas de las otras partículas de materia. Estos minúsculos valores tienen como consecuencia que, para las energías típicas en cualquier proceso de desintegración débil, el neutrino se moverá prácticamente a la velocidad de la luz. Esto fue comprobado por ejemplo en la supernova SN 1987A (ver imágenes en página 117), en la que se midieron varios grupos de antineutrinos procedentes de la supernova en un tiempo consistente con la velocidad de la luz para los neutrinos. De hecho, a pesar de que la supernova se encontraba a 160 000 años-luz de la Tierra, la medida de la masa de los neutrinos por este proceso solo nos permite decir que la masa del neutrino es menor de 16 eV. Hasta el momento, todas las medidas de la velocidad de neutrinos son compatibles con la velocidad de la luz.

OSCILACIONES DE NEUTRINOS

Las oscilaciones de neutrinos involucran las propiedades cuánticas y relativistas de los neutrinos. Este mecanismo fue propuesto en 1967 por Bruno Pontecorvo (1913-1993), en la fotografía, junto a Enrico Fermi, físico italiano exiliado en Moscú y padre de la física de neutrinos moderna. La base de este proceso es el llamado principio de incertidumbre de Heisenberg, pieza fundamental de la mecánica cuántica. Este principio dice que es imposible conocer a la vez con infinita precisión la posición y el momento de una partícula: el producto de las incertidumbres en posición, Δx, y momento, Δp, debe ser mayor que la constante de Planck, $\Delta x \cdot \Delta p \geq h/(4\pi)$. Esta expresión es consecuencia del comportamiento ondulatorio de las partículas cuánticas. Una onda plana con una frecuencia fijada, llena todo el espacio, sin posición definida, mientras que un paquete de ondas localizado es combinación de muchas frecuencias distintas y no tiene momento definido. Debido a la dualidad cuántica onda-partícula, las partículas comparten este carácter ondulatorio y por tanto no se puede definir simultáneamente su posición y momento. Si aplicamos esta expresión a un neutrino, esto significa que si conocemos su posición con cierto grado de exactitud, tenemos una incertidumbre en su momento o en su energía. Supongamos ahora que tenemos dos neutrinos, ν_1 y ν_2, con masas muy próximas. En un proceso débil creamos un neutrino asociado a un electrón, que por tanto llamaremos *neutrino electrónico*. Sin embargo, ese neutrino no coincide con los estados de masa definida, ν_1 y ν_2, sino que es una combinación de ambos: $\nu_e = \cos\theta\, \nu_1 + \text{sen}\, \theta\, \nu_2$. Si conocemos la energía del neutrino con una precisión mayor que la diferencia entre las masas de ν_1 y ν_2, midiendo las energías en el proceso podremos decir con seguridad si hemos generado un ν_1 o un ν_2 junto con el electrón. Pero si la diferencia de masa es menor que la precisión que tenemos para medir la energía nunca podremos estar seguros de si el estado producido era un ν_1 o un ν_2. Las reglas de la mecánica cuántica nos

El científico italiano Bruno Pontecorvo, en actitud pensativa, aparece en esta imagen junto a su profesor Enrico Fermi en 1950.

dicen que, mientras no medimos para determinar cuál de las posibilidades tiene lugar, todas las opciones para llegar al estado final contribuyen al proceso.

Cuando el neutrino deja de ser electrónico

Así, la propagación del neutrino, originalmente electrónico, desde el lugar de producción al de su detección, se hará mediante la combinación de los dos neutrinos con masa definida ν_1 y ν_2. Ahora bien, si las masas de los dos neutrinos son ligeramente distintas, la velocidad, o la frecuencia, hablando en lenguaje ondulatorio, de estos dos neutrinos en su propagación será también sutilmente diferente. Así, como muestra la figura, la combinación de estados de masa que llega a un punto determinado será distinta a la combinación original, ya que una de las componentes se ha retrasado por su menor velocidad. Por tanto, ya no será un neutrino electrónico y en lugar de producir un electrón en su interacción, puede producir por ejemplo un muón. La identidad del neutrino (en sabor) cambia a lo largo de la propagación, cambia de forma oscilatoria, y este proceso recibe el nombre de oscilaciones de neutrinos. Este proceso oscilatorio solo tiene lugar si las distintas componentes del neutrino viajan a distintas velocidades, debido a la diferencia entre sus masas. La expresión que nos da la probabilidad de que un neutrino con energía E, producido inicialmente con sabor α, se detecte como sabor β a una distancia L es: $P(\nu_\alpha \rightarrow \nu_\beta) = \text{sen}^2 (2\theta)\ \text{sen}^2 ((m_2^2 - m_1^2)\ L/4E)$. Los experimentos de oscilaciones son sensibles a diferentes valores de las masas para distintos valores de distancia y energía. Si utilizamos los neutrinos producidos en el Sol, con energías del orden de 10 MeV y una distancia de 150 000 000 km vemos que entre ellos hay una diferencia de masa $\Delta m_{12}^2 = 7{,}4 \times 10^{-5}\ \text{eV}^2$, mientras que si utilizamos los neutrinos producidos en la atmósfera con energías de varias decenas de GeV y distancias del orden de 10 000 km, la diferencia de masa es de $\Delta m_{32}^2 = 2{,}5 \times 10^{-3}\ \text{eV}^2$. Así, los experimentos de oscilaciones nos determinan la masa de los neutrinos.

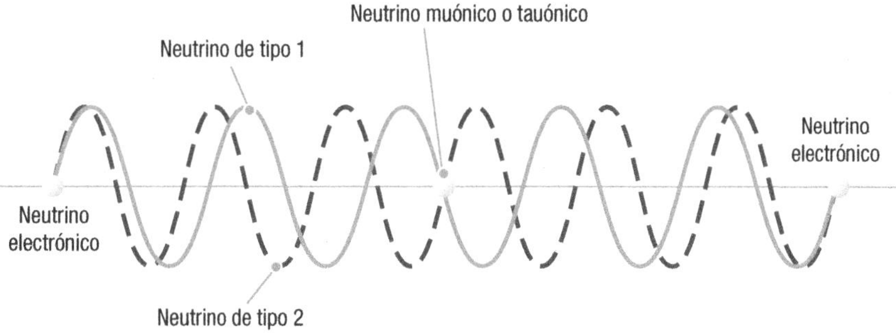

La propagación de un neutrino electrónico a través de dos estados de masa diferente provoca el cambio de su composición como función de la distancia.

Así pues, en el caso de los neutrinos vemos, aún más acentuado, el problema de que estas masas son mucho menores que las masas «naturales», que serían del orden de la escala electrodébil. Si estas masas se generan del mismo modo que las masas de todas las otras partículas de materia en el modelo estándar, a través de los acoplamientos de Yukawa con el Higgs, esto significa que los acoplamientos de Yukawa de los neutrinos serían:

$$Y_{\nu 3} = 0{,}00000000000053 = 5{,}3 \times 10^{13},$$
$$Y_{\nu 2} = 0{,}000000000000049 = 4{,}9 \times 10^{-14},$$
$$Y_{\nu 1} \sim 0.$$

Evidentemente, estos acoplamientos no son naturales y el problema es aún mucho mayor que para el caso del electrón, que era el acoplamiento más pequeño si exceptuamos los neutrinos. Es necesario buscar una explicación a estos acoplamientos tan pequeños para los neutrinos, y una posible explicación es proporcionada por el mecanismo de *seesaw*, o «balancín» en castellano.

EL MECANISMO DE *SEESAW* Y LAS MASAS DE LOS NEUTRINOS

En el caso de los neutrinos, el modelo estándar original no incluye el neutrino derecho, N_R, singlete de SU(2). Este neutrino no tiene carga eléctrica ni fuerte, como sucede con los neutrinos izquierdos, pero, a diferencia de los neutrinos izquierdos, no tiene ni siquiera carga débil. Si los neutrinos carecen de masa, estos N_R no tienen ninguna interacción con las partículas de materia o los mediadores de las interacciones estándar y no son necesarios en el modelo. Sin embargo, hemos sido capaces de determinar que los neutrinos tienen masa no nula. En ese caso, la forma más sencilla de proporcionar masa a los neutrinos es introducir los N_R en el modelo y escribir los correspondientes acoplamientos de Yukawa de los neutrinos. Pero ya hemos visto que esto requeriría unos acoplamientos de Yukawa completamente inaceptables.

Afortunadamente, los neutrinos derechos tienen una diferencia importante con los otros fermiones: además de las masas

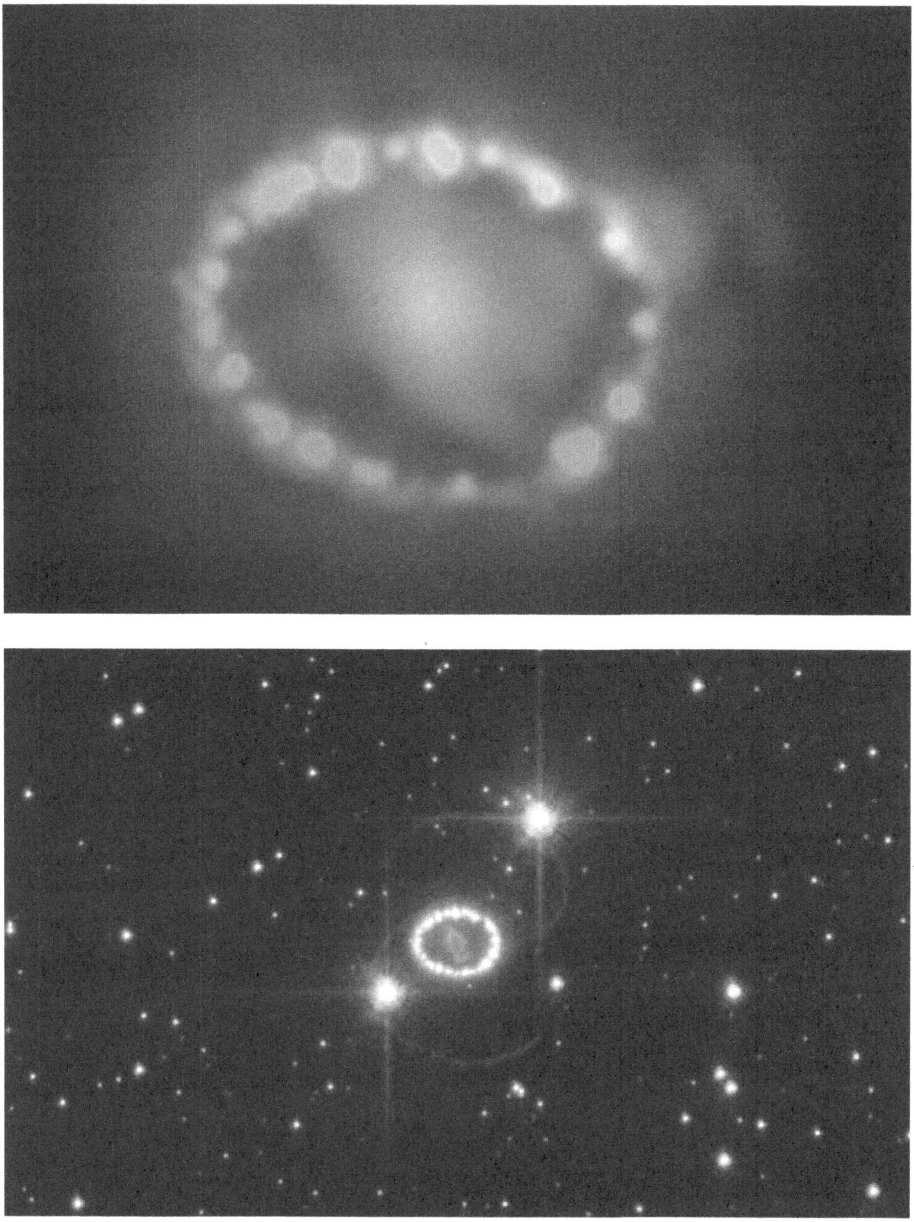

Dos imágenes de la supernova SN 1987A, arriba una aproximación más cercana de la misma, vista en capas de luz de diferentes espectros. Abajo, un plano más general donde se aprecia la brillantez de esta explosión estelar.

de Yukawa debidas al Higgs, estos neutrinos, completamente neutros respecto al modelo estándar, pueden tener otro tipo de masa, la llamada *masa de Majorana*, en honor a su inventor el físico italiano Ettore Majorana (1906-1938). Estas masas no tienen ninguna relación con el valor del campo de Higgs en el vacío, no vienen dadas por un acoplamiento de Yukawa con el Higgs, y, de hecho, serían naturalmente del orden de la escala de Gran Unificación, bajo la cual los neutrinos derechos están cargados. En estas condiciones, tiene lugar el ya nombrado mecanismo de *seesaw* (figura 1), inventado a finales de los años setenta, en el contexto de las teorías de Gran Unificación, para explicar una masa del neutrino muy por debajo de las otras masas conocidas. La idea básica de este mecanismo es que la suma de las masas de los dos neutrinos está fijada. Por tanto, si aumentamos una de ellas, la otra tiene que disminuir manteniendo la suma constante, como sucede en un balancín.

Inicialmente, antes de la rotura de la simetría electrodébil, los neutrinos derechos tienen masa, y los neutrinos izquierdos no. La suma de ambas masas, igual a la masa del neutrino derecho, tiene que mantener su valor cuando escogemos otra combinación de estos neutrinos para los estados de masa definida. Mediante el diagrama de Feynman de la figura 2, podemos ver que el neutrino

FIG. 1

El mecanismo de *seesaw* o balancín, donde la suma de las masas de los neutrinos es constante, provoca que se reduzca enormemente la masa de uno de los neutrinos si la masa del otro es muy grande.

Arriba, la instalación Cuore, ubicada en el Laboratorio Nacional del Gran Sasso en Italia, fue creada para buscar la desintegración doble beta sin neutrinos. Abajo, el observatorio Borexino de este laboratorio italiano, un experimento de física de partículas que persigue estudiar neutrinos de bajas energías.

izquierdo puede obtener una masa no nula una vez que el bosón de Higgs toma un valor en el vacío. En el lenguaje de diagramas de Feynman, la masa es solo un término que conecta el neutrino izquierdo, ν_L, con su antipartícula, ν_L^c, representada por el cambio en la dirección de la flecha, sin ningún otro campo externo. Para conseguir esto, comenzando a la izquierda del diagrama, el neutrino izquierdo pasa a un neutrino derecho a través de la interacción de Yukawa, Y_{LR}, con el Higgs reemplazado por su valor en el vacío, v. Seguidamente, el neutrino derecho, que tiene masa, puede cambiar la dirección de la flecha y luego volviendo a neutrino izquierdo de la misma manera. Sin embargo, el propagador del neutrino derecho, con una masa muy grande, es inversamente proporcional a su masa, $1/M_R$. Por lo tanto, teniendo en cuenta los acoplamientos y este propagador, obtenemos que la masa del neutrino ligero que obtenemos a través de este proceso será:

$$m_{\nu 1} = v^2 (Y_{LR})^2 / M_R.$$

Si ahora suponemos que la interacción de Yukawa es de orden 1, reemplazamos el valor del campo de Higgs en el vacío $v = 246$ GeV y tomamos $M_R = M_{GUT} \sim 10^{16}$ GeV, obtenemos $m_{\nu 1} = 0{,}006$ eV, ¡¡¡sorprendentemente próxima a los valores medidos!!!

Así, podemos ver que el *seesaw* es un mecanismo muy atractivo, capaz de explicar los valores medidos de las masas de

FIG. 2

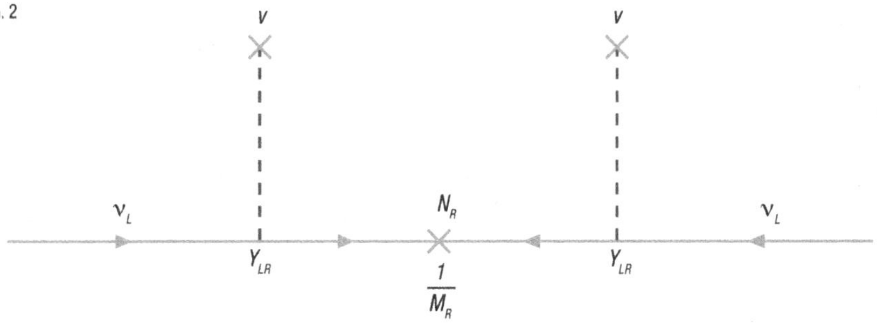

Masa del neutrino izquierdo a través de la mezcla con el neutrino derecho pesado por el mecanismo de *seesaw*.

los neutrinos ligeros y permitiendo que los acoplamientos de Yukawa tomen valores naturales, de orden uno. Por otro lado, es difícil comprobar si este mecanismo es el elegido por la naturaleza para generar las masas de los neutrinos, ya que no podemos producir los neutrinos derechos con masas del orden de M_{GUT}.

Una posible señal a favor de este mecanismo, aunque de ningún modo definitiva, sería encontrar que las masas de los neutrinos ligeros son también de tipo Majorana, ya que en este mecanismo de *seesaw* las masas resultantes para los neutrinos ligeros son de Majorana. En ese caso, existen procesos como la llamada *desintegración doble beta sin neutrinos*, que no se pueden producir a menos que las masas de los neutrinos sean de tipo Majorana. En la actualidad, existen numerosos experimentos que están buscando este proceso, aunque por el momento no se ha encontrado y solo se tiene un límite sobre la masa de Majorana de los neutrinos. El experimento GERDA (por *Germanium Detector Array*, Matriz Detector de Germanio) lleva este límite a $m_{\beta\beta} < 0{,}33$ eV, aun ligeramente por encima de los valores obtenidos por oscilaciones de neutrinos. Futuros experimentos, como el español NEXT en el laboratorio subterráneo de Canfranc, u otros experimentos como el italiano CUORE, llevado a cabo en el Laboratorio Nacional del Gran Sasso de Italia (ver fotos en páginas 119 y 122 y 123), nEXO o SuperNEMO, pretenden llegar a masas del orden de 0,01 eV. Una señal positiva en estos experimentos mostraría que las masas de los neutrinos son de Majorana, y apuntaría a la existencia de un mecanismo de *seesaw* a altas escalas.

CÓMO GENERAR ACOPLAMIENTOS PEQUEÑOS DE FORMA NATURAL

La idea principal que hemos mostrado es que, en una teoría fundamental, no esperamos que los acoplamientos sin dimensiones sean anormalmente grandes o pequeños, sino que esperamos que sean de orden uno. Es evidente que este no es el caso del modelo estándar en el sector de sabor, donde los acoplamientos

Vista del interior del detector de neutrinos Borexino, contenido en una esfera de acero inoxidable de 13,7 metros de diámetro. Este experimento se inició en 2007 y se ubica en los Laboratorios Nacionales del Gran Sasso de Italia.

de Yukawa, que dan lugar a las masas de los fermiones y a sus mezclas, abarcan diez órdenes de magnitud. Por tanto, debemos buscar algún mecanismo que sea capaz de generar estos números pequeños a partir de una teoría natural.

El mecanismo de *seesaw*, que acabamos de analizar para obtener las masas de los neutrinos, nos muestra un posible modo de obtener números pequeños: mediante el cociente de dos escalas distintas. Si tenemos una masa grande, M, y un valor de un escalar en el vacío, v, un poco menor, podemos obtener un cociente pequeño, v/M. En el caso del *seesaw*, M es la masa del neutrino derecho y v el valor del Higgs en el vacío, que nos da un cociente muy pequeño, $v/M \sim 10^{-14}$.

Si observamos la estructura de los acoplamientos de los Yukawa, resulta evidente que estos son fuertemente jerárquicos, reduciéndose progresivamente desde la tercera generación a la primera. Por ejemplo, en el caso de los acoplamientos de los quarks tipo down tenemos: $y_b \sim 0{,}017$, $y_s \sim 0{,}0006$, $y_d \sim 0{,}000025$.

Si tomamos los cocientes de los distintos acoplamientos con y_b, tenemos que $y_s/y_b \sim 0{,}035$ e $y_d/y_b \sim 0{,}0015 \sim (y_s/y_b)^2$. En el caso de los quarks tipo up tenemos, aproximadamente, $y_c/y_t \sim 0{,}0075$, $y_u/$ $/y_t \sim 0{,}000015$. Si tomamos como parámetro de expansión $\lambda \sim 0{,}2$, que podemos relacionar con el ángulo de Cabibbo en la matriz de mezcla V_{CKM}, tendríamos $y_s/y_b \sim \lambda^2$ e $y_d/y_b \sim \lambda^4$, $y_c/y_t \sim \lambda^3$, $y_u/y_t \sim \lambda^5$. Aquí podemos ver una estructura definida, los distintos acoplamientos parecen estar relacionados como potencias de un único parámetro pequeño λ.

Esta idea está en la base del mecanismo que usamos para explicar la estructura de los acoplamientos de Yukawa, el llamado mecanismo de Froggatt-Nielsen. En analogía al caso del *seesaw*, podríamos imaginar que tenemos una partícula pesada, de masa M, que se acopla con los quarks ligeros a través de un bosón escalar con un valor en el vacío v. Así cada inserción de ese escalar nos daría una supresión v/M. Si para conectar dos campos necesitamos una sola inserción del escalar v, nuestro acoplamiento final será de orden 0,2, si necesitamos tres inserciones el proceso será 0,008, etc. Así, la jerarquía entre los distintos acoplamientos de Yukawa podría ser debida a distintas inserciones del campo escalar, ϕ, con valor en el vacío, pero ¿a qué es debido este distinto número de inserciones?

En el caso del bosón de Higgs, su valor en el vacío rompe la simetría electrodébil. En este caso podríamos pensar en que el valor en el vacío de ϕ rompe también una simetría asociada con el sabor. El caso más sencillo es una simetría U(1), análoga a la interacción electromagnética. De este modo, si el quark q_L tiene carga +1 y el quark q_R carga +2, necesitamos compensar esas cargas con uno o varios campos escalares de carga total –3. Si al campo escalar, ϕ, que llamamos flavón, le asignamos carga –1, necesitaremos tres inserciones del flavón, cada una de ellas con una supresión λ, y obtenemos un acoplamiento final de orden λ^3. De esto modo, es posible reproducir las masas de los fermiones y sus mezclas en la matriz de Cabibbo-Kobayashi-Maskawa en términos de acoplamientos naturales de orden uno mediante estas cargas y el parámetro de expansión λ. Otras posibles simetrías de sabor, como la simetría SU(3), pueden explicar la existencia de tres generaciones de fermiones y reproducir la estructura de los acoplamientos de Yukawa utilizando ideas similares.

Suponiendo que este es el mecanismo que genera la estructura de los acoplamientos de Yukawa en la naturaleza, la siguiente pregunta es: ¿cuál es la señal que nos lo confirmará experimentalmente? La primera posibilidad sería producir directamente los bosones mediadores de esta simetría o las partículas pesadas de masa M. Desafortunadamente, a partir de los acoplamientos de Yukawa, no tenemos ninguna pista sobre cuál puede ser la escala M, ya que estos acoplamientos dependen solo del cociente v/M. Actualmente, por la ausencia de efectos en otros procesos a bajas energías, sabemos que la escala responsable de la rotura de la simetría de sabor podría estar en cualquier lugar entre varias decenas de TeV y la masa de Planck, pero en cualquier caso fuera del alcance de la producción directa en el LHC. Por otro lado, si existe una nueva física más allá del modelo estándar, sabemos con seguridad que la simetría de sabor se aplicará también a este nuevo sector y las nuevas estructuras de sabor en él vendrán generadas por este mismo mecanismo y su estudio nos permitirá ampliar nuestros conocimientos sobre la teoría responsable del sabor. Un ejemplo perfecto de esto es la supersimetría. Aquí tenemos nuevas estructuras de sabor en las matrices de masas de los squarks y sleptones y los llamados acoplamientos trilineares, análogos a los acoplamientos de Yukawa, pero afectando solo a campos escalares. Si encontramos supersimetría en el LHC y somos capaces de medir sus masas y mezclas podremos determinar si sus estructuras están generadas por el mismo mecanismo de sabor que suponemos para los acoplamientos de Yukawa y discriminar entre posibles simetrías responsables del sabor.

En busca de la nueva física

Los grandes experimentos de física de partículas han completado el modelo estándar con el bosón de Higgs. No obstante, la física debe continuar con la búsqueda de nuevas partículas e interacciones más allá de este modelo: sin duda la naturaleza nos reserva aún muchas sorpresas.

El 10 de septiembre de 2008 comenzaron los experimentos de colisión de protones en el acelerador LHC de Ginebra. El LHC es el acelerador de partículas más grande y energético del mundo, alcanzando energías de 13 TeV en la actualidad, en un túnel de 27 km de circunferencia. El principal motivo para la construcción de este gigantesco experimento fue la búsqueda del bosón de Higgs, el último ingrediente faltante en el modelo estándar. El 4 de julio de 2012 se anunció en el CERN, y simultáneamente en la conferencia internacional ICHEP (por las siglas en inglés de Conferencia Internacional de Física de Alta Energía), el descubrimiento de una partícula escalar (con espín igual a cero) con las características del bosón de Higgs, con una masa de 125 GeV en los detectores ATLAS y CMS del LHC. Este descubrimiento fue acogido con gran satisfacción por toda la comunidad científica, ya que certificaba el éxito del modelo estándar como la descripción correcta del universo a estas energías y la capacidad de los físicos e ingenieros para diseñar y hacer funcionar este acelerador con tecnología completamente innovadora.

De cualquier manera, el descubrimiento del bosón de Higgs no es, en absoluto, el único objetivo del LHC. Ya hemos visto que no podemos considerar el modelo estándar una teoría completa, pues nos deja numerosas preguntas abiertas que deberán ser contestadas. Algunas de las mejores propuestas postuladas para extender el modelo estándar, como, por ejemplo, la supersimetría, están asociadas a escalas próximas a la escala electrodébil. Por este motivo, el siguiente objetivo del LHC es la búsqueda de nueva física más allá del modelo estándar y a ello dedica en la actualidad todos sus esfuerzos.

ACELERADORES DE PARTÍCULAS: EL LHC

Los instrumentos que utilizamos para explorar la física a altas energías son los aceleradores de partículas (ver ilustración en páginas 132 y 133). El principio de estos aceleradores es utilizar campos eléctricos y magnéticos para acelerar partículas hasta energías extremas y hacerlas colisionar contra otro tren de partículas que viaja en sentido opuesto para obtener la máxima energía posible de ese choque. Debido a la equivalencia entre masa y energía, $E=mc^2$, la colisión de dos partículas ligeras puede producir partículas mucho más pesadas, siempre que esta colisión reúna la energía suficiente, lo que nos permite explorar la física a escalas más elevadas de las que describe correctamente el modelo estándar.

Una partícula cargada en un campo eléctrico es acelerada en una trayectoria rectilínea en una u otra dirección en función de su carga. Esta es la idea básica en los aceleradores lineales para conseguir partículas con altas energías. Estos aceleradores consisten en un tubo con un alto vacío y una serie de electrodos cilíndricos de longitud variable según la distancia en el tubo (figura 1). El vacío es necesario para evitar los choques de las partículas aceleradas con moléculas de gas, y los electrodos que aceleran las partículas han de ser más largos a medida que las partículas alcanzan mayores velocidades. El problema de los aceleradores lineales es que, para que las partículas alcancen altas energías, a velocidades próximas a la velocidad de la luz, es necesario aumentar el número de elementos de aceleración y,

FIG. 1

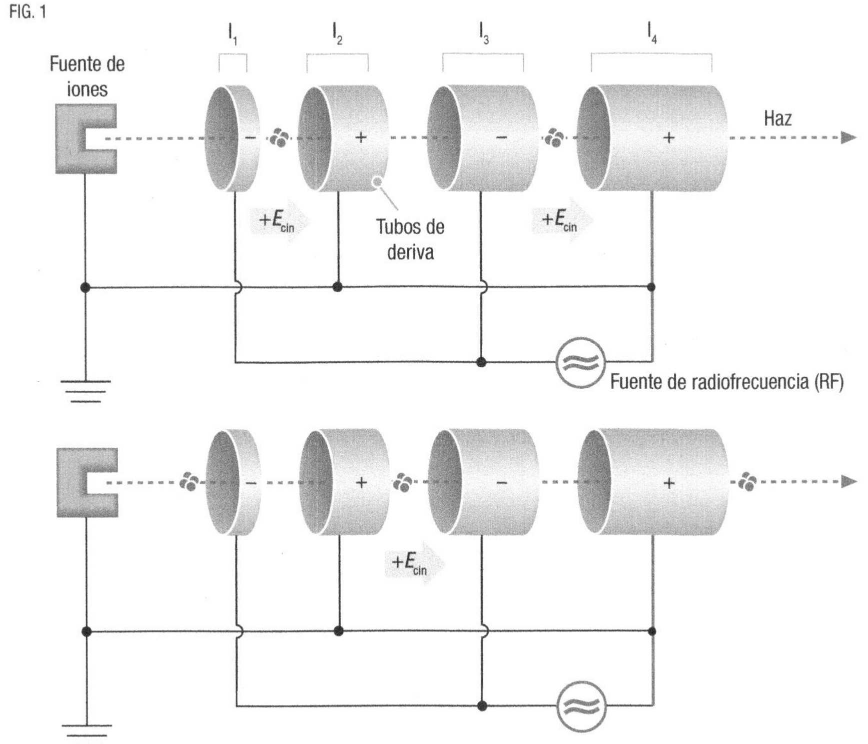

Esquema de un acelerador lineal con electrodos cilíndricos de longitud creciente al alejarse de la fuente.

por tanto, estos aceleradores lineales han de ser necesariamente instalaciones de gran tamaño.

Por ello, una alternativa interesante a los mismos son los aceleradores circulares, que pueden reutilizar los mismos elementos de aceleración varias veces, utilizando campos magnéticos para curvar las trayectorias de las partículas trazando un círculo. Para un campo magnético dado el radio de la órbita es proporcional a la velocidad de la partícula, por lo que para alcanzar altas energías se necesitan también aceleradores de radios cada vez mayores. El LHC (ver imagen superior en página 135) es el mayor acelerador circular que existe en la actualidad, donde

¿CÓMO FUNCIONA UN ACELERADOR DE PARTÍCULAS?

Un acelerador como este produce un haz de partículas cargadas muy útil para múltiples aplicaciones científicas. La mayoría de las veces este haz está compuesto por electrones y protones. En ocasiones también albergan átomos completos de elementos muy pesados, como el oro o el uranio.

Las partículas

- Protón: Partícula subatómica estable de carga eléctrica positiva.
- Neutrón: Partícula subatómica neutra, sin carga eléctrica.
- Electrón: Partícula subatómica estable de carga eléctrica negativa, unidad básica de la electricidad.
- Átomo: La unidad constituyente más pequeña en que la materia se puede dividir manteniendo las propiedades propias de cada elemento químico.

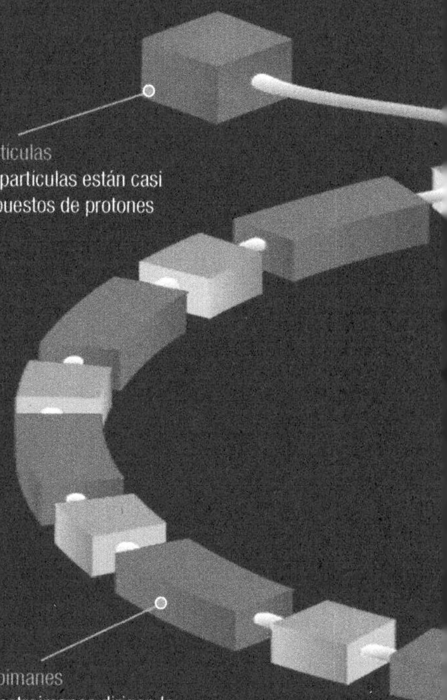

Emisor de partículas
Los haces de partículas están casi siempre compuestos de protones y electrones.

Electroimanes
Los electroimanes dirigen la trayectoria el haz de partículas a través del tubo de vacío.

¿POR QUÉ LOS ACELERADORES DE PARTÍCULAS SON IMPORTANTES?

Descubrimientos científicos
Estas instalaciones son herramientas de investigación esenciales para descubrir nuevos aspectos de la física nuclear y de partículas y para las disciplinas que usan rayos X y neutrones.

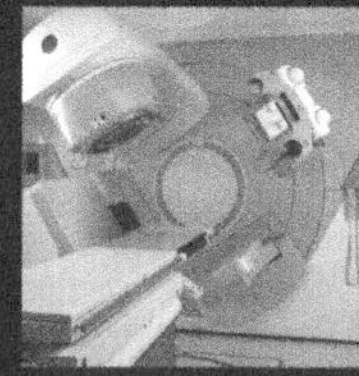

Medicina
En todo el mundo decenas de millones de pacientes reciben diagnósticos y terapias establecidas a partir de los aceleradores de partículas.

EL ACELERADOR

En los aceleradores de partículas circulares las partículas son propulsadas repetidamente a través de un tubo que traza una circunferencia. A cada vuelta, los campos eléctricos aumentan y las partículas del haz se aceleran, pudiendo alcanzar la velocidad de la luz. Cuando logran el nivel de energía deseado se hacen chocar o bien contra una diana o contra otro haz de partículas. Un detector observa la colisión.

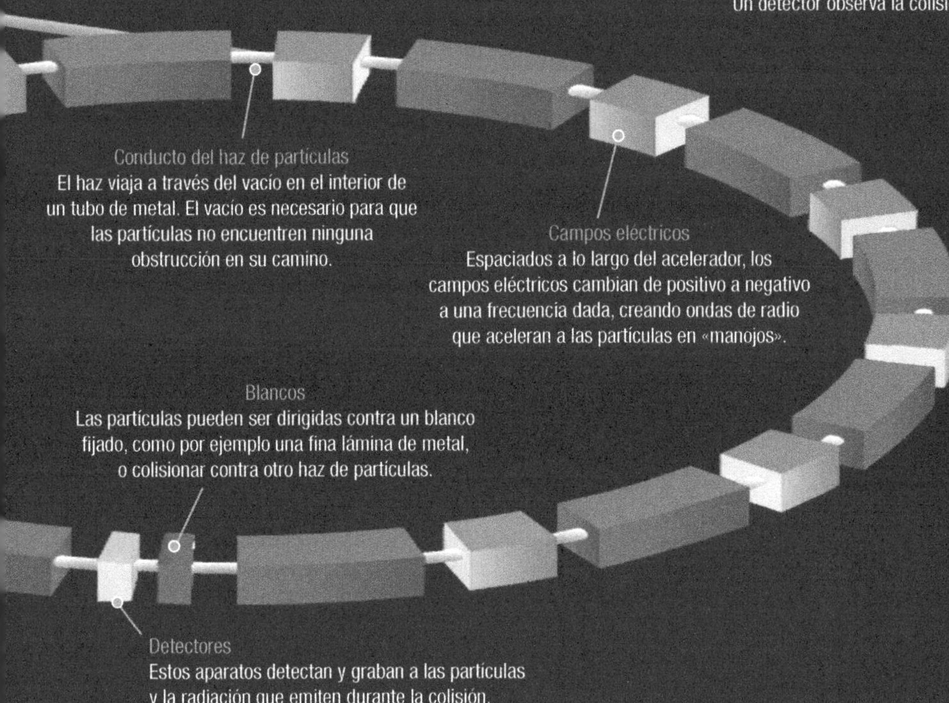

Industria

Muchos procesos industriales usan estos aceleradores. Desde la fabricación de chips de ordenador a ciertos tipos de plástico, hasta la radiografía industrial o la esterilización de materiales biológicos.

Seguridad

Los aceleradores de partículas desempeñan un papel importante en la seguridad nacional, como en la inspección de cargas y la caracterización de materiales.

los protones circulan por un tubo de 27 km de longitud. Un acelerador como el Gran Colisionador de Hadrones utiliza la tecnología más avanzada, específicamente desarrollada para este uso. La aceleración de los protones se consigue en cavidades de radiofrecuencia superconductoras que operan a –268,7 °C y la curvatura de las trayectorias se hace mediante imanes, también superconductores a –271,3 °C. Este es el mayor sistema criogénico del mundo, y cuenta con alrededor de 120 toneladas de helio superfluido Por otra parte, todo el interior del tubo en el anillo debe ser un vacío casi perfecto, a una presión de 10^{-13} atmósferas, muy similar a la presión atmosférica en la superficie de la Luna, para evitar que los protones choquen descontroladamente con moléculas del gas.

En conjunto, el LHC está formado por una cadena de aceleradores de energías sucesivamente mayores. En primer lugar, protones procedentes de átomos de hidrógeno son acelerados en el acelerador lineal LINAC2, hasta energías de 50 MeV e inyectados en el sincrotrón *Proton Synchroton Booster* (PSB), un acelerador circular de 25 m de radio, donde alcanzan energías de 1,4 GeV. Seguidamente pasan al *Proton Synchrotron* (PS) propiamente dicho, de 628 m de circunferencia, donde se aceleran a 26 GeV y son inyectados en el *Super Proton Synchrotron* (SPS), con un diámetro de 2 km, en el que alcanzan 450 GeV. Finalmente se transfieren al gran LHC, un túnel de 27 km de circunferencia donde son acelerados durante 20 minutos para alcanzar la energía final de 6,5 TeV. A pesar del enorme tamaño del acelerador, hay que tener en cuenta que los protones van al 99,9999991 % de la velocidad de la luz y dan 11 245 vueltas al acelerador en 1 segundo. Finalmente, los dos haces de protones se encuentran con una energía total por colisión de 13 TeV, en cuatro puntos de colisión, rodeados de detectores.

Para estudiar el resultado de la colisión y las nuevas partículas producidas disponemos de los detectores de partículas. Estos detectores son fundamentales para contar, localizar y caracterizar todas las diferentes partículas en cada colisión, y reconstruir por completo el proceso. Para conseguir este objetivo, los detectores incluyen varias capas de subdetecto-

Arriba, vista aérea de la zona que alberga el anillo del LHC, en los alrededores de la ciudad de Ginebra, al extremo del lago Lemán. Podemos ver el aeropuerto de Ginebra entre el anillo y el lago y, al fondo, el pico Mont Blanc, el más alto de los Alpes. Abajo, detalle del interior de uno de los aceleradores del LHC, el ATLAS, en el que se ha simulado el flujo de partículas.

FIG. 2

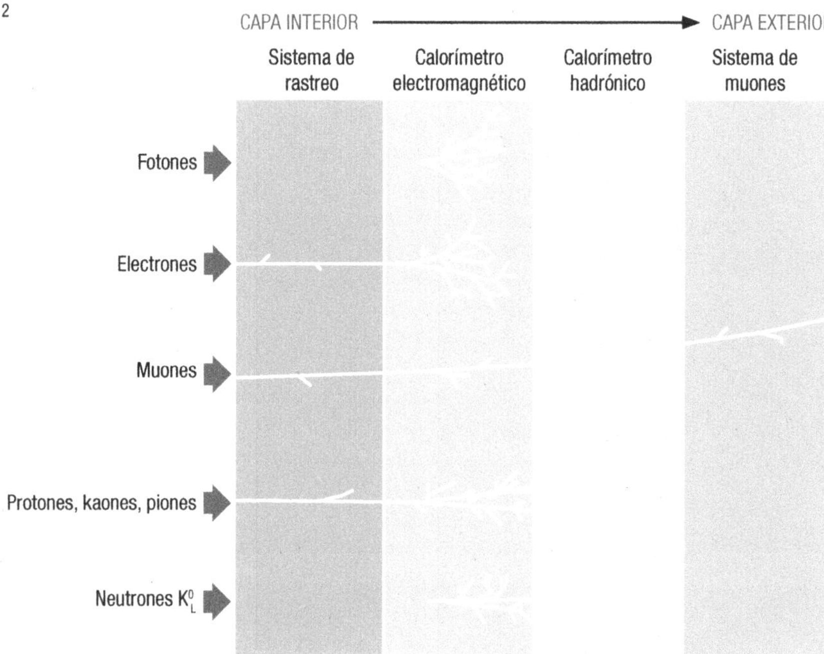

Los distintos tipos de subdetectores que forman un moderno detector de partículas.

res (figura 2), inmersos en un poderoso campo magnético, que miden distintas propiedades de las partículas. La función de este campo magnético es utilizar la curvatura de las trayectorias de las partículas cargadas en el campo para determinar su carga, su masa y su velocidad. Es sencillo determinar la carga de la partícula, ya que las de carga positiva se curvan en una dirección y las de carga negativa en la dirección opuesta. El producto de la masa por la velocidad de la partícula, llamado «cantidad de movimiento», también puede ser determinado, teniendo en cuenta que las partículas con alta cantidad de movimiento casi no son desviadas por el campo magnético, mientras que partículas con poca cantidad de movimiento siguen trayectorias en espiral.

Los subdetectores utilizados son de dos tipos distintos: detectores de trazas y calorímetros.

Como su nombre indica, los detectores de trazas determinan las trazas de las partículas cargadas eléctricamente al ionizar la materia que atraviesan. Esta ionización se traduce en señales eléctricas que son recogidas por un ordenador y es capaz de determinar la trayectoria de la partícula por el subdetector. Estos detectores de trazas incluyen los detectores más próximos a la colisión, los llamados detectores de vértice, y los más lejanos, los detectores de muones.

Los calorímetros son detectores que determinan la energía de las partículas, deteniéndolas y midiendo la energía que liberan. Hay dos tipos de calorímetros, dependiendo del material y el tipo de partículas que absorben: los calorímetros electromagnéticos, que detienen electrones y fotones mediante sus interacciones electromagnéticas, y los calorímetros hadrónicos, que absorben las partículas que interaccionan fuertemente, como protones, piones y neutrones.

Combinando estos subdetectores, podemos identificar las partículas, su carga, su trayectoria y su energía, y de aquí reconstruir el proceso original. En el LHC hay cuatro puntos de colisión, donde se encuentran los experimentos ATLAS, ALICE, CMS y LHCb. De ellos, ALICE y LHCb son experimentos comparativamente pequeños. ALICE está especializado en física de iones pesados y el estudio del plasma de quarks y gluones. LHCb se centra en el estudio de física del quark bottom y la asimetría entre partículas y antipartículas. ATLAS y CMS son los dos grandes experimentos para búsquedas de partículas pesadas y nueva física. Por ejemplo, el detector ATLAS (ver imagen inferior en página 135) es un cilindro de 46 m de largo y 26 m de diámetro, que pesa 7000 toneladas y la colaboración de científicos que analiza los datos obtenidos está formada por casi 3000 científicos de todo el mundo.

El LHC ha sido capaz de encontrar el bosón de Higgs, pero por el momento no ha encontrado ninguna señal sólida de una nueva física más allá del modelo estándar. En la actualidad, estas búsquedas ponen fuertes límites a todas las extensiones de este modelo, como por ejemplo a la supersimetría.

A pesar de que hemos mostrado en este libro alguna de nuestras mejores ideas para responder las preguntas que dicho modelo deja abiertas, ello no significa, en absoluto, que estas sean el camino que la naturaleza ha seguido. Históricamente, la ciencia ha conseguido grandes éxitos y la imaginación de los científicos ha sido muy fértil, pero podemos estar seguros de que la realidad nos va a sorprender en mayor o menor medida. Por ello, las búsquedas en LHC deben mantener una actitud abierta y no podemos descartar, *a priori*, ninguna posibilidad.

OTRAS EXTENSIONES DEL MODELO ESTÁNDAR

Aparte de la extensión supersimétrica del modelo estándar existen muchas otras propuestas para ampliar el modelo que resuelven uno o varios de sus problemas. Algunas de estas posibles extensiones son: teorías de grandes dimensiones extra, modelos de Higgs compuesto o portales de Higgs.

Grandes dimensiones extra

Una posible dirección para ampliar el modelo estándar es la idea de que el universo puede tener más de las cuatro dimensiones (tres dimensiones espaciales más el tiempo) a las que estamos acostumbrados (figura 3). La idea de que pueden existir dimensiones adicionales surgió en la década de 1920, cuando el físico alemán Theodor Kaluza (1885-1954) y su colega sueco Oscar Klein (1894-1977) propusieron un mecanismo para unificar la gravedad einsteniana y el electromagnetismo como una simetría del espacio de cinco dimensiones. Naturalmente, en nuestra experiencia diaria, el universo parece tener solo cuatro dimensiones, y, para que esta idea funcione, esta nueva dimensión tiene que ser muy pequeña y circular. Un ejemplo de esta situación sería una manguera de jardín, o la cuerda de un funambulista, que contemplada a largas distancias, o por un observador mucho mayor que su diámetro, parece tener una

FIG. 3

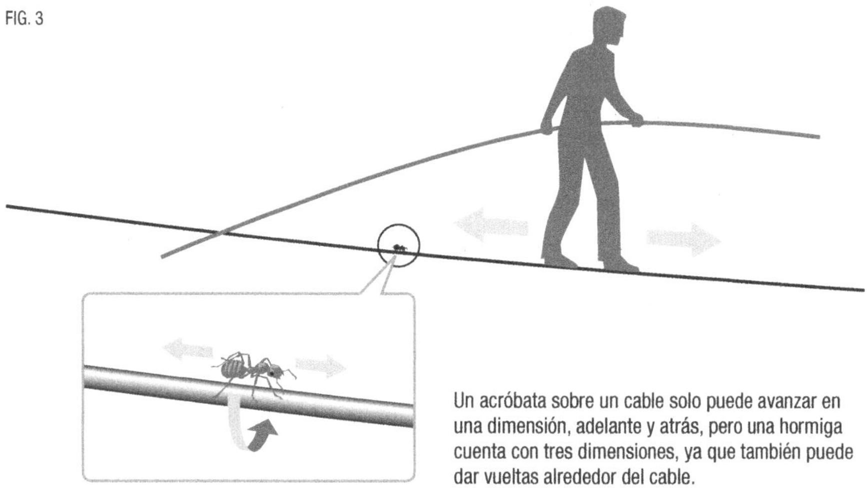

Un acróbata sobre un cable solo puede avanzar en una dimensión, adelante y atrás, pero una hormiga cuenta con tres dimensiones, ya que también puede dar vueltas alrededor del cable.

sola dimensión, su longitud, pero si nos acercamos podemos ver que es un tubo de radio pequeño, mucho menor que su longitud. En este escenario, nuestros campos y partículas estarían definidos en este cilindro, pero a las distancias habituales no apreciamos el movimiento radial, sino solo el longitudinal. Solo si nuestras energías son suficientemente grandes para explorar distancias del orden del radio del cilindro podremos ver esta dimensión extra.

En los años veinte no se encontró ninguna señal de esas dimensiones adicionales y esta idea fue prácticamente olvidada hasta la década de 1980, con la primera «revolución» de las *supercuerdas*, un marco teórico que englobaría todas las partículas y fuerzas fundamentales en una sola teoría. A finales de la década de 1970 y principio de 1980 se propuso el estudio de supercuerdas en un espacio de 10 dimensiones formado por nuestras cuatro dimensiones ordinarias y un espacio de seis dimensiones circulares o formando una superficie cerrada del tamaño de la escala de Planck, $1/M_{Planck} \sim 10^{-33}$ cm. Estas supercuerdas parecen ser capaces de describir correctamente la gravedad junto a las interacciones del modelo estándar. Sin embargo, es muy difícil estudiar esta teoría experimentalmente, ya que resulta imposible observar estas dimensiones tan pequeñas, o sus efectos, en cualquier experimento.

Posteriormente, a finales de los años 90, varios autores notaron que si mantenemos el modelo estándar recluido en nuestras cuatro dimensiones y solo permitimos a la gravedad propagarse en las dimensiones adicionales, estas podían ser mucho mayores que la escala de Planck, ¡el tamaño de estas dimensiones podía ser tan grande como 0,1 mm! De hecho, si tomamos dos dimensiones extra con un tamaño de 0,1 mm, la escala fundamental asociada con gravedad es de $M_f \sim 10$ TeV, y solo a grandes distancias la vemos como $M_{Planck} \sim 10^{19}$ GeV debido a que no tenemos en cuenta estas dos dimensiones extra. De este modo, la escala fundamental es $M_f \sim 10$ TeV, solo un poco mayor que la escala electrodébil $M_{ew} \sim 100$ GeV, y es la libertad de la gravedad para moverse en las dimensiones adicionales lo que la hace mucho más débil que las interacciones del modelo estándar. A 10 TeV, la gravedad se volvería fuerte y del orden de las interacciones gauge. ¡Ha desaparecido el problema de la jerarquía!

Sin embargo, en estas teorías con dimensiones extra, a estas escalas bajas se pierde la unificación de los acoplamientos gauge y la explicación del contenido de materia del modelo. Además, la única razón para escoger esta escala de $M_f \sim 10$ TeV, es que está aún experimentalmente permitida y sería accesible en los experimentos de LHC, pero esta escala podría estar en cualquier punto entre estos 10 TeV y la escala de Planck.

Experimentalmente, las consecuencias de tener gravedad fuerte a 10 TeV serían la posibilidad de modificar los procesos estándar por intercambio de gravitones, las partículas mediadoras de la interacción gravitatoria, y producir agujeros negros (ver imagen superior en página contigua) en el LHC, lo que causó cierto revuelo en los medios por el hipotético riesgo de destruir nuestro planeta... Afortunadamente, esta posibilidad es completamente inexistente, ya que se trataría de microagujeros negros que decaerían inmediatamente en la denominada radiación de Hawking, postulada por el físico británico Stephen Hawking en 1976, según la cual ese miniagujero negro no tendría tiempo de

Arriba, una simulación de la NASA de un agujero negro de nombre Cygnus X-1, situado en la constelación del Cisne, el cual atrae materia de la estrella más cercana. Abajo, detalle del detector de partículas Solenoide Compacto de Muones, parte del LHC. Está situado bajo tierra en Cessy, Francia.

«comerse» la Tierra o ni siquiera algún átomo. Pero este proceso podría ser detectado midiendo la radiación emitida. Usando este proceso, la colaboración CMS (por *Compact Muon Solenoid* o Solenoide Compacto de Muones) (ver imagen inferior en página 141) ha mostrado que no hemos producido agujeros negros de masas menores que 5 TeV. Estos límites son ya bastante fuertes para modelos de dimensiones extra de decenas de TeV, aunque aún es posible que algún modelo de este tipo exista a energías un poco mayores.

> Mira a las estrellas y no a tus pies. Intenta darle sentido a lo que ves, pregúntate qué es lo que hace que el universo exista. Sé curioso.
>
> STEPHEN HAWKING

Modelos de Higgs compuesto

En el LHC se descubrió un bosón escalar que parece poseer las características de la partícula de Higgs del modelo estándar pero, a día de hoy, no conocemos bien todas sus características. En los modelos de Higgs compuesto, este bosón de Higgs no es una partícula elemental como en el modelo estándar, sino que es un estado ligado de una nueva interacción fuerte, formado por constituyentes fermiónicos más pequeños. La idea sería muy similar a los protones o piones, que están formados de quarks ligados por la interacción fuerte del modelo estándar.

Esta idea surgió en los años ochenta con las llamadas *teorías de Technicolor*, construidas como alternativa para explicar la rotura de la simetría electrodébil. En estas teorías, el Higgs es un escalar compuesto y la nueva interacción fuerte es una simetría SU(3) igual a la cromodinámica cuántica del modelo estándar, por lo que reciben el gráfico nombre de «Technicolor». En ellas, el acoplamiento se vuelve grande a energías del orden dc la escala electrodébil, 250 GeV, y las únicas partículas que pueden existir por debajo de esa escala son los singletes de la simetría, formados por varios «tecnifermiones». Así, el Higgs sería el análogo a un pión de las interacciones fuertes y al igual que estos, tendría también interacciones fuertes residuales con otros «piones» u otras partículas compuestas de distintas masas y espines. Estas teorías de Technicolor ofrecían una explicación muy atractiva del mecanismo de rotura espontánea de simetría, pero tenían muy pocos parámetros y, por ello, poca libertad para escapar de las fuertes restricciones experimentales, y además era muy difícil que explicaran las masas de los fermiones. Así, fueron casi olvidadas hasta que, recientemente, revivieron en teorías con dimensiones extra, en la forma de teorías de Higgs compuesto. En estas teorías en cinco dimensiones hay más libertad con los parámetros de la teoría y se pueden cumplir las restricciones experimentales.

Estos modelos ofrecen otra solución, alternativa a la supersimetría, al problema de la jerarquía y las correcciones cuánticas a la masa del Higgs. En este caso, el Higgs es un compuesto que solo existe por debajo de la escala en que el acoplamiento se vuelve grande, y su masa es determinada por este acoplamiento. Así, las correcciones cuánticas de altas energías no afectan a la masa del Higgs, ya que el Higgs ya no existe por encima de la escala en que el acoplamiento se hace mayor de la unidad: ello resuelve el problema de la jerarquía.

Las consecuencias más importantes de estas teorías en el LHC, que nos deben servir para comprobarlas o descartarlas, es la presencia de otras partículas compuestas de masas del orden de 1 TeV, y el cambio de los acoplamientos del Higgs respecto a los acoplamientos del modelo estándar. A pesar de que estas nuevas partículas se buscan en el LHC, por el momento no hemos encontrado aún indicaciones de que el Higgs sea una partícula compuesta.

Portales de Higgs

En este caso, estos modelos incluyen un sector oculto de la teoría, un conjunto adicional de partículas y fuerzas que no interaccionan con las partículas del modelo estándar, con la única excepción del Higgs, que conecta ambos sectores. Todas las partículas del sector oculto son neutras respecto a las interacciones del modelo estándar, pero si tienen masa pueden explicar la necesaria materia oscura del universo (ver imágenes en página contigua).

Como ya hemos dicho, el bosón de Higgs ha sido encontrado en el LHC, pero sus acoplamientos son aún muy desconocidos. Por ello, cabe la posibilidad de que tenga algún acoplamiento no estándar con nuevas partículas del sector oculto. Así, el Higgs sería nuestro portal de comunicación con el sector oculto, y ello nos permitiría explorar este nuevo sector.

> Una revolución en las ideas explica resultados antiguos de una forma nueva. El efecto de una revolución en nuestros experimentos es el descubrimiento de nuevos fenómenos que necesitan ser explicados.
>
> **Freeman Dyson**

Si esta posibilidad tiene lugar en la naturaleza, las interacciones del Higgs con un sector oculto provocarían una disminución de los acoplamientos a las partículas del modelo estándar, que serían observables en el LHC y posiblemente tendría lugar la producción de materia oscura directamente en el LHC.

FUTURAS BÚSQUEDAS MÁS ALLÁ DEL MODELO ESTÁNDAR

Desafortunadamente, por el momento, el LHC no ha encontrado señales de nueva física más allá del modelo estándar. A pesar de que aún queda mucho espacio por explorar en el Gran Colisionador de Hadrones, es cierto que los modelos más sencillos empiezan a tener dificultades para explicar esta ausencia de nuevas partículas e interacciones en el LHC. Sin embargo, todos estamos aún convencidos de la necesidad de una nueva física que explique las cuestiones que quedan sin respuesta en nuestro modelo de referencia.

El LHC continuará sus búsquedas de posibles extensiones del modelo estándar hasta el año 2022, tratando de eliminar los posibles huecos donde la nueva física podría esconderse. A continuación se ha propuesto una mejora del acelerador para conseguir multiplicar el número de colisiones por segundo en un factor 10, lo que permitiría buscar procesos aún más raros. Este LHC de alta

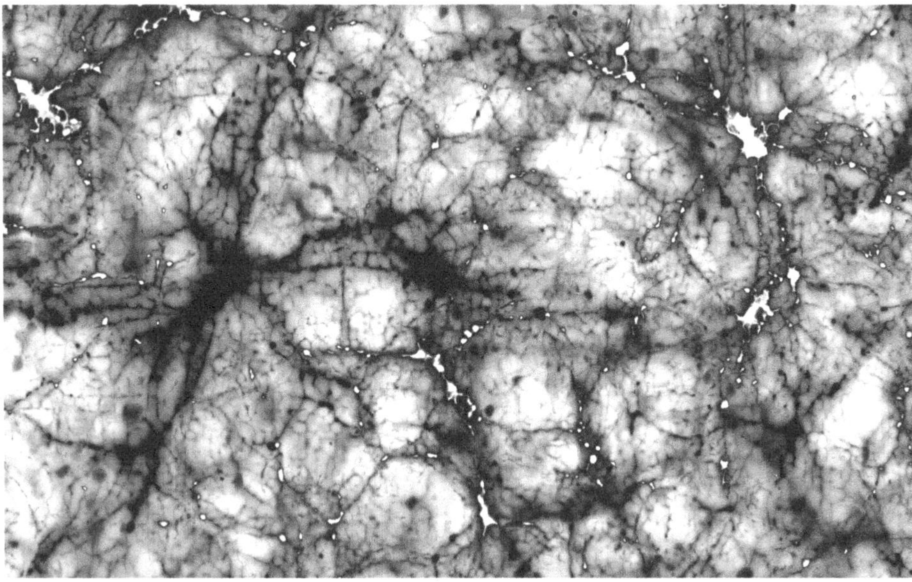

La materia oscura, arriba, en una recreación, es la materia no visible que se cree compone la mayor parte de la masa del universo. Abajo, un componente de un detector de esta intangible materia, situado en el Laboratorio Subterráneo de Boulby, en Gran Bretaña.

luminosidad comenzaría a funcionar en 2026 por unos 12 años más. Como ya hemos repetido en muchas ocasiones, confiamos en que en este tiempo se encuentren señales de la presencia de nueva física. Si finalmente la encontramos, todos nuestros esfuerzos se centrarán en su estudio detallado y, para ello, hay otras propuestas de aceleradores más especializados o de mayor energía.

La propuesta más avanzada hoy en día es el Colisionador Lineal Internacional (ILC) (ver imagen superior en página contigua). Este es un acelerador lineal de electrones y positrones a energías entre 500 GeV a 1 TeV, con una longitud de 31 km, y que, probablemente, se construirá en Japón. Su objetivo principal es el estudio de precisión del bosón de Higgs y de la posible nueva física descubierta en el LHC. La elección de un colisionador electrón-positrón lineal se debe a que las colisiones electrón-positrón son mucho más limpias que las de protones del LHC y permiten estudiar mejor los procesos electrodébiles. Además, los colisionadores circulares siempre pierden energía por la llamada radiación sincrotón al curvar la trayectoria de las partículas. Por ello, hay que construir aceleradores circulares cada vez mayores y, para energías muy grandes, resulta más sencillo usar aceleradores lineales que no emiten esta radiación sincrotrón. En la actualidad, los estudios para su construcción ya están finalizados y en pocos años puede comenzar su construcción en Japón.

Por otra parte, China ha entrado con fuerza como uno de los nuevos actores en la física de altas energías actual. Uno de sus proyectos más ambiciosos es el Colisionador Circular Electrón-Positrón, que se construirá al norte de China en un anillo, de, al menos, 54 km, el doble de longitud que el LHC. Este gran acelerador comenzaría con colisiones a 250 GeV, para estudiar con precisión la física del Higgs, y, más tarde, se convertiría en un acelerador de protones, el Súper Colisionador Protón-Protón, que podría alcanzar energías entre 70 y 100 TeV. El proyecto no está tan avanzado como el ILC, pero los estudios de diseño estarán acabados en 2020 y la construcción podría comenzar en 2021, para comenzar a funcionar a finales de la década.

Por su parte, el CERN en Ginebra tiene un nuevo proyecto para después del LHC, el Futuro Colisionador Circular, un acele-

Arriba, una imagen que recrea el que será el futuro Colisionador Lineal Internacional, que estará ubicado en Japón. Abajo, una imagen del telescopio de neutrinos IceCube, situado en la Antártida.

rador circular de 100 km de circunferencia entre Francia y Suiza. Como en el caso del colisionador chino, comenzaría en una primera etapa como colisionador electrón-positrón antes de pasar a colisiones de protones a 100 TeV

A la espera de estos futuros aceleradores de alta energía, la observación de fenómenos ultraenergéticos en el universo también nos proporciona información sobre la presencia de física más allá del modelo estándar. En los últimos años, los telescopios de neutrinos, ópticos y, más recientemente, de ondas gravitacionales, nos permiten estudiar estos fenómenos de alta energía que pueden llevar información sobre la física a escalas inalcanzables en los experimentos terrestres. El problema de estas observaciones es que estos procesos son muy raros y se dan en áreas muy alejadas del universo, por lo que se necesitan enormes detectores. Por ejemplo, el telescopio de neutrinos IceCube (ver imagen inferior en página 147) ocupa un volumen total de 1 km^3 en 85 líneas de fotomultiplicadores a 1,5 km de profundidad bajo el hielo de la Antártida. Estos telescopios permiten detectar neutrinos en coincidencia con fotones de alta energía, para así estudiar procesos de muy alta energía como supernovas, emisiones de rayos gamma de alta energía, etc.

Otra posible dirección de búsqueda de nueva física son los experimentos de precisión a bajas energías, que buscan procesos prohibidos o extremadamente raros en el modelo estándar. Estos procesos raros pueden ser mucho más frecuentes en diversas extensiones del modelo. Un ejemplo que ya hemos discutido es la búsqueda de la desintegración del protón en el observatorio de neutrinos Super-Kamiokande de Japón. Otros experimentos de precisión, por ejemplo, buscan la desintegración del muón en un electrón y dos positrones en el experimento Mu3e en Suiza, o desintegraciones raras de mesones B en el acelerador de partículas SuperKEKB de Tsukuba, Japón, donde se halla el detector Belle II.

Comenzamos este libro apelando a la curiosidad humana para buscar respuestas a las grandes preguntas que nos hacemos sobre el origen o el destino del universo. Después de siglos de investigaciones de muchos físicos, hoy en día, el modelo estándar condensa todo nuestro conocimiento sobre la naturaleza. Sin embargo, este modelo aún deja varias cuestiones por resolver que deben encontrar respuesta en alguna extensión del mismo. Hemos visto varias teorías que nos ayudan a responder una o varias de estas preguntas que quedan abiertas, como la teoría de la supersimetría, la de la Gran Unificación, las teorías de sabor, etc. Los experimentos en el LHC y en otros futuros aceleradores tienen que confirmar o refutar estas teorías, y quizá nos sorprendan con algún resultado inesperado que nos obligue a cambiar completamente nuestra concepción de la física. En cualquier caso, es seguro que siempre vamos a continuar buscando la física más allá del modelo estándar.

Bibliografía

ASIMOV, I., *La búsqueda de los elementos*, Barcelona, Plaza & Janés, 1983.

BLANCO LASERNA, D., *Einstein. El espacio es una cuestión de tiempo*, Barcelona, RBA, 2012.

—: *Schrödinger. Las paradojas cuánticas*, Barcelona, RBA, 2012.

CARROLL, S., *La partícula al final del universo*, Barcelona, Debate, 2013.

CASAS, A., *El lado oscuro del universo*, Madrid, CSIC/Los Libros de la Catarata, 2010.

CASAS, A. Y RODRIGO, T., *El bosón de Higgs*, Madrid, CSIC y Los Libros de la Catarata, 2012.

CLOSE, F., *Neutrino. La partícula fantasma*, Barcelona, RBA, 2012.

FEYNMAN, R.P., *Electrodinámica cuántica. La extraña teoría de la luz y la materia*, Madrid, Alianza Editorial, 1989.

—, *El carácter de la ley física*, Barcelona, Tusquets, 2002.

FEYNMAN, R., *Seis piezas fáciles: La física explicada por un genio*, Barcelona, Planeta, 2014.

FEYNMAN, R.P. Y WEINBERG, S., *Las partículas elementales y las leyes de la física*, Barcelona, Gedisa, 1997.

FRITZSCH, H., *Los quarks, la materia prima de nuestro universo*, Madrid, Alianza Editorial, 1994.

GELL-MANN, M., *El quark y el jaguar*, Barcelona, Tusquets, 1995.

GIUDICE, G.F., *Odisea en el zeptoespacio*, Sevilla, Jot Down Books, 2013.

GLASHOW, S.L., *Interacciones*, Barcelona, Tusquets, 1994.

GREENE, B., *El universo elegante: Supercuerdas, dimensiones ocultas y la búsqueda de una teoría final*, Barcelona, Planeta, 2012.

GRIBBIN, J., *En busca de Susy. Supersimetría, cuerdas y la teoría del todo*, Barcelona, Crítica, 2010.

HARALD, F., *Los quarks, la materia prima de nuestro universo*, Madrid, Alianza Editorial, 1994.

HOOFT, G., *Partículas elementales: En busca de las estructuras más pequeñas del universo*, Barcelona, Planeta, 2013.

LEDERMAN, L. Y TERESI, D., *La partícula divina: si el universo es la respuesta, ¿cuál es la pregunta?*, Barcelona, Crítica, 2007.

LOZANO LEYVA, M., *De Arquímedes a Einstein. Los diez experimentos más bellos de la física*, Madrid, Debate, 2005.

NAVARRO, J., *Las constantes universales*, Barcelona, RBA, 2015.

PAGELS, H.R., *El código del universo*, Madrid, Pirámide, 1989.

PENROSE, R., *El camino a la realidad*, Barcelona, Debate, 2006.

PEREYRA, J., *Las 4 fuerzas que rigen el universo*, Barcelona, Paidós, 2017.

RANDALL, L., *El descubrimiento del Higgs. Una partícula muy especial*, Barcelona, Acantilado, 2012.

SÁNCHEZ, J.M., *El mundo después de la revolución: La física de la segunda mitad del siglo XX*, Barcelona, Pasado & Presente, 2014.

T'HOOFT, G., *Partículas elementales: En busca de las estructuras más pequeñas del universo*, Barcelona, Crítica, 2008.

TONELLI, G., *El nacimiento imperfecto de las cosas*, Barcelona, Los Libros del Lince, 2017.

WEINBERG, S., *El sueño de una teoría final: La búsqueda de las leyes fundamentales de la naturaleza*, Barcelona, Crítica, 2010.

—, *Partículas subatómicas*, Barcelona, Prensa Científica S.A., 1985.

—, *El sueño de una teoría final*, Barcelona, Crítica, 2010.

—, *Los tres primeros minutos del universo*, Madrid, Alianza Editorial, 2016.

WILCZEK, F., *La ligereza del ser*, Barcelona, Crítica, 2009.

YNDURAIN, F., *Electrones, neutrinos y quarks*, Barcelona, Crítica, 2006.